线性代数与空间解析几何学习指导与习题精解

主编　邱　威　范崇金

HEUP 哈爾濱工程大學出版社

内 容 简 介

本书是为配合哈尔滨工程大学编写的《线性代数与空间解析几何》而编写的辅导参考书。内容包括各章知识要点、典型例题解析、综合与提高、同步练习题及其答案等部分。旨在帮助学生熟练掌握解题的基本方法和技巧,巩固所学知识。

本书可作为理、工科和经济学科线性代数的教学辅导书,也可作为习题课教材,同时也可供教师参考。

图书在版编目(CIP)数据

线性代数与空间解析几何学习指导与习题精解 / 邱威,范崇金主编. —哈尔滨 : 哈尔滨工程大学出版社,2011.8(2015.8 重印)

ISBN 978-7-5661-0241-6

Ⅰ.①线… Ⅱ.①邱… ②范… Ⅲ.①线性代数-高等学校-教学参考资料 ②立体几何:解析几何-高等学校-教学参考资料 Ⅳ.①O151.2 ②O182.2

中国版本图书馆 CIP 数据核字(2011)第 175134 号

出版发行 哈尔滨工程大学出版社
社　　址 哈尔滨市南岗区东大直街 124 号
邮政编码 150001
发行电话 0451-82519328
传　　真 0451-82519699
经　　销 新华书店
印　　刷 黑龙江省地质测绘印制中心印制厂
开　　本 787mm×960mm　1/16
印　　张 15.75
字　　数 330 千字
版　　次 2011 年 8 月第 1 版
印　　次 2015 年 8 月第 5 次印刷
定　　价 31.00 元
http://www.hrbeupress.com
E-mail:heupress@hrbeu.edu.cn

前　言

线性代数是高等工科院校的一门重要基础课,也是许多专业研究生入学考试必考的数学内容之一。线性代数课程内容多,比较抽象,具有一套特有的理论体系、思维方法及解题技巧。为了帮助广大学生更加扎实地掌握线性代数的知识要点,提高解题能力,我们精心编写了本书。

全书基础知识部分共分8章,每章均由四部分组成:知识要点、典型例题解析、综合与提高、同步训练题及其答案与提示。在知识要点部分,编者概括地提炼出本章的主要概念、重要定理与结论及应掌握的基本计算方法,以便读者能够提纲挈领地掌握本章的主要脉络,了解本章的基本要求。在典型例题解析和综合与提高部分,按难易程度分别对每一章节的典型题型进行了分类、评析和解答。同步训练题涵盖了一般教科书和习题集的典型题目,同时包括部分全国研究生统考试题,读者可以有选择地进行训练,以增强自己解决问题的能力。本书中所有同步训练题均附有答案,以帮助学生检验自己对所学知识的掌握程度。最后,本书对《线性代数与空间解析几何》(范崇金、王锋主编)书后部分习题进行了详细解答。

本书可供理、工科和经济学科本科生作为学习线性代数课程的辅导书,也可供考研应试者进行考前复习及强化训练之用。

本书第1,2,3,4章由孙冬琦编写;第5,6,7,8章由许丽艳编写;全书由邱威、范崇金统稿。在本书的编写过程中哈尔滨工程大学理学院应用数学系的广大教师提出了很多宝贵意见,在此向他们致以诚挚的谢意!

由于编者水平有限,时间仓促,书中疏漏之处在所难免,恳请读者批评指正。

编　者

2011年6月

目　　录

第1章 行 列 式

1.1 知 识 要 点

1. 理解二、三阶行列式定义,会用定义作简单运算.

2. 了解 n 元排列,逆序数,奇、偶排列的概念,会求 n 元排列的逆序数.

3. 了解对换的概念及以下两个结论.

(1)对换改变排列的奇偶性.

(2)任意 n 元排列均可经有限次对换变成标准排列,且奇(偶)排列经过奇(偶)数次对换变成标准排列.

4. 理解 n 阶行列式的定义,会用定义计算行列式,即

$$\begin{vmatrix} a_{11} & a_{12} & \cdots & a_{1n} \\ a_{21} & a_{22} & \cdots & a_{2n} \\ \vdots & \vdots & & \vdots \\ a_{n1} & a_{n2} & \cdots & a_{nn} \end{vmatrix} = \sum_{p_1,p_2,\cdots,p_n \in A_n} (-1)^{\tau(p_1,p_2,\cdots,p_n)} a_{1p_1} a_{2p_2} \cdots a_{np_n}$$

5. 掌握行列式元素余子式、代数余子式的概念.

6. 熟练掌握行列式以下九条性质,并会用这九条性质计算行列式.

(1)转置值不变.

(2)交换两行(列)位置,行列式变号.

(3)若行列式两行(列)元素完全相同,则该行列式为零.

(4)行列式某行(列)元素的公因子可以提到行列式符号外面.

(5)若行列式中某两行(列)元素对应成比例,则该行列式为零.

(6)若行列式的某一行(列)可写成两部分之和,则行列式可按该行(列)拆成两个行列式之和,即

$$\begin{vmatrix} a_{11} & \cdots & a_{1i}+b_{1i} & \cdots & a_{1n} \\ a_{21} & \cdots & a_{2i}+b_{2i} & \cdots & a_{2n} \\ \vdots & & \vdots & & \vdots \\ a_{n1} & \cdots & a_{ni}+b_{ni} & \cdots & a_{nn} \end{vmatrix} = \begin{vmatrix} a_{11} & \cdots & a_{1i} & \cdots & a_{1n} \\ a_{21} & \cdots & a_{2i} & \cdots & a_{2n} \\ \vdots & & \vdots & & \vdots \\ a_{n1} & \cdots & a_{ni} & \cdots & a_{nn} \end{vmatrix} + \begin{vmatrix} a_{11} & \cdots & b_{1i} & \cdots & a_{1n} \\ a_{21} & \cdots & b_{2i} & \cdots & a_{2n} \\ \vdots & & \vdots & & \vdots \\ a_{n1} & \cdots & b_{ni} & \cdots & a_{nn} \end{vmatrix}$$

(7)把行列式某行(列)元素的若干倍加到另一行(列)上,行列式值不变.

(8)行列式按行(列)展开定理:

$$a_{i1}A_{j1}+a_{i2}A_{j2}+\cdots+a_{in}A_{jn}=\begin{cases}D & \text{当 } i=j \text{ 时}\\ 0 & \text{当 } i\neq j \text{ 时}\end{cases}$$

$$a_{1i}A_{1j}+a_{2i}A_{2j}+\cdots+a_{ni}A_{nj}=\begin{cases}D & \text{当 } i=j \text{ 时}\\ 0 & \text{当 } i\neq j \text{ 时}\end{cases}$$

(9) $\begin{vmatrix}A & * \\ O & B\end{vmatrix}=\begin{vmatrix}A & O \\ * & B\end{vmatrix}=|A|\cdot|B|$.

7. 掌握以下特殊行列式的计算结果,并会利用行列式结果简单计算.

(1)上、下三角行列式,对角行列式.

(2) $\begin{vmatrix} * & & & a_1 \\ & & a_2 & \\ & \iddots & & \\ a_n & & & 0\end{vmatrix}=\begin{vmatrix} 0 & & & a_1 \\ & & a_2 & \\ & \iddots & & \\ a_n & & & *\end{vmatrix}=\begin{vmatrix} 0 & & & a_1 \\ & & a_2 & \\ & \iddots & & \\ a_n & & & 0\end{vmatrix}=(-1)^{\frac{n(n-1)}{2}}a_1a_2\cdots a_n$.

(3)范德蒙行列式

$$V_n=\begin{vmatrix}1 & 1 & \cdots & 1\\ a_1 & a_2 & \cdots & a_n\\ a_1^2 & a_2^2 & \cdots & a_n^2\\ \vdots & \vdots & & \vdots\\ a_1^{n-1} & a_2^{n-1} & \cdots & a_n^{n-1}\end{vmatrix}=\begin{vmatrix}1 & a_1 & a_1^2 & \cdots & a_1^{n-1}\\ 1 & a_2 & a_2^2 & \cdots & a_2^{n-1}\\ \vdots & \vdots & \vdots & & \vdots\\ 1 & a_n & a_n^{n-1} & \cdots & a_n^{n-1}\end{vmatrix}=\prod_{1\leqslant i<j\leqslant n}(a_j-a_i)$$

且当 $a_1,a_2,\cdots,a_n$ 互不相等时,$V_n\neq 0$.

8. 会用以下方法计算行列式.

(1)用定义(例 1.4).

(2)化上(下)三角行列式(例 1.5).

(3)按行(列)展开降阶计算(例 1.5).

(4)所有元素加到第一行(列),提出公因子(例 1.6).

9. 掌握克莱姆法则,会用克莱姆法则解方程组.

在方程组

$$\begin{cases}a_{11}x_1+a_{12}x_2+\cdots+a_{1n}x_n=b_1\\ a_{21}x_1+a_{22}x_2+\cdots+a_{2n}x_n=b_2\\ \qquad\vdots\\ a_{n1}x_1+a_{n2}x_2+\cdots+a_{nn}x_n=b_n\end{cases}$$

中,若

$$D = \begin{vmatrix} a_{11} & a_{12} & \cdots & a_{1n} \\ a_{21} & a_{22} & \cdots & a_{2n} \\ \vdots & \vdots & & \vdots \\ a_{n1} & a_{n2} & \cdots & a_{nn} \end{vmatrix} \neq 0$$

则该方程组有唯一解,即

$$x_1 = \frac{D_1}{D}, x_2 = \frac{D_2}{D}, \cdots, x_n = \frac{D_n}{D}$$

式中,D_i 为 D 中将第 i 列元素换成 $b_1, b_2, \cdots, b_n$ 所得行列式.

1.2 典型题解析

例 1.1 求下列排列的逆序数,并判断奇偶.

(1)1347265.

(2)$n(n-1)\cdots 21$.

分析 在一个排列中考察每个元素前面有几个比自己大的数,把这些个数相加,即得此排列的逆序数.

在 1347265 中,数字 1 前面有 0 个比 1 大的数,数字 3 前面有 0 个比 3 大的数,数字 4 前面有 0 个比 4 大的数,数字 7 前面有 0 个比 7 大的数,数字 2 前面有 3 个比 2 大的数,数字 6 前面有 1 个比 6 大的数,数字 5 前面有 2 个比 5 大的数,因此 $\tau(1347265) = 0+0+0+0+3+1+2 = 6$.

解 $\tau(1347265) = 0+0+0+0+3+1+2 = 6$.

1347625 为偶排列.

同理 $$\tau(n(n-1)\cdots 21) = 0+1+2+\cdots+n-1 = \frac{n(n-1)}{2}$$

当 n 被 4 整除或被 4 除余 1 的时候,$n(n-1)\cdots 21$ 为偶排列;当 n 被 4 除余 2 或 3 的时候,$n(n-1)\cdots 21$ 为奇排列.

例 1.2 若排列 $x_1x_2\cdots x_n$ 的逆序数为 a,则排列 $x_nx_{n-1}\cdots x_1$ 的逆序数为多少?

分析 此题用例 1.1 的方法计算非常复杂,此时可以考虑用逆序数的基本定义,即在一个排列中考察每个元素的前后次序,若小数在前,大数在后,则称构成一个顺序;若大数在前,小数在后,则称构成一个逆序,排列中逆序的总个数称为排列的逆序数.

本题中注意 $x_1x_2\cdots x_n$ 与 $x_nx_{n-1}\cdots x_1$ 的关系,若某两个元素在 $x_1x_2\cdots x_n$ 中构成顺序,则在 $x_nx_{n-1}\cdots x_1$ 中就一定构成逆序,反之亦然,从而 $x_nx_{n-1}\cdots x_1$ 的逆序数就是 $x_1x_2\cdots x_n$ 中顺序的个数.

解 在 $x_1x_2\cdots x_n$ 中任选两数比较前后次序,共可找出 $C_n^2 = \frac{n(n-1)}{2}$ 对比较次序,由 $x_1x_2\cdots x_n$

的逆序数为 a，则顺序个数为$\frac{n(n-1)}{2}-a$，而 $x_n x_{n-1}\cdots x_1$ 的逆序数就是 $x_1x_2\cdots x_n$ 中顺序个数，因此 $\tau(x_n x_{n-1}\cdots x_1)=\frac{n(n-1)}{2}-a$.

例 1.3　求 $f(x)=\begin{vmatrix} x & x & 1 & 0 \\ 1 & x & 2 & 3 \\ 2 & 3 & x & 2 \\ 1 & 1 & 2 & x \end{vmatrix}$ 中 x^3 的系数.

分析　$f(x)$ 按行列式定义展开表示 24 项相加减，每项主体部分为行列式中四个既不同行也不同列的元素相乘，我们只需将展开式中含有 x^3 的项都找出来，就可得到 x^3 的系数了.

下面我们来找四个既不同行也不同列元素相乘，出现 x^3 的项，若第一行元素取左上角第一个 x，则其余元素要在右下方 $\begin{vmatrix} x & 2 & 3 \\ 3 & x & 2 \\ 1 & 2 & x \end{vmatrix}$ 中找到两个 x 和一个数值，我们发现 $\begin{vmatrix} x & 2 & 3 \\ 3 & x & 2 \\ 1 & 2 & x \end{vmatrix}$ 中，任意找定两个 x 后，要既不同行也不同列就只能再找另一个 x，也就是在 $\begin{vmatrix} x & 2 & 3 \\ 3 & x & 2 \\ 1 & 2 & x \end{vmatrix}$ 中无法找到互不同行也不同列的两个 x 和一个数值，因此想在 $f(x)$ 的项中出现 x^3，则第一行元素不能选左上角的 x；若第一行元素选数字 1，则第三行就不能选 x，此时选择两个数字，从而不会出现 x^3. 同理，第一行若选数字 0 也不会出现 x^3.

综上，若想出现 x^3，第一行元素必须选取第 2 个 x，剩下 3 个元素在画去第一行和第二列后所剩的元素中找两个 x 和一个数值，只有一种找法. 找出行列式展开式中含 x^3 的主体部分为 $x,1,x,x$，再确定符号，就可以得到 x^3 项了.

解　在 $f(x)=\begin{vmatrix} x & x & 1 & 0 \\ 1 & x & 2 & 3 \\ 2 & 3 & x & 2 \\ 1 & 1 & 2 & x \end{vmatrix}$ 的展开式中找含 x^3 项的主体部分，经分析只有 $x\cdot 1\cdot x\cdot x$ 这一项，即 $f(x)$ 展开式中 x^3 的项为 $(-1)^{\tau(2,1,3,4)}x\cdot 1\cdot x\cdot x$，所以 $f(x)$ 中 x^3 项的系数为 -1.

例 1.4　用定义计算行列式 $D_1=\begin{vmatrix} 0 & 1 & 0 & \cdots & 0 \\ 0 & 0 & 2 & \cdots & 0 \\ \vdots & \vdots & \vdots & & \vdots \\ 0 & 0 & 0 & \cdots & n-1 \\ n & 0 & 0 & \cdots & 0 \end{vmatrix}$，$D_2=\begin{vmatrix} 0 & \cdots & 0 & 1 & 0 \\ 0 & \cdots & 2 & 0 & 0 \\ \vdots & & \vdots & \vdots & \vdots \\ n-1 & \cdots & 0 & 0 & 0 \\ 0 & \cdots & 0 & 0 & n \end{vmatrix}$.

解 D_1 按定义式展开表示 $n!$ 项相加减，其中非零项只有

$$(-1)^{\tau(2,3,\cdots,n,1)}1\times 2\times\cdots\times n=(-1)^{n-1}n!$$

而其余项均为零，因此

$$D_1=(-1)^{\tau(2,3,\cdots,n,1)}1\times 2\times 3\times\cdots\times n+0+0+\cdots+0=(-1)^{n-1}n!$$

同理

$$D_2=(-1)^{\tau(n-1,n-2,\cdots,2,1,n)}1\times 2\times\cdots\times n=(-1)^{\frac{(n-1)(n-2)}{2}}n!$$

例 1.5 计算行列式 $D_1=\begin{vmatrix}2&1&1\\1&-1&3\\3&0&1\end{vmatrix}$，$D_2=\begin{vmatrix}2&-5&1&2\\-3&7&-1&4\\5&-9&2&7\\4&-6&1&2\end{vmatrix}$.

解

$$D_1=-\begin{vmatrix}1&-1&3\\2&1&1\\3&0&1\end{vmatrix}=-\begin{vmatrix}1&-1&3\\0&3&-5\\0&3&-8\end{vmatrix}$$

$$=-\begin{vmatrix}1&-1&3\\0&3&-5\\0&0&-3\end{vmatrix}=-1\times 3\times(-3)=9$$

$$D_2=\begin{vmatrix}2&-5&1&2\\-1&2&0&6\\1&1&0&3\\2&-1&0&0\end{vmatrix}=1\times(-1)^{1+3}\begin{vmatrix}-1&2&6\\1&1&3\\2&-1&0\end{vmatrix}$$

$$=\begin{vmatrix}3&2&6\\3&1&3\\0&-1&0\end{vmatrix}=(-1)\times(-1)^{2+3}\begin{vmatrix}3&6\\3&3\end{vmatrix}=-9$$

总结 (1)从 D_1 的解法可总结出数字行列式化为上三角行列式的一般步骤：首先，使 $a_{11}\neq 0$(一般通过交换两行或两列位置将 a_{11} 化为 ± 1，以使后面步骤变得简单)；然后，把第一行分别乘以 $-\frac{a_{21}}{a_{11}},-\frac{a_{31}}{a_{11}},\cdots,-\frac{a_{n1}}{a_{11}}$ 加到第 $2,3,\cdots,n$ 行对应元素上去，于是第一列元素除了 a_{11} 外全为零了. 重复上面的做法，将主对角线元素 $a_{22},a_{33},\cdots,a_{(n-1)(n-1)}$ 以下的元素全部化为零，于是行列式就变成了上三角行列式.

(2)D_2 的计算方法为“降阶法”，一般步骤：首先，选出元素比较简单的一行(或一列)，利用行列式性质变换，使该行(或列)只含一个非零元素，其余元素全化为零；然后，行列式按该行(或列)展开降阶。重复上面的降阶方法，最终将行列式降为二阶，就可以直接计算了.

例 1.6 计算行列式 $D_1=\begin{vmatrix} a & b & b & b \\ b & a & b & b \\ b & b & a & b \\ b & b & b & a \end{vmatrix}$, $D_2=\begin{vmatrix} 1 & -1 & 1 & x-1 \\ 1 & -1 & 1+x & -1 \\ 1 & x-1 & 1 & -1 \\ 1+x & -1 & 1 & -1 \end{vmatrix}$.

解

$$D_1=\begin{vmatrix} a+3b & a+3b & a+3b & a+3b \\ b & a & b & b \\ b & b & a & b \\ b & b & b & a \end{vmatrix}=(a+3b)\begin{vmatrix} 1 & 1 & 1 & 1 \\ b & a & b & b \\ b & b & a & b \\ b & b & b & a \end{vmatrix}$$

$$=(a+3b)\begin{vmatrix} 1 & 1 & 1 & 1 \\ 0 & a-b & 0 & 0 \\ 0 & 0 & a-b & 0 \\ 0 & 0 & 0 & a-b \end{vmatrix}=(a+3b)(a-b)^3$$

$$D_2=\begin{vmatrix} x & -1 & 1 & x-1 \\ x & -1 & x+1 & -1 \\ x & x-1 & 1 & -1 \\ x & -1 & 1 & -1 \end{vmatrix}=x\begin{vmatrix} 1 & -1 & 1 & x-1 \\ 1 & -1 & 1+x & -1 \\ 1 & x-1 & 1 & -1 \\ 1 & -1 & 1 & -1 \end{vmatrix}$$

$$=\begin{vmatrix} 1 & 0 & 0 & x \\ 1 & 0 & x & 0 \\ 1 & x & 0 & 0 \\ 1 & 0 & 0 & 0 \end{vmatrix}=x^4$$

总结 若行列式中每行(列)元素之和为一个共同的数值,可将行列式中其他列(行)元素的一倍加到第一列(行)上,这样在第一列(行)中可将共同数值提出来.

例 1.7 计算行列式 $D_1=\begin{vmatrix} a^2 & b^2 & c^2 & d^2 \\ (a+1)^2 & (b+1)^2 & (c+1)^2 & (d+1)^2 \\ (a+2)^2 & (b+2)^2 & (c+2)^2 & (d+2)^2 \\ (a+3)^2 & (b+3)^2 & (c+3)^2 & (d+3)^2 \end{vmatrix}$.

解

$$D_1=\begin{vmatrix} a^2 & b^2 & c^2 & d^2 \\ 2a+1 & 2b+1 & 2c+1 & 2d+1 \\ 2a+3 & 2b+3 & 2c+3 & 2d+3 \\ 2a+5 & 2b+5 & 2c+5 & 2d+5 \end{vmatrix}$$

$$=\begin{vmatrix} a^2 & b^2 & c^2 & d^2 \\ 2a+1 & 2b+1 & 2c+1 & 2d+1 \\ 2 & 2 & 2 & 2 \\ 2 & 2 & 2 & 2 \end{vmatrix}=0$$

例 1.8 计算行列式 $D_1 = \begin{vmatrix} 1 & 1 & 1 & \cdots & 1 \\ 1 & 2 & 0 & \cdots & 0 \\ 1 & 0 & 3 & \cdots & 0 \\ \vdots & \vdots & \vdots & & \vdots \\ 1 & 0 & 0 & \cdots & n \end{vmatrix}$，$D_2 = \begin{vmatrix} 3 & 6 & -10 & 9 & -14 \\ 5 & 2 & 0 & 0 & 0 \\ 7 & 0 & 5 & 0 & 0 \\ 4 & 0 & 0 & 3 & 0 \\ 6 & 0 & 0 & 0 & 7 \end{vmatrix}$.

解

$$D_1 = \begin{vmatrix} 1-\frac{1}{2}-\frac{1}{3}-\cdots-\frac{1}{n} & 1 & 1 & \cdots & 1 \\ 0 & 2 & 0 & \cdots & 0 \\ 0 & 0 & 3 & \cdots & 0 \\ \vdots & \vdots & \vdots & & \vdots \\ 0 & 0 & 0 & \cdots & n \end{vmatrix} = \left(1-\frac{1}{2}-\frac{1}{3}-\cdots-\frac{1}{n}\right)n!$$

$$D_2 = \begin{vmatrix} 2 & 0 & 0 & 0 & 0 \\ 5 & 2 & 0 & 0 & 0 \\ 7 & 0 & 5 & 0 & 0 \\ 4 & 0 & 0 & 3 & 0 \\ 6 & 0 & 0 & 0 & 7 \end{vmatrix} = 420$$

总结 行列式中非零元素排列在第一行、第一列和主对角线上，而其他元素全为零，即若非零元素位置构成“↖”的形状，则这样的行列式称为“箭形行列式”. 类似地，“↙”“↗”和“↘”形状的行列式也称为“箭形行列式”. 箭形行列式的处理方法为尽量在原有的零元素及主对角线上大部分元素不变的条件下，将箭头的一个边化为零，这样行列式就变成上(下)三角行列式了.

例 1.9 计算行列式 $D = \begin{vmatrix} 2 & 1 & 1 & 1 \\ 4 & 2 & 1 & -1 \\ 201 & 102 & -99 & 98 \\ 0 & 2 & 1 & -2 \end{vmatrix}$.

解

$$D = \begin{vmatrix} 2 & 1 & 1 & 1 \\ 4 & 2 & 1 & -1 \\ 200 & 100 & -100 & 100 \\ 0 & 2 & 1 & -2 \end{vmatrix} + \begin{vmatrix} 2 & 1 & 1 & 1 \\ 4 & 2 & 1 & -1 \\ 1 & 2 & 1 & -2 \\ 0 & 2 & 1 & -2 \end{vmatrix}$$

$$= 100\begin{vmatrix} 2 & 1 & 1 & 1 \\ 4 & 2 & 1 & -1 \\ 2 & 1 & -1 & 1 \\ 0 & 2 & 1 & -2 \end{vmatrix} + \begin{vmatrix} 2 & 1 & 1 & 1 \\ 4 & 2 & 1 & -1 \\ 1 & 0 & 0 & 0 \\ 0 & 2 & 1 & -2 \end{vmatrix}$$

$$= 100\begin{vmatrix} 2 & 1 & 1 & 1 \\ 0 & 0 & -1 & -3 \\ 0 & 0 & -2 & 0 \\ 0 & 2 & 1 & -2 \end{vmatrix} + (-1)^{3+1}\begin{vmatrix} 1 & 1 & 1 \\ 2 & 1 & -1 \\ 2 & 1 & -2 \end{vmatrix}$$

$$= 200\begin{vmatrix} 0 & -1 & -3 \\ 0 & -2 & 0 \\ 2 & 1 & 2 \end{vmatrix} + \begin{vmatrix} 1 & 1 & 1 \\ 3 & 2 & 0 \\ 4 & 3 & 0 \end{vmatrix}$$

$$= 400 \times (-1)^{3+1}\begin{vmatrix} -1 & -3 \\ -2 & 0 \end{vmatrix} + (-1)^{1+3}\begin{vmatrix} 3 & 2 \\ 4 & 3 \end{vmatrix}$$

$$= 400 \times (-6) + 1 = -2\,399$$

例 1.10 计算 $D = \begin{vmatrix} a_1 & a_2 & a_3 & a_4 & a_5 \\ b_1 & b_2 & b_3 & b_4 & b_5 \\ 0 & 0 & 0 & c_4 & c_5 \\ 0 & 0 & 0 & d_4 & d_5 \\ 0 & 0 & 0 & e_4 & e_5 \end{vmatrix}$.

解
$$D = \begin{vmatrix} a_1 & a_2 & a_3 \\ b_1 & b_2 & b_3 \\ 0 & 0 & 0 \end{vmatrix} \cdot \begin{vmatrix} d_4 & d_5 \\ e_4 & e_5 \end{vmatrix} = 0$$

总结 利用行列式性质(9)：$\begin{vmatrix} A & * \\ O & B \end{vmatrix} = |A| \cdot |B|$的时候，要注意公式中的 A 与 B 的部分要求是“方”的，而 O 与 $*$ 的部分却不一定是方的，有的同学做此题时这样分块

$$\left|\begin{array}{ccc:cc} a_1 & a_2 & a_3 & a_4 & a_5 \\ b_1 & b_2 & b_3 & b_4 & b_5 \\ \hdashline 0 & 0 & 0 & c_4 & c_5 \\ 0 & 0 & 0 & d_4 & d_5 \\ 0 & 0 & 0 & e_4 & e_5 \end{array}\right| = \begin{vmatrix} a_1 & a_2 & a_3 \\ b_1 & b_2 & b_3 \end{vmatrix} \cdot \begin{vmatrix} c_4 & c_5 \\ a_4 & a_5 \\ e_4 & e_5 \end{vmatrix}$$

这是错误的.

例 1.11 设三阶行列式 $D = \begin{vmatrix} a_1 \\ a_2 \\ a_3 \end{vmatrix} = 3$，其中，$a_1, a_2, a_3$ 表示 D 中的第一行、第二行和第三

行,求$\begin{vmatrix} a_1 \\ a_3-2a_1 \\ 4a_2 \end{vmatrix}$.

解

$$\begin{vmatrix} a_1 \\ a_3-2a_1 \\ 4a_2 \end{vmatrix} \xlongequal{2\times r_1\to r_2} \begin{vmatrix} a_1 \\ a_3 \\ 4a_2 \end{vmatrix} = 4\begin{vmatrix} a_1 \\ a_3 \\ a_2 \end{vmatrix} \xlongequal{r_2\leftrightarrow r_3} -4\begin{vmatrix} a_1 \\ a_2 \\ a_3 \end{vmatrix} = -12$$

例 1.12 在 $D=\begin{vmatrix} 8 & -4 & 3 & 7 & 5 \\ 3 & 3 & 3 & 2 & 2 \\ 5 & 9 & -8 & 4 & -7 \\ 2 & 2 & 2 & 1 & 1 \\ 6 & -3 & 7 & 4 & -5 \end{vmatrix}$ 中,求:(1)$A_{31}+A_{32}+A_{33}$;(2)$A_{34}+A_{35}$.

分析 本题可按代数余子式定义分别求出 $A_{31},A_{32},\cdots,A_{35}$,然后相加即得结果,但此方法要计算五个四阶行列式,计算起来非常麻烦. 除了用代数余子式定义直接计算的方法外,本章与代数余子式有关的结论只有"行列式按行(列)展开定理". 若用展开定理,我们需找出某行元素与第三行元素的代数余子式 $A_{31},A_{32},\cdots,A_{35}$ 对应相乘,然后相加,考虑到所求结果,选择第二行元素和第四行元素与第三行代数余子式运用行列式按行展开定理即可.

解 在 D 中选第二行元素与第三行代数余子式,用行列式按行展开定理,得

$$3A_{31}+3A_{32}+3A_{33}+2A_{34}+2A_{35}=0 \tag{1}$$

在 D 中选第四行元素与第三行代数余子式用行列式按行展开定理得

$$2A_{31}+2A_{32}+2A_{33}+A_{34}+A_{35}=0 \tag{2}$$

由式(1)、式(2)解得 $A_{31}+A_{32}+A_{33}=0,A_{34}+A_{35}=0$.

例 1.13 设

$$f(x)=\begin{vmatrix} 1 & 1 & 1 & 1 \\ 1 & -1 & 0 & 3 \\ 1 & 2 & 3 & 12 \\ 1 & x & x^2 & x^3 \end{vmatrix}+\begin{vmatrix} 1 & 1 & 1 & 1 \\ 1 & 2 & 4 & 8 \\ 0 & 1 & 6 & 15 \\ 1 & x & x^2 & x^3 \end{vmatrix}+\begin{vmatrix} 1 & 1 & 1 & 1 \\ 0 & 3 & 4 & 5 \\ 1 & 2 & 3 & 12 \\ 1 & x & x^2 & x^3 \end{vmatrix}$$

求 $f(x)=0$ 的根.

解

$$f(x)=\begin{vmatrix} 1 & 1 & 1 & 1 \\ 1 & -1 & 0 & 3 \\ 1 & 2 & 3 & 12 \\ 1 & x & x^2 & x^3 \end{vmatrix}+\begin{vmatrix} 1 & 1 & 1 & 1 \\ 0 & 3 & 4 & 5 \\ 1 & 2 & 3 & 12 \\ 1 & x & x^2 & x^3 \end{vmatrix}+\begin{vmatrix} 1 & 1 & 1 & 1 \\ 1 & 2 & 4 & 8 \\ 0 & 1 & 6 & 15 \\ 1 & x & x^2 & x^3 \end{vmatrix}$$

$$= \begin{vmatrix} 1 & 1 & 1 & 1 \\ 1 & 2 & 4 & 8 \\ 1 & 2 & 3 & 12 \\ 1 & x & x^2 & x^3 \end{vmatrix} + \begin{vmatrix} 1 & 1 & 1 & 1 \\ 1 & 2 & 4 & 8 \\ 0 & 1 & 6 & 15 \\ 1 & x & x^2 & x^3 \end{vmatrix} = \begin{vmatrix} 1 & 1 & 1 & 1 \\ 1 & 2 & 4 & 8 \\ 1 & 3 & 9 & 27 \\ 1 & x & x^2 & x^3 \end{vmatrix}$$

$$= (2-1)(3-1)(3-2)(x-1)(x-2)(x-3)$$

$$= 2(x-1)(x-2)(x-3)$$

所以$f(x)=0$的根为$x_1=1,x_2=2,x_3=3$.

例 1.14 求一个一元二次多项式$f(x)$，使$f(1)=0,f(2)=3,f(-3)=28$.

解 设所求多项式为$f(x)=ax^2+bx+c$，将$f(1)=0,f(2)=3,f(-3)=28$代入，得

$$\begin{cases} a+b+c=0 \\ 4a+2b+c=3 \\ 9a-3b+c=28 \end{cases} \tag{3}$$

则

$$D=\begin{vmatrix} 1 & 1 & 1 \\ 4 & 2 & 1 \\ 9 & -3 & 1 \end{vmatrix}=-20,\quad D_1=\begin{vmatrix} 0 & 1 & 1 \\ 3 & 2 & 1 \\ 28 & -3 & 1 \end{vmatrix}=-40$$

$$D_2=\begin{vmatrix} 1 & 0 & 1 \\ 4 & 3 & 1 \\ 9 & 28 & 1 \end{vmatrix}=60,\quad D_3=\begin{vmatrix} 1 & 1 & 0 \\ 4 & 2 & 3 \\ 9 & -3 & 28 \end{vmatrix}=-20$$

由克莱姆法则，方程组(3)有唯一解：$a=\dfrac{D_1}{D}=2,b=\dfrac{D_2}{D}=-3,c=\dfrac{D_3}{D}=1$，于是所求多项式为$f(x)=2x^2-3x+1$.

1.3 综合与提高

例 1.15 计算行列式$D_n=\begin{vmatrix} x & y & y & \cdots & y \\ z & x & y & \cdots & y \\ z & z & x & \cdots & y \\ \vdots & \vdots & \vdots & & \vdots \\ z & z & z & \cdots & x \end{vmatrix}$，其中$y\neq z$.

分析 将D_n的右下角元素x换成y后得到行列式D'_n，较易计算.

$$D'_n = \begin{vmatrix} x & y & y & \cdots & y & y \\ z & x & y & \cdots & y & y \\ z & z & x & \cdots & y & y \\ \vdots & \vdots & \vdots & & \vdots & \vdots \\ z & z & z & \cdots & x & y \\ z & z & z & \cdots & z & y \end{vmatrix} = y \begin{vmatrix} x & y & y & \cdots & y & 1 \\ z & x & y & \cdots & y & 1 \\ z & z & x & \cdots & y & 1 \\ \vdots & \vdots & \vdots & & \vdots & \vdots \\ z & z & z & \cdots & x & 1 \\ z & z & z & \cdots & z & 1 \end{vmatrix}$$

$$= y \begin{vmatrix} x-z & y-z & y-z & \cdots & y-z & 1 \\ 0 & x-z & y-z & \cdots & y-z & 1 \\ 0 & 0 & x-z & \cdots & y-z & 1 \\ \vdots & \vdots & \vdots & & \vdots & \vdots \\ 0 & 0 & 0 & \cdots & x-z & 1 \\ 0 & 0 & 0 & \cdots & 0 & 1 \end{vmatrix} = y(x-z)^{n-1}$$

而 D_n 与 D'_n 只相差右下角一个元素，此时可按行列式分行相加，将 D_n 拆成 D'_n 与另一个行列式相加的形式.

解

$$D_n = \begin{vmatrix} x & y & y & \cdots & y & y \\ z & x & y & \cdots & y & y \\ z & z & x & \cdots & y & y \\ \vdots & \vdots & \vdots & & \vdots & \vdots \\ z & z & z & \cdots & x & y \\ z & z & z & \cdots & z & y \end{vmatrix} + \begin{vmatrix} x & y & y & \cdots & y & y \\ z & x & y & \cdots & y & y \\ z & z & x & \cdots & y & y \\ \vdots & \vdots & \vdots & & \vdots & \vdots \\ z & z & z & \cdots & x & y \\ 0 & 0 & 0 & \cdots & 0 & x-y \end{vmatrix}$$

$$= y(x-z)^{n-1} + (x-y)D_{n-1}\text{（左边分析中算过，右边按最后一行展开）}$$

即

$$D_n = y(x-z)^{n-1} + (x-y)D_{n-1} \tag{4}$$

由 $D_n = D_n^{\mathrm{T}}$，在 D_n^{T} 中按上边方法拆行，得

$$D_n = D_n^{\mathrm{T}} = z(x-y)^{n-1} + (x-z)D_{n-1} \tag{5}$$

由式(4)、式(5)解出 $D_n = -\dfrac{z(x-y)^n - y(x-z)^n}{y-z}$.

总结 当 n 阶行列式 D_n 直接计算很难，而当改变 D_n 中某一个元素得到行列式 D'_n 很容易计算时，可按行列式的分行相加性将 D_n 拆成 D'_n 与另一个行列式相加的形式，其中 D'_n 易算出结果，而另一行列式可按行展开降阶计算，这种计算方法称作“拆行法”.

例 1.16 计算行列式 $D_n=\begin{vmatrix} x+a_1 & x & x & \cdots & x \\ x & x+a_2 & x & \cdots & x \\ x & x & x+a_3 & \cdots & x \\ \vdots & \vdots & \vdots & & \vdots \\ x & x & x & \cdots & x+a_n \end{vmatrix}$,其中 $a_1,a_2,\cdots,a_n$ 均非零.

分析 D_n 中每个元素上都有一个 x,我们希望将所有 x 都去掉,而 $a_1,a_2,\cdots,a_n$ 位置不发生变化,此时我们在 D_n 上添加一行 $x,x,x,\cdots,x$,将添加行的 (-1) 倍加到原来各行上,原来各行的 x 就都去掉了.由于 D_n 添加一行后,就不是“方”的了,因此我们再添加一列,将 D_n 变成 $n+1$ 阶行列式即可.

解

$$D_n=\begin{vmatrix} 1 & x & x & x & \cdots & x \\ 0 & x+a_1 & x & x & \cdots & x \\ 0 & x & x+a_2 & x & \cdots & x \\ 0 & x & x & x+a_3 & \cdots & x \\ \vdots & \vdots & \vdots & \vdots & & \vdots \\ 0 & x & x & x & \cdots & x+a_n \end{vmatrix}=\begin{vmatrix} 1 & x & x & x & \cdots & x \\ -1 & a_1 & 0 & 0 & \cdots & 0 \\ -1 & 0 & a_2 & 0 & \cdots & 0 \\ -1 & 0 & 0 & a_3 & \cdots & 0 \\ \vdots & \vdots & \vdots & \vdots & & \vdots \\ -1 & 0 & 0 & 0 & \cdots & a_n \end{vmatrix}$$

$$=\begin{vmatrix} 1+\frac{x}{a_1}+\frac{x}{a_2}+\cdots+\frac{x}{a_n} & x & x & x & \cdots & x \\ 0 & a_1 & 0 & 0 & \cdots & 0 \\ 0 & 0 & a_2 & 0 & \cdots & 0 \\ 0 & 0 & 0 & a_3 & \cdots & 0 \\ \vdots & \vdots & \vdots & \vdots & & \vdots \\ 0 & 0 & 0 & 0 & \cdots & a_n \end{vmatrix}=\left(1+\frac{x}{a_1}+\frac{x}{a_2}+\cdots+\frac{x}{a_n}\right)a_1a_2\cdots a_n$$

总结 本题解法称作“加边法”.一般情况下,若行列式 D_n 中每个元素上都有一个共同的部分 x,要将每个元素上的 x 都去掉,可以考虑用加边法.用加边法时,为了去掉每个元素上的共同部分 x,第一个加的边就选择 $x,x,\cdots,x$,第二个加的边一律加上 $1,0,0,\cdots,0$,这样可以保证加边后的 $n+1$ 阶行列式与原来的 n 阶行列式值相等.

例 1.17 求证

$$D_n = \begin{vmatrix} a+b & ab & 0 & \cdots & 0 & 0 \\ 1 & a+b & ab & \cdots & 0 & 0 \\ 0 & 1 & a+b & \cdots & 0 & 0 \\ \vdots & \vdots & \vdots & & \vdots & \vdots \\ 0 & 0 & 0 & \cdots & a+b & ab \\ 0 & 0 & 0 & \cdots & 1 & a+b \end{vmatrix} = \frac{a^{n+1}-b^{n+1}}{a-b}$$

分析 本题可先将 D_n 按行展开,找出 D_n, D_{n-1}, D_{n-2} 的递推关系,再利用数学归纳法,可由递推关系证出 D_n 的表达式.

证明 将 D_n 按第一行展开得

$$D_n = (a+b)\begin{vmatrix} a+b & ab & \cdots & 0 & 0 \\ 1 & a+b & \cdots & 0 & 0 \\ \vdots & \vdots & & \vdots & \vdots \\ 0 & 0 & \cdots & a+b & ab \\ 0 & 0 & \cdots & 1 & a+b \end{vmatrix} + ab(-1)^{1+2}\begin{vmatrix} 1 & ab & \cdots & 0 & 0 \\ 0 & a+b & \cdots & 0 & 0 \\ \vdots & \vdots & & \vdots & \vdots \\ 0 & 0 & \cdots & a+b & ab \\ 0 & 0 & \cdots & 1 & a+b \end{vmatrix}$$

$$= (a+b)D_{n-1} - ab\begin{vmatrix} 1 & ab \ \cdots \ 0 \ 0 \\ 0 & \\ \vdots & \\ 0 & \\ 0 & \quad \boldsymbol{D}_{n-2} \end{vmatrix}$$

即 $D_n = (a+b)D_{n-1} - abD_{n-2}$.

下面用数学归纳法证明结论.

当 $n=1$ 时,$D_1 = a+b = \dfrac{a^2-b^2}{a-b}$,命题成立.

当 $n=2$ 时, $D_2 = \begin{vmatrix} a+b & ab \\ 1 & a+b \end{vmatrix} = (a+b)^2 - ab = a^2+b^2+ab = \dfrac{a^3-b^3}{a-b}$,命题成立.

假设当 $n=k, n=k-1$ 时,命题成立. 当 $n=k+1$ 时,有

$$D_{k+1} = (a+b)D_k - abD_{k-1} = (a+b)\frac{a^{k+1}-b^{k+1}}{a-b} - ab\frac{a^k-b^k}{a-b}$$

$$= \frac{a^{k+2}-ab^{k+1}+ba^{k+1}-b^{k+2}-ba^{k+1}+ab^{k+1}}{a-b} = \frac{a^{k+2}-b^{k+2}}{a-b}$$

从而 $n=k+1$ 时命题成立，由数学归纳原理，对一切自然数 n，命题成立.

总结 当 D_n 中非零元素按规律排列在主对角线及其上、下一斜行时，可将 D_n 按行展开，找出 D_n, D_{n-1}, D_{n-2} 之间的递推关系，然后利用递推关系推导或证明出 D_n 即可.

例 1.18 利用范德蒙行列式证明

$$D=\begin{vmatrix}1&1&1&1\\a&b&c&d\\a^2&b^2&c^2&d^2\\a^4&b^4&c^4&d^4\end{vmatrix}=(a+b+c+d)(b-a)(c-a)(c-b)(d-a)(d-b)(d-c)$$

证明 构造范德蒙行列式

$$V_5=\begin{vmatrix}1&1&1&1&1\\a&b&c&d&x\\a^2&b^2&c^2&d^2&x^2\\a^3&b^3&c^3&d^3&x^3\\a^4&b^4&c^4&d^4&x^4\end{vmatrix}$$

则行列式 D 可看成 V_5 中 x^3 元素的余子式. 将 V_5 按第五列展开，得

$$V_5=A_{15}+A_{25}x+A_{35}x^2-Dx^3+A_{55}x^4$$

从而 $-D$ 可看成 V_5 展开式中 x^3 的系数. 又由 V_5 的范德蒙行列式展开公式，得

$$V_5=(b-a)(c-a)(c-b)(d-a)(d-b)(d-c)(x-a)(x-b)(x-c)(x-d)$$

从中看出 V_5 展开式中 x^3 的系数为

$$(b-a)(c-a)(c-b)(d-a)(d-b)(d-c)(-a-b-c-d)$$

所以

$$D=(b-a)(c-a)(c-b)(d-a)(d-b)(d-c)(a+b+c+d)$$

例 1.19 已知 $D_n=\begin{vmatrix}a&b&b&\cdots&b\\b&a&b&\cdots&b\\b&b&a&\cdots&b\\\vdots&\vdots&\vdots&&\vdots\\b&b&b&\cdots&a\end{vmatrix}$，求 D_n 中第一行各元素代数余子式之和 $A_{11}+A_{12}+\cdots+A_{1n}$.

解 构造行列式

$$D_n'=\begin{vmatrix}1&1&1&\cdots&1\\b&a&b&\cdots&b\\b&b&a&\cdots&b\\\vdots&\vdots&\vdots&&\vdots\\b&b&b&\cdots&a\end{vmatrix}$$

由代数余子式定义,在 D_n 中计算 $A_{11},A_{12},\cdots,A_{1n}$ 与在 D_n' 中计算 $A_{11},A_{12},\cdots,A_{1n}$ 是一样的. 下面我们在 D_n' 中计算 $A_{11}+A_{12}+\cdots+A_{1n}$. 由行列式按行展开定理,有

$$A_{11}+A_{12}+\cdots+A_{1n}=D_n'=\begin{vmatrix}1&1&1&\cdots&1\\b&a&b&\cdots&b\\b&b&a&\cdots&b\\\vdots&\vdots&\vdots&&\vdots\\b&b&b&\cdots&a\end{vmatrix}=\begin{vmatrix}1&1&1&\cdots&1\\0&a-b&0&\cdots&0\\0&0&a-b&\cdots&0\\\vdots&\vdots&\vdots&&\vdots\\0&0&0&\cdots&a-b\end{vmatrix}$$

$$=(a-b)^{n-1}$$

总结 若求 D_n 中某行元素代数余子式的线性组合 $k_1A_{i1}+k_2A_{i2}+\cdots+k_nA_{in}$,则可构造新的行列式 D_n',将 D_n 中第 i 行元素 $a_{i1},a_{i2},\cdots,a_{in}$ 换成组合系数 $k_1,k_2,\cdots,k_n$,得新行列式 D_n'. 在 D_n 中求出 $k_1A_{i1}+k_2A_{i2}+\cdots+k_nA_{in}$ 的方法与在 D_n' 中是一样的,而在 D_n' 中所求组合就是 D_n' 的行列式值,所以求出 D_n' 的值即为组合 $k_1A_{i1}+k_2A_{i2}+\cdots+k_nA_{in}$ 的值.

例 1.20 已知 $a_1,a_2,\cdots,a_n$ 互不相等,求解方程组

$$\begin{cases}x_1+a_1x_2+a_1^2x_3+\cdots+a_1^{n-1}x_n=2\\x_1+a_2x_2+a_2^2x_3+\cdots+a_2^{n-1}x_n=2\\\qquad\qquad\vdots\\x_1+a_nx_2+a_n^2x_3+\cdots+a_n^{n-1}x_n=2\end{cases}$$

解 方程组的系数行列式为

$$D=\begin{vmatrix}1&a_1&a_1^2&\cdots&a_1^{n-1}\\1&a_2&a_2^2&\cdots&a_2^{n-1}\\\vdots&\vdots&\vdots&&\vdots\\1&a_n&a_n^2&\cdots&a_n^{n-1}\end{vmatrix}=\prod_{1\leqslant i<j\leqslant n}(a_j-a_i)$$

由 $a_1,a_2,\cdots,a_n$ 互不相等,得 $D\neq0$. 由克莱姆法则,方程组有唯一解,即

$$D_1=\begin{vmatrix}2&a_1&a_1^2&\cdots&a_1^{n-1}\\2&a_2&a_2^2&\cdots&a_2^{n-1}\\\vdots&\vdots&\vdots&&\vdots\\2&a_n&a_n^2&\cdots&a_n^{n-1}\end{vmatrix}=2D$$

$$D_2=\begin{vmatrix}1&2&a_1^2&\cdots&a_1^{n-1}\\1&2&a_2^2&\cdots&a_2^{n-1}\\\vdots&\vdots&\vdots&&\vdots\\1&2&a_n^2&\cdots&a_n^{n-1}\end{vmatrix}=0$$

$$\cdots$$

$$D_n = \begin{vmatrix} 1 & a_1 & a_1^2 & \cdots & 2 \\ 1 & a_2 & a_2^2 & \cdots & 2 \\ \vdots & \vdots & \vdots & & \vdots \\ 1 & a_n & a_n^2 & \cdots & 2 \end{vmatrix} = 0$$

所以方程组的唯一解为

$$x_1 = \frac{D_1}{D} = 2, x_2 = \frac{D_2}{D} = 0, \cdots, x_n = \frac{D_n}{D} = 0$$

例 1.21 已知 xOy 平面上两点 $P(x_1, y_1), Q(x_2, y_2)$,求证:经过 P, Q 两点的直线方程为

$$\begin{vmatrix} x & y & 1 \\ x_1 & y_1 & 1 \\ x_2 & y_2 & 1 \end{vmatrix} = 0$$

证明 设经过 P, Q 两点的直线方程为

$$ax + by + c = 0$$

其中 (x, y) 是所求直线上的任意一点,直线通过点 $P(x_1, y_1), Q(x_2, y_2)$,所以有

$$ax_1 + by_1 + c = 0,\ ax_2 + by_2 + c = 0$$

与直线方程联立,得方程组

$$\begin{cases} ax + by + c = 0 \\ ax_1 + by_1 + c = 0 \\ ax_2 + by_2 + c = 0 \end{cases} \tag{6}$$

将式(6)看成以 a, b, c 为未知数的齐次方程组,对直线上任意一点 (x, y),式(6)对应的未知数 a, b, c 有非零解,由克莱姆法则知

$$\begin{vmatrix} x & y & 1 \\ x_1 & y_1 & 1 \\ x_2 & y_2 & 1 \end{vmatrix} = 0 \tag{7}$$

式(7)是关于 x, y 的一次方程,代表一条直线. 又由 $(x_1, y_1), (x_2, y_2)$ 都满足式(7),故式(7)即为所求直线方程.

1.4 同步训练题

1. 判断对错

(1) n 阶行列式 D 等于零的充分必要条件是 D 的某两行(或某两列)元素对应成比例.

(2)在一个 n 阶行列式中,若零元素的个数比 n^2-n 还多,则该行列式必为零.

(3) $\begin{vmatrix} 0 & 0 & 0 & a \\ 0 & 0 & b & 0 \\ 0 & c & 0 & 0 \\ d & 0 & 0 & 0 \end{vmatrix} = -abcd.$

(4) $\begin{vmatrix} a_1+b_1 & a_2+b_2 \\ a_3+b_3 & a_4+b_4 \end{vmatrix} = \begin{vmatrix} a_1 & a_2 \\ a_3 & a_4 \end{vmatrix} + \begin{vmatrix} b_1 & b_2 \\ b_3 & b_4 \end{vmatrix}.$

(5) $\begin{vmatrix} ka & kb \\ kc & kd \end{vmatrix} = k\begin{vmatrix} a & b \\ c & d \end{vmatrix}.$

(6)在一个 n 阶行列式中,若某行元素的各余子式均为零,则该行列式为零.

(7)若方程组 $\begin{cases} a_{11}x_1+a_{12}x_2+\cdots+a_{1n}x_n=b_1 \\ a_{21}x_1+a_{22}x_2+\cdots+a_{2n}x_n=b_2 \\ \qquad\vdots \\ a_{n1}x_1+a_{n2}x_2+\cdots+a_{nn}x_n=b_n \end{cases}$ 有无穷解,则系数行列式 $|a_{ij}|_{n\times n}=0$.

(8)若系数行列式 $|a_{ij}|_{n\times n}=0$,则方程组 $\begin{cases} a_{11}x_1+a_{12}x_2+\cdots+a_{1n}x_n=b_1 \\ a_{21}x_1+a_{22}x_2+\cdots+a_{2n}x_n=b_2 \\ \qquad\vdots \\ a_{n1}x_1+a_{n2}x_2+\cdots+a_{nn}x_n=b_n \end{cases}$ 有无穷解.

2. 填空题

(1)设 $a_{65}a_{k2}a_{33}a_{s4}a_{46}a_{21}$ 是六阶行列式中的一项,则 $k=$________,$s=$________时,该项取正号.

(2)行列式 $\begin{vmatrix} 0 & 0 & 2 & -5 \\ 0 & 0 & -1 & 3 \\ 2 & 1 & -8 & 6 \\ 9 & 4 & 7 & -9 \end{vmatrix}$ 的值为________.

(3)在四阶行列式 $\begin{vmatrix} 8 & 1 & 2 & 5 \\ 3 & 1 & 0 & -2 \\ 5 & 1 & -3 & 7 \\ 4 & 1 & 3 & 8 \end{vmatrix}$ 中,$A_{14}+A_{24}+A_{34}+A_{44}=$________.

(4) 若直线 $l_1:\begin{cases}a_1x+b_1y+c_1z+d_1=0\\a_2x+b_2y+c_2z+d_2=0\end{cases}$ 与 $l_2:\begin{cases}a_3x+b_3y+c_3z+d_3=0\\a_4x+b_4y+c_4z+d_4=0\end{cases}$ 交于一点,则行列式

$$\begin{vmatrix}a_1&b_1&c_1&d_1\\a_2&b_2&c_2&d_2\\a_3&b_3&c_3&d_3\\a_4&b_4&c_4&d_4\end{vmatrix}=\underline{\qquad\qquad}.$$

3. 计算下列行列式

(1) $D=\begin{vmatrix}1&2&1&4\\0&-1&2&1\\1&0&1&3\\0&1&3&1\end{vmatrix}$; (2) $D=\begin{vmatrix}a_1&0&0&b_1\\0&a_2&b_2&0\\0&b_3&a_3&0\\b_4&0&0&a_4\end{vmatrix}$;

(3) $D=\begin{vmatrix}5&1&1&1\\1&5&1&1\\1&1&5&1\\1&1&1&5\end{vmatrix}$; (4) $D_n=\begin{vmatrix}a&b&0&\cdots&0&0\\0&a&b&\cdots&0&0\\0&0&a&\cdots&0&0\\\vdots&\vdots&\vdots&&\vdots&\vdots\\0&0&0&\cdots&a&b\\b&0&0&\cdots&0&a\end{vmatrix}$;

(5) $D_n=\begin{vmatrix}5&2&0&\cdots&0&0\\3&5&2&\cdots&0&0\\0&3&5&\cdots&0&0\\\vdots&\vdots&\vdots&&\vdots&\vdots\\0&0&0&\cdots&5&2\\0&0&0&\cdots&3&5\end{vmatrix}$; (6) $D_n=\begin{vmatrix}\lambda&a&a&a&\cdots&a\\b&\alpha&\beta&\beta&\cdots&\beta\\b&\beta&\alpha&\beta&\cdots&\beta\\b&\beta&\beta&\alpha&\cdots&\beta\\\vdots&\vdots&\vdots&\vdots&&\vdots\\b&\beta&\beta&\beta&\cdots&\alpha\end{vmatrix}$;

(7) 已知 $x_1^2+x_2^2+\cdots+x_n^2=1$,计算 $D_n=\begin{vmatrix}1-2x_1^2&-2x_1x_2&\cdots&-2x_1x_n\\-2x_2x_1&1-2x_2^2&\cdots&-2x_2x_n\\\vdots&\vdots&&\vdots\\-2x_nx_1&-2x_nx_2&\cdots&1-2x_n^2\end{vmatrix}$.

4. 若在 $|a_{ij}|_{n\times n}$ 中,满足 $a_{ij}=-a_{ji}(i=1,2,\cdots,n;j=1,2,\cdots,n)$,则称 $|a_{ij}|_{n\times n}$ 为反对称行列式. 求证:奇数阶反对称行列式值为零.

5. 已知 xOy 平面上三条不同直线 $l_1:ax+by+c=0$, $l_2:bx+cy+a=0$, $l_3:cx+ay+b=0$. 求证:l_1,l_2,l_3 交于一点的充分必要条件为 $a+b+c=0$.

1.5 同步训练题答案与提示

1. (1)错 (2)对 (3)错 (4)错 (5)错 (6)对 (7)对 (8)错

2. (1)$k=5,s=1$ (2)-1 (3)0 (4)0

3. (1)-7 (2)$(a_1a_4-b_1b_4)(a_2a_3-b_2b_3)$ (3)512 (4)$a^n+(-1)^{n+1}b^n$

(5)$3^{n+1}-2^{n+1}$ (提示:按行展开得 $D_n=5D_{n-1}-6D_{n-2}$,整理得

$D_n-2D_{n-1}=3(D_{n-1}-2D_{n-2})=3^2(D_{n-2}-2D_{n-3})=\cdots=3^{n-2}(D_2-2D_1)$

$D_n-3D_{n-1}=2(D_{n-1}-3D_{n-2})=2^2(D_{n-2}-2D_{n-3})=\cdots=2^{n-2}(D_2-3D_1)$

联立,解出 D_n)

(6)$[\lambda\alpha+(n-2)\lambda\beta-(n-1)ab](\alpha-\beta)^{n-2}$(提示:用拆行法)

(7)-1(提示:用加边法)

4. 由已知 $|a_{ij}|^{\mathrm{T}}_{n\times n}=|-a_{ij}|_{n\times n}$,则 $|a_{ij}|_{n\times n}=|a_{ij}|^{\mathrm{T}}_{n\times n}=|-a_{ij}|_{n\times n}=(-1)^n|a_{ij}|_{n\times n}$ $\xlongequal{n\text{为奇数}}-|a_{ij}|_{n\times n}$,所以 $|a_{ij}|_{n\times n}=0$.

5. 提示:必要性($\Rightarrow$) 将 l_1,l_2,l_3 方程联立成方程组,在方程组中将 a,b,c 看成未知数,用克莱姆法则.

充分性($\Leftarrow$) 由 $a+b+c=0$,得 l_1,l_2,l_3 都经过$(1,1)$点.

第 2 章　空间解析几何

2.1　知 识 要 点

1. 理解空间直角坐标系、卦限、点的坐标的定义，掌握两点间距离公式.

设点 $M_1(x_1,y_1,z_1)$，$M_2(x_2,y_2,z_2)$，则两点间的距离为

$$d = |M_1M_2| = \sqrt{(x_2-x_1)^2+(y_2-y_1)^2+(z_2-z_1)^2}$$

2. 理解空间向量、向量的表示、向量的长度、零向量、单位向量、向量相等的定义.

3. 掌握向量的坐标化，会用坐标表示向量及向量的长度.

(1) 若 $\boldsymbol{a}$ 的起点为 $B(b_1,b_2,b_3)$，终点为 $C(c_1,c_2,c_3)$，则

$$\boldsymbol{a} = \{c_1-b_1, c_2-b_2, c_3-b_3\}$$

(2) 若 $\boldsymbol{a}=\{a_1,a_2,a_3\}$，则 $\boldsymbol{a}$ 的长度为 $|\boldsymbol{a}| = \sqrt{a_1^2+a_2^2+a_3^2}$.

4. 掌握向量的运算.

(1) 数乘向量及其坐标表示.

(2) 向量的加减法及其坐标表示.

5. 熟练掌握向量的加法和数乘运算的性质(这里 λ,μ 为实数).

(1) $\boldsymbol{a}+\boldsymbol{b}=\boldsymbol{b}+\boldsymbol{a}$;

(2) $(\boldsymbol{a}+\boldsymbol{b})+\boldsymbol{c}=\boldsymbol{a}+(\boldsymbol{b}+\boldsymbol{c})$;

(3) $\lambda(\boldsymbol{a}+\boldsymbol{b})=\lambda\boldsymbol{a}+\lambda\boldsymbol{b}$;

(4) $(\lambda+\mu)\boldsymbol{a}=\lambda\boldsymbol{a}+\mu\boldsymbol{a}$;

(5) $(\lambda\mu)\boldsymbol{a}=\lambda(\mu\boldsymbol{a})=\mu(\lambda\boldsymbol{a})$.

6. 理解坐标向量、向量的标准分解的定义.

7. 掌握向量的方向角、方向余弦的概念，理解方向余弦与向量的单位化之间的关系，即设 $\boldsymbol{a}=\{a_1,a_2,a_3\}$，则

$$\begin{aligned}\boldsymbol{a}^0 &= \frac{\boldsymbol{a}}{|\boldsymbol{a}|} = \frac{1}{\sqrt{a_1^2+a_2^2+a_3^2}}\{a_1,a_2,a_3\} \\ &= \left\{\frac{a_1}{\sqrt{a_1^2+a_2^2+a_3^2}}, \frac{a_2}{\sqrt{a_1^2+a_2^2+a_3^2}}, \frac{a_3}{\sqrt{a_1^2+a_2^2+a_3^2}}\right\} \\ &= \{\cos\alpha, \cos\beta, \cos\gamma\}\end{aligned}$$

其中 α,β,γ 分别为向量 $\boldsymbol{a}$ 与坐标向量 $\boldsymbol{i},\boldsymbol{j},\boldsymbol{k}$ 的夹角.

8. 熟练掌握向量的数量积的定义、坐标表示及基本性质.

定义:$\boldsymbol{a}\cdot\boldsymbol{b}=|\boldsymbol{a}|\cdot|\boldsymbol{b}|\cos\theta$,其中 θ 为 $\boldsymbol{a}$ 与 $\boldsymbol{b}$ 的夹角,$0\leqslant\theta\leqslant\pi$.

若 $\boldsymbol{a}=\{a_1,a_2,a_3\}$,$\boldsymbol{b}=\{b_1,b_2,b_3\}$,则 $\boldsymbol{a}\cdot\boldsymbol{b}=a_1b_1+a_2b_2+a_3b_3$.

性质:(1)$\boldsymbol{a}\cdot\boldsymbol{b}=\boldsymbol{b}\cdot\boldsymbol{a}$;

(2)$(\boldsymbol{a}+\boldsymbol{b})\cdot\boldsymbol{c}=\boldsymbol{a}\cdot\boldsymbol{c}+\boldsymbol{b}\cdot\boldsymbol{c}$;

(3)$|\boldsymbol{a}|^2=\boldsymbol{a}\cdot\boldsymbol{a}$;

(4)$\lambda(\boldsymbol{a}\cdot\boldsymbol{b})=(\lambda\boldsymbol{a})\cdot\boldsymbol{b}=\boldsymbol{a}\cdot(\lambda\boldsymbol{b})$;

(5)若 $|\boldsymbol{a}|\cdot|\boldsymbol{b}|\neq0$,则 $\cos\theta=\dfrac{\boldsymbol{a}\cdot\boldsymbol{b}}{|\boldsymbol{a}|\cdot|\boldsymbol{b}|}$;

(6)$\boldsymbol{a}\perp\boldsymbol{b}\Leftrightarrow\boldsymbol{a}\cdot\boldsymbol{b}=0$.

9. 熟练掌握向量的向量积的定义、坐标表示及基本性质.

定义:称 $\boldsymbol{a}\times\boldsymbol{b}$ 为 $\boldsymbol{a}$ 与 $\boldsymbol{b}$ 的向量积,$\boldsymbol{a}\times\boldsymbol{b}$ 是一个向量,规定 $|\boldsymbol{a}\times\boldsymbol{b}|=|\boldsymbol{a}||\boldsymbol{b}|\sin\theta$,其中 θ 为 $\boldsymbol{a}$ 与 $\boldsymbol{b}$ 的夹角,$0\leqslant\theta\leqslant\pi$,$\boldsymbol{a}\times\boldsymbol{b}$ 的方向由右手法则确定,即 $\boldsymbol{a},\boldsymbol{b},\boldsymbol{a}\times\boldsymbol{b}$ 的方向满足右手法则.

若 $\boldsymbol{a}=(a_1,a_2,a_3)$,$\boldsymbol{b}=(b_1,b_2,b_3)$,则 $\boldsymbol{a}\times\boldsymbol{b}=\begin{vmatrix}\boldsymbol{i}&\boldsymbol{j}&\boldsymbol{k}\\x_1&y_1&z_1\\x_2&y_2&z_2\end{vmatrix}$.

性质:(1)$\boldsymbol{a}\times\boldsymbol{b}\perp\boldsymbol{a}$,$\boldsymbol{a}\times\boldsymbol{b}\perp\boldsymbol{b}$;

(2)$\boldsymbol{a}\times\boldsymbol{b}=-\boldsymbol{b}\times\boldsymbol{a}$;

(3)$(\boldsymbol{a}+\boldsymbol{b})\times\boldsymbol{c}=\boldsymbol{a}\times\boldsymbol{c}+\boldsymbol{b}\times\boldsymbol{c}$;

(4)$\boldsymbol{a}/\!/\boldsymbol{b}\Leftrightarrow\boldsymbol{a}\times\boldsymbol{b}=0$;

(5)$S_{\triangle ABC}=\dfrac{1}{2}|\overrightarrow{AB}\times\overrightarrow{AC}|$.

10. 理解数量积与向量积的本质差别:数量积是数,而向量积是与已知的两个向量均垂直的一个向量.

11. 了解向量混合积的定义、几何意义及其与三阶行列式的联系.

12. 熟练掌握平面的三种方程.

(1)点法式方程:$A(x-x_0)+B(y-y_0)+C(z-z_0)=0$,其中向量 $\boldsymbol{n}=\{A,B,C\}$ 为平面的法向量,点 (x_0,y_0,z_0) 为平面上一点.

(2)一般式方程:$Ax+By+Cz+D=0$,其中向量 $\boldsymbol{n}=\{A,B,C\}$ 为平面的法向量.

(3)截距式方程:$\dfrac{x}{a}+\dfrac{y}{b}+\dfrac{z}{c}=1\ (abc\neq0)$.

13. 掌握两个平面的位置关系及其判定.

设两平面 $\Pi_1:A_1x+B_1y+C_1z+D_1=0$,$\Pi_2:A_2x+B_2y+C_2z+D_2=0$,则

(1)$\Pi_1\perp\Pi_2\Leftrightarrow A_1A_2+B_1B_2+C_1C_2=0$;

(2) $\Pi_1 /\!/ \Pi_2 \Leftrightarrow \dfrac{A_1}{A_2}=\dfrac{B_1}{B_2}=\dfrac{C_1}{C_2}$;

(3) Π_1,Π_2 重合 $\Leftrightarrow \dfrac{A_1}{A_2}=\dfrac{B_1}{B_2}=\dfrac{C_1}{C_2}=\dfrac{D_1}{D_2}$.

14. 熟练掌握点到平面的距离公式.

设 $P_0(x_0,y_0,z_0)$ 为平面 $\Pi: Ax+By+Cz+D=0$ 外的一点,则点 P_0 到平面的距离为

$$d=\frac{|Ax_0+By_0+Cz_0+D|}{\sqrt{A^2+B^2+C^2}}$$

15. 熟练掌握直线的三种方程.

(1)点向式(对称式)方程:$\dfrac{x-x_0}{l}=\dfrac{y-y_0}{m}=\dfrac{z-z_0}{n}$,其中 $\boldsymbol{d}=\{l,m,n\}$ 是直线的方向向量,点 (x_0,y_0,z_0) 为直线上一点.

(2)参数式方程:$\begin{cases}x=x_0+lt\\ y=y_0+mt\\ z=z_0+nt\end{cases}$,其中 $\boldsymbol{d}=\{l,m,n\}$ 是直线的方向向量,点 (x_0,y_0,z_0) 为直线上一点.

(3)一般式方程:$L:\begin{cases}A_1x+B_1y+C_1z+D_1=0\\ A_2x+B_2y+C_2z+D_2=0\end{cases}$.

16. 理解点到直线距离公式

$$d=\frac{|\overrightarrow{P_0P_1}\times \boldsymbol{l}|}{|\boldsymbol{l}|}$$

其中,P_0 为直线外一点,P_1 为直线上任一点,$\boldsymbol{l}$ 为直线的方向向量.

17. 掌握直线的三种方程之间的互相转化.

18. 掌握两直线的位置关系及其判定.

设两直线为 $L_1:\dfrac{x-x_1}{l_1}=\dfrac{y-y_1}{m_1}=\dfrac{z-z_1}{n_1}$,$L_2:\dfrac{x-x_2}{l_2}=\dfrac{y-y_2}{m_2}=\dfrac{z-z_2}{n_2}$,则

(1) $L_1\perp L_2 \Leftrightarrow l_1l_2+m_1m_2+n_1n_2=0$;

(2) $L_1 /\!/ L_2 \Leftrightarrow \dfrac{l_1}{l_2}=\dfrac{m_1}{m_2}=\dfrac{n_1}{n_2}$.

19. 掌握直线与平面的位置关系及判定.

设直线与平面分别为 $L:\dfrac{x-x_0}{l}=\dfrac{y-y_0}{m}=\dfrac{z-z_0}{n}$,$\Pi: Ax+By+Cz+D=0$,则

(1) $L /\!/ \Pi \Leftrightarrow Al+Bm+Cn=0$;

(2) $L \perp \Pi \Leftrightarrow \frac{A}{l}=\frac{B}{m}=\frac{C}{n}$;

(3) 设 L 与 Π 的夹角为 $\theta\left(0\leqslant\theta\leqslant\frac{\pi}{2}\right)$,则

$$\sin\theta = \frac{|Al + Bm + Cn|}{\sqrt{A^2 + B^2 + C^2}\cdot\sqrt{l^2 + m^2 + n^2}}$$

20. 掌握平面束方程及其应用.

设 $L:\begin{cases}A_1x+B_1y+C_1z+D_1=0\\A_2x+B_2y+C_2z+D_2=0\end{cases}$,则通过 L 的全体平面(除平面 $A_2x+B_2y+C_2z+D_2=0$ 外)可表示为

$$A_1x + B_1y + C_1z + D_1 + \lambda(A_2x + B_2y + C_2z + D_2) = 0$$

其中,λ 为参数.

21. 掌握八种空间曲面方程.

(1) 球面方程

$$(x - x_0)^2 + (y - y_0)^2 + (z - z_0)^2 = R^2$$

其中球心坐标为 (x_0,y_0,z_0),球半径为 R.

(2) 母线平行于坐标轴的柱面方程

以曲线 $C:\begin{cases}F(x,y)=0\\z=0\end{cases}$ 为准线,母线平行于 z 轴的柱面方程为 $F(x,y)=0$.

同理可得母线平行于 x 轴、y 轴的柱面方程.

(3) 旋转曲面方程

设 $C:\begin{cases}F(y,z)=0\\x=0\end{cases}$ 为 yOz 平面内的一条曲线,曲线 C 分别绕 y 轴、z 轴旋转一周所得的曲面方程分别为

$$F(y, \pm\sqrt{x^2 + z^2}) = 0,\ F(\pm\sqrt{y^2 + x^2}, z) = 0$$

(4) 椭球面方程

$$\frac{x^2}{a^2} + \frac{y^2}{b^2} + \frac{z^2}{c^2} = 1$$

(5) 椭圆抛物面方程

$$\frac{x^2}{2p} + \frac{y^2}{2q} = z \quad (p,q\text{ 同号})$$

(6) 双曲抛物面方程

$$-\frac{x^2}{2p} + \frac{y^2}{2q} = z \quad (p,q\text{ 同号})$$

(7)单叶双曲面方程

$$\frac{x^2}{a^2}+\frac{y^2}{b^2}-\frac{z^2}{c^2}=1$$

(8)双叶双曲面方程

$$\frac{x^2}{a^2}+\frac{y^2}{b^2}-\frac{z^2}{c^2}=-1$$

22. 理解空间曲线及其方程.

(1)一般方程

$$L:\begin{cases}F(x,y,z)=0\\G(x,y,z)=0\end{cases}$$

(2)参数方程

$$L:\begin{cases}x=x(t)\\y=y(t)\\z=z(t)\end{cases}\quad(t\text{ 为参数})$$

23. 掌握空间曲线在坐标面上的投影方程的求法.

设 $C:\begin{cases}F(x,y,z)=0\\G(x,y,z)=0\end{cases}$ 为一空间曲线,在方程组中消去变量 z 得到方程 $H(x,y)=0$,则曲线 C 在 xOy 面的投影曲线方程为 $\begin{cases}H(x,y)=0\\z=0\end{cases}$. 同理可求曲线 C 在其他坐标面上的投影曲线方程.

2.2 典型题解析

例 2.1 讨论下列命题是否正确,并说明理由.

(1)若 $\boldsymbol{a}\neq\boldsymbol{0}$,且 $\boldsymbol{a}\cdot\boldsymbol{b}=\boldsymbol{a}\cdot\boldsymbol{c}$,则 $\boldsymbol{b}=\boldsymbol{c}$.

(2)若 $\boldsymbol{a}\neq\boldsymbol{0}$,且 $\boldsymbol{a}\times\boldsymbol{b}=\boldsymbol{a}\times\boldsymbol{c}$,则 $\boldsymbol{b}=\boldsymbol{c}$.

解 (1)不正确. 因为

$$\boldsymbol{a}\cdot\boldsymbol{b}=\boldsymbol{a}\cdot\boldsymbol{c}\Leftrightarrow\boldsymbol{a}\cdot(\boldsymbol{b}-\boldsymbol{c})=0\Leftrightarrow\boldsymbol{a}\perp(\boldsymbol{b}-\boldsymbol{c})$$

不一定要求 $\boldsymbol{b}=\boldsymbol{c}$ 才能使 $\boldsymbol{a}\cdot(\boldsymbol{b}-\boldsymbol{c})=0$.

(2)不正确. 因为

$$\boldsymbol{a}\times\boldsymbol{b}=\boldsymbol{a}\times\boldsymbol{c}\Leftrightarrow\boldsymbol{a}\times(\boldsymbol{b}-\boldsymbol{c})=\boldsymbol{0}\Leftrightarrow\boldsymbol{a}\parallel(\boldsymbol{b}-\boldsymbol{c})$$

不一定要求 $\boldsymbol{b}=\boldsymbol{c}$ 才能使 $\boldsymbol{a}\times(\boldsymbol{b}-\boldsymbol{c})=\boldsymbol{0}$.

例 2.2 用向量法导出余弦定理 $c^2=a^2+b^2-2ab\cos C$.

解 令 $|\boldsymbol{c}|=c$, $|\boldsymbol{b}|=b$, $|\boldsymbol{a}|=a$,则

$$\angle C=\pi-<\boldsymbol{a},\boldsymbol{b}>,\boldsymbol{c}=\boldsymbol{a}+\boldsymbol{b}$$

$$\boldsymbol{c}^2=(\boldsymbol{a}+\boldsymbol{b})^2=\boldsymbol{a}^2+2\boldsymbol{a}\cdot\boldsymbol{b}+\boldsymbol{b}^2$$

$$=a^2+b^2+2|\boldsymbol{a}||\boldsymbol{b}|\cos<\boldsymbol{a},\boldsymbol{b}>$$

$$c^2=a^2+b^2-2ab\cos C$$

总结 利用矢量来证明一些初等几何问题是矢量的应用之一,这样通常会使问题更简便.

例 2.3 已知 $\boldsymbol{a},\boldsymbol{b}$ 满足 $\boldsymbol{a}+\boldsymbol{b}=0,|\boldsymbol{a}|=2,|\boldsymbol{b}|=2$,求 $\boldsymbol{a}\cdot\boldsymbol{b}$.

解 由

$$|\boldsymbol{a}+\boldsymbol{b}|^2=(\boldsymbol{a}+\boldsymbol{b})^2=|\boldsymbol{a}|^2+2\boldsymbol{a}\cdot\boldsymbol{b}+|\boldsymbol{b}|^2=8+2\boldsymbol{a}\cdot\boldsymbol{b}=0$$

所以 $\boldsymbol{a}\cdot\boldsymbol{b}=-4$.

例 2.4 向量 $\boldsymbol{p}$ 垂直于向量 $\boldsymbol{a}_1=\{2,3,-1\}$ 与 $\boldsymbol{a}_2=\{1,-2,3\}$,且满足 $\boldsymbol{p}\cdot(2\boldsymbol{i}-\boldsymbol{j}+\boldsymbol{k})=-6$,求 $\boldsymbol{p}$ 的坐标.

解 解法一:设 $\boldsymbol{p}=\{x,y,z\}$,由题意有

$$\begin{cases}2x+3y-z=0\\x-2y+3z=0\\2x-y+z=-6\end{cases}$$

解得 $x=-3,y=z=3$,故 $\boldsymbol{p}=\{-3,3,3\}$.

解法二:设 $\boldsymbol{p}=\{x,y,z\}$,由题意有

$$\boldsymbol{p}\parallel\boldsymbol{a}_1\times\boldsymbol{a}_2=\{7,-7,-7\}$$

则

$$\frac{x}{7}=\frac{y}{-7}=\frac{z}{-7}$$

又 $\boldsymbol{p}\cdot(2\boldsymbol{i}-\boldsymbol{j}+\boldsymbol{k})=-6$,即 $2x-y+z=-6$,故 $\boldsymbol{p}=\{-3,3,3\}$.

例 2.5 在顶点为 $A(1,-1,2),B(5,-6,2),C(1,3,-1)$ 的三角形中,求 AC 边上的高 h.

解 $\overrightarrow{AC}=\{0,4,-3\},\overrightarrow{AB}=\{4,-5,0\}$

$$S_{\triangle ABC}=\frac{1}{2}|\overrightarrow{AC}\times\overrightarrow{AB}|=\frac{1}{2}\sqrt{15^2+12^2+16^2}=\frac{25}{2}$$

又

$$S_{\triangle ABC}=\frac{1}{2}h\cdot|\overrightarrow{AC}|=\frac{5}{2}h$$

所以

$$h=5$$

例 2.6 求出下列各平面的方程:

(1)过点 $M_1(1,1,1),M_2(0,2,1)$ 且平行于向量 $\boldsymbol{a}=\{2,0,1\}$;

(2)过点 $(3,-2,4)$ 且垂直于 x 轴;

(3)过点 $(1,3,2)$ 且平行于平面 $2x+y+z=1$;

(4)过点(2,5,-1)且平行于向量$\boldsymbol{a}_1=\{10,3,1\}$和$\boldsymbol{a}_2=\{2,4,5\}$;

(5)过点$P(1,0,2)$及y轴;

(6)过点$M_1(1,1,1)$,$M_2(0,1,-1)$且与平面$x+y+z=0$垂直.

解 (1)因为所求平面的法向量同时垂直于$\overrightarrow{M_1M_2}$和$\boldsymbol{a}$,故可取向量

$$\boldsymbol{n}=\overrightarrow{M_1M_2}\times\boldsymbol{a}=\{-1,1,0\}\times\{2,0,1\}=\{1,1,-2\}$$

作为所求平面的法向量,于是所求平面方程为

$$(x-1)+(y-1)-2(z-1)=0$$

即

$$x+y-2z=0$$

(2)所求平面方程为$x=3$.

(3)所求平面的法向量$\boldsymbol{n}$与已给平面的法向量平行,故可取$\boldsymbol{n}=\{2,1,1\}$,所求平面方程为

$$2(x-1)+(y-3)+(z-2)=0$$

即

$$2x+y+z-7=0$$

(4)所求平面的法向量$\boldsymbol{n}$同时垂直于$\boldsymbol{a}_1$和$\boldsymbol{a}_2$,故

$$\boldsymbol{n}=\boldsymbol{a}_1\times\boldsymbol{a}_2=\{10,3,1\}\times\{2,4,5\}=\{11,-48,34\}$$

所求平面方程为

$$11(x-2)-48(y-5)+34(z+1)=0$$

即

$$11x-48y+34z+252=0$$

(5)平面过y轴,则必过原点O,故所求平面的法向量

$$\boldsymbol{n}=\overrightarrow{OP}\times\boldsymbol{j}=\{1,0,2\}\times\{0,1,0\}=\{-2,0,1\}$$

所求平面方程为$z-2x=0$.

(6)所求平面的法向量$\boldsymbol{n}$既垂直于向量$\overrightarrow{M_1M_2}$,又垂直于已给平面的法向量$\boldsymbol{n}_1=\{1,1,1\}$,故

$$\boldsymbol{n}=\overrightarrow{M_1M_2}\times\boldsymbol{n}_1=\{-1,0,-2\}\times\{1,1,1\}=\{2,-1,-1\}$$

所求平面方程为

$$2(x-1)-(y-1)-(z-1)=0$$

即

$$2x-y-z=0$$

总结 求平面方程的关键是求所求平面的法向量,要注意所求平面的法向量与一些已知向量的垂直关系.另外,如果一个向量分别垂直于两个已知向量,则这个向量可取为这两个已知向量的向量积.

例 2.7 写出下列各平面方程：

(1)过平面 $\Pi_1:2x-3y-z+1=0$ 与平面 $\Pi_2:x+y+z=0$ 的交线且与平面 Π_2 垂直；

(2)过点 $P(-2,3,-1)$ 和直线 $L:\begin{cases}3x-2y+z=1\\2x-y=0\end{cases}$.

解 (1)解法一：设已知平面 Π_1 和 Π_2 的法向量分别为 $\boldsymbol{n}_1,\boldsymbol{n}_2$，由题意知，所求平面的法向量 $\boldsymbol{n}$ 同时垂直于 Π_1 与 Π_2 的交线 L 和 $\boldsymbol{n}_2$，而交线 L 的方向向量为

$$\boldsymbol{n}_1\times\boldsymbol{n}_2=\{2,-3,1\}\times\{1,1,1\}=\{-2,-3,5\}$$

$$\boldsymbol{n}=\{-2,-3,5\}\times\{1,1,1\}=\{-8,7,1\}$$

在交线 L 上任取一点 $\left(0,\frac{1}{2},-\frac{1}{2}\right)$，于是所求平面方程为

$$8x-7y-z+3=0$$

解法二：利用平面束方程，设过交线 L 的平面方程为

$$2x-3y-z+1+\lambda(x+y+z)=0$$

即

$$(2+\lambda)x+(\lambda-3)y+(\lambda-1)z+1=0$$

又根据题意，所求平面与平面 $\Pi_2:x+y+z=0$ 垂直，故有

$$(2+\lambda)+(\lambda-3)+(\lambda-1)=0$$

解得 $\lambda=\frac{2}{3}$，代入所设方程，即得所求平面方程为

$$8x-7y-z+3=0$$

(2)利用平面束方程，设所求平面 Π 为

$$3x-2y+z-1+\lambda(2x-y)=0$$

由题意，点 $P(-2,3,-1)$ 在平面 Π 上，故坐标满足上面方程，得 $\lambda=-2$，所求平面方程为

$$z-x-1=0$$

总结 在求平面方程时，如果题意涉及到平面过某条直线（尤其所给直线方程是一般式方程）时，常考虑平面束方程. 一般来讲，用平面束方程解此类题比其他方法要简便.

例 2.8 求下列平面的方程：

(1)过点 $M_1(1,1,5)$ 和 $M_2(0,0,4)$ 且与平面 $\Pi:x+y-z=1$ 成角为 $\arccos\frac{\sqrt{6}}{3}$；

(2)与平面 $2x-5y-3z+6=0$ 平行且相距为 $\sqrt{38}$；

(3)与两平面 $\Pi_1:x+y-2z-1=0$ 与 $\Pi_2:x+y-2z+5=0$ 之间距离相等；

(4)平面 $2x-y+z=7$ 和 $x+y+2z=11$ 所成二面角的平分面.

解 (1)过点 M_1,M_2 的直线方程为

$$x = y = z - 4 \text{ 或} \begin{cases} x - y = 0 \\ y - z + 4 = 0 \end{cases}$$

故可设所求平面为 $\Pi_0: x - y + \lambda(y - z + 4) = 0$，则 $\boldsymbol{n}_0 = \{1, \lambda - 1, -\lambda\}$，又 $\boldsymbol{n} = \{1, 1, -1\}$，由题意有

$$\frac{\boldsymbol{n}_0 \cdot \boldsymbol{n}}{|\boldsymbol{n}_0||\boldsymbol{n}|} = \frac{1 + (\lambda - 1) + \lambda}{\sqrt{3}\sqrt{1 + (\lambda - 1)^2 + \lambda^2}} = \frac{2\lambda}{\sqrt{3}\sqrt{2\lambda^2 - 2\lambda + 2}} = \frac{\sqrt{6}}{3}$$

解得

$$\lambda = 1$$

所求平面方程为

$$x - z + 4 = 0$$

(2)因所求平面 Π 与已知平面平行，故设 Π：

$$2x - 5y - 3z + D = 0$$

在已给平面上任取点 $M(1,1,1)$，由 M 到平面 Π 的距离

$$\sqrt{38} = \frac{|2 - 5 - 3 + D|}{\sqrt{4 + 25 + 9}}$$

解得

$$D_1 = 44 \text{ 或 } D_2 = -32$$

故所求平面方程为

$$2x - 5y - 3z + 44 = 0$$

$$2x - 5y - 3z - 32 = 0$$

(3)设点 (x,y,z) 为所求平面上的任意点，由题意知点 (x,y,z) 到平面 Π_1, Π_2 距离相等，故

$$\frac{1}{\sqrt{6}}|x + y - 2z - 1| = \frac{1}{\sqrt{6}}|x + y - 2z + 5|$$

即

$$x + y - 2z - 1 = -(x + y - 2z + 5)$$

得

$$x + y - 2z + 2 = 0$$

(4)设点 (x,y,z) 为所求平分面上的任意一点，根据平分面上点到两已知平面距离相等，有

$$\frac{1}{\sqrt{6}}|2x - y + z - 7| = \frac{1}{\sqrt{6}}|x + y + 2z - 11|$$

解得 $x - 2y - z + 4 = 0$ 和 $x + z - 6 = 0$ 为所求平面.

例 2.9 研究以下两给定平面的相互位置，若平行，求出平面间距离；若相交，则求出它们

之间的夹角余弦：

(1) $\Pi_1: -x+2y-z+1=0$ 和 $\Pi_2: y+3z-1=0$；

(2) $\Pi_1: 2x-y+z-1=0$ 和 $\Pi_2: -4x+2y-2z-1=0$；

(3) $\Pi_1: x-y+1=0$ 和 $\Pi_2: y-z+1=0$；

(4) $\Pi_1: 2x-y-z+1=0$ 和 $\Pi_2: -4x+2y+2z-2=0$.

解 以下均设 Π_1,Π_2 的法向量分别为 $\boldsymbol{n}_1,\boldsymbol{n}_2$，$\Pi_1,\Pi_2$ 之间夹角为 φ.

(1) $\boldsymbol{n}_1=\{-1,2,-1\}$，$\boldsymbol{n}_2=\{0,1,3\}$，$\boldsymbol{n}_1,\boldsymbol{n}_2$ 不平行，故 Π_1,Π_2 相交，

$$\cos\varphi=\left|\frac{2-3}{\sqrt{1+4+1}\cdot\sqrt{1+9}}\right|=\frac{1}{\sqrt{60}}$$

(2) $\boldsymbol{n}_1=\{2,-1,1\}$，$\boldsymbol{n}_2=\{-4,2,-2\}$，由 $\frac{2}{-4}=\frac{-1}{2}=\frac{1}{-2}$ 知 $\boldsymbol{n}_1 /\!/ \boldsymbol{n}_2$，故 Π_1,Π_2 平行. 取 Π_1 上点 $P(1,1,0)$，则 Π_1,Π_2 间距离为点 P 到 Π_2 的距离为

$$d=\frac{|1-4+2-1|}{2\sqrt{6}}=\frac{\sqrt{6}}{4}$$

(3) $\boldsymbol{n}_1=\{1,-1,0\}$，$\boldsymbol{n}_2=\{0,1,-1\}$，故 $\boldsymbol{n}_1,\boldsymbol{n}_2$ 不平行，则 Π_1,Π_2 相交，

$$\cos\varphi=\left|\frac{-1}{\sqrt{2}\cdot\sqrt{2}}\right|=\frac{1}{2}$$

(4) 由 $\Pi_2: -4x+2y+2z-2=0$ 得

$$2x-y-z+1=0$$

故 Π_1,Π_2 重合.

总结 两个平面之间的位置关系，本质上来说是两个平面的法向量之间的关系.

例 2.10 写出下列直线方程：

(1) 过点 $P(2,3,4)$ 且与直线 $L:\begin{cases}z=0\\x+3y+2z=0\end{cases}$ 平行；

(2) 过点 $P(1,2,4)$ 且与平面 $x+2y+z-1=0$ 垂直；

(3) 过点 $P(1,5,2)$ 且与平面 $x+2z=1$ 和 $y-3z=2$ 平行.

解 (1) 所求直线方向向量为

$$\boldsymbol{d}=\{0,0,1\}\times\{1,3,2\}=\{-3,1,0\}$$

则所求直线方程为

$$\frac{x-2}{-3}=y-3=\frac{z-4}{0}$$

(2) 已给平面的法向量 $\{1,2,1\}$ 即是所求直线方向向量，故所求直线方程为

$$x-1=\frac{y-2}{2}=z-4$$

(3)所求直线必平行于两已知平面的交线,故所求直线的方向向量为

$$\boldsymbol{d} = \{1,0,2\} \times \{0,1,-3\} = \{-2,3,1\}$$

所求直线方程为

$$\frac{x-1}{-2} = \frac{y-5}{3} = z-2$$

总结 求直线方程关键是求出直线的方向向量. 在求直线的方向向量时,要注意垂直关系. 若给出的是直线的一般方程,则两平面的法向量的向量积可作为此直线的方向向量.

例 2.11 化直线 L 的一般式 $\begin{cases}3x+2y+4z-11=0\\2x+y-3z-1=0\end{cases}$ 为标准式方程,并在 L 上找出与点 $(1,1,1)$ 距离为 1 的点 P.

解 直线的方向向量为

$$\boldsymbol{d} = \{3,2,4\} \times \{2,1,-3\} = \{-10,17,-1\}$$

在直线上任取一点(1,2,1),则直线的标准方程为

$$\frac{x-1}{-10} = \frac{y-2}{17} = \frac{z-1}{-1}$$

直线的参数方程为

$$\begin{cases}x = 1-10t\\y = 2+17t\\z = 1-t\end{cases}$$

根据题意有

$$(x-1)^2 + (y-1)^2 + (z-1)^2 = 1$$

即

$$(-10t)^2 + (1+17t)^2 + (-t)^2 = 1$$

解得 $t_1=0, t_2=-\frac{17}{195}$,代入直线参数方程,得所求点为 $P_1(1,2,1)$ 和 $P_2\left(\frac{365}{195},\frac{101}{195},\frac{212}{195}\right)$.

例 2.12 求点 $A(1,-2,1)$ 到直线 $\frac{x+3}{2}=\frac{y-1}{-3}=\frac{z+2}{4}$ 的垂直距离.

解 过点 $A(1,-2,1)$ 作垂直于已给直线的平面 Π

$$2(x-1)-3(y+2)+4(z-1)=0$$

即

$$2x-3y+4z-12=0$$

将直线的参数方程 $\begin{cases}x=-3+2t\\y=1-3t\\z=-2+4t\end{cases}$ 代入平面 Π 的方程得 $t=1$,故直线与平面 Π 的交点为

$B(-1,-2,2)$,则点 $A(1,-2,1)$ 到直线的距离为

$$d = |\overrightarrow{AB}| = \sqrt{5}$$

总结 (1)应熟练掌握直线方程的各种形式之间的转化;

(2)求满足某种条件的直线上的点的坐标时,常利用直线的参数方程.

例 2.13 讨论下列给定直线 L 与平面 Π 之间的位置关系:

(1)$L: x-1=\dfrac{y-2}{2}=\dfrac{z+3}{-1}$ 和 $\Pi: 3x-2y+z+3=0$;

(2)$L: x-1=\dfrac{y-2}{2}=\dfrac{z-3}{-1}$ 和 $\Pi: 3x-2y-z+6=0$;

(3)$L: \dfrac{x-1}{8}=\dfrac{y-2}{14}=\dfrac{z}{-5}$ 和 $\Pi: 4x-3y-2z+2=0$;

(4)$L: \dfrac{x-2}{2}=\dfrac{y+4}{-1}=\dfrac{z-5}{3}$ 和 $\Pi: 4x-2y+6z+10=0$.

解 以下均设直线 L 的方向向量为 $\boldsymbol{d}$,平面 Π 的法向量为 $\boldsymbol{n}$.

(1)$\boldsymbol{d}=\{1,2,-1\}$,$\boldsymbol{n}=\{3,-2,1\}$,则 $\boldsymbol{d}\cdot\boldsymbol{n}=-2\neq 0$,故直线与平面相交.

(2)$\boldsymbol{d}=\{1,2,-1\}$,$\boldsymbol{n}=\{3,-2,-1\}$,则 $\boldsymbol{d}\cdot\boldsymbol{n}=0$,又 L 上点 $(1,2,3)$ 不在平面 Π 上,故直线与平面平行.

(3)$\boldsymbol{d}=\{8,14,-5\}$,$\boldsymbol{n}=\{4,-3,-2\}$,则 $\boldsymbol{d}\cdot\boldsymbol{n}=0$,又 L 上点 $(1,2,0)$ 在平面 Π 上,故直线在平面上.

(4)$\boldsymbol{d}=\{2,-1,3\}$,$\boldsymbol{n}=\{4,-2,6\}$,则 $\boldsymbol{d}/\!/\boldsymbol{n}$,故直线与平面垂直.

例 2.14 求直线 $L:\begin{cases}x+y-z=0\\2x-y+2=0\end{cases}$ 在三个坐标面及平面 $\Pi: x+y+3z=0$ 上的投影方程.

解 在 xOy 面的投影方程为 $\begin{cases}2x-y+2=0\\z=0\end{cases}$;

在 yOz 面的投影方程为 $\begin{cases}3y-2z-2=0\\x=0\end{cases}$;

在 zOx 面的投影方程为 $\begin{cases}3x-z+2=0\\y=0\end{cases}$.

利用平面束方程作过直线 L 且垂直于 Π 的平面 Π_0:

$$x+y-z+\lambda(2x-y+2)=0$$

即

$$(1+2\lambda)x+(1-\lambda)y-z+2\lambda=0$$

$$(1+2\lambda)\cdot 1+(1-\lambda)\cdot 1+(-1)\cdot 3=0$$

得 $\lambda=1$,故平面 Π_0 方程为

$$x+y-z+(2x-y+2)=0$$

即

$$3x-z+2=0$$

则直线 L 在平面 Π 上的投影方程为

$$\begin{cases}x+y+3z=0\\3x-z+2=0\end{cases}$$

总结 直线在平面上的投影问题,隐含着垂直关系,即此直线与其在平面上的投影直线所确定的平面与已知平面垂直.这类问题用平面束方程解比较方便.

例 2.15 求椭圆抛物面 $y^2+z^2=x$ 与平面 $x+2y-z=0$ 的截线在三个坐标平面上的投影曲线方程.

解 截线 L 的方程为

$$\begin{cases}y^2+z^2=x\\x+2y-z=0\end{cases}$$

把以上方程分别消去 z,y,x 后,得到通过 L 的三个柱面方程

$$y^2+(x+2y)^2=x$$

$$\frac{1}{4}(z-x)^2+z^2=x$$

$$y^2+z^2=z-2y$$

所以 L 在三个坐标平面上的投影方程分别为 $\begin{cases}x^2+5y^2+4xy=x\\z=0\end{cases}$,$\begin{cases}5z^2+x^2-2xz=4x\\y=0\end{cases}$ 及 $\begin{cases}y^2+z^2=z-2y\\x=0\end{cases}$.

例 2.16 直线 $\frac{x}{0}=\frac{y}{1}=\frac{z}{1}$ 绕 z 轴旋转一周,求所得旋转曲面的方程.

解 直线的一般方程为 $\begin{cases}x=0\\y=z\end{cases}$,直线在 yOz 平面内,故所求旋转曲面方程为 $\pm\sqrt{x^2+y^2}=z$,即 $x^2+y^2=z^2$.

2.3 综合与提高

例 2.17 已知 $\boldsymbol{a}$ 与 $\boldsymbol{b}$ 均为非零向量,且 $|\boldsymbol{b}|=1$, $<\boldsymbol{a},\boldsymbol{b}>=\frac{\pi}{4}$,求 $\lim\limits_{x\to0}\frac{|\boldsymbol{a}+x\boldsymbol{b}|-|\boldsymbol{a}|}{x}$.

解 $|\boldsymbol{a}+x\boldsymbol{b}| = \sqrt{(\boldsymbol{a}+x\boldsymbol{b})\cdot(\boldsymbol{a}+x\boldsymbol{b})} = \sqrt{|\boldsymbol{a}|^2+2x\boldsymbol{a}\cdot\boldsymbol{b}+x^2|\boldsymbol{b}|^2}$

$$= \sqrt{|\boldsymbol{a}|^2+\sqrt{2}x|\boldsymbol{a}|+x^2} \qquad \left(\text{其中 } \boldsymbol{a}\cdot\boldsymbol{b} = \frac{\sqrt{2}}{2}|\boldsymbol{a}|\right)$$

$$\text{原式} = \lim_{x\to 0}\frac{\sqrt{|\boldsymbol{a}|^2+\sqrt{2}x|\boldsymbol{a}|+x^2}-|\boldsymbol{a}|}{x}$$

$$= \lim_{x\to 0}\frac{\sqrt{2}|\boldsymbol{a}|+x}{\sqrt{|\boldsymbol{a}|^2+\sqrt{2}x|\boldsymbol{a}|+x^2}+|\boldsymbol{a}|} = \frac{\sqrt{2}}{2}$$

总结 此题中反复应用了$|\boldsymbol{a}|^2=\boldsymbol{a}^2=\boldsymbol{a}\cdot\boldsymbol{a}$,在处理类似问题中要注意其用法.

例 2.18 证明向量$\boldsymbol{c}=\dfrac{|\boldsymbol{a}|\boldsymbol{b}+|\boldsymbol{b}|\boldsymbol{a}}{|\boldsymbol{a}|+|\boldsymbol{b}|}$与两不平行向量$\boldsymbol{a},\boldsymbol{b}$夹角的平分线平行.

证明 $\boldsymbol{a}=|\boldsymbol{a}|\boldsymbol{a}^0,\boldsymbol{b}=|\boldsymbol{b}|\boldsymbol{b}^0$,则

$$\boldsymbol{c} = \frac{|\boldsymbol{a}|\boldsymbol{b}+|\boldsymbol{b}|\boldsymbol{a}}{|\boldsymbol{a}|+|\boldsymbol{b}|} = \frac{|\boldsymbol{a}||\boldsymbol{b}|\boldsymbol{b}^0+|\boldsymbol{b}||\boldsymbol{a}|\boldsymbol{a}^0}{|\boldsymbol{a}|+|\boldsymbol{b}|}$$

$$= \frac{|\boldsymbol{a}||\boldsymbol{b}|}{|\boldsymbol{a}|+|\boldsymbol{b}|}(\boldsymbol{a}^0+\boldsymbol{b}^0)$$

显然$\boldsymbol{a}^0+\boldsymbol{b}^0$与$\boldsymbol{a},\boldsymbol{b}$夹角的平分线平行,故$\boldsymbol{c}$与$\boldsymbol{a},\boldsymbol{b}$夹角的平分线平行.

总结 此题涉及到如何求两个不平行向量的夹角平分线,用到了向量的单位化. 一般来讲,两个不平行向量的夹角的平分线都这样求.

例 2.19 求对称点问题:

(1)求点$M_0(2,2,2)$关于直线$L:\dfrac{x-1}{3}=\dfrac{y+4}{2}=z-3$的对称点$M_2$的坐标;

(2)求原点关于平面$6x+2y-9z-121=0$的对称点P的坐标.

解 (1)过M_0作垂直于L的平面Π:

$$3(x-2)+2(y-2)+(z-2)=0$$

即

$$3x+2y+z-12=0$$

将直线L的参数方程代入此平面方程,求得平面Π与直线L的交点为$M_1(4,-2,4)$,则点$M_0(2,2,2)$关于已知直线L的对称点即是M_0关于M_1的对称点M_2,利用中点公式,得$M_2(6,-6,6)$.

(2)过原点作已知平面垂线$L:\dfrac{x}{6}=\dfrac{y}{2}=\dfrac{z}{-9}$,将直线$L$的参数方程代入已给平面方程,求得平面与直线$L$的交点为$Q(6,2,-9)$,利用中点公式得$P(12,4,-18)$.

例 2.20 求过点$P(-3,5,9)$且与直线$L_1:\begin{cases}y=3x+5\\z=2x-3\end{cases}$和直线$L_2:\begin{cases}y=4x-7\\z=5x+10\end{cases}$都相交的直

线方程.

分析 所求直线 L 既在过 P 点和 L_1 的平面 Π_1 上,又在过 P 点和 L_2 的平面 Π_2 上.

解 利用平面束方程

$$2x - z - 3 + \lambda(3x - y + 5) = 0$$

点 P 在平面 Π_1 上,则 $P(-3,5,9)$ 满足平面 Π_1 方程,有

$$2 \times (-3) - 9 - 3 + \lambda[3 \times (-3) - 5 + 5] = 0$$

得 $\lambda = -2$,故 Π_1 方程为

$$4x - 2y + z + 13 = 0$$

同理求得 Π_2 方程为

$$32x + 7y - 12z + 169 = 0$$

故所求直线方程为

$$\begin{cases} 4x - 2y + z + 13 = 0 \\ 32x + 7y - 12z + 169 = 0 \end{cases}$$

例 2.21 求过已知点 $A(-1,2,3)$ 且与向量 $\boldsymbol{a} = \{4,3,1\}$ 垂直,并与直线 $L: \dfrac{x-1}{2} = y + 2 = z - 3$ 相交的直线方程.

分析 过点 A 且与 $\boldsymbol{a}$ 垂直的平面 Π_1 与过点 A 及直线 L 的平面 Π_2 的交线即为所求直线.

解 求得平面 Π_1, Π_2 方程分别为

$$\Pi_1: 4x + 3y + z - 5 = 0$$

$$\Pi_2: 2x + y - 5z + 15 = 0$$

故所求直线 L 方程为

$$\begin{cases} 4x + 3y + z - 5 = 0 \\ 2x + y - 5z + 15 = 0 \end{cases}$$

例 2.22 已知异面直线 $L_1: \dfrac{x}{-2} = \dfrac{y-1}{0} = \dfrac{z+2}{1}$ 和 $L_2: \dfrac{x+1}{1} = \dfrac{y+1}{2} = \dfrac{z-2}{-1}$,求:

(1) L_1, L_2 之间的距离;(2) L_1, L_2 的公垂线方程.

分析 (1)异面直线 L_1, L_2 间的距离可转化为直线 L_2 到过直线 L_1 且平行于直线 L_2 的平面 Π 的距离.

(2)异面直线 L_1, L_2 的公垂线可看成是两个特殊平面的交线,这两个平面分别是过 L_1 垂直于 Π 的平面及过 L_2 垂直于 Π 的平面.

解 (1)过直线 L_1 且平行于直线 L_2 的平面 Π 的方程为

$$\Pi: 2x + y + 4z + 7 = 0$$

在直线 L_2 上任取一点 $P(-1,-1,2)$,则点 P 到平面 Π 的距离即为 L_1, L_2 之间的距离,故

$$d = \frac{|-2 - 1 + 8 + 7|}{\sqrt{4 + 1 + 16}} = \frac{12}{\sqrt{21}}$$

(2)设过直线 L_1,L_2 垂直于平面 Π 的平面分别为 Π_1,Π_2,则所求平面 Π_1,Π_2 的方程分别为

$$\Pi_1: x-10y+2z+14=0$$

$$\Pi_2: 3x-2y-z+3=0$$

故 L_1,L_2 的公垂线 L 的方程为

$$\begin{cases} x-10y+2z+14=0 \\ 3x-2y-z+3=0 \end{cases}$$

总结 涉及到异面直线的问题,本质上要搞清楚所求的直线与已知直线(平面)的空间位置关系.

例 2.23 直线 L 过点 $P_0(2,-1,3)$,并与直线 $L_0:\dfrac{x-1}{2}=\dfrac{y}{-1}=\dfrac{z+2}{1}$相交,且平行于平面 $\Pi_0:3x-2y+z+5=0$,求直线 L 的方程.

解 过点 $P_0(2,-1,3)$作平面 Π,使 Π 平行于平面 Π_0,则直线 L 在平面 Π 上. 可设平面 Π 的方程为 $3x-2y+z+D=0$,将点 $P_0(2,-1,3)$代入,得 $D=-11$,即平面 Π 的方程为 $3x-2y+z-11=0$. 设平面 Π 与直线 L_0 的交点为 P,则 P 就是直线 L 与直线 L_0 的交点. 解方程组$\begin{cases} 3x-2y+z-11=0 \\ \dfrac{x-1}{2}=\dfrac{y}{-1}=\dfrac{z+2}{1} \end{cases}$,得 P 点坐标为$\left(\dfrac{29}{9},-\dfrac{10}{9},-\dfrac{8}{9}\right)$,则过 P_0,P 的直线即为所求直线 L

$$\frac{x-2}{\frac{29}{9}-2}=\frac{y+1}{-\frac{10}{9}+1}=\frac{z-3}{-\frac{8}{9}-3}$$

即

$$\frac{x-2}{11}=\frac{y+1}{-1}=\frac{z-3}{-35}$$

例 2.24 求点 $P_0(1,1,1)$到直线$\dfrac{x+1}{1}=\dfrac{y-1}{-1}=\dfrac{z}{1}$的距离.

解 解法一:由已知直线方程得一已知点 $P_1(-1,1,0)$及直线方向向量 $\boldsymbol{l}=\{1,-1,1\}$. 因为$\overrightarrow{P_1P_0}=\{2,0,1\}$,$\overrightarrow{P_1P_0}\times\boldsymbol{l}=\{1,-1,-2\}$,所以

$$d=\left|\frac{\overrightarrow{P_1P_0}\times\boldsymbol{l}}{\boldsymbol{l}}\right|=\sqrt{2}$$

解法二:将直线化成参数方程:$\begin{cases} x=t-1 \\ y=-t+1 \\ z=t \end{cases}$,则直线上的动点 $M(x,y,z)$与已知点 P_0

(1,1,1)的距离的平方为

$$L(t)=(t-2)^2+(-t)^2+(t-1)^2$$
$$L'(t)=2(t-2)+2t+2(t-1)=6(t-1)$$

令 $L'(t)=0$,得 $t=1$.

又因为 $L''(t)=6>0$,所以 $t=1$ 时 $L(t)$ 取得极小值.

由函数只有一个驻点且在驻点处取得极小值知该极小值即为最小值,所以

$$d^2=1+1+0=2,d=\sqrt{2}$$

例 2.25 将曲线 $\begin{cases}y=x\\x^2+y^2+z^2=9\end{cases}$ 化为参数方程.

解 将 $y=x$ 代入 $x^2+y^2+z^2=9$ 得 $2x^2+z^2=9$,即 $\dfrac{x^2}{\left(\dfrac{3}{\sqrt{2}}\right)^2}+\dfrac{z^2}{3^2}=1$,令 $x=\dfrac{3}{\sqrt{2}}\cos\theta,z=3\sin\theta$,

得所求曲线的参数方程为

$$\begin{cases}x=\dfrac{3}{\sqrt{2}}\cos\theta\\y=\dfrac{3}{\sqrt{2}}\cos\theta\\z=3\sin\theta\end{cases}$$

总结 将曲线的一般方程化为参数方程时,一般要利用配方法,借助于圆的参数方程来作.

例 2.26 求在空间直角坐标系中,过 $A(1,0,0)$,$B(0,1,1)$ 两点的直线绕 z 轴一周所成曲面的方程.

解 过 A,B 两点的直线方程为 $L:\dfrac{x-1}{1}=\dfrac{y}{-1}=\dfrac{z}{-1}$,设 $M(x,y,z)$ 是所求曲面上任意一点,则存在直线 L 上一点 $M_0(x_0,y_0,z_0)$ 使得 M 是由 M_0 经过旋转得到的. 故 M 与 M_0 两点到 z 轴的距离相等,即

$$\sqrt{x^2+y^2}=\sqrt{x_0^{\ 2}+y_0^{\ 2}},z=z_0$$

又

$$\frac{x_0-1}{1}=\frac{y_0}{-1}=\frac{z_0}{-1}$$

由以上三个等式消去 x_0,y_0,z_0 得

$$x^2+y^2=2z^2-2z+1$$

总结 当曲线与旋转轴不在同一平面内时,求旋转曲面方程就要借助于旋转曲面的得到过程,即某点与它在原曲线上对应的点有这样的关系:它们到旋转轴的距离相等.

2.4 同步训练题

1. 判断对错,并说明理由

(1)$\boldsymbol{i}+\boldsymbol{j}+\boldsymbol{k}$ 是单位向量;

(2) $-\boldsymbol{i}$ 不是单位向量;

(3)$2\boldsymbol{i}>\boldsymbol{j}$.

2. 已知平行四边形 $ABCD$,边 BC,CD 的中点分别为 K,L,且$\overrightarrow{AK}=\boldsymbol{k}$,$\overrightarrow{AL}=\boldsymbol{l}$,求$\overrightarrow{BC}$和$\overrightarrow{CD}$.

3. 写出垂直于平面 $5x-y+3z-2=0$,且与它的交线在 xOy 平面上的平面方程.

4. 平面过 z 轴,且与平面 $2x+y-\sqrt{5}z=0$ 的夹角为$\frac{\pi}{3}$,求此平面方程.

5. 设直线 L:$\frac{x+2}{3}=\frac{y-2}{-1}=\frac{z+1}{2}$和平面 Π:$2x+3y+3z-8=0$,试判断它们的位置关系. 若相交,则求交点.

6. 已知平面 Π:$x+y-z+1=0$ 和直线 L:$\frac{x-1}{0}=\frac{y}{2}=z+1$,$L\notin\Pi$,试求出直线 L 在平面 Π 上的投影方程.

7. 设 L_1:$\begin{cases}2x-2y-z+8=0\\x+2y-2z+1=0\end{cases}$ 及 L_2:$\begin{cases}4x+y+3z-21=0\\2x+2y-3z+15=0\end{cases}$,求过点 $M_0(-1,2,1)$且与 L_1 和 L_2 都相交的直线方程.

8. 求下列曲线形成的旋转曲面方程:

(1)$z=x^2$,$y=0$ 绕 x 轴旋转;

(2)$z=\mathrm{e}^{-x^2}$,$y=0$ 绕 z 轴旋转;

(3)$z=\frac{4}{x^2}$,$y=0$ 绕 z 轴旋转.

9. 求球面 $x^2+y^2+z^2=a^2$ 与锥面 $x^2+y^2-z^2=0$ 的交线分别在三个坐标面上的投影方程.

2.5 同步训练题答案与提示

1. (1)错. 此向量模为$\sqrt{3}$;

(2)错. $-\boldsymbol{i}$ 是单位向量;

(3)错. 向量不能比较大小.

2. $\overrightarrow{BC}=\frac{4\boldsymbol{l}-2\boldsymbol{k}}{3}$,$\overrightarrow{CD}=\frac{2\boldsymbol{l}-4\boldsymbol{k}}{3}$

3. $15x-3y-26z-6=0$

4. $x+3y=0$ 或 $-3x+y=0$

5. 相交,交点为(1,1,1)

6. $\begin{cases}x+y-z+1=0\\-3x+y-2z+1=0\end{cases}$

7. $\begin{cases}-x+2y-5=0\\-16x-9y+3z-1=0\end{cases}$

8. (1) $x^4=z^2+y^2$

(2) $z=\mathrm{e}^{-(x^2+y^2)}$

(3) $z=\dfrac{4}{x^2+y^2}$

9. 在 xOy 面: $\begin{cases}z=0\\x^2+y^2=\dfrac{a^2}{2}\end{cases}$

在 yOz 面: $\begin{cases}x=0\\z^2=\dfrac{a^2}{2},\ -\dfrac{a}{\sqrt{2}}\leqslant y\leqslant\dfrac{a}{\sqrt{2}}\end{cases}$

在 zOx 面: $\begin{cases}y=0\\z^2=\dfrac{a^2}{2},\ -\dfrac{a}{\sqrt{2}}\leqslant x\leqslant\dfrac{a}{\sqrt{2}}\end{cases}$

第3章　线性方程组与矩阵

3.1　知识要点

1. 理解矩阵的定义.

由 $m\times n$ 个数排成 m 行 n 列的数表 $\begin{bmatrix} a_{11} & a_{12} & \cdots & a_{1n} \\ a_{21} & a_{22} & \cdots & a_{2n} \\ \vdots & \vdots & & \vdots \\ a_{m1} & a_{m2} & \cdots & a_{mn} \end{bmatrix}$ 称作 m 行 n 列的矩阵,记作 $[a_{ij}]_{m\times n}$ 或 $\boldsymbol{A}_{m\times n}$,常用黑体大写英文字母 $\boldsymbol{A},\boldsymbol{B},\boldsymbol{C}$ 等表示矩阵,构成矩阵的每一个数称作矩阵的一个元素.

2. 理解矩阵与行列式的两点主要差别:

(1)行列式必须是"方"的(n 行 n 列),而矩阵可以是"方"的,也可以不是"方"的;

(2)行列式表示一个数值,行列式可以与数字直接相加减,而矩阵表示一个数表,矩阵不能直接与数字相加减(一阶方阵除外).

3. 了解实矩阵、复矩阵、零矩阵、行矩阵、列矩阵的概念.

4. 理解方阵的概念,方阵主对角线的概念.

若矩阵 $\boldsymbol{A}$ 的行数与列数相等,即 $\boldsymbol{A}=\begin{bmatrix} a_{11} & a_{12} & \cdots & a_{1n} \\ a_{21} & a_{22} & \cdots & a_{2n} \\ \vdots & \vdots & & \vdots \\ a_{n1} & a_{n2} & \cdots & a_{nn} \end{bmatrix}$,则 $\boldsymbol{A}$ 为方阵,规定一阶方阵 $[a]$ 就是一个数,即 $[a]=a$,一阶方阵可以直接与数字相加减.

n 阶方阵 $\boldsymbol{A}=\begin{bmatrix} a_{11} & a_{12} & \cdots & a_{1n} \\ a_{21} & a_{22} & \cdots & a_{2n} \\ \vdots & \vdots & & \vdots \\ a_{n1} & a_{n2} & \cdots & a_{nn} \end{bmatrix}$ 中,左上角 a_{11} 到右下角 a_{nn} 的那条对角线为方阵 $\boldsymbol{A}$ 的主对角线,主对角线上的元素 $a_{11},a_{22},\cdots,a_{nn}$ 称为 $\boldsymbol{A}$ 的主对角线元素.

5. 掌握上、下三角阵,对角阵,单位阵,数量阵的概念.

主对角线下方元素全为零的方阵称为上三角阵,即对 $\boldsymbol{A}=[a_{ij}]_{n\times n}$,当 $i>j$ 时有 $a_{ij}=0$,则称 $\boldsymbol{A}$ 为上三角阵.

主对角线上方元素全为零的方阵称为下三角阵，即对 $\boldsymbol{A}=[a_{ij}]_{n\times n}$，当 $i<j$ 时有 $a_{ij}=0$，则称 $\boldsymbol{A}$ 为下三角阵.

除主对角线元素外，其他元素全为零的方阵称为对角阵，即对 $\boldsymbol{A}=[a_{ij}]_{n\times n}$，当 $i\neq j$ 时，$a_{ij}=0$，则称 $\boldsymbol{A}$ 为对角阵，对角阵 $\begin{bmatrix} a_1 & & & \\ & a_2 & & \\ & & \ddots & \\ & & & a_n \end{bmatrix}$ 可记为 $\mathrm{diag}(a_1,a_2,\cdots,a_n)$.

主对角线元素均为 1，其余元素均为零的对角阵，称为单位阵，常用字母 $\boldsymbol{E}$ 或 $\boldsymbol{E}_n$ 表示 n 阶单位阵.

主对角线元素均相等的对角阵称为数量阵，例如，$\begin{bmatrix} 2 & 0 \\ 0 & 2 \end{bmatrix}=2\boldsymbol{E}$，$\begin{bmatrix} k & & & \\ & k & & \\ & & \ddots & \\ & & & k \end{bmatrix}=k\boldsymbol{E}$ 都是数量阵.

6. 理解矩阵同型、矩阵相等的概念.

若矩阵 $\boldsymbol{A}$ 与 $\boldsymbol{B}$ 的行数相等，列数也相等，则称 $\boldsymbol{A}$ 与 $\boldsymbol{B}$ 为同型矩阵. 若矩阵 $\boldsymbol{A}$ 与 $\boldsymbol{B}$ 同型且 $\boldsymbol{A}$ 与 $\boldsymbol{B}$ 的元素相等，则称矩阵 $\boldsymbol{A}$ 与 $\boldsymbol{B}$ 相等.

7. 理解线性方程组的系数矩阵、增广矩阵的概念.

对线性方程组

$$\begin{cases} a_{11}x_1+a_{12}x_2+\cdots+a_{1n}x_n=b_1 \\ a_{21}x_1+a_{22}x_2+\cdots+a_{2n}x_n=b_2 \\ \qquad\vdots \\ a_{m1}x_1+a_{m2}x_2+\cdots+a_{mn}x_n=b_m \end{cases} \tag{1}$$

我们称由线性方程组系数构成的矩阵

$$\boldsymbol{A}=\begin{bmatrix} a_{11} & a_{12} & \cdots & a_{1n} \\ a_{21} & a_{22} & \cdots & a_{2n} \\ \vdots & \vdots & & \vdots \\ a_{m1} & a_{m2} & \cdots & a_{mn} \end{bmatrix}$$

为方程组(1)的系数矩阵，将方程组中等号右边的常数列放到系数阵的右边构成的矩阵

$$\overline{\boldsymbol{A}}=\begin{bmatrix} a_{11} & a_{12} & \cdots & a_{1n} & b_1 \\ a_{21} & a_{22} & \cdots & a_{2n} & b_2 \\ \vdots & \vdots & & \vdots & \vdots \\ a_{m1} & a_{m2} & \cdots & a_{mn} & b_m \end{bmatrix}$$

为方程组(1)的增广矩阵. 此时方程组(1)可改写成 $\boldsymbol{AX}=\boldsymbol{b}$,其中 $\boldsymbol{A}$ 为系数矩阵,且

$$\boldsymbol{X}=\begin{bmatrix}x_1\\x_2\\\vdots\\x_n\end{bmatrix},\quad \boldsymbol{b}=\begin{bmatrix}b_1\\b_2\\\vdots\\b_m\end{bmatrix}$$

8. 掌握矩阵初等行变换、初等列变换、初等变换的概念.

对矩阵施行以下三种变换称为矩阵的初等行(列)变换:

(1)交换矩阵两行(列)元素的位置;

(2)矩阵某行(列)元素同乘一个非零常数;

(3)将矩阵某行(列)元素的若干倍加到矩阵的另一行(列)上.

矩阵的三种初等行变换与三种初等列变换统称为矩阵的初等变换.

9. 理解线性方程组的同解变换的概念,掌握方程组同解变换与增广矩阵的同解变换之间的关系.

对线性方程组进行以下三种变换称为线性方程组的同解变换:

(1)交换方程组中两个方程的位置;

(2)将方程组中某个方程等号两边同乘一个非零常数;

(3)将方程组中某个方程的若干倍加到另一个方程上.

若方程组(A)的增广矩阵为 $\overline{\boldsymbol{A}}$,方程组($B$)的增广矩阵为 $\overline{\boldsymbol{B}}$,则对 $\overline{\boldsymbol{A}}$ 进行初等行变换变成 $\overline{\boldsymbol{B}}$ 的充要条件为方程组(A)经过同解变换变成方程组(B).

10. 掌握行阶梯形矩阵、行最简形矩阵,矩阵在初等变换下的标准形的概念,会用初等行变换将一个矩阵变成行阶梯形与行最简形.

行阶梯形矩阵:若矩阵的每一行中第一个非零元素正下方的元素均为零,且上一行中第一个非零元素的列标小于下一行中第一个非零元素的列标,则称这样的矩阵为行阶梯形矩阵.

行最简形矩阵:在行阶梯形矩阵中,若每行第一个非零元素均为 1,且它们同列的其他元素均为零,则称这样的矩阵为行最简形矩阵.

任何一个矩阵 $\boldsymbol{A}$ 总可以经过有限次初等变换变成 $\begin{bmatrix}\boldsymbol{E}_r&\boldsymbol{O}\\\boldsymbol{O}&\boldsymbol{O}\end{bmatrix}$ 形式的矩阵,我们称 $\begin{bmatrix}\boldsymbol{E}_r&\boldsymbol{O}\\\boldsymbol{O}&\boldsymbol{O}\end{bmatrix}$ 形式的矩阵为矩阵 $\boldsymbol{A}$ 在初等变换下的标准形,其中 r 为矩阵 $\boldsymbol{A}$ 的秩.

11. 掌握矩阵等价的概念,及矩阵等价与秩相等的关系.

若矩阵 $\boldsymbol{A}$ 经过有限次初等变换变成 $\boldsymbol{B}$,则称矩阵 $\boldsymbol{A}$ 与矩阵 $\boldsymbol{B}$ 等价.

两个同型矩阵 $\boldsymbol{A}$ 与 $\boldsymbol{B}$ 等价的充分必要条件为 $\mathrm{r}(\boldsymbol{A})=\mathrm{r}(\boldsymbol{B})$.

12. 了解矩阵的子式的概念.

13. 掌握矩阵秩的定义.

若矩阵 $\boldsymbol{A}$ 中存在 r 阶非零子式,而不存在 $r+1$ 阶非零子式,则称矩阵 $\boldsymbol{A}$ 的秩为 r,记为 $\mathrm{rank}(\boldsymbol{A})=r$ 或 $\mathrm{r}(\boldsymbol{A})=r$,规定零矩阵的秩为零.

14. 掌握"初等变换不改变矩阵的秩"及"等价矩阵秩相等"的结论,并会用初等变换求矩阵的秩.

15. 熟练掌握利用系数阵、增广阵的秩判定线性方程组解的情况的方法.

(1)对非齐次方程组 $\boldsymbol{AX}=\boldsymbol{b}$,系数阵为 $\boldsymbol{A}$,增广阵为 $\overline{\boldsymbol{A}}$,未知数个数为 n,则

$$\begin{cases}\boldsymbol{AX}=\boldsymbol{b}\text{ 有解}\Leftrightarrow \mathrm{r}(\overline{\boldsymbol{A}})=\mathrm{r}(\boldsymbol{A})\begin{cases}\boldsymbol{AX}=\boldsymbol{b}\text{ 有唯一解}\Leftrightarrow \mathrm{r}(\overline{\boldsymbol{A}})=\mathrm{r}(\boldsymbol{A})=n\\ \boldsymbol{AX}=\boldsymbol{b}\text{ 有无穷解}\Leftrightarrow \mathrm{r}(\overline{\boldsymbol{A}})=\mathrm{r}(\boldsymbol{A})<n\end{cases}\\ \boldsymbol{AX}=\boldsymbol{b}\text{ 无解}\Leftrightarrow \mathrm{r}(\boldsymbol{A})<\mathrm{r}(\overline{\boldsymbol{A}})\end{cases}$$

(2)对齐次方程组 $\boldsymbol{AX}=\boldsymbol{0}$,系数阵为 $\boldsymbol{A}$,未知数个数为 n,则 $\boldsymbol{AX}=\boldsymbol{0}$ 一定有解(至少有一组零解),即

$$\begin{cases}\boldsymbol{AX}=\boldsymbol{0}\text{ 只有零解(唯一解)}\Leftrightarrow \mathrm{r}(\boldsymbol{A})=n\\ \boldsymbol{AX}=\boldsymbol{0}\text{ 有非零解(无穷解)}\Leftrightarrow \mathrm{r}(\boldsymbol{A})<n\end{cases}$$

(3)对 n 个方程 n 个未知数的齐次方程组 $\boldsymbol{AX}=\boldsymbol{0}$(系数矩阵为方阵),有

$$\begin{cases}\boldsymbol{AX}=\boldsymbol{0}\text{ 只有零解(唯一解)}\Leftrightarrow\text{系数行列式}|\boldsymbol{A}|\neq 0\\ \boldsymbol{AX}=\boldsymbol{0}\text{ 有非零解(无穷解)}\Leftrightarrow\text{系数行列式}|\boldsymbol{A}|=0\end{cases}$$

16. 会熟练应用初等变换法(高斯消元法)解线性方程组.

3.2 典型题解析

例 3.1 解方程组$\begin{cases}x_1+x_2-x_3+x_4=0\\2x_1+2x_2-x_3+x_4=0\end{cases}$.

解 系数阵

$$\boldsymbol{A}=\begin{bmatrix}1&1&-1&1\\2&2&-1&1\end{bmatrix}\xrightarrow{\text{行变换}}\begin{bmatrix}1&1&-1&1\\0&0&1&-1\end{bmatrix}\xrightarrow{\text{行变换}}\begin{bmatrix}1&1&0&0\\0&0&1&-1\end{bmatrix}$$

还原成方程组$\begin{cases}x_1+x_2=0\\x_3-x_4=0\end{cases}$,整理得$\begin{cases}x_1=-x_2\\x_3=x_4\end{cases}$,补充 $x_2=x_2,x_4=x_4$,得

$$\begin{cases}x_1=-x_2\\x_2=x_2\\x_3=x_4\\x_4=x_4\end{cases}$$

令 x_2 为任意常数 C_1,令 x_4 为任意常数 C_2,得通解

$$\begin{cases} x_1 = -C_1 \\ x_2 = C_1 \\ x_3 = C_2 \\ x_4 = C_2 \end{cases} \quad (C_1, C_2 \text{ 为任意常数})$$

整理得 $X = C_1\begin{bmatrix} -1 \\ 1 \\ 0 \\ 0 \end{bmatrix} + C_2\begin{bmatrix} 0 \\ 0 \\ 1 \\ 1 \end{bmatrix}$ $(C_1, C_2$ 为任意常数$)$.

总结 用初等变换法(高斯消元法)解齐次线性方程组 $\boldsymbol{AX}=\boldsymbol{0}$ 的过程可以总结成以下六个步骤:

第一步,写出齐次方程组 $\boldsymbol{AX}=\boldsymbol{0}$ 的系数矩阵 $\boldsymbol{A}$,对 $\boldsymbol{A}$ 进行初等行变换,直至变成行最简形矩阵;

第二步,将行最简形矩阵还原成方程组形式;

第三步,将还原出来的方程组按照"行最简形中每一行第一个非零元素所对应的未知数整理到等号左边,其余未知数移项到等号右边"的方法整理;

第四步,整理后的方程组中,等号左边未出现的未知数按照"自己等于自己"的方法补充(例 3.1 中补充 $x_2=x_2, x_4=x_4$);

第五步,补充后的结果中,令等号右边的未知数为任意常数(例 3.1 中,令 $x_2=C_1$, $x_4=C_2$)得到通解;

第六步,将通解整理成向量形式,至此解方程组过程全部完成.

大家对此方法应用熟练后,第二步、第三步、第五步可以省略不写,只写出第一步、第四步、第六步即可(如例 3.2).

例 3.2 解方程组 $\begin{cases} x_1 + x_2 - x_3 - x_4 = 0 \\ x_1 + 2x_2 + 2x_3 + 3x_4 = 0 \\ 2x_1 + 3x_2 + x_3 + 2x_4 = 0 \end{cases}$.

解 系数阵

$$\boldsymbol{A} = \begin{bmatrix} 1 & 1 & -1 & -1 \\ 1 & 2 & 2 & 3 \\ 2 & 3 & 1 & 2 \end{bmatrix} \xrightarrow{\text{行变换}} \begin{bmatrix} 1 & 1 & -1 & -1 \\ 0 & 1 & 3 & 4 \\ 0 & 0 & 0 & 0 \end{bmatrix} \xrightarrow{\text{行变换}} \begin{bmatrix} 1 & 0 & -4 & -5 \\ 0 & 1 & 3 & 4 \\ 0 & 0 & 0 & 0 \end{bmatrix}$$

还原成方程组

$$\begin{cases} x_1 = 4x_3 + 5x_4 \\ x_2 = -3x_3 - 4x_4 \\ x_3 = x_3 \\ x_4 = x_4 \end{cases}$$

所以通解为

$$X = C_1\begin{bmatrix}4\\-3\\1\\0\end{bmatrix} + C_2\begin{bmatrix}5\\-4\\0\\1\end{bmatrix} \quad (C_1, C_2 \text{ 为任意常数}).$$

例 3.3 解方程组$\begin{cases}x_1 + x_2 + x_3 = 0\\ x_1 + x_2 - x_3 - x_4 - 2x_5 = 1\\ 2x_1 + 2x_2 - x_4 - 2x_5 = 1\end{cases}$.

解 增广阵

$$\overline{A} = \begin{bmatrix}1 & 1 & 1 & 0 & 0 & 0\\ 1 & 1 & -1 & -1 & -2 & 1\\ 2 & 2 & 0 & -1 & -2 & 1\end{bmatrix} \xrightarrow{\text{行变换}} \begin{bmatrix}1 & 1 & 1 & 0 & 0 & 0\\ 0 & 0 & -2 & -1 & -2 & 1\\ 0 & 0 & 0 & 0 & 0 & 0\end{bmatrix}$$

由 $\mathrm{r}(\overline{A}) = \mathrm{r}(A) = 2$,得方程组有解. 继续对 $\overline{A}$ 施行初等行变换,得

$$\overline{A} \xrightarrow{\text{行变换}} \begin{bmatrix}1 & 1 & 0 & -\frac{1}{2} & -1 & \frac{1}{2}\\ 0 & 0 & 1 & \frac{1}{2} & 1 & -\frac{1}{2}\\ 0 & 0 & 0 & 0 & 0 & 0\end{bmatrix}$$

还原成方程组

$$\begin{cases}x_1 + x_2 - \frac{1}{2}x_4 - x_5 = \frac{1}{2}\\ x_3 + \frac{1}{2}x_4 + x_5 = -\frac{1}{2}\end{cases}$$

整理得

$$\begin{cases}x_1 = -x_2 + \frac{1}{2}x_4 + x_5 + \frac{1}{2}\\ x_3 = \quad -\frac{1}{2}x_4 - x_5 - \frac{1}{2}\end{cases}$$

补充 $x_2 = x_2, x_4 = x_4, x_5 = x_5$,得

$$\begin{cases}x_1 = -x_2 + \frac{1}{2}x_4 + x_5 + \frac{1}{2}\\ x_2 = \quad x_2\\ x_3 = \quad -\frac{1}{2}x_4 - x_5 - \frac{1}{2}\\ x_4 = \quad x_4\\ x_5 = \quad x_5\end{cases}$$

令 $x_2 = C_1, x_4 = C_2, x_5 = C_3$($C_1, C_2, C_3$ 为任意常数),得通解

$$\begin{cases} x_1 = -C_1 + \frac{1}{2}C_2 + C_3 + \frac{1}{2} \\ x_2 = C_1 \\ x_3 = -\frac{1}{2}C_2 - C_3 - \frac{1}{2} \\ x_4 = C_2 \\ x_5 = C_3 \end{cases} \quad (C_1, C_2, C_3 \text{ 为任意常数})$$

总结 用初等变换法(高斯消元法)解非齐次线性方程组 $\boldsymbol{AX}=\boldsymbol{b}$ 的过程可以总结成以下七个步骤:

第一步,写出增广矩阵 $\overline{\boldsymbol{A}}$,并对 $\overline{\boldsymbol{A}}$ 施行初等行变换,变成行阶梯形矩阵;

第二步,在行阶梯形矩阵中,讨论系数阵的秩与增广阵的秩是否相等,从而判断方程组是否有解,若方程组无解,解方程组的过程至此结束;若方程组有解,继续进行第三步;

第三步,对增广阵 $\overline{\boldsymbol{A}}$ 继续进行初等行变换,直至变成行最简形矩阵;

第四步,将行最简形矩阵还原成方程组;

第五步,将还原出来的方程组按照"行最简形矩阵中每一行第一个非零元素所对应的未知数放到等号左边,其余未知数和常数移项到等号右边"的方法进行整理;

第六步,整理后的方程组中,等号左边未出现的未知数,按"自己等于自己"的方法补充(例3.3中补充 $x_2=x_2, x_4=x_4, x_5=x_5$);

第七步,补充后的结果中,令等号右边的未知数为任意常数,得到通解(例3.3中,令 $x_2=C_1, x_4=C_2, x_5=C_3$);

大家对此方法应用熟练后,第四步、第五步、第七步可以省略不写,只写出第一步、第二步、第三步、第六步即可.

例3.4 设

$$\boldsymbol{A}=\begin{bmatrix} 1 & 1 & -2 & 3 & 0 \\ 2 & 1 & -6 & 4 & -1 \\ 3 & 2 & a & 7 & -1 \\ 1 & -1 & -6 & -1 & b \end{bmatrix}$$

求 $\mathrm{r}(\boldsymbol{A})$.

解 由

$$\boldsymbol{A}\xrightarrow{\text{初等行变换}}\begin{bmatrix} 1 & 1 & -2 & 3 & 0 \\ 0 & -1 & -2 & -2 & -1 \\ 0 & -1 & a+6 & -2 & -1 \\ 0 & -2 & -4 & -4 & b \end{bmatrix}\xrightarrow{\text{初等行变换}}\begin{bmatrix} 1 & 1 & -2 & 3 & 0 \\ 0 & -1 & -2 & -2 & -1 \\ 0 & 0 & a+8 & 0 & 0 \\ 0 & 0 & 0 & 0 & b+2 \end{bmatrix}$$

当 $a=-8$ 且 $b=-2$ 时,$\mathrm{r}(\boldsymbol{A})=2$;

当 $a=-8,b\neq -2$，或 $a\neq -8,b=-2$ 时，$\mathrm{r}(\boldsymbol{A})=3$；

当 $a\neq -8$ 且 $b\neq -2$ 时，$\mathrm{r}(\boldsymbol{A})=4$.

总结 求一个矩阵 $\boldsymbol{A}$ 的秩的方法：

第一步，将矩阵 $\boldsymbol{A}$ 施行初等变换（行变换、列变换均可）变成行阶梯形矩阵.

第二步，行阶梯形矩阵中，非零行的个数即为矩阵 $\boldsymbol{A}$ 的秩.

例 3.5 以下关于矩阵 $\boldsymbol{A}$ 的秩的说法中错误的是________.

A. 矩阵 $\boldsymbol{A}$ 中最高阶非零子式的阶数为 $\boldsymbol{A}$ 的秩；

B. 若矩阵 $\boldsymbol{A}$ 中存在 r 阶非零子式，则 $\mathrm{r}(\boldsymbol{A})\geqslant r$；

C. 若矩阵 $\boldsymbol{A}$ 中全部 $r+1$ 阶子式均为零，则 $\mathrm{r}(\boldsymbol{A})\leqslant r$；

D. 若矩阵 $\boldsymbol{A}$ 的秩为 r，则 $\boldsymbol{A}$ 中全部 k 阶（$k<r$）子式均非零，$\boldsymbol{A}$ 中全部 s 阶（$s>r$）子式（若存在）均为零.

解 选 D

分析 A 选项，若 $\boldsymbol{A}$ 的最高阶非零子式的阶数为 r，显然包含以下两重含义：第一，$\boldsymbol{A}$ 中存在 r 阶非零子式；第二，$\boldsymbol{A}$ 中不存在 $r+1$ 阶非零子式. 由矩阵秩的定义得 $\mathrm{r}(\boldsymbol{A})=r$，故 A 正确.

B 选项，若矩阵 $\boldsymbol{A}$ 中存在 r 阶非零子式，则 $\boldsymbol{A}$ 的最高阶非零子式的阶数 $\geqslant r$，即 $\mathrm{r}(\boldsymbol{A})\geqslant r$，故 B 正确.

C 选项，由 $\boldsymbol{A}$ 中全部 $r+1$ 阶子式均为零，可得 $\boldsymbol{A}$ 中 $r+2$ 阶子式（若存在）也均为零（这时由 $\boldsymbol{A}$ 中 $r+2$ 阶子式按行展开，可写成 $r+1$ 阶子式的组合），进而，$\boldsymbol{A}$ 中高于 $r+1$ 阶的子式全为零，则 $\boldsymbol{A}$ 中的最高阶非零子式的阶数 $\leqslant r$，即 $\mathrm{r}(\boldsymbol{A})\leqslant r$，故 C 正确.

D 选项，举反例，若 $\boldsymbol{A}=\begin{bmatrix}1&0&0\\0&1&0\\0&0&0\end{bmatrix}$，则 $\mathrm{r}(\boldsymbol{A})=2$，但 $\boldsymbol{A}$ 中的一阶子式有很多个都为零，故 D 错误.

例 3.6 以下关于矩阵 $\boldsymbol{A}$ 的秩的说法中错误的是________.

A. 若 $\boldsymbol{A}\neq\boldsymbol{0}$，则 $\mathrm{r}(\boldsymbol{A})\geqslant 1$

B. 若 $\boldsymbol{A}$ 为 $m\times n$ 矩阵，则 $\mathrm{r}(\boldsymbol{A})\leqslant\min\{m,n\}$

C. 设 $\boldsymbol{A}$ 为 n 阶方阵，则 $\mathrm{r}(\boldsymbol{A})=n$ 的充分必要条件为 $|\boldsymbol{A}|\neq 0$

D. 若矩阵 $\boldsymbol{A}$ 删除一行得矩阵 $\boldsymbol{B}$，则 $\mathrm{r}(\boldsymbol{B})=\mathrm{r}(\boldsymbol{A})-1$

解 选 D

分析 A 选项，若 $\boldsymbol{A}\neq\boldsymbol{0}$，则 $\boldsymbol{A}$ 中至少存在一个非零元素. 由这个非零元素构成的一阶子式非零，即 $\boldsymbol{A}$ 中最高阶非零子式的阶数 $\geqslant 1$，从而 $\mathrm{r}(\boldsymbol{A})\geqslant 1$，故 A 正确.

B 选项，若 $\boldsymbol{A}$ 为 $m\times n$ 矩阵，则 $\boldsymbol{A}$ 中没有高于 m 阶的子式，从而 $\boldsymbol{A}$ 中最高阶非零子式的阶数 $\leqslant m$，即 $\mathrm{r}(\boldsymbol{A})\leqslant m$；同理可得 $\mathrm{r}(\boldsymbol{A})\leqslant n$，所以有 $\mathrm{r}(\boldsymbol{A})\leqslant\min\{m,n\}$，故 B 正确.

C 选项，必要性：已知 $\mathrm{r}(\boldsymbol{A})=n$，则 $\boldsymbol{A}$ 存在 n 阶非零子式，而 $\boldsymbol{A}$ 中 n 阶子式只有一个为

$|\boldsymbol{A}|$,所以$|\boldsymbol{A}|\neq 0$.

充分性:已知$|\boldsymbol{A}|\neq 0$,即$|\boldsymbol{A}|$为$\boldsymbol{A}$的一个n阶非零子式,而$\boldsymbol{A}$为n阶方阵,$\boldsymbol{A}$中没有$n+1$阶子式,由秩的定义得$\mathrm{r}(\boldsymbol{A})=n$. 综上分析C选项正确.

D选项,举反例,若$\boldsymbol{A}=\begin{bmatrix}1&0&0\\0&1&0\\0&0&0\end{bmatrix}$,删除第三行得$\boldsymbol{B}=\begin{bmatrix}1&0&0\\0&1&0\end{bmatrix}$,显然$\mathrm{r}(\boldsymbol{A})=\mathrm{r}(\boldsymbol{B})=2$,故D错误.

例3.7 设$\boldsymbol{A}$为n阶方阵,$\boldsymbol{B}$与$\boldsymbol{A}$等价,若已知$|\boldsymbol{A}|=a\neq 0$,则________.

A. $|\boldsymbol{B}|=a$　　B. $|\boldsymbol{B}|=-a$

C. $|\boldsymbol{B}|$可取任意数　　D. $|\boldsymbol{B}|$可取任意非零数

解 选D

分析 若$\boldsymbol{A}$交换两行(列)位置变成$\boldsymbol{B}$,则$|\boldsymbol{B}|=-|\boldsymbol{A}|=-a$. 若$\boldsymbol{A}$某行(列)乘非零数$k$得$\boldsymbol{B}$,则$|\boldsymbol{B}|=k|\boldsymbol{A}|=ka$($k$为任意非零数),若$\boldsymbol{A}$中某行(列)乘若干倍加到另一行(列)上得$\boldsymbol{B}$,则$|\boldsymbol{B}|=|\boldsymbol{A}|=a$. 综上$|\boldsymbol{B}|$可能等于$a$,也可能等于$-a$,也可能等于$ka$($k$为任意非零数),所以$|\boldsymbol{B}|$可取任意非零数,应选D.

例3.8 已知方程组$\begin{cases}a_1x+b_1y=c_1\\a_2x+b_2y=c_2\\a_3x+b_3y=c_3\end{cases}$有解,求证:$\begin{vmatrix}a_1&b_1&c_1\\a_2&b_2&c_2\\a_3&b_3&c_3\end{vmatrix}=0$.

证明 由方程组$\begin{cases}a_1x+b_1y=c_1\\a_2x+b_2y=c_2\\a_3x+b_3y=c_3\end{cases}$有解,得秩$\begin{bmatrix}a_1&b_1&c_1\\a_2&b_2&c_2\\a_3&b_3&c_3\end{bmatrix}=$秩$\begin{bmatrix}a_1&b_1\\a_2&b_2\\a_3&b_3\end{bmatrix}\leqslant 2$,则$\begin{vmatrix}a_1&b_1&c_1\\a_2&b_2&c_2\\a_3&b_3&c_3\end{vmatrix}=0$.

总结 只要题目中一出现"某方程组有解""某方程组无解""某方程组有唯一解"或"某方程组有无穷解"的字样,就要首先想到与秩有关的充要条件,或与行列式有关的充要条件(知识点第15条),将方程组解的情况转化为矩阵秩的问题或行列式问题,再进行讨论.

例3.9 已知方程组$\begin{cases}a_{11}x_1+a_{12}x_2+\cdots+a_{1n}x_n=b_1\\a_{21}x_1+a_{22}x_2+\cdots+a_{2n}x_n=b_2\\\qquad\vdots\\a_{m1}x_1+a_{m2}x_2+\cdots+a_{mn}x_n=b_m\end{cases}$的系数矩阵$\boldsymbol{A}$的秩为$m$. 求证:无论$b_1,b_2,\cdots,b_n$如何选取,该方程组一定有解.

证明 设方程组增广矩阵为$\overline{\boldsymbol{A}}$,由$\mathrm{r}(\boldsymbol{A})=m$,$\mathrm{r}(\boldsymbol{A})\leqslant\mathrm{r}(\overline{\boldsymbol{A}})$,则$\mathrm{r}(\overline{\boldsymbol{A}})\geqslant m$,再因为增广阵$\overline{\boldsymbol{A}}$只有$m$行,故$\mathrm{r}(\overline{\boldsymbol{A}})\leqslant m$,从而$\mathrm{r}(\boldsymbol{A})=\mathrm{r}(\overline{\boldsymbol{A}})=m$,方程组有解.

例 3.10 设矩阵 $A=\begin{bmatrix} x & 2 & 2 & 2 \\ 2 & x & 2 & 2 \\ 2 & 2 & x & 2 \\ 2 & 2 & 2 & x \end{bmatrix}$ 的秩为 3，求 x.

解 由 $r(A)=3$，则 $|A|=0$，即

$$0=\begin{vmatrix} x & 2 & 2 & 2 \\ 2 & x & 2 & 2 \\ 2 & 2 & x & 2 \\ 2 & 2 & 2 & x \end{vmatrix}=\begin{vmatrix} x+6 & x+6 & x+6 & x+6 \\ 2 & x & 2 & 2 \\ 2 & 2 & x & 2 \\ 2 & 2 & 2 & x \end{vmatrix}$$

$$=(x+6)\begin{vmatrix} 1 & 1 & 1 & 1 \\ 2 & x & 2 & 2 \\ 2 & 2 & x & 2 \\ 2 & 2 & 2 & x \end{vmatrix}$$

$$=(x+6)\begin{vmatrix} 1 & 1 & 1 & 1 \\ 0 & x-2 & 0 & 0 \\ 0 & 0 & x-2 & 0 \\ 0 & 0 & 0 & x-2 \end{vmatrix}$$

$$=(x+6)(x-2)^3$$

从而 $x=2$ 或 $x=-6$. 当 $x=2$ 时，$A=\begin{bmatrix} 2 & 2 & 2 & 2 \\ 2 & 2 & 2 & 2 \\ 2 & 2 & 2 & 2 \\ 2 & 2 & 2 & 2 \end{bmatrix}$，$r(A)=1$；当 $x=-6$ 时，

$A=\begin{bmatrix} -6 & 2 & 2 & 2 \\ 2 & -6 & 2 & 2 \\ 2 & 2 & -6 & 2 \\ 2 & 2 & 2 & -6 \end{bmatrix}$，$r(A)=3$. 综上分析，$x=-6$ 满足条件.

总结 对 n 阶方阵 A 有：$r(A)=n \Leftrightarrow |A|\neq 0$；$r(A)<n \Leftrightarrow |A|=0$.

3.3 综合与提高

例 3.11 已知方程组 $\begin{cases} x_1+a_1x_2+a_1^2x_3+\cdots+a_1^nx_{n+1}=b_1 \\ x_1+a_2x_2+a_2^2x_3+\cdots+a_2^nx_{n+1}=b_2 \\ \qquad\vdots \\ x_1+a_nx_2+a_n^2x_3+\cdots+a_n^nx_{n+1}=b_n \end{cases}$ 中，$a_1,a_2,\cdots,a_n$ 互不相等.（1）求系数矩阵的秩；（2）求证方程组一定有无穷解.

解 系数矩阵为

$$\boldsymbol{A}=\begin{bmatrix}1 & a_1 & a_1^2 & \cdots & a_1^n\\ 1 & a_2 & a_2^2 & \cdots & a_2^n\\ \vdots & \vdots & \vdots & & \vdots\\ 1 & a_n & a_n^2 & \cdots & a_n^n\end{bmatrix}$$

其中有 n 阶子式

$$\begin{vmatrix}1 & a_1 & a_1^2 & \cdots & a_1^{n-1}\\ 1 & a_2 & a_2^2 & \cdots & a_2^{n-1}\\ \vdots & \vdots & \vdots & & \vdots\\ 1 & a_n & a_n^2 & \cdots & a_n^{n-1}\end{vmatrix}=\prod_{1\leqslant i\leqslant j\leqslant n}(a_j-a_i)\neq 0$$

而 $\boldsymbol{A}$ 中只有 n 行，即 $\boldsymbol{A}$ 没有 $n+1$ 阶非零子式. 由矩阵秩的定义有 $\mathrm{r}(\boldsymbol{A})=n$. 同理，增广矩阵

$$\overline{\boldsymbol{A}}=\begin{bmatrix}1 & a_1 & a_1^2 & \cdots & a_1^{n-1} & a_1^n & b_1\\ 1 & a_2 & a_2^2 & \cdots & a_2^{n-1} & a_2^n & b_2\\ \vdots & \vdots & \vdots & & \vdots & \vdots & \vdots\\ 1 & a_n & a_n^2 & \cdots & a_n^{n-1} & a_n^n & b_n\end{bmatrix}$$

中有 n 阶非零子式，而 $\overline{\boldsymbol{A}}$ 中没有 $n+1$ 阶非零子式，则 $\mathrm{r}(\boldsymbol{A})=n$. 综上，$\mathrm{r}(\boldsymbol{A})=\mathrm{r}(\overline{\boldsymbol{A}})=n$，而未知数个数为 $n+1$ 个，所以 $\mathrm{r}(\boldsymbol{A})=\mathrm{r}(\overline{\boldsymbol{A}})<n+1$，得方程组有无穷解.

总结 在知识点第 15 条中，利用 $\mathrm{r}(\boldsymbol{A})$ 与 $\mathrm{r}(\overline{\boldsymbol{A}})$ 判断方程组解的情况时，注意要用 $\mathrm{r}(\boldsymbol{A})$，$\mathrm{r}(\overline{\boldsymbol{A}})$ 与未知数个数比较. 本题中未知数的个数为 $(n+1)$ 个，由 $\mathrm{r}(\boldsymbol{A})=\mathrm{r}(\overline{\boldsymbol{A}})=n<n+1$，得方程组有无穷解.

例 3.12 讨论方程组

$$\begin{cases}-x_1+x_2+\lambda x_3=4\\ -x_1+\lambda x_2+x_3=\lambda^2\\ x_1-x_2+2x_3=-4\end{cases}$$

当参数 λ 取何值时，方程组无解、有唯一解、有无穷解，并在无穷解时写出方程组的通解.

解 对方程组的增广阵进行初等变换，有

$$\overline{\boldsymbol{A}}=\begin{bmatrix}-1 & 1 & \lambda & 4\\ -1 & \lambda & 1 & \lambda^2\\ 1 & -1 & 2 & -4\end{bmatrix}\xrightarrow{\text{行变换}}\begin{bmatrix}-1 & 1 & \lambda & 4\\ 0 & \lambda-1 & 1-\lambda & \lambda^2-4\\ 0 & 0 & \lambda+2 & 0\end{bmatrix}$$

当 $\lambda\neq1$ 且 $\lambda\neq-2$ 时，$\mathrm{r}(\boldsymbol{A})=\mathrm{r}(\overline{\boldsymbol{A}})=3$，方程组有唯一解.

当 $\lambda=1$ 时，有

$$\overline{A}\xrightarrow{\text{行变换}}\begin{bmatrix}-1 & 1 & 1 & 4\\ 0 & 0 & 0 & -3\\ 0 & 0 & 3 & 0\end{bmatrix}\longrightarrow\begin{bmatrix}-1 & 1 & 1 & 4\\ 0 & 0 & 3 & 0\\ 0 & 0 & 0 & -3\end{bmatrix}$$

$\mathrm{r}(\boldsymbol{A})=2$，$\mathrm{r}(\overline{\boldsymbol{A}})=3$，方程组无解.

当 $\lambda=-2$ 时，$\mathrm{r}(\boldsymbol{A})=\mathrm{r}(\overline{\boldsymbol{A}})=2<3$，方程组有无穷解，此时

$$\overline{A}\xrightarrow{\text{行变换}}\begin{bmatrix}-1 & 1 & -2 & 4\\ 0 & -3 & 3 & 0\\ 0 & 0 & 0 & 0\end{bmatrix}\xrightarrow{\text{行变换}}\begin{bmatrix}1 & 0 & 1 & -4\\ 0 & 1 & -1 & 0\\ 0 & 0 & 0 & 0\end{bmatrix}$$

还原整理得

$$\begin{cases}x_1=-x_3-4\\ x_2=x_3\\ x_3=x_3\end{cases}$$

则通解为

$$\boldsymbol{X}=C\begin{bmatrix}-1\\1\\1\end{bmatrix}+\begin{bmatrix}-4\\0\\0\end{bmatrix}\quad(C\text{ 为任意常数})$$

总结 当方程组的系数中或等号右边的常数中出现未知参数时，一般先不讨论参数，先写出增广矩阵（齐次方程组写出系数矩阵）；然后对增广矩阵进行初等行变换，变成行阶梯形矩阵后再讨论参数取值；最后根据参数取值确定 $\mathrm{r}(\boldsymbol{A})$ 与 $\mathrm{r}(\overline{\boldsymbol{A}})$，从而确定方程组解的情况，再继续解出方程组通解.

例 3.13 当 a,b 取何值时，方程组

$$\begin{cases}ax_1+x_2+x_3=4\\ x_1+bx_2+x_3=3\\ x_1+3bx_2+x_3=9\end{cases}$$

无解、有唯一解、有无穷解，并在无穷解时写出方程组的通解.

解 对方程组的增广矩阵进行初等行变换，得

$$\overline{\boldsymbol{A}}=\begin{bmatrix}a & 1 & 1 & 4\\ 1 & b & 1 & 3\\ 1 & 3b & 1 & 9\end{bmatrix}\xrightarrow{\text{行变换}}\begin{bmatrix}1 & b & 1 & 3\\ 0 & 2b & 0 & 6\\ 0 & 1-ab & 1-a & 4-3a\end{bmatrix}$$

当 $b=0$ 时，方程组显然无解.

当 $b\neq0$ 时，有

$$\overline{A} \xrightarrow{\text{行变换}} \begin{bmatrix} 1 & b & 1 & 3 \\ 0 & 1 & 0 & \dfrac{3}{b} \\ 0 & 0 & 1-a & \dfrac{4b-3}{b} \end{bmatrix}$$

当 $a \neq 1$ 时，$r(\overline{A}) = r(A) = 3$，方程组有唯一解.

当 $a = 1, b \neq \dfrac{3}{4}$时，$r(A) = 2, r(\overline{A}) = 3$，方程组无解.

当 $a = 1, b = \dfrac{3}{4}$时，$r(A) = r(\overline{A}) = 2$，方程组有无穷解.

此时

$$\overline{A} \xrightarrow{\text{行变换}} \begin{bmatrix} 1 & \dfrac{3}{4} & 1 & 3 \\ 0 & 1 & 0 & 4 \\ 0 & 0 & 0 & 0 \end{bmatrix} \xrightarrow{\text{行变换}} \begin{bmatrix} 1 & 0 & 1 & 0 \\ 0 & 1 & 0 & 4 \\ 0 & 0 & 0 & 0 \end{bmatrix}$$

还原整理得

$$\begin{cases} x_1 = -x_3 \\ x_2 = 4 \\ x_3 = x_3 \end{cases}$$

通解为

$$X = C\begin{bmatrix} -1 \\ 0 \\ 1 \end{bmatrix} + \begin{bmatrix} 0 \\ 4 \\ 0 \end{bmatrix} \quad (C\text{ 为任意常数})$$

例 3.14 已知平面上三条不同直线的方程分别为

$$l_1: ax + 2by + 3c = 0$$
$$l_2: bx + 2cy + 3a = 0$$
$$l_3: cx + 2ay + 3b = 0$$

求证：三条直线交于一点的充分必要条件为 $a + b + c = 0$.

证明 必要性：由三条直线交于一点，得方程组

$$\begin{cases} ax + 2by + 3c = 0 \\ bx + 2cy + 3a = 0 \\ cx + 2ay + 3b = 0 \end{cases}$$

有唯一的解，从而 $r(\overline{A}) = 2$，故 $|\overline{A}| = 0$，而

$$|\overline{\boldsymbol{A}}| = \begin{vmatrix} a & 2b & -3c \\ b & 2c & -3a \\ c & 2a & -3b \end{vmatrix} = -6(a+b+c)\begin{vmatrix} 1 & 1 & 1 \\ b & c & a \\ c & a & b \end{vmatrix}$$

$$= -6(a+b+c)\begin{vmatrix} 1 & 0 & 0 \\ b & c-b & a-b \\ c & a-c & b-c \end{vmatrix}$$

$$= -6(a+b+c)[(c-b)(b-c)-(a-b)(a-c)]$$

$$= 3(a+b+c)[(a-b)^2+(b-c)^2+(c-a)^2]$$

由已知 a,b,c 不全相等(否则 l_1,l_2,l_3 就为同一条直线),知

$$[(a-b)^2+(b-c)^2+(c-a)^2] \neq 0$$

又 $|\overline{\boldsymbol{A}}|=0$,得 $a+b+c=0$.

充分性:由 $a+b+c=0$,知 $c=-a-b$. 又由

$$\begin{vmatrix} a & 2b \\ b & 2c \end{vmatrix} = 2\begin{vmatrix} a & b \\ b & c \end{vmatrix} = 2ac-2b^2 = 2a(-a-b)-2b^2 = -[a^2+b^2+(a+b)^2]$$

由已知 a,b 不全为零(否则 l_1 就不表示直线了),得

$$\begin{vmatrix} a & 2b \\ b & 2c \end{vmatrix} = -[a^2+b^2+(a+b)^2] \neq 0$$

则系数矩阵的秩为

$$\mathrm{r}(\boldsymbol{A}) = \mathrm{r}\begin{bmatrix} a & 2b \\ b & 2c \\ c & 2a \end{bmatrix} = 2$$

又

$$|\overline{\boldsymbol{A}}| = \begin{vmatrix} a & 2b & -3c \\ b & 2c & -3a \\ c & 2a & -3b \end{vmatrix} = -6(a+b+c)\begin{vmatrix} 1 & 1 & 1 \\ b & c & a \\ c & a & b \end{vmatrix} = 0$$

则 $\mathrm{r}(\overline{\boldsymbol{A}})=2$. 综上,$\mathrm{r}(\boldsymbol{A})=\mathrm{r}(\overline{\boldsymbol{A}})=2$,则原方程组有唯一解,所以三条直线交于一点.

例 3.15 设有三张不同的平面:$a_{i1}x+a_{i2}y+a_{i3}z=b_i\ (i=1,2,3)$,它们组成的线性方程组的系数矩阵和增广矩阵的秩均为 2,则三张平面的位置关系为________.

解 选 B

分析 由于方程组的系数矩阵和增广矩阵的秩均为 2,则方程组有无穷解,即三个平面有无穷多个公共点,因此应选 B.

A　　　B　　　C　　　D

3.4　同步训练题

1. 选择题

(1)设 $\boldsymbol{A}$ 为 $m\times n$ 矩阵,方程组 $\boldsymbol{AX}=\boldsymbol{b}$ 对应的齐次方程组为 $\boldsymbol{AX}=\boldsymbol{0}$,则以下说法中正确的是________.

A. 若 $\boldsymbol{AX}=\boldsymbol{0}$ 只有零解,则 $\boldsymbol{AX}=\boldsymbol{b}$ 有唯一解

B. 若 $\boldsymbol{AX}=\boldsymbol{0}$ 有非零解,则 $\boldsymbol{AX}=\boldsymbol{b}$ 有无穷解

C. 若 $\boldsymbol{AX}=\boldsymbol{b}$ 无解,则 $\boldsymbol{AX}=\boldsymbol{0}$ 只有零解

D. 若 $\boldsymbol{AX}=\boldsymbol{b}$ 有无穷解,则 $\boldsymbol{AX}=\boldsymbol{0}$ 有非零解

(2)由 m 个方程,n 个未知数构成的方程组 $\boldsymbol{AX}=\boldsymbol{b}$ 中,以下说法正确的是________.

A. 若 $m=n$,则方程组 $\boldsymbol{AX}=\boldsymbol{b}$ 有唯一解

B. 若 $m<n$,则方程组 $\boldsymbol{AX}=\boldsymbol{b}$ 有无穷解

C. 若 $m>n$,则方程组 $\boldsymbol{AX}=\boldsymbol{b}$ 无解

D. 若 $\mathrm{r}(\boldsymbol{A})=m$,则方程组 $\boldsymbol{AX}=\boldsymbol{b}$ 有解

(3)由 m 个方程,n 个未知数构成的方程组 $\boldsymbol{AX}=\boldsymbol{0}$ 中,以下说法正确的是________.

A. 若 $m=n$,则方程组 $\boldsymbol{AX}=\boldsymbol{0}$ 只有零解

B. 若 $m>n$,则方程组 $\boldsymbol{AX}=\boldsymbol{0}$ 只有零解

C. 若 $m<n$,则方程组 $\boldsymbol{AX}=\boldsymbol{0}$ 有非零解

D. 若 $m\leqslant n$,则方程组 $\boldsymbol{AX}=\boldsymbol{0}$ 有非零解

(4)对齐次方程组 $\boldsymbol{AX}=\boldsymbol{0}$ 与 $\boldsymbol{BX}=\boldsymbol{0}$,若________,则 $\boldsymbol{AX}=\boldsymbol{0}$ 与 $\boldsymbol{BX}=\boldsymbol{0}$ 同解.

A. 矩阵 $\boldsymbol{A}$ 经初等行变换变成矩阵 $\boldsymbol{B}$

B. 矩阵 $\boldsymbol{A}$ 经初等列变换变成矩阵 $\boldsymbol{B}$

C. 矩阵 $\boldsymbol{A}$ 经初等变换变成矩阵 $\boldsymbol{B}$

D. 矩阵 $\boldsymbol{A}$ 与矩阵 $\boldsymbol{B}$ 等价

(5)设 $\boldsymbol{A},\boldsymbol{B}$ 均为 $m\times n$ 阶矩阵,则“矩阵 $\boldsymbol{A}$ 与 $\boldsymbol{B}$ 等价”是“$\mathrm{r}(\boldsymbol{A})=\mathrm{r}(\boldsymbol{B})$”的________.

A. 充分不必要条件　　　B. 必要不充分条件

C. 充分必要条件　　　　　　　　　D. 不充分也不必要条件

(6)"对矩阵 $\boldsymbol{A}$ 经过初等变换变成行阶梯形矩阵,行阶梯形矩阵中非零行的个数为矩阵 $\boldsymbol{A}$ 的秩"中所使用的初等变换________.

A. 只能用行初等变换,不能用列初等变换

B. 只能用列初等变换,不能用行初等变换

C. 只能用行、列初等变换中的一种,不能既用行变换又用列变换

D. 行变换、列变换均可,也可以混合使用

2. 求下列矩阵的秩

(1)$\boldsymbol{A}=\begin{bmatrix}1&2&-1&3\\0&1&4&0\\2&5&2&6\end{bmatrix}$;(2)$\boldsymbol{B}=\begin{bmatrix}1&a_1&a_1^2&a_1^3\\1&a_2&a_2^2&a_2^3\\1&a_3&a_3^2&a_3^3\end{bmatrix}$,其中 a_1,a_2,a_3 互不相等;

(3)$\boldsymbol{C}=\begin{bmatrix}2&-1&3&5\\1&2&1&3\\5&0&a&13\end{bmatrix}$,按 a 不同取值进行讨论.

3. 设 $\boldsymbol{A}=\begin{bmatrix}2&1&1&2\\0&1&3&1\\1&a&b&1\end{bmatrix}$,$\boldsymbol{B}=\begin{bmatrix}0\\1\\0\end{bmatrix}$,已知$\begin{bmatrix}1\\-1\\1\\-1\end{bmatrix}$是方程组 $\boldsymbol{AX}=\boldsymbol{B}$ 的一个解,求方程组 $\boldsymbol{AX}=\boldsymbol{B}$ 的通解.

4. 已知 a_1,a_2,a_3,a_4 互不相等,求证方程组

$$\begin{cases}x_1+a_1x_2+a_1^2x_3=a_1^3\\x_1+a_2x_2+a_2^2x_3=a_2^3\\x_1+a_3x_2+a_3^2x_3=a_3^3\\x_1+a_4x_2+a_4^2x_3=a_4^3\end{cases}$$

一定无解.

5. 求证方程组

$$\begin{cases}x_1-x_2=a_1\\x_2-x_3=a_2\\x_3-x_4=a_3\\x_4-x_5=a_4\\x_5-x_1=a_5\end{cases}$$

有解的充分必要条件为 $a_1+a_2+a_3+a_4+a_5=0$.

3.5 同步训练题答案与提示

1. (1)D (2)D (3)C (4)A (5)C (6)D

2. $r(\boldsymbol{A})=2$. $r(\boldsymbol{B})=3$. 当 $a=7$ 时, $r(\boldsymbol{C})=2$. 当 $a\neq 7$ 时, $r(\boldsymbol{C})=3$

3. 解:将 $(1,-1,1,-1)^{\mathrm{T}}$ 代入方程组得 $a=b$. 其增广阵为

$$\overline{\boldsymbol{A}}=\begin{bmatrix}2&1&1&2&0\\0&1&3&1&1\\1&a&a&1&0\end{bmatrix}\longrightarrow\begin{bmatrix}2&1&1&2&0\\0&1&3&1&1\\0&2a-1&2a-1&0&0\end{bmatrix}$$

当 $a=\frac{1}{2}$ 时,有

$$\overline{\boldsymbol{A}}\to\begin{bmatrix}2&1&1&2&0\\0&1&3&1&1\\0&0&0&0&0\end{bmatrix}\to\begin{bmatrix}1&0&-1&\frac{1}{2}&-\frac{1}{2}\\0&1&3&1&1\\0&0&0&0&0\end{bmatrix}$$

其通解为

$$\boldsymbol{X}=C_1\begin{bmatrix}1\\-3\\1\\0\end{bmatrix}+C_2\begin{bmatrix}-\frac{1}{2}\\-1\\0\\1\end{bmatrix}+\begin{bmatrix}-\frac{1}{2}\\1\\0\\0\end{bmatrix}\quad(C_1\text{ 为任意常数})$$

当 $a\neq\frac{1}{2}$ 时,有

$$\overline{\boldsymbol{A}}\to\begin{bmatrix}2&1&1&2&0\\0&1&3&1&1\\0&1&1&0&0\end{bmatrix}\to\begin{bmatrix}1&0&0&1&0\\0&1&0&-\frac{1}{2}&-\frac{1}{2}\\0&0&0&\frac{1}{2}&\frac{1}{2}\end{bmatrix}$$

其通解为

$$\boldsymbol{X}=C_1\begin{bmatrix}-1\\\frac{1}{2}\\-\frac{1}{2}\\1\end{bmatrix}+\begin{bmatrix}0\\-\frac{1}{2}\\\frac{1}{2}\\0\end{bmatrix}\quad(C_1\text{ 为任意常数})$$

4. 证明：由

$$|\overline{A}| = \begin{vmatrix} 1 & a_1 & a_1^2 & a_1^3 \\ 1 & a_2 & a_2^2 & a_2^3 \\ 1 & a_3 & a_3^2 & a_3^3 \\ 1 & a_4 & a_4^2 & a_4^3 \end{vmatrix} = \prod_{1 \leqslant i < j \leqslant 4} (a_j - a_i) \neq 0$$

得 $r(\overline{A}) = 4, r(A) \leqslant 3$，从而 $r(A) < r(\overline{A})$，方程组无解.

5. 证明：

$$\overline{A} = \begin{bmatrix} 1 & -1 & 0 & 0 & 0 & a_1 \\ 0 & 1 & -1 & 0 & 0 & a_2 \\ 0 & 0 & 1 & -1 & 0 & a_3 \\ 0 & 0 & 0 & 1 & -1 & a_4 \\ -1 & 0 & 0 & 0 & 1 & a_5 \end{bmatrix}$$

$$\xrightarrow{\text{行变换}} \begin{bmatrix} 1 & -1 & 0 & 0 & 0 & a_1 \\ 0 & 1 & -1 & 0 & 0 & a_2 \\ 0 & 0 & 1 & -1 & 0 & a_3 \\ 0 & 0 & 0 & 1 & -1 & a_4 \\ 0 & 0 & 0 & 0 & 0 & a_1 + a_2 + a_3 + a_4 + a_5 \end{bmatrix}$$

则方程组有解 $\Leftrightarrow r(A) = r(\overline{A}) \Leftrightarrow a_1 + a_2 + a_3 + a_4 + a_5 = 0$.

第4章 矩　　阵

4.1 知识要点

1. 理解矩阵加、减法的定义及简单性质，会计算矩阵加、减法.

定义：设 $\boldsymbol{A}=[a_{ij}]_{m\times n}$，$\boldsymbol{B}=[b_{ij}]_{m\times n}$，则 $\boldsymbol{A}\pm\boldsymbol{B}=[a_{ij}\pm b_{ij}]_{m\times n}$.

性质：(1) $\boldsymbol{A}+\boldsymbol{B}=\boldsymbol{B}+\boldsymbol{A}$.

(2) $(\boldsymbol{A}+\boldsymbol{B})+\boldsymbol{C}=\boldsymbol{A}+(\boldsymbol{B}+\boldsymbol{C})$.

(3) $\boldsymbol{A}+\boldsymbol{O}=\boldsymbol{A}$.

(4) $\boldsymbol{A}+(-\boldsymbol{A})=\boldsymbol{O}$.

2. 理解矩阵数乘运算定义及简单性质，会计算矩阵的数乘运算.

定义：$\boldsymbol{A}$，$\boldsymbol{B}$ 为同型矩阵，λ，μ 为数，有

(1) $\lambda(\boldsymbol{A}+\boldsymbol{B})=\lambda\boldsymbol{A}+\lambda\boldsymbol{B}$.

(2) $(\lambda+\mu)\boldsymbol{A}=\lambda\boldsymbol{A}+\mu\boldsymbol{A}$.

(3) $(\lambda\mu)\boldsymbol{A}=\lambda(\mu\boldsymbol{A})=\mu(\lambda\boldsymbol{A})$.

(4) 若 $\lambda\boldsymbol{A}=\boldsymbol{O}$，则 $\lambda=0$ 或 $\boldsymbol{A}=\boldsymbol{O}$.

3. 理解矩阵乘法运算的定义及简单性质，会计算矩阵乘法.

定义：若 $\boldsymbol{A}=[a_{ij}]_{m\times n}$，$\boldsymbol{B}=[b_{ij}]_{n\times s}$，则 $\boldsymbol{AB}=\boldsymbol{C}=[c_{ij}]_{m\times s}$，其中 $c_{ij}=a_{i1}b_{1j}+a_{i2}b_{2j}+\cdots+a_{in}b_{nj}$.

性质：(1) $(\boldsymbol{AB})\boldsymbol{C}=\boldsymbol{A}(\boldsymbol{BC})$.

(2) $k\boldsymbol{AB}=(k\boldsymbol{A})\boldsymbol{B}=\boldsymbol{A}(k\boldsymbol{B})$.

(3) $(\boldsymbol{A}+\boldsymbol{B})\boldsymbol{C}=\boldsymbol{AC}+\boldsymbol{BC}$，$\boldsymbol{C}(\boldsymbol{A}+\boldsymbol{B})=\boldsymbol{CA}+\boldsymbol{CB}$.

(4) $\boldsymbol{EA}=\boldsymbol{AE}=\boldsymbol{A}$.

(5) $\boldsymbol{OA}=\boldsymbol{AO}=\boldsymbol{O}$.

(6) $\boldsymbol{AB}+k\boldsymbol{A}=\boldsymbol{A}(\boldsymbol{B}+k\boldsymbol{E})$，$\boldsymbol{BA}+k\boldsymbol{A}=(\boldsymbol{B}+k\boldsymbol{E})\boldsymbol{A}$，$k\in\mathbb{R}$.

(7) $\mathrm{diag}(a_1,a_2,\cdots,a_n)\cdot\mathrm{diag}(b_1,b_2,\cdots,b_n)=\mathrm{diag}(a_1b_1,a_2b_2,\cdots,a_nb_n)$.

4. 理解矩阵乘法运算规律与数字运算规律的几点差别.

设 a，b 为数，$\boldsymbol{A}$，$\boldsymbol{B}$，$\boldsymbol{C}$ 为矩阵，k 为自然数，有

(1) $ab=ba$；$\boldsymbol{AB}\neq\boldsymbol{BA}$.

(2) 若 $ab=0$，则 $a=0$ 或 $b=0$；若 $\boldsymbol{AB}=\boldsymbol{O}\not\Rightarrow\boldsymbol{A}=\boldsymbol{O}$ 或 $\boldsymbol{B}=\boldsymbol{O}$.

(3) 若 $a^k=0$，则 $a=0$；若 $\boldsymbol{A}^k=\boldsymbol{O}\not\Rightarrow\boldsymbol{A}=\boldsymbol{O}$.

(4)若 $ab=ac(a\neq 0)$,则 $b=c$;若 $\boldsymbol{AB}=\boldsymbol{AC}(\boldsymbol{A}\neq\boldsymbol{O})\not\Rightarrow \boldsymbol{B}=\boldsymbol{C}$.

(5)$(ab)^k=a^kb^k$;$(\boldsymbol{AB})^k\neq\boldsymbol{A}^k\boldsymbol{B}^k$.

5. 理解方阵的幂的概念及简单性质.

定义:设 $\boldsymbol{A}$ 为方阵,称 k 个 $\boldsymbol{A}$ 的连续乘积为 $\boldsymbol{A}$ 的 k 次幂,记做 $\boldsymbol{A}^k$,约定 $\boldsymbol{A}^0=\boldsymbol{E}$.

性质:(1)$\boldsymbol{A}^m\boldsymbol{A}^n=\boldsymbol{A}^{m+n}$.

(2)$(\boldsymbol{A}^m)^n=\boldsymbol{A}^{mn}$.

6. 理解矩阵的转置的定义及其简单性质.

定义:把矩阵 $\boldsymbol{A}$ 的行换成同序数的列所得到的新矩阵称为 $\boldsymbol{A}$ 的转置阵,记为 $\boldsymbol{A}^{\mathrm{T}}$. 即若 $\boldsymbol{A}=[a_{ij}]_{m\times n}$,则 $\boldsymbol{A}^{\mathrm{T}}=[a_{ji}]_{n\times m}$.

性质:(1)$(\boldsymbol{A}^{\mathrm{T}})^{\mathrm{T}}=\boldsymbol{A}$.

(2)$(\boldsymbol{A}\pm\boldsymbol{B})^{\mathrm{T}}=\boldsymbol{A}^{\mathrm{T}}\pm\boldsymbol{B}^{\mathrm{T}}$.

(3)$(k\boldsymbol{A})^{\mathrm{T}}=k\boldsymbol{A}^{\mathrm{T}},k\in\mathbb{R}$.

(4)$(\boldsymbol{AB})^{\mathrm{T}}=\boldsymbol{B}^{\mathrm{T}}\boldsymbol{A}^{\mathrm{T}}$.

7. 理解方阵的行列式、方阵的迹的定义及其简单性质.

定义:由 n 阶方阵 $\boldsymbol{A}$ 的元素,按原来位置所构成的行列式称为方阵 $\boldsymbol{A}$ 的行列式,记为 $|\boldsymbol{A}|$或 $\det(\boldsymbol{A})$;方阵 $\boldsymbol{A}$ 主对角线元素之和称为方阵 $\boldsymbol{A}$ 的迹,记为 $\mathrm{tr}(\boldsymbol{A})$. 方阵的行列式与方阵的迹都是方阵的数字属性.

性质:(1)$|\boldsymbol{A}^{\mathrm{T}}|=|\boldsymbol{A}|$;$\mathrm{tr}(\boldsymbol{A}^{\mathrm{T}})=\mathrm{tr}(\boldsymbol{A})$.

(2)$|k\boldsymbol{A}|=k^n|\boldsymbol{A}|$;$\mathrm{tr}(k\boldsymbol{A})=k\cdot\mathrm{tr}(\boldsymbol{A})$.

(3)$|\boldsymbol{AB}|=|\boldsymbol{A}||\boldsymbol{B}|$;$\mathrm{tr}(\boldsymbol{A}+\boldsymbol{B})=\mathrm{tr}(\boldsymbol{A})+\mathrm{tr}(\boldsymbol{B})$.

8. 理解对称阵、反对称阵的定义及性质.

对称阵:若方阵 $\boldsymbol{A}$ 满足 $\boldsymbol{A}^{\mathrm{T}}=\boldsymbol{A}$,则称 $\boldsymbol{A}$ 为对称阵,对称阵 $\boldsymbol{A}=[a_{ij}]_{n\times n}$的元素满足 $a_{ij}=a_{ji}$.

反对称阵:若方阵 $\boldsymbol{A}$ 满足 $\boldsymbol{A}^{\mathrm{T}}=-\boldsymbol{A}$,则称 $\boldsymbol{A}$ 为反对称阵,反对称阵 $\boldsymbol{A}=[a_{ij}]_{n\times n}$的元素满足 $a_{ij}=-a_{ji}$,且 $a_{ii}=0$.

性质:(1)奇数阶反对称阵的行列式为零.

(2)若 $\boldsymbol{A},\boldsymbol{B}$ 均为对称阵(反对称阵),则 $\boldsymbol{A}\pm\boldsymbol{B}$ 仍为对称阵(反对称阵).

(3)若 $\boldsymbol{A}$ 为对称阵,则 $\boldsymbol{A}^n$ 仍为对称阵;若 $\boldsymbol{A}$ 为反对称阵,则当 n 为奇数时 $\boldsymbol{A}^n$ 仍为反对称阵;当 n 为偶数时 $\boldsymbol{A}^n$ 为对称阵.

(4)若 $\boldsymbol{A}$ 为对称阵,则 $\boldsymbol{A}^*$,$\boldsymbol{A}^{-1}$(当 $\boldsymbol{A}$ 可逆时)仍为对称阵.

9. 理解方阵的伴随阵的定义及性质.

定义:将方阵 $\boldsymbol{A}$ 中的元素换成自己的代数余子式,再作转置所得矩阵称为方阵 $\boldsymbol{A}$ 的伴随矩阵,记作 $\boldsymbol{A}^*$,即若 $\boldsymbol{A}=[a_{ij}]_{n\times n}$,则 $\boldsymbol{A}^*=[\boldsymbol{A}_{ij}]_{n\times n}^{\mathrm{T}}=[\boldsymbol{A}_{ji}]_{n\times n}$.

性质:(1)$\boldsymbol{AA}^*=\boldsymbol{A}^*\boldsymbol{A}=|\boldsymbol{A}|\boldsymbol{E}$.

(2)$|\boldsymbol{A}^*|=|\boldsymbol{A}|^{n-1}$.

10. 理解逆矩阵的定义及性质.

定义:设$\boldsymbol{A}$为n阶方阵,若存在矩阵$\boldsymbol{B}$使$\boldsymbol{AB}=\boldsymbol{BA}=\boldsymbol{E}$成立,则称方阵$\boldsymbol{A}$可逆,矩阵$\boldsymbol{B}$称作$\boldsymbol{A}$的逆阵,记作$\boldsymbol{A}^{-1}=\boldsymbol{B}$.

性质:(1)若方阵$\boldsymbol{A}$可逆,则$\boldsymbol{A}$的逆阵是唯一的.

(2)n阶方阵$\boldsymbol{A}$可逆$\Leftrightarrow |\boldsymbol{A}|\neq 0 \Leftrightarrow \mathrm{r}(\boldsymbol{A})=n$.

(3)当$\boldsymbol{A}$可逆时,$\boldsymbol{A}^{-1}=\dfrac{1}{|\boldsymbol{A}|}\boldsymbol{A}^{*}$,$\boldsymbol{A}^{*}=|\boldsymbol{A}|\boldsymbol{A}^{-1}$.

(4)$(\boldsymbol{A}^{-1})^{-1}=\boldsymbol{A}$.

(5)$(k\boldsymbol{A})^{-1}=\dfrac{1}{k}\boldsymbol{A}^{-1}$,$k\in\mathbb{R}$,$k\neq 0$.

(6)$(\boldsymbol{AB})^{-1}=\boldsymbol{B}^{-1}\boldsymbol{A}^{-1}$.

(7)$|\boldsymbol{A}^{-1}|=\dfrac{1}{|\boldsymbol{A}|}$.

(8)若方阵$\boldsymbol{A}$,$\boldsymbol{B}$满足$\boldsymbol{AB}=\boldsymbol{E}$(或$\boldsymbol{BA}=\boldsymbol{E}$),则$\boldsymbol{A}$可逆,且$\boldsymbol{A}^{-1}=\boldsymbol{B}$.

11. 掌握逆阵、转置阵、伴随阵的以下三条关系.

(1)$(\boldsymbol{A}^{*})^{\mathrm{T}}=(\boldsymbol{A}^{\mathrm{T}})^{*}$.

(2)$(\boldsymbol{A}^{\mathrm{T}})^{-1}=(\boldsymbol{A}^{-1})^{\mathrm{T}}$.

(3)$(\boldsymbol{A}^{*})^{-1}=(\boldsymbol{A}^{-1})^{*}$.

12. 理解可交换矩阵的定义和性质.

定义:若方阵$\boldsymbol{A}$与$\boldsymbol{B}$满足$\boldsymbol{AB}=\boldsymbol{BA}$,则称$\boldsymbol{A}$与$\boldsymbol{B}$可交换.

性质:(1)数量阵$k\boldsymbol{E}$与所有同阶方阵均可交换.

(2)由$\boldsymbol{A}$,$\boldsymbol{A}^{*}$,$\boldsymbol{A}^{-1}$所构成的所有多项式之间可互相交换.

(3)若$\boldsymbol{A}$与$\boldsymbol{B}$可交换,则由$\boldsymbol{A}$,$\boldsymbol{A}^{*}$,$\boldsymbol{A}^{-1}$,$\boldsymbol{B}$,$\boldsymbol{B}^{*}$,$\boldsymbol{B}^{-1}$所构成的所有多项式互相可交换.

(4)若$\boldsymbol{A}$与$\boldsymbol{B}$可交换,则数字中成立的多项式恒等式对矩阵$\boldsymbol{A}$与$\boldsymbol{B}$仍成立,即若有$\boldsymbol{AB}=\boldsymbol{BA}$,则有

$$\boldsymbol{A}^2-\boldsymbol{B}^2=(\boldsymbol{A}+\boldsymbol{B})(\boldsymbol{A}-\boldsymbol{B})=(\boldsymbol{A}-\boldsymbol{B})(\boldsymbol{A}+\boldsymbol{B})$$

$$(\boldsymbol{A}+\boldsymbol{B})^2=\boldsymbol{A}^2+2\boldsymbol{AB}+\boldsymbol{B}^2$$

$$(\boldsymbol{A}+\boldsymbol{B})^n=\boldsymbol{A}^n+\mathrm{C}_n^1\boldsymbol{A}^{n-1}\boldsymbol{B}+\mathrm{C}_n^2\boldsymbol{A}^{n-2}\boldsymbol{B}^2+\cdots+\mathrm{C}_n^n\boldsymbol{B}^n$$

$$\boldsymbol{A}^k-\boldsymbol{B}^k=(\boldsymbol{A}-\boldsymbol{B})(\boldsymbol{A}^{k-1}+\boldsymbol{A}^{k-2}\boldsymbol{B}+\cdots+\boldsymbol{B}^{k-1})$$

等多项式等式均成立.

13. 掌握与矩阵的秩有关的十条性质.

(1)$\mathrm{r}(\boldsymbol{A})=0\Leftrightarrow\boldsymbol{A}=\boldsymbol{O}$.

(2)若$\boldsymbol{A}$为$m\times n$阶矩阵,则$\mathrm{r}(\boldsymbol{A})\leqslant\min\{m,n\}$.

(3)$\mathrm{r}(\boldsymbol{A}^{\mathrm{T}})=\mathrm{r}(\boldsymbol{A})$.

(4)$r\left(\begin{bmatrix} \boldsymbol{A} & \boldsymbol{O} \\ \boldsymbol{O} & \boldsymbol{B} \end{bmatrix}\right) = r(\boldsymbol{A}) + r(\boldsymbol{B})$.

(5)$r(\boldsymbol{A}+\boldsymbol{B}) \leqslant r(\boldsymbol{A}) + r(\boldsymbol{B})$.

(6)$r(\boldsymbol{AB}) \leqslant \min\{r(\boldsymbol{A}), r(\boldsymbol{B})\}$.

(7)若 $\boldsymbol{AB}=\boldsymbol{O}$,则 $r(\boldsymbol{A}) + r(\boldsymbol{B}) \leqslant n$($n$ 为 $\boldsymbol{A}$ 的列数和 $\boldsymbol{B}$ 的行数).

(8)可逆阵乘到 $\boldsymbol{A}$ 身上,不改变 $\boldsymbol{A}$ 的秩,即若 $\boldsymbol{P},\boldsymbol{Q}$ 为可逆阵,则 $r(\boldsymbol{PA}) = r(\boldsymbol{A}) = r(\boldsymbol{AQ}) = r(\boldsymbol{PAQ})$.

(9)若 $r(\boldsymbol{A})=r$,则存在可逆阵 $\boldsymbol{P},\boldsymbol{Q}$ 使 $\boldsymbol{A}=\boldsymbol{P}\begin{bmatrix} \boldsymbol{E}_r & \boldsymbol{O} \\ \boldsymbol{O} & \boldsymbol{O} \end{bmatrix}\boldsymbol{Q}$.

(10)$r(\boldsymbol{A}^*) = \begin{cases} n, & \text{当 } r(\boldsymbol{A}) = n \text{ 时} \\ 1, & \text{当 } r(\boldsymbol{A}) = n-1 \text{ 时} \\ 0, & \text{当 } r(\boldsymbol{A}) < n-1 \text{ 时} \end{cases}$.

14. 理解初等矩阵的概念、性质. 掌握初等矩阵与初等变换的关系.

定义:将单位阵 $\boldsymbol{E}$ 经过一次初等变换所达到的矩阵称为初等矩阵. 单位阵交换 i,j 两行位置得到的矩阵记作 $\boldsymbol{P}(i,j)$ 为第一类初等阵;单位阵第 i 行乘非零数 k 得到的矩阵记作$\boldsymbol{P}(i(k))$ 为第二类初等阵;单位阵第 j 行 k 倍加到第 i 行上得到的矩阵记为 $\boldsymbol{P}(j(k),i)$ 为第三类初等阵.

性质:(1)初等阵均可逆,且

$$\boldsymbol{P}^{-1}(i,j) = \boldsymbol{P}(i,j), \boldsymbol{P}^{-1}(i(k)) = \boldsymbol{P}\left(i\left(\frac{1}{k}\right)\right), \boldsymbol{P}^{-1}(j(k),i) = \boldsymbol{P}(j(-k),i)$$

(2)可逆阵可看成有限个初等阵的乘积.

初等矩阵与初等变换的关系为对矩阵 $\boldsymbol{A}$ 施行一次初等行变换,就相当于在 $\boldsymbol{A}$ 的左边乘以一个相应的初等矩阵;对矩阵 $\boldsymbol{A}$ 施行一次初等列变换,就相当于在 $\boldsymbol{A}$ 的右边乘以一个相应的初等矩阵.

15. 掌握用初等变换求矩阵逆的方法,会用初等变换求 $\boldsymbol{A}^{-1}, \boldsymbol{A}^{-1}\boldsymbol{B}$.

若$[\boldsymbol{A} \quad \boldsymbol{E}] \xrightarrow{\text{行变换}} [\boldsymbol{E} \quad \boldsymbol{M}]$,则 $\boldsymbol{A}^{-1}=\boldsymbol{M}$;

若$[\boldsymbol{A} \quad \boldsymbol{B}] \xrightarrow{\text{行变换}} [\boldsymbol{E} \quad \boldsymbol{N}]$,则 $\boldsymbol{A}^{-1}\boldsymbol{B}=\boldsymbol{N}$.

16. 了解分块矩阵的加减、数乘、转置运算的运算方法.

17. 掌握矩阵分块乘法能够运行的条件,会作矩阵的分块乘法运算.

若对矩阵 $\boldsymbol{A}_{m\times n}$ 及 $\boldsymbol{B}_{n\times s}$ 分块后,$\boldsymbol{A}$ 的列的分法与 $\boldsymbol{B}$ 的行的分法一致,则 $\boldsymbol{AB}$ 的分块乘法能够运行.

18. 掌握准对角阵的定义及性质.

定义:设 $\boldsymbol{A}$ 为 n 阶方阵,若 $\boldsymbol{A}$ 的分块阵中,主对角线上的子块均为方块,其余子块均为零块,则称 $\boldsymbol{A}$ 为分块对角阵,或称 $\boldsymbol{A}$ 为准对角阵.

性质:若

$$\boldsymbol{A}=\begin{bmatrix}\boldsymbol{A}_1 & & & \\ & \boldsymbol{A}_2 & & \\ & & \ddots & \\ & & & \boldsymbol{A}_k\end{bmatrix},\quad \boldsymbol{B}=\begin{bmatrix}\boldsymbol{B}_1 & & & \\ & \boldsymbol{B}_2 & & \\ & & \ddots & \\ & & & \boldsymbol{B}_k\end{bmatrix}$$

其中 $\boldsymbol{A}$ 与 $\boldsymbol{B}$ 具有相同的分块形式,则有

(1) $\boldsymbol{A}\pm\boldsymbol{B}=\begin{bmatrix}\boldsymbol{A}_1\pm\boldsymbol{B}_1 & & & \\ & \boldsymbol{A}_2\pm\boldsymbol{B}_2 & & \\ & & \ddots & \\ & & & \boldsymbol{A}_k\pm\boldsymbol{B}_k\end{bmatrix}$;

(2) $\boldsymbol{AB}=\begin{bmatrix}\boldsymbol{A}_1\boldsymbol{B}_1 & & & \\ & \boldsymbol{A}_2\boldsymbol{B}_2 & & \\ & & \ddots & \\ & & & \boldsymbol{A}_k\boldsymbol{B}_k\end{bmatrix}$;

(3) 当 $\boldsymbol{A}$ 可逆时,有 $\boldsymbol{A}^{-1}=\begin{bmatrix}\boldsymbol{A}_1^{-1} & & & \\ & \boldsymbol{A}_2^{-1} & & \\ & & \ddots & \\ & & & \boldsymbol{A}_k^{-1}\end{bmatrix}$.

19. 了解矩阵的分块初等变换及分块初等阵,理解分块初等变换与分块初等阵的关系.

以 2×2 分块阵为例,分块初等阵有 $\begin{bmatrix}\boldsymbol{P} & \boldsymbol{O}\\ \boldsymbol{O} & \boldsymbol{E}\end{bmatrix}$,$\begin{bmatrix}\boldsymbol{O} & \boldsymbol{E}\\ \boldsymbol{E} & \boldsymbol{O}\end{bmatrix}$,$\begin{bmatrix}\boldsymbol{E} & \boldsymbol{Q}\\ \boldsymbol{O} & \boldsymbol{E}\end{bmatrix}$ 三类(其中 $\boldsymbol{P}$ 为可逆阵).

对分块阵 $\begin{bmatrix}\boldsymbol{A} & \boldsymbol{B}\\ \boldsymbol{C} & \boldsymbol{D}\end{bmatrix}$ 施行一次分块行(列)初等变换,就相当于在 $\begin{bmatrix}\boldsymbol{A} & \boldsymbol{B}\\ \boldsymbol{C} & \boldsymbol{D}\end{bmatrix}$ 左(右)边乘以一个相应的分块初等阵.

4.2 典型题解析

例 4.1 设 $\boldsymbol{A}$ 为 n 阶方阵,则 $||\boldsymbol{A}|\boldsymbol{A}|$ 等于________.

A. $|\boldsymbol{A}|$　　B. $|\boldsymbol{A}|^2$　　C. $|\boldsymbol{A}|^n$　　D. $|\boldsymbol{A}|^{n+1}$

解 应选 D

分析 $|\boldsymbol{A}|$ 为一个数值,$||\boldsymbol{A}|\boldsymbol{A}|$ 可看成 $|k\boldsymbol{A}|=k^n|\boldsymbol{A}|$,其中 $k=|\boldsymbol{A}|$,因此

$$||\boldsymbol{A}|\boldsymbol{A}| = |\boldsymbol{A}|^n \cdot |\boldsymbol{A}| = |\boldsymbol{A}|^{n+1}$$

例 4.2 设矩阵 $\boldsymbol{A}=\begin{bmatrix} 2 & 1 \\ -1 & 2 \end{bmatrix}$,且满足 $\boldsymbol{BA}=\boldsymbol{B}+2\boldsymbol{E}$,求 $|\boldsymbol{B}|$.

解 由 $\boldsymbol{BA}=\boldsymbol{B}+2\boldsymbol{E}$,得 $\boldsymbol{BA}-\boldsymbol{B}=2\boldsymbol{E}$,即 $\boldsymbol{B}(\boldsymbol{A}-\boldsymbol{E})=2\boldsymbol{E}$. 等号两边同时取行列式得 $|\boldsymbol{B}(\boldsymbol{A}-\boldsymbol{E})|=|2\boldsymbol{E}|=4$. 又由 $|\boldsymbol{A}-\boldsymbol{E}|=\begin{vmatrix} 1 & 1 \\ -1 & 1 \end{vmatrix}=2$,因此 $|\boldsymbol{B}|=2$.

例 4.3 设 $\boldsymbol{A}=\frac{1}{2}(\boldsymbol{B}+\boldsymbol{E})$,求证:$\boldsymbol{A}^2=\boldsymbol{A}$ 的充分必要条件是 $\boldsymbol{B}^2=\boldsymbol{E}$.

证明 必要性:由

$$\boldsymbol{A} = \frac{1}{2}(\boldsymbol{B}+\boldsymbol{E})$$

得

$$\boldsymbol{A}^2 = \frac{1}{4}(\boldsymbol{B}+\boldsymbol{E})^2 = \frac{1}{4}(\boldsymbol{B}+\boldsymbol{E})(\boldsymbol{B}+\boldsymbol{E}) = \frac{1}{4}(\boldsymbol{B}^2+2\boldsymbol{B}+\boldsymbol{E})$$

又由 $\boldsymbol{A}^2=\boldsymbol{A}$ 得

$$\frac{1}{4}(\boldsymbol{B}^2+2\boldsymbol{B}+\boldsymbol{E}) = \frac{1}{2}(\boldsymbol{B}+\boldsymbol{E})$$

从而

$$\boldsymbol{B}^2+2\boldsymbol{B}+\boldsymbol{E} = 2(\boldsymbol{B}+\boldsymbol{E}) = 2\boldsymbol{B}+2\boldsymbol{E}$$

因此

$$\boldsymbol{B}^2 = 2\boldsymbol{B}+2\boldsymbol{E}-(2\boldsymbol{B}+\boldsymbol{E}) = \boldsymbol{E}$$

充分性:由

$$\boldsymbol{B}^2=\boldsymbol{E}, \boldsymbol{A}=\frac{1}{2}(\boldsymbol{B}+\boldsymbol{E})$$

得

$$\begin{aligned}\boldsymbol{A}^2 &= \frac{1}{4}(\boldsymbol{B}+\boldsymbol{E})^2 = \frac{1}{4}(\boldsymbol{B}^2+2\boldsymbol{B}+\boldsymbol{E}) = \frac{1}{4}(\boldsymbol{E}+2\boldsymbol{B}+\boldsymbol{E}) \\ &= \frac{1}{4}(2\boldsymbol{B}+2\boldsymbol{E}) = \frac{1}{2}(\boldsymbol{B}+\boldsymbol{E}) = \boldsymbol{A}\end{aligned}$$

例 4.4 设 $\boldsymbol{A},\boldsymbol{B}$ 均为 n 阶对称阵,求证:$\boldsymbol{AB}$ 为对称阵的充分必要条件为 $\boldsymbol{AB}=\boldsymbol{BA}$.

证明 必要性:由 $\boldsymbol{A}$ 对称,$\boldsymbol{B}$ 对称,$\boldsymbol{AB}$ 对称,得

$$\boldsymbol{AB} = (\boldsymbol{AB})^T = \boldsymbol{B}^{\mathrm{T}}\boldsymbol{A}^{\mathrm{T}} = \boldsymbol{BA}$$

充分性:由 $\boldsymbol{A}$ 对称,$\boldsymbol{B}$ 对称,$\boldsymbol{AB}=\boldsymbol{BA}$,得

$$(\boldsymbol{AB})^{\mathrm{T}} = \boldsymbol{B}^{\mathrm{T}}\boldsymbol{A}^{\mathrm{T}} = \boldsymbol{BA} = \boldsymbol{AB}$$

所以 $\boldsymbol{AB}$ 仍为对称阵.

例 4.5 求证任意 n 阶方阵均可表示成一个对称阵与一个反对称阵之和.

分析 我们需要凑出一个对称阵 $\boldsymbol{M}(\boldsymbol{M}^{\mathrm{T}}=\boldsymbol{M})$ 与一个反对称阵 $\boldsymbol{N}(\boldsymbol{N}^{\mathrm{T}}=-\boldsymbol{N})$,使 $\boldsymbol{A}=\boldsymbol{M}+\boldsymbol{N}$成立,分别对等号两边转置,得 $\boldsymbol{A}^{\mathrm{T}}=\boldsymbol{M}^{\mathrm{T}}+\boldsymbol{N}^{\mathrm{T}}=\boldsymbol{M}-\boldsymbol{N}$,将两式联立,解得

$$\boldsymbol{M}=\frac{\boldsymbol{A}+\boldsymbol{A}^{\mathrm{T}}}{2},\boldsymbol{N}=\frac{\boldsymbol{A}-\boldsymbol{A}^{\mathrm{T}}}{2}$$

证明 对任意 n 阶方阵 $\boldsymbol{A}$,总有 $\boldsymbol{A}=\frac{\boldsymbol{A}+\boldsymbol{A}^{\mathrm{T}}}{2}+\frac{\boldsymbol{A}-\boldsymbol{A}^{\mathrm{T}}}{2}$成立. 由

$$\left(\frac{\boldsymbol{A}+\boldsymbol{A}^{T}}{2}\right)^{\mathrm{T}}=\frac{\boldsymbol{A}^{\mathrm{T}}+\boldsymbol{A}}{2}=\frac{\boldsymbol{A}+\boldsymbol{A}^{\mathrm{T}}}{2}$$

即$\frac{\boldsymbol{A}+\boldsymbol{A}^{\mathrm{T}}}{2}$为对称阵. 由

$$\left(\frac{\boldsymbol{A}-\boldsymbol{A}^{\mathrm{T}}}{2}\right)^{\mathrm{T}}=\frac{\boldsymbol{A}^{\mathrm{T}}-\boldsymbol{A}}{2}=-\frac{\boldsymbol{A}-\boldsymbol{A}^{\mathrm{T}}}{2}$$

即$\frac{\boldsymbol{A}-\boldsymbol{A}^{\mathrm{T}}}{2}$为反对称阵.

综上,任意方阵 $\boldsymbol{A}$ 可写成一个对称阵$\frac{\boldsymbol{A}+\boldsymbol{A}^{\mathrm{T}}}{2}$与一个反对称阵$\frac{\boldsymbol{A}-\boldsymbol{A}^{\mathrm{T}}}{2}$之和.

例 4.6 (1)判断命题"若方阵 $\boldsymbol{A}$ 满足 $\boldsymbol{A}^2=\boldsymbol{O}$,则 $\boldsymbol{A}=\boldsymbol{O}$" 是否成立,并说明理由.

(2)设 $\boldsymbol{A}$ 为 n 阶对称阵,求证:若 $\boldsymbol{A}^2=\boldsymbol{O}$,则 $\boldsymbol{A}=\boldsymbol{O}$.

解 (1)命题不成立. 举反例

$$\boldsymbol{A}=\begin{bmatrix}1&1\\-1&-1\end{bmatrix},\boldsymbol{A}^2=\begin{bmatrix}1&1\\-1&-1\end{bmatrix}\begin{bmatrix}1&1\\-1&-1\end{bmatrix}=\begin{bmatrix}0&0\\0&0\end{bmatrix}=\boldsymbol{O}$$

即 $\boldsymbol{A}^2=\boldsymbol{O}$,但 $\boldsymbol{A}\neq\boldsymbol{O}$.

(2)**证明** 设

$$\boldsymbol{A}=\begin{bmatrix}a_{11}&a_{12}&\cdots&a_{1n}\\a_{21}&a_{22}&\cdots&a_{2n}\\\vdots&\vdots&&\vdots\\a_{n1}&a_{n2}&\cdots&a_{nn}\end{bmatrix}$$

由

$$\boldsymbol{A}^2=\begin{bmatrix}a_{11}&a_{12}&\cdots&a_{1n}\\a_{21}&a_{22}&\cdots&a_{2n}\\\vdots&\vdots&&\vdots\\a_{n1}&a_{n2}&\cdots&a_{nn}\end{bmatrix}\begin{bmatrix}a_{11}&a_{12}&\cdots&a_{1n}\\a_{21}&a_{22}&\cdots&a_{2n}\\\vdots&\vdots&&\vdots\\a_{n1}&a_{n2}&\cdots&a_{nn}\end{bmatrix}=\begin{bmatrix}b_{11}&b_{12}&\cdots&b_{1n}\\b_{21}&b_{22}&\cdots&b_{2n}\\\vdots&\vdots&&\vdots\\b_{n1}&b_{n2}&\cdots&b_{nn}\end{bmatrix}$$

又由 $\boldsymbol{A}$ 对称知 $a_{ij}=a_{ji}$,得

$$0 = b_{11} = a_{11}^2 + a_{12}a_{21} + \cdots + a_{1n}a_{n1} = a_{11}^2 + a_{12}^2 + \cdots + a_{1n}^2$$

从而

$$a_{11} = a_{12} = \cdots = a_{1n} = 0$$

$$0 = b_{22} = a_{21}a_{12} + a_{22}^2 + \cdots + a_{2n}a_{n2} = a_{21}^2 + a_{22}^2 + \cdots + a_{2n}^2$$

从而

$$a_{21} = a_{22} = \cdots = a_{2n} = 0$$

$$\vdots$$

$$0 = b_{nn} = a_{n1}a_{1n} + a_{n2}a_{2n} + \cdots + a_{nn}^2 = a_{n1}^2 + a_{n2}^2 + \cdots + a_{nn}^2$$

从而

$$a_{n1} = a_{n2} = \cdots = a_{nn} = 0$$

综上,$\boldsymbol{A} = \boldsymbol{O}$.

例 4.7 (1)求证:两个 n 阶对角阵一定可交换.

(2)设 $\boldsymbol{A} = \mathrm{diag}(a_1, a_2, \cdots, a_n)$,且 $a_1, a_2, \cdots, a_n$ 互不相等. 求证:与 $\boldsymbol{A}$ 可交换的矩阵一定为对角阵.

证明 (1)$\boldsymbol{A} = \mathrm{diag}(a_1, a_2, \cdots, a_n)$,$\boldsymbol{B} = \mathrm{diag}(b_1, b_2, \cdots, b_n)$,则

$$\boldsymbol{AB} = \mathrm{diag}(a_1b_1, a_2b_2, \cdots, a_nb_n) = \mathrm{diag}(b_1a_1, b_2a_2, \cdots, b_na_n) = \boldsymbol{BA}$$

所以 $\boldsymbol{A}$ 与 $\boldsymbol{B}$ 可交换.

(2)设 $\boldsymbol{C} = [c_{ij}]_{n\times n}$是与 $\boldsymbol{A}$ 可交换的. 下面我们来证明 $\boldsymbol{C}$ 必为对角阵.

$\boldsymbol{AC}$ 的 i 行 j 列元素为

$$0c_{1j} + 0c_{2j} + \cdots + a_ic_{ij} + \cdots + 0c_{nj} = a_ic_{ij}$$

$\boldsymbol{CA}$ 的 i 行 j 列元素为

$$c_{i1}0 + c_{i2}0 + \cdots + c_{ij}a_j + \cdots + c_{in}0 = a_jc_{ij}$$

由 $\boldsymbol{A}$ 与 $\boldsymbol{C}$ 可交换,得 $\boldsymbol{AC} = \boldsymbol{CA}$,即 $a_ic_{ij} = a_jc_{ij}$. 当 $i \neq j$ 时,$(a_i - a_j)c_{ij} = 0$. 由 $a_i - a_j \neq 0$,得 $c_{ij} = 0$. 由对角阵定义,当 $i \neq j$ 时,$c_{ij} = 0$,得 $\boldsymbol{C}$ 为对角阵.

例 4.8 设 $\boldsymbol{A}, \boldsymbol{B}$ 为 n 阶反对称阵,求证:

(1)$\boldsymbol{A}^2 + \boldsymbol{B}^2$ 为对称阵;

(2)$\boldsymbol{AB} - \boldsymbol{BA}$ 为反对称阵;

(3)对任意 n 行一列矩阵 $\boldsymbol{X}$,有 $\boldsymbol{X}^{\mathrm{T}}\boldsymbol{AX} = 0$.

证明: 由已知 $\boldsymbol{A}^{\mathrm{T}} = -\boldsymbol{A}, \boldsymbol{B}^{\mathrm{T}} = -\boldsymbol{B}$,所以

$$(1)\ (\boldsymbol{A}^2 + \boldsymbol{B}^2)^{\mathrm{T}} = (\boldsymbol{A}\cdot\boldsymbol{A})^{\mathrm{T}} + (\boldsymbol{B}\cdot\boldsymbol{B})^{\mathrm{T}} = \boldsymbol{A}^{\mathrm{T}}\boldsymbol{A}^{\mathrm{T}} + \boldsymbol{B}^{\mathrm{T}}\boldsymbol{B}^{\mathrm{T}}$$
$$= (-\boldsymbol{A})(-\boldsymbol{A}) + (-\boldsymbol{B})(-\boldsymbol{B}) = \boldsymbol{A}^2 + \boldsymbol{B}^2$$

即 $\boldsymbol{A}^2 + \boldsymbol{B}^2$ 为对称阵.

$$(2)\ (\boldsymbol{AB} - \boldsymbol{BA})^{\mathrm{T}} = (\boldsymbol{AB})^{\mathrm{T}} - (\boldsymbol{BA})^{\mathrm{T}} = \boldsymbol{B}^{\mathrm{T}}\boldsymbol{A}^{\mathrm{T}} - \boldsymbol{A}^{\mathrm{T}}\boldsymbol{B}^{\mathrm{T}}$$
$$= (-\boldsymbol{B})(-\boldsymbol{A}) - (-\boldsymbol{A})(-\boldsymbol{B}) = \boldsymbol{BA} - \boldsymbol{AB}$$

$$= -(\boldsymbol{AB}-\boldsymbol{BA})$$

即 $\boldsymbol{AB}-\boldsymbol{BA}$ 为反对称阵.

(3)由 $\boldsymbol{X}^{\mathrm{T}}\boldsymbol{AX}$ 为一阶方阵,从而有 $X^{\mathrm{T}}\boldsymbol{AX}=(\boldsymbol{X}^{\mathrm{T}}\boldsymbol{AX})^{\mathrm{T}}$,所以

$$\boldsymbol{X}^{\mathrm{T}}\boldsymbol{AX} = (\boldsymbol{X}^{\mathrm{T}}\boldsymbol{AX})^{\mathrm{T}} = \boldsymbol{X}^{\mathrm{T}}\boldsymbol{A}^{\mathrm{T}}\boldsymbol{X} = \boldsymbol{X}^{\mathrm{T}}(-\boldsymbol{A})\boldsymbol{X} = -\boldsymbol{X}^{\mathrm{T}}\boldsymbol{AX}$$

因此 $\boldsymbol{X}^{\mathrm{T}}\boldsymbol{AX}=0$.

例 4.9 判断下列矩阵是否可逆,若可逆求其逆.

$$\boldsymbol{A} = \begin{bmatrix}1 & 2\\3 & 4\end{bmatrix},\boldsymbol{B} = \begin{bmatrix}0 & 2 & -1\\1 & 1 & 2\\-1 & -1 & -1\end{bmatrix},\boldsymbol{C} = \begin{bmatrix}1 & 1 & 1 & 1\\0 & 1 & 1 & 1\\0 & 0 & 1 & 1\\0 & 0 & 0 & 1\end{bmatrix}$$

解

$$|\boldsymbol{A}| = -2\neq 0$$

则 $\boldsymbol{A}$ 可逆.

$$|\boldsymbol{B}| = \begin{vmatrix}0 & 2 & -1\\1 & 1 & 2\\-1 & -1 & -1\end{vmatrix} = -\begin{vmatrix}1 & 1 & 2\\0 & 2 & -1\\-1 & -1 & -1\end{vmatrix} = -\begin{vmatrix}1 & 1 & 2\\0 & 2 & -1\\0 & 0 & 1\end{vmatrix} = -2\neq 0$$

则 $\boldsymbol{B}$ 可逆.

$$|\boldsymbol{C}| = \begin{vmatrix}1 & 1 & 1 & 1\\0 & 1 & 1 & 1\\0 & 0 & 1 & 1\\0 & 0 & 0 & 1\end{vmatrix} = 1\neq 0$$

则 $\boldsymbol{C}$ 可逆.

$$\boldsymbol{A}^{-1} = \frac{1}{|\boldsymbol{A}|}\boldsymbol{A}^{*} = \frac{1}{-2}\begin{bmatrix}4 & -2\\-3 & 1\end{bmatrix} = \begin{bmatrix}-2 & 1\\\frac{3}{2} & -\frac{1}{2}\end{bmatrix}$$

用初等变换法求 $\boldsymbol{B}^{-1}$:

$$[\boldsymbol{B}\quad\boldsymbol{E}] = \begin{bmatrix}0 & 2 & -1 & 1 & 0 & 0\\1 & 1 & 2 & 0 & 1 & 0\\-1 & -1 & -1 & 0 & 0 & 1\end{bmatrix}\xrightarrow{\text{行变换}}\begin{bmatrix}1 & 1 & 2 & 0 & 1 & 0\\0 & 2 & -1 & 1 & 0 & 0\\-1 & -1 & -1 & 0 & 0 & 1\end{bmatrix}$$

$$\xrightarrow{\text{行变换}}\begin{bmatrix}1 & 1 & 2 & 0 & 1 & 0\\0 & 2 & -1 & 1 & 0 & 0\\0 & 0 & 1 & 0 & 1 & 1\end{bmatrix}\xrightarrow{\text{行变换}}\begin{bmatrix}1 & 1 & 2 & 0 & 1 & 0\\0 & 1 & -\frac{1}{2} & \frac{1}{2} & 0 & 0\\0 & 0 & 1 & 0 & 1 & 1\end{bmatrix}$$

$$\xrightarrow{\text{行变换}}\begin{bmatrix}1 & 1 & 0 & 0 & -1 & -2\\0 & 1 & 0 & \frac{1}{2} & \frac{1}{2} & \frac{1}{2}\\0 & 0 & 1 & 0 & 1 & 1\end{bmatrix}\xrightarrow{\text{行变换}}\begin{bmatrix}1 & 0 & 0 & -\frac{1}{2} & -\frac{3}{2} & -\frac{5}{2}\\0 & 1 & 0 & \frac{1}{2} & \frac{1}{2} & \frac{1}{2}\\0 & 0 & 1 & 0 & 1 & 1\end{bmatrix}$$

所以

$$B^{-1}=\begin{bmatrix}-\frac{1}{2} & -\frac{3}{2} & -\frac{5}{2}\\ \frac{1}{2} & \frac{1}{2} & \frac{1}{2}\\ 0 & 1 & 1\end{bmatrix}$$

同样用初等变换法求 C^{-1}：

$$[C\quad E]=\begin{bmatrix}1&1&1&1&1&0&0&0\\0&1&1&1&0&1&0&0\\0&0&1&1&0&0&1&0\\0&0&0&1&0&0&0&1\end{bmatrix}\xrightarrow{\text{行变换}}\begin{bmatrix}1&0&0&0&1&-1&0&0\\0&1&0&0&0&1&-1&0\\0&0&1&0&0&0&1&-1\\0&0&0&1&0&0&0&1\end{bmatrix}$$

所以

$$C^{-1}=\begin{bmatrix}1&-1&0&0\\0&1&-1&0\\0&0&1&-1\\0&0&0&1\end{bmatrix}$$

总结 求数字矩阵的逆阵时，一般一阶方阵（就是一个数）的逆阵就是这个数的倒数；二阶方阵求逆常用 $A^{-1}=\frac{1}{|A|}A^*$ 的方法；三阶或三阶以上方阵求逆，通常用初等变换法. 注意用初等变换法求逆时，只能用行变换，而不能用列变换.

例 4.10 设 $A=\begin{bmatrix}1&2&0&0&0\\3&4&0&0&0\\0&0&-2&0&0\\0&0&0&1&2\\0&0&0&0&1\end{bmatrix}$，问 A 是否可逆，若可逆求 A^{-1}.

解 将 A 分块为

$$A=\begin{bmatrix}A_1 & & \\ & A_2 & \\ & & A_3\end{bmatrix}$$

其中

$$A_1=\begin{bmatrix}1&2\\3&4\end{bmatrix},A_2=[-2],A_3=\begin{bmatrix}1&2\\0&1\end{bmatrix}$$

$$|A|=|A_1||A_2||A_3|=(-2)\cdot(-2)\cdot 1=4\neq 0$$

故 A 可逆.

$$A_1^{-1}=\frac{1}{|A_1|}A_1^*=\frac{1}{-2}\begin{bmatrix}4&-2\\-3&1\end{bmatrix}=\begin{bmatrix}-2&1\\ \frac{3}{2}&-\frac{1}{2}\end{bmatrix}$$

$$A_2^{-1} = -\frac{1}{2}$$

$$A_3^{-1} = \frac{1}{|A_3|}A_3^* = \begin{bmatrix}1 & -2\\0 & 1\end{bmatrix}$$

所以

$$A^{-1} = \begin{bmatrix}A_1^{-1} & & \\ & A_2^{-1} & \\ & & A_3^{-1}\end{bmatrix} = \begin{bmatrix}-2 & 1 & 0 & 0 & 0\\ \frac{3}{2} & -\frac{1}{2} & 0 & 0 & 0\\ 0 & 0 & -\frac{1}{2} & 0 & 0\\ 0 & 0 & 0 & 1 & -2\\ 0 & 0 & 0 & 0 & 1\end{bmatrix}$$

总结 准对角阵求逆时,只需将主对角线上的子块分别求逆放到原来的位置就可以了.

例 4.11 (1)设 $\boldsymbol{\alpha}=[2\quad 1\quad 6]$,$\boldsymbol{\beta}=[-1\quad -2\quad 1]$,$\boldsymbol{A}=\boldsymbol{\alpha}^{\mathrm{T}}\boldsymbol{\beta}$,求 $\boldsymbol{A}^n$.

(2)设 $\boldsymbol{B}=\begin{bmatrix}1 & 2 & 3\\2 & 4 & 6\\3 & 6 & 9\end{bmatrix}$,求 $\boldsymbol{B}^n$.

解 (1)$\boldsymbol{A}^n=\boldsymbol{\alpha}^{\mathrm{T}}\boldsymbol{\beta}\boldsymbol{\alpha}^{\mathrm{T}}\boldsymbol{\beta}\cdots\boldsymbol{\alpha}^{\mathrm{T}}\boldsymbol{\beta}=\boldsymbol{\alpha}^{\mathrm{T}}(\boldsymbol{\beta}\boldsymbol{\alpha}^{\mathrm{T}})(\boldsymbol{\beta}\boldsymbol{\alpha}^{\mathrm{T}})\cdots(\boldsymbol{\beta}\boldsymbol{\alpha}^{\mathrm{T}})\boldsymbol{\beta}$

由

$$\boldsymbol{\beta}\boldsymbol{\alpha}^{\mathrm{T}} = [-1\quad -2\quad 1]\begin{bmatrix}2\\1\\6\end{bmatrix} = 2$$

得

$$\boldsymbol{A}^n = \boldsymbol{\alpha}^{\mathrm{T}}\cdot 2\cdot 2\cdot\cdots\cdot 2\cdot\boldsymbol{\beta} = 2^{n-1}\boldsymbol{\alpha}^{\mathrm{T}}\boldsymbol{\beta} = 2^{n-1}\begin{bmatrix}2\\1\\6\end{bmatrix}[-1\quad -2\quad 1] = 2^{n-1}\begin{bmatrix}-2 & -4 & 2\\-1 & -2 & 1\\-6 & -12 & 6\end{bmatrix}$$

(2)由

$$\boldsymbol{B} = \begin{bmatrix}1 & 2 & 3\\2 & 4 & 6\\3 & 6 & 9\end{bmatrix} = \begin{bmatrix}1\\2\\3\end{bmatrix}[1\quad 2\quad 3]$$

令 $\boldsymbol{\gamma}=[1\quad 2\quad 3]$,则 $\boldsymbol{B}=\boldsymbol{\gamma}^{\mathrm{T}}\boldsymbol{\gamma}$.

又

$$\boldsymbol{\gamma}\boldsymbol{\gamma}^{\mathrm{T}} = [1\quad 2\quad 3]\begin{bmatrix}1\\2\\3\end{bmatrix} = 14$$

故

$$\boldsymbol{B}^n = \boldsymbol{\gamma}^{\mathrm{T}}\boldsymbol{\gamma}\cdot\boldsymbol{\gamma}^{\mathrm{T}}\boldsymbol{\gamma}\cdot\cdots\cdot\boldsymbol{\gamma}^{\mathrm{T}}\boldsymbol{\gamma} = \boldsymbol{\gamma}^{\mathrm{T}}(\boldsymbol{\gamma}\boldsymbol{\gamma}^{\mathrm{T}})\cdots(\boldsymbol{\gamma}\boldsymbol{\gamma}^{\mathrm{T}})\boldsymbol{\gamma} = 14^{n-1}\boldsymbol{\gamma}^{\mathrm{T}}\boldsymbol{\gamma} = 14^{n-1}\boldsymbol{B}$$

总结 (1)我们注意到列矩阵乘行矩阵得到一个方阵,而行矩阵乘列矩阵得到一个数值,若矩阵 $\boldsymbol{A}$ 可以分解成列矩阵乘行矩阵的形式,则在求 $\boldsymbol{A}^n$ 时,可以利用矩阵乘法的结合律,将"行乘列"的部分结合成数值,即若"$\boldsymbol{A}$=列·行",则

$$\begin{aligned}\boldsymbol{A}^n &= (\text{列}\cdot\text{行})(\text{列}\cdot\text{行})\cdots(\text{列}\cdot\text{行}) = \text{列}(\text{行}\cdot\text{列})\cdots(\text{行}\cdot\text{列})\text{行}\\ &= \text{列}\cdot\text{数}\cdots\text{数}\cdot\text{行} = \text{数}^{n-1}(\text{列}\cdot\text{行})\end{aligned}$$

这样就容易计算出 $\boldsymbol{A}^n$ 了.

(2)各行元素对应成比例的矩阵(如题中 $\boldsymbol{B}$ 矩阵)一定可以分解成一个列矩阵乘以一个行矩阵的形式,此时对该矩阵求 n 次幂就可以利用上面叙述的方法了.

例 4.12 已知 $\boldsymbol{AP}=\boldsymbol{PB}$,其中 $\boldsymbol{B}=\begin{bmatrix}1&0&0\\0&0&0\\0&0&-1\end{bmatrix}$,$\boldsymbol{P}=\begin{bmatrix}1&0&0\\2&-1&0\\2&1&1\end{bmatrix}$. 求 $\boldsymbol{A}$ 和 $\boldsymbol{A}^{2007}$.

解 由

$$|\boldsymbol{P}| = \begin{vmatrix}1&0&0\\2&-1&0\\2&1&1\end{vmatrix} = -1\neq 0$$

则 $\boldsymbol{P}$ 可逆.

由 $\boldsymbol{AP}=\boldsymbol{PB}$,右乘 $\boldsymbol{P}^{-1}$ 得 $\boldsymbol{A}=\boldsymbol{PBP}^{-1}$.

$$[\boldsymbol{P}\quad\boldsymbol{E}] = \begin{bmatrix}1&0&0&1&0&0\\2&-1&0&0&1&0\\2&1&1&0&0&1\end{bmatrix}$$

$$\xrightarrow{\text{行变换}}\begin{bmatrix}1&0&0&1&0&0\\0&-1&0&-2&1&0\\0&1&1&-2&0&1\end{bmatrix}\xrightarrow{\text{行变换}}\begin{bmatrix}1&0&0&1&0&0\\0&1&0&2&-1&0\\0&0&1&-4&1&1\end{bmatrix}$$

则

$$\boldsymbol{P}^{-1} = \begin{bmatrix}1&0&0\\2&-1&0\\-4&1&1\end{bmatrix}$$

$$\boldsymbol{A} = \boldsymbol{PBP}^{-1} = \begin{bmatrix}1&0&0\\2&-1&0\\2&1&1\end{bmatrix}\begin{bmatrix}1&0&0\\0&0&0\\0&0&-1\end{bmatrix}\begin{bmatrix}1&0&0\\2&-1&0\\-4&1&1\end{bmatrix} = \begin{bmatrix}1&0&0\\2&0&0\\6&-1&-1\end{bmatrix}$$

$$\begin{aligned}\boldsymbol{A}^{2007} &= (\boldsymbol{PBP}^{-1})(\boldsymbol{PBP}^{-1})\cdots(\boldsymbol{PBP}^{-1}) = \boldsymbol{PB}(\boldsymbol{P}^{-1}\boldsymbol{P})\boldsymbol{B}(\boldsymbol{P}^{-1}\boldsymbol{P})\cdots(\boldsymbol{P}^{-1}\boldsymbol{P})\boldsymbol{BP}^{-1}\\ &= \boldsymbol{PB}^{2007}\boldsymbol{P}^{-1} = \begin{bmatrix}1&0&0\\2&-1&0\\2&1&1\end{bmatrix}\begin{bmatrix}1^{2007}&&\\&0^{2007}&\\&&(-1)^{2007}\end{bmatrix}\begin{bmatrix}1&0&0\\2&-1&0\\-4&1&1\end{bmatrix} = \begin{bmatrix}1&0&0\\2&0&0\\6&-1&-1\end{bmatrix}\end{aligned}$$

总结 若存在可逆阵 P、对角阵 Λ，使 $P^{-1}AP=\Lambda$（或 $A=P\Lambda P^{-1}$），则 $A^n=P\Lambda P^{-1}\cdot P\Lambda P^{-1}\cdot\cdots\cdot P\Lambda P^{-1}=P\Lambda^nP^{-1}$，由于对角阵 Λ 的 n 次幂很容易求出，则可通过 Λ^n 求出 A^n，这是一种求 A^n 的常用方法. 如果题中只给出矩阵 A，而没有给出可逆阵 P 与对角阵 Λ，我们可以通过第 5 章中"方阵对角化"的相关知识找出可逆阵 P 与对角阵 Λ，使 $P^{-1}AP=\Lambda$ 成立.

例 4.13 已知 $A=\begin{bmatrix}1&-1&-1&-1\\-1&1&-1&-1\\-1&-1&1&-1\\-1&-1&-1&1\end{bmatrix}$，求 A^n.

解 由

$$A^2=\begin{bmatrix}1&-1&-1&-1\\-1&1&-1&-1\\-1&-1&1&-1\\-1&-1&-1&1\end{bmatrix}\begin{bmatrix}1&-1&-1&-1\\-1&1&-1&-1\\-1&-1&1&-1\\-1&-1&-1&1\end{bmatrix}=\begin{bmatrix}4&0&0&0\\0&4&0&0\\0&0&4&0\\0&0&0&4\end{bmatrix}=4E$$

则当 $n=2k$ 时，有

$$A^n=(A^2)^k=(4E)^k=2^{2k}E=2^nE$$

当 $n=2k+1$ 时，有

$$A^n=A^{2k+1}=A^{2k}\cdot A=2^{2k}EA=2^{n-1}A$$

例 4.14 设 $A=\begin{bmatrix}a_{11}&a_{12}&a_{13}\\a_{21}&a_{22}&a_{23}\\a_{31}&a_{32}&a_{33}\end{bmatrix}$，$B=\begin{bmatrix}a_{21}&a_{22}&a_{23}\\a_{11}&a_{12}&a_{13}\\a_{31}+a_{11}&a_{32}+a_{12}&a_{33}+a_{13}\end{bmatrix}$

$$P_1=\begin{bmatrix}0&1&0\\1&0&0\\0&0&1\end{bmatrix},P_2=\begin{bmatrix}1&0&0\\0&1&0\\1&0&1\end{bmatrix}$$

则有________.

A. $P_1P_2A=B$　　B. $P_2P_1A=B$　　C. $AP_1P_2=B$　　D. $AP_2P_1=B$

解 选 A

分析 显然矩阵 A 先将第一行 1 倍加到第三行上，再交换一、二两行位置得到 B，由"对 A 施行一次初等行变换就相当于在 A 的左边乘上一个相应的初等阵"，而先将 A 第一行 1 倍加到第三行上相应的初等阵为 P_2，再交换一、二两行位置相应的初等阵为 P_1，所以先将 A 左边乘 P_2，再在左边乘 P_1 得 B，因此应选 A.

总结 一般题中出现"矩阵 A 经过某某初等变换变成 B"的字样，我们都要把它转换成"A 的左(右)边乘相应的初等阵等于 B"来处理.

例 4.15 设 A,B 为 n 阶方阵，B 可逆，且 $A^2+AB+B^2=O$，求证：A 可逆.

证明 由于 $\boldsymbol{B}$ 可逆,则 $|\boldsymbol{B}|\neq 0$. 又由 $\boldsymbol{A}^2+\boldsymbol{AB}+\boldsymbol{B}^2=\boldsymbol{O}$,得

$$\boldsymbol{A}^2+\boldsymbol{AB}=-\boldsymbol{B}^2$$

即

$$\boldsymbol{A}(\boldsymbol{A}+\boldsymbol{B})=-\boldsymbol{B}^2$$

取行列式得

$$|\boldsymbol{A}(\boldsymbol{A}+\boldsymbol{B})|=|-\boldsymbol{B}^2|$$

即

$$|\boldsymbol{A}||(\boldsymbol{A}+\boldsymbol{B})|=|-\boldsymbol{B}^2|=(-1)^n|\boldsymbol{B}|^2\neq 0$$

所以

$$|\boldsymbol{A}|\neq 0$$

因此 $\boldsymbol{A}$ 可逆.

总结 在求证某矩阵 $\boldsymbol{M}$ 可逆时,最常用到以下两种思路:

(1)尽量说明 $|\boldsymbol{M}|\neq 0$,则 $\boldsymbol{M}$ 可逆;

(2)凑 $\boldsymbol{N}$,使 $\boldsymbol{MN}=\boldsymbol{E}$(或 $\boldsymbol{NM}=\boldsymbol{E}$),则 $\boldsymbol{M}$ 可逆,且 $\boldsymbol{M}^{-1}=\boldsymbol{N}$.

本题采用第一种思路.

例 4.16 设方阵 $\boldsymbol{A}$ 满足 $\boldsymbol{A}^2+4\boldsymbol{A}+\boldsymbol{E}=\boldsymbol{O}$,求证:$\boldsymbol{A}+\boldsymbol{E}$ 可逆,并求 $(\boldsymbol{A}+\boldsymbol{E})^{-1}$.

分析 本题采用上题总结中的第二种思路,希望对已知条件变形后出现"$(\boldsymbol{A}+\boldsymbol{E})(?)=\boldsymbol{E}$"的形式. 由已知给出 $\boldsymbol{A}$ 的二次多项式为零,我们想到"?"应表示 $\boldsymbol{A}$ 的一次多项式 $\boldsymbol{A}+k\boldsymbol{E}$ 的形式,而 $(\boldsymbol{A}+\boldsymbol{E})(\boldsymbol{A}+k\boldsymbol{E})=\boldsymbol{A}^2+(k+1)\boldsymbol{A}+k\boldsymbol{E}$ 对应已知条件中 $\boldsymbol{A}$ 的系数为4,则 k 应取3,即 $(\boldsymbol{A}+\boldsymbol{E})(\boldsymbol{A}+3\boldsymbol{E})=\boldsymbol{A}^2+4\boldsymbol{A}+3\boldsymbol{E}$,将已知条件变形为 $\boldsymbol{A}^2+4\boldsymbol{A}+3\boldsymbol{E}=2\boldsymbol{E}$,即 $(\boldsymbol{A}+\boldsymbol{E})(\boldsymbol{A}+3\boldsymbol{E})=2\boldsymbol{E}$,可知 $(\boldsymbol{A}+\boldsymbol{E})\dfrac{\boldsymbol{A}+3\boldsymbol{E}}{2}=\boldsymbol{E}$. 这样就证出 $\boldsymbol{A}+\boldsymbol{E}$ 可逆,且 $(\boldsymbol{A}+\boldsymbol{E})^{-1}=\dfrac{\boldsymbol{A}+3\boldsymbol{E}}{2}$.

证明 由已知

$$\boldsymbol{A}^2+4\boldsymbol{A}+\boldsymbol{E}=\boldsymbol{O}$$

得

$$\boldsymbol{A}^2+4\boldsymbol{A}+3\boldsymbol{E}=2\boldsymbol{E}$$

即

$$(\boldsymbol{A}+\boldsymbol{E})(\boldsymbol{A}+3\boldsymbol{E})=2\boldsymbol{E}$$

$$(\boldsymbol{A}+\boldsymbol{E})\frac{\boldsymbol{A}+3\boldsymbol{E}}{2}=\boldsymbol{E}$$

从而 $\boldsymbol{A}+\boldsymbol{E}$ 可逆,且

$$(\boldsymbol{A}+\boldsymbol{E})^{-1}=\frac{\boldsymbol{A}+3\boldsymbol{E}}{2}$$

例 4.17 设 n 阶方阵 $\boldsymbol{A}$ 满足 $\boldsymbol{A}^2=\boldsymbol{E}$,求证:$\mathrm{r}(\boldsymbol{E}+\boldsymbol{A})+\mathrm{r}(\boldsymbol{E}-\boldsymbol{A})=n$.

证明 $\mathrm{r}(\boldsymbol{E}+\boldsymbol{A})+\mathrm{r}(\boldsymbol{E}-\boldsymbol{A})\geqslant\mathrm{r}[(\boldsymbol{E}+\boldsymbol{A})+(\boldsymbol{E}-\boldsymbol{A})]=\mathrm{r}(2\boldsymbol{E})=n$

又由

$$(\boldsymbol{E}+\boldsymbol{A})(\boldsymbol{E}-\boldsymbol{A})=\boldsymbol{E}^2-\boldsymbol{A}^2=\boldsymbol{O}$$

得

$$\mathrm{r}(\boldsymbol{E}+\boldsymbol{A})+\mathrm{r}(\boldsymbol{E}-\boldsymbol{A})\leqslant n$$

综上,有

$$\mathrm{r}(\boldsymbol{E}+\boldsymbol{A})+\mathrm{r}(\boldsymbol{E}-\boldsymbol{A})=n$$

例 4.18 设 $\boldsymbol{A}$ 为 $m\times n$ 矩阵,若 $\mathrm{r}(\boldsymbol{A})=n$,且 $\boldsymbol{AB}=\boldsymbol{AC}$,则 $\boldsymbol{B}=\boldsymbol{C}$.

证明 由 $\boldsymbol{AB}=\boldsymbol{AC}$,得 $\boldsymbol{A}(\boldsymbol{B}-\boldsymbol{C})=\boldsymbol{O}$,从而 $\mathrm{r}(\boldsymbol{A})+\mathrm{r}(\boldsymbol{B}-\boldsymbol{C})\leqslant n$. 又由 $\mathrm{r}(\boldsymbol{A})=n$,则 $\mathrm{r}(\boldsymbol{B}-\boldsymbol{C})=0$,即 $\boldsymbol{B}-\boldsymbol{C}=\boldsymbol{O}$,所以 $\boldsymbol{B}=\boldsymbol{C}$.

例 4.19 已知方阵 A 满足 $A^{T}A=E$ 且 $|A|=-1$,求证:$A+E$ 不可逆.

证明 由

$$|A+E|=|A+A^{T}A|=|(E+A^{T})A|=|(E+A^{T})||A|=|(A+E)^{T}||A|=-|A+E|$$

得 $|A+E|=0$,从而 $A+E$ 不可逆.

例 4.20 设 A 为 $m\times n$ 阵,B 为 $n\times s$ 阵,求证:$AB=O$ 的充分必要条件为 B 的列为方程组 $AX=O$ 的解.

证明 必要性:令 $B=[B_1\quad B_2\quad\cdots\quad B_s]$,由

$$O=AB=A[B_1\quad B_2\quad\cdots\quad B_s]=[AB_1\quad AB_2\quad\cdots\quad AB_s]$$

得

$$\begin{cases}AB_1=O\\AB_2=O\\\vdots\\AB_s=O\end{cases}$$

因此 $B_1,B_2,\cdots,B_s$ 为方程组 $AX=O$ 的解.

充分性:令 $B=[B_1\quad B_2\quad\cdots\quad B_s]$,由 $B_1,B_2,\cdots,B_s$ 为方程组 $AX=O$ 的解,则 $AB_1=AB_2=\cdots=AB_s=O$,从而

$$AB=A[B_1\quad B_2\quad\cdots\quad B_s]=[AB_1\quad AB_2\quad\cdots\quad AB_s]=[O\quad O\quad\cdots\quad O]=O$$

例 4.21 设 n 阶方阵 A,B,C 满足 $ABC=E$,则________.

A. $ACB=E$　　B. $CBA=E$　　C. $BAC=E$　　D. $CAB=E$

解 选 D

分析 由 $ABC=E$,则 $(AB)^{-1}=C$,所以 $C(BA)=E$,故选 D.

例 4.22 设 A,B 为 n 阶可逆阵,求证:

(1) $(A^{T})^{*}=(A^{*})^{T}$;

(2) $(A^{T})^{-1}=(A^{-1})^{T}$;

(3) $(A^{*})^{-1}=(A^{-1})^{*}$;

(4) $(AB)^{*}=B^{*}A^{*}$.

证明 (1) 设 $A=[a_{ij}]_{n\times n}$,则

$$A^{T}=[a_{ji}]_{n\times n},(A^{T})^{*}=[a_{ji}]^{*}_{n\times n}=[A_{ij}]_{n\times n}$$

而

$$A^{*}=[A_{ij}]^{T}_{n\times n},(A^{*})^{T}=([A_{ij}]^{T}_{n\times n})^{T}=[A_{ij}]_{n\times n}$$

因此 $(A^{T})^{*}=(A^{*})^{T}$.

(2) 由 $A^{T}(A^{-1})^{T}=(A^{-1}A)^{T}=E^{T}=E$,则 $(A^{T})^{-1}=(A^{-1})^{T}$.

(3) 由 A 可逆,A^{-1} 可逆,则

$$A^* = |A|A^{-1}, (A^{-1})^* = |A^{-1}|(A^{-1})^{-1} = |A^{-1}|A$$

从而

$$A^*(A^{-1})^* = |A|A^{-1}|A^{-1}|A = A^{-1}A = E$$

所以$(A^*)^{-1}=(A^{-1})^*$.

(4)由A可逆,B可逆,AB可逆,得

$$A^* = |A|A^{-1}, B^* = |B|B^{-1}, (AB)^* = |AB|(AB)^{-1}$$

从而

$$(AB)^* = |AB|(AB)^{-1} = |A|\ |B|B^{-1}A^{-1} = [\,|B|B^{-1}][\,|A|A^{-1}] = B^*A^*$$

总结 (1)由(1),(2),(3)结论知,矩阵的求转置、求伴随、求逆运算可以互相交换顺序;

(2)我们证明与伴随阵有关问题时,常用到$AA^*=A^*A=|A|E$的关系式,当A可逆时又有$A^{-1}=\dfrac{1}{|A|}A^*$,$A^*=|A|A^{-1}$,我们可通过此式将A^*的问题转化为A^{-1}的问题进行证明或计算.

例 4.23 设三阶方阵A与B满足$AB=A+2B$,其中$A=\begin{bmatrix}4&2&3\\1&1&0\\-1&2&3\end{bmatrix}$,求矩阵$B$.

解 解法一:由$AB=A+2B$得$AB-2B=A$,即$(A-2E)B=A$. 又由

$$|A-2E| = \begin{vmatrix}2&2&3\\1&-1&0\\-1&2&1\end{vmatrix} = -1 \neq 0$$

即$A-2E$可逆,从而$B=(A-2E)^{-1}A$,而

$$[A-2E\quad E] = \begin{bmatrix}2&2&3&1&0&0\\1&-1&0&0&1&0\\-1&2&1&0&0&1\end{bmatrix} \xrightarrow{\text{行变换}} \begin{bmatrix}1&0&0&1&-4&-3\\0&1&0&1&-5&-3\\0&0&1&-1&6&4\end{bmatrix}$$

则

$$(A-2E)^{-1} = \begin{bmatrix}1&-4&-3\\1&-5&-3\\-1&6&4\end{bmatrix}$$

$$B = (A-2E)^{-1}A = \begin{bmatrix}1&-4&-3\\1&-5&-3\\-1&6&4\end{bmatrix}\begin{bmatrix}4&2&3\\1&1&0\\-1&2&3\end{bmatrix} = \begin{bmatrix}3&-8&-6\\2&-9&-6\\-2&12&9\end{bmatrix}$$

解法二:由$AB=A+2B$得$(A-2E)B=A$. 又由

$$|A-2E| = \begin{vmatrix}2&2&3\\1&-1&0\\-1&2&1\end{vmatrix} = -1 \neq 0$$

知 $\boldsymbol{A}-2\boldsymbol{E}$ 可逆,得

$$[\boldsymbol{A}-2\boldsymbol{E}\quad \boldsymbol{A}]=\begin{bmatrix}2&2&3&4&2&3\\1&-1&0&1&1&0\\-1&2&1&-1&2&3\end{bmatrix}\xrightarrow{\text{行变换}}\begin{bmatrix}1&0&0&3&-8&-6\\0&1&0&2&-9&-6\\0&0&1&-2&12&9\end{bmatrix}$$

所以

$$\boldsymbol{B}=(\boldsymbol{A}-2\boldsymbol{E})^{-1}\boldsymbol{A}=\begin{bmatrix}3&-8&-6\\2&-9&-6\\-2&12&9\end{bmatrix}$$

总结 (1)想在 $(\boldsymbol{A}-2\boldsymbol{E})\boldsymbol{B}=\boldsymbol{A}$ 等号两边左乘 $(\boldsymbol{A}-2\boldsymbol{E})^{-1}$ 得 $\boldsymbol{B}=(\boldsymbol{A}-2\boldsymbol{E})^{-1}\boldsymbol{A}$,之前必须先验证 $\boldsymbol{A}-2\boldsymbol{E}$ 是可逆的.

(2)解法二中,若利用 $[\boldsymbol{A}\quad \boldsymbol{B}]\xrightarrow{\text{行变换}}[\boldsymbol{E}\quad \boldsymbol{N}]$,则 $\boldsymbol{N}=\boldsymbol{A}^{-1}\boldsymbol{B}$,这样将求逆过程和乘法过程简化成一个步骤计算出最终结果.

4.3 综合与提高

例 4.24 设 $n(n\geqslant 2)$ 阶可逆阵 $\boldsymbol{A}$ 交换 i,j 两行得到 $\boldsymbol{B}$,$\boldsymbol{A}^*$,$\boldsymbol{B}^*$ 分别为 $\boldsymbol{A}$,$\boldsymbol{B}$ 的伴随阵,则________.

A. 交换 $\boldsymbol{A}^*$ 的 i,j 两行得到 $\boldsymbol{B}^*$　　B. 交换 $\boldsymbol{A}^*$ 的 i,j 两列得到 $\boldsymbol{B}^*$

C. 交换 $\boldsymbol{A}^*$ 的 i,j 两行得到 $-\boldsymbol{B}^*$　　D. 交换 $\boldsymbol{A}^*$ 的 i,j 两列得到 $-\boldsymbol{B}^*$

解 选 D

分析 由交换 $\boldsymbol{A}$ 的 i,j 两行得到 $\boldsymbol{B}$,知 $\boldsymbol{P}(i,j)\boldsymbol{A}=\boldsymbol{B}$,且 $|\boldsymbol{B}|=-|\boldsymbol{A}|$. 由 $\boldsymbol{A}$ 可逆,则 $\boldsymbol{B}$ 可逆,且

$$\boldsymbol{B}^{-1}=\boldsymbol{A}^{-1}\boldsymbol{P}^{-1}(i,j)=\boldsymbol{A}^{-1}\boldsymbol{P}(i,j)$$

再由 $\boldsymbol{A}^*=|\boldsymbol{A}|\boldsymbol{A}^{-1}$,$\boldsymbol{B}^*=|\boldsymbol{B}|\boldsymbol{B}^{-1}$ 得

$$\boldsymbol{B}^*=|\boldsymbol{B}|\boldsymbol{B}^{-1}=-|\boldsymbol{A}|\boldsymbol{B}^{-1}=-|\boldsymbol{A}|\boldsymbol{A}^{-1}\boldsymbol{P}(i,j)=-\boldsymbol{A}^*\boldsymbol{P}(i,j)$$

即 $\boldsymbol{A}^*$ 右边乘 $\boldsymbol{P}(i,j)$ 得 $-\boldsymbol{B}^*$,因此交换 $\boldsymbol{A}^*$ 的 i,j 两列得到 $-\boldsymbol{B}^*$,所以应选 D.

例 4.25 设 $\boldsymbol{A}$,$\boldsymbol{B}$ 为 n 阶方阵,求证:$\begin{vmatrix}\boldsymbol{A}&\boldsymbol{B}\\\boldsymbol{B}&\boldsymbol{A}\end{vmatrix}=|\boldsymbol{A}+\boldsymbol{B}||\boldsymbol{A}-\boldsymbol{B}|$.

分析 由 $\begin{vmatrix}\boldsymbol{A}&\boldsymbol{B}\\\boldsymbol{B}&\boldsymbol{A}\end{vmatrix}$ 为 $2n$ 阶行列式,我们希望将它变形为 $\begin{vmatrix}\boldsymbol{A}+\boldsymbol{B}&\boldsymbol{O}\\ *&\boldsymbol{A}-\boldsymbol{B}\end{vmatrix}$ 的形式,再利用行列式得性质(9)(第 1 章知识要点中第 6 条)就可证出结论. 而由 $\begin{vmatrix}\boldsymbol{A}&\boldsymbol{B}\\\boldsymbol{B}&\boldsymbol{A}\end{vmatrix}$ 变到 $\begin{vmatrix}\boldsymbol{A}+\boldsymbol{B}&\boldsymbol{O}\\ *&\boldsymbol{A}-\boldsymbol{B}\end{vmatrix}$ 需要整块整块地变(每块为 n 行 n 列),行列式中没有类似的性质,故考虑矩阵

$\begin{bmatrix} A & B \\ B & A \end{bmatrix}$经分块变换变成$\begin{bmatrix} A+B & O \\ * & A-B \end{bmatrix}$. 为了第一行出现 $A+B$,我们只需将$\begin{bmatrix} A & B \\ B & A \end{bmatrix}$的第二行加到第一行上得$\begin{bmatrix} A+B & B+A \\ B & A \end{bmatrix}$,再将第一列 -1 倍加到第二列得$\begin{bmatrix} A+B & O \\ B & A-B \end{bmatrix}$. 利用分块初等阵将以上两个分块初等变换写成等式

$$\begin{bmatrix} E & E \\ O & E \end{bmatrix}\begin{bmatrix} A & B \\ B & A \end{bmatrix} = \begin{bmatrix} A+B & B+A \\ B & A \end{bmatrix}, \begin{bmatrix} A+B & B+A \\ B & A \end{bmatrix}\begin{bmatrix} E & -E \\ O & E \end{bmatrix} = \begin{bmatrix} A+B & O \\ B & A-B \end{bmatrix}$$

等号两边取行列式即可证出本题结果.

证明 由

$$\begin{bmatrix} E & E \\ O & E \end{bmatrix}\begin{bmatrix} A & B \\ B & A \end{bmatrix} = \begin{bmatrix} A+B & B+A \\ B & A \end{bmatrix}$$

取行列式得

$$\begin{vmatrix} E & E \\ O & E \end{vmatrix}\begin{vmatrix} A & B \\ B & A \end{vmatrix} = \begin{vmatrix} A+B & B+A \\ B & A \end{vmatrix}$$

而

$$\begin{vmatrix} E & E \\ O & E \end{vmatrix} = 1$$

从而

$$\begin{vmatrix} A & B \\ B & A \end{vmatrix} = \begin{vmatrix} A+B & B+A \\ B & A \end{vmatrix}$$

由

$$\begin{bmatrix} A+B & B+A \\ B & A \end{bmatrix}\begin{bmatrix} E & -E \\ O & E \end{bmatrix} = \begin{bmatrix} A+B & O \\ B & A-B \end{bmatrix}$$

取行列式得

$$\begin{vmatrix} A+B & B+A \\ B & A \end{vmatrix}\begin{vmatrix} E & -E \\ O & E \end{vmatrix} = \begin{vmatrix} A+B & O \\ B & A-B \end{vmatrix}$$

而

$$\begin{vmatrix} E & -E \\ O & E \end{vmatrix} = 1$$

从而

$$\begin{vmatrix} A+B & B+A \\ B & A \end{vmatrix} = \begin{vmatrix} A+B & O \\ B & A-B \end{vmatrix}$$

综上

$$\begin{vmatrix} A & B \\ B & A \end{vmatrix} = \begin{vmatrix} A+B & B+A \\ B & A \end{vmatrix} = \begin{vmatrix} A+B & O \\ B & A-B \end{vmatrix} = |A+B|\,|A-B|$$

总结 要证明某个 $2n$ 阶行列式等于两个 n 阶行列式相乘的问题,一般先将 $2n$ 阶行列式

对应矩阵经过分块初等变换,化成$\begin{bmatrix} P & O \\ * & Q \end{bmatrix}$的形式,然后将分块初等变换的过程转化为含分块初等阵的等式,然后再对含分块初等阵的等式等号两边取行列式,得到原 $2n$ 阶行列式与$\begin{vmatrix} P & O \\ * & Q \end{vmatrix} = |P||Q|$的关系,即可证出结果. 与本题类似也可证出$\begin{vmatrix} E & A \\ B & E \end{vmatrix} = |E-AB| = |E-BA|$,请读者自行证明.

例 4.26 设分块矩阵$A = \begin{bmatrix} & & & A_1 \\ & & A_2 & \\ & \iddots & & \\ A_k & & & \end{bmatrix}$,其中 $A_1, A_2, \cdots, A_k$ 为可逆方阵,未写出的子块为零块.

(1)求证:A 可逆,且$A^{-1} = \begin{bmatrix} & & & A_k^{-1} \\ & & \iddots & \\ & A_2^{-1} & & \\ A_1^{-1} & & & \end{bmatrix}$;

(2)设$B = \begin{bmatrix} 0 & 0 & 0 & 1 & 2 \\ 0 & 0 & 0 & 3 & 5 \\ 0 & 0 & -1 & 0 & 0 \\ 3 & 2 & 0 & 0 & 0 \\ 4 & 3 & 0 & 0 & 0 \end{bmatrix}$,求 B^{-1}.

解 (1)由

$$\begin{bmatrix} & & & A_1 \\ & & A_2 & \\ & \iddots & & \\ A_k & & & \end{bmatrix}\begin{bmatrix} & & & A_k^{-1} \\ & & \iddots & \\ & A_2^{-1} & & \\ A_1^{-1} & & & \end{bmatrix} = \begin{bmatrix} A_1A_1^{-1} & & & \\ & A_2A_2^{-1} & & \\ & & \ddots & \\ & & & A_kA_k^{-1} \end{bmatrix} = \begin{bmatrix} E & & & \\ & E & & \\ & & \ddots & \\ & & & E \end{bmatrix} = E$$

从而 A 可逆,且

$$A^{-1} = \begin{bmatrix} & & & A_k^{-1} \\ & & \iddots & \\ & A_2^{-1} & & \\ A_1^{-1} & & & \end{bmatrix}$$

(2)将 B 分块为

$$\boldsymbol{B}=\begin{bmatrix} & & \boldsymbol{B}_1 \\ & \boldsymbol{B}_2 & \\ \boldsymbol{B}_3 & & \end{bmatrix}$$

其中

$$\boldsymbol{B}_1=\begin{bmatrix}1 & 2\\ 3 & 5\end{bmatrix},\boldsymbol{B}_2=-1,\boldsymbol{B}_3=\begin{bmatrix}3 & 2\\ 4 & 3\end{bmatrix}$$

则

$$\boldsymbol{B}_1^{-1}=\frac{1}{|\boldsymbol{B}_1|}\boldsymbol{B}_1^*=\frac{1}{-1}\begin{bmatrix}5 & -2\\ -3 & 1\end{bmatrix}=\begin{bmatrix}-5 & 2\\ 3 & -1\end{bmatrix}$$

$$\boldsymbol{B}_2^{-1}=\frac{1}{-1}=-1,\boldsymbol{B}_3^{-1}=\frac{1}{|\boldsymbol{B}_3|}\boldsymbol{B}_3^*=\frac{1}{1}\begin{bmatrix}3 & -2\\ -4 & 3\end{bmatrix}=\begin{bmatrix}3 & -2\\ -4 & 3\end{bmatrix}$$

由(1)结论知

$$\boldsymbol{B}^{-1}=\begin{bmatrix} & & \boldsymbol{B}_3^{-1} \\ & \boldsymbol{B}_2^{-1} & \\ \boldsymbol{B}_1^{-1} & & \end{bmatrix}=\begin{bmatrix}0 & 0 & 0 & 3 & -2\\ 0 & 0 & 0 & -4 & 3\\ 0 & 0 & -1 & 0 & 0\\ -5 & 2 & 0 & 0 & 0\\ 3 & -1 & 0 & 0 & 0\end{bmatrix}$$

例 4.27 设 $\boldsymbol{A}=\boldsymbol{E}-\boldsymbol{\alpha}\boldsymbol{\alpha}^{\mathrm{T}}$,其中 $\boldsymbol{E}$ 为 n 阶单位阵,$\boldsymbol{\alpha}$ 为 $n\times 1$ 阶的非零矩阵.求证:

(1)$\boldsymbol{A}^2=\boldsymbol{A}$ 的充分必要条件为 $\boldsymbol{\alpha}^{\mathrm{T}}\boldsymbol{\alpha}=1$;

(2)当 $\boldsymbol{\alpha}^{\mathrm{T}}\boldsymbol{\alpha}=1$ 时,$\boldsymbol{A}$ 必不可逆.

证明 (1)由 $\boldsymbol{A}=\boldsymbol{E}-\boldsymbol{\alpha}\boldsymbol{\alpha}^{\mathrm{T}}$ 得

$$\boldsymbol{A}^2=(\boldsymbol{E}-\boldsymbol{\alpha}\boldsymbol{\alpha}^{\mathrm{T}})(\boldsymbol{E}-\boldsymbol{\alpha}\boldsymbol{\alpha}^{\mathrm{T}})=\boldsymbol{E}-2\boldsymbol{\alpha}\boldsymbol{\alpha}^{\mathrm{T}}+\boldsymbol{\alpha}\boldsymbol{\alpha}^{\mathrm{T}}\boldsymbol{\alpha}\boldsymbol{\alpha}^{\mathrm{T}}=\boldsymbol{E}-2\boldsymbol{\alpha}\boldsymbol{\alpha}^{\mathrm{T}}+\boldsymbol{\alpha}(\boldsymbol{\alpha}^{\mathrm{T}}\boldsymbol{\alpha})\boldsymbol{\alpha}^{\mathrm{T}}$$

由 $\boldsymbol{\alpha}$ 为 $n\times 1$ 矩阵知 $\boldsymbol{\alpha}^{\mathrm{T}}\boldsymbol{\alpha}$ 为一阶方阵,即 $\boldsymbol{\alpha}^{\mathrm{T}}\boldsymbol{\alpha}$ 为一个数,则

$$\boldsymbol{A}^2-\boldsymbol{A}=\boldsymbol{E}-2\boldsymbol{\alpha}\boldsymbol{\alpha}^{\mathrm{T}}+\boldsymbol{\alpha}(\boldsymbol{\alpha}^{\mathrm{T}}\boldsymbol{\alpha})\boldsymbol{\alpha}^{\mathrm{T}}-(\boldsymbol{E}-\boldsymbol{\alpha}\boldsymbol{\alpha}^{\mathrm{T}})=(\boldsymbol{\alpha}^{\mathrm{T}}\boldsymbol{\alpha}-1)\boldsymbol{\alpha}\boldsymbol{\alpha}^{\mathrm{T}}$$

设 $\boldsymbol{\alpha}=[x_1\quad x_2\quad \cdots\quad x_n]^{\mathrm{T}}$,由 $\boldsymbol{\alpha}\neq 0$,不妨设 $x_1\neq 0$,则

$$\boldsymbol{\alpha}\boldsymbol{\alpha}^{\mathrm{T}}=\begin{bmatrix}x_1\\ x_2\\ \vdots\\ x_n\end{bmatrix}[x_1\quad x_2\quad \cdots\quad x_n]=\begin{bmatrix}x_1^2 & x_1x_2 & \cdots & x_1x_n\\ x_2x_1 & x_2^2 & \cdots & x_2x_n\\ \vdots & \vdots & & \vdots\\ x_nx_1 & x_nx_2 & \cdots & x_n^2\end{bmatrix}\neq \boldsymbol{O}$$

所以

$$\boldsymbol{A}^2=\boldsymbol{A}\Leftrightarrow \boldsymbol{O}=\boldsymbol{A}^2-\boldsymbol{A}=(\boldsymbol{\alpha}^{\mathrm{T}}\boldsymbol{\alpha}-1)\boldsymbol{\alpha}\boldsymbol{\alpha}^{\mathrm{T}}\Leftrightarrow \boldsymbol{\alpha}^{\mathrm{T}}\boldsymbol{\alpha}-1=0\Leftrightarrow \boldsymbol{\alpha}^{\mathrm{T}}\boldsymbol{\alpha}=1$$

即 $\boldsymbol{A}^2=\boldsymbol{A}$ 的充分必要条件为 $\boldsymbol{\alpha}^{\mathrm{T}}\boldsymbol{\alpha}=1$.

(2)用反证法.假设 $\boldsymbol{A}$ 可逆,由(1)知当 $\boldsymbol{\alpha}^{\mathrm{T}}\boldsymbol{\alpha}=1$ 时 $\boldsymbol{A}^2=\boldsymbol{A}$,等号两边同乘 $\boldsymbol{A}^{-1}$,得 $\boldsymbol{A}=\boldsymbol{E}$.又

$\boldsymbol{A}=\boldsymbol{E}-\boldsymbol{\alpha\alpha}^{\mathrm{T}}$，从而 $\boldsymbol{\alpha\alpha}^{\mathrm{T}}=\boldsymbol{O}$，(1) 中已证明 $\boldsymbol{\alpha\alpha}^{\mathrm{T}}\neq\boldsymbol{O}$ 矛盾，因此 $\boldsymbol{A}$ 必不可逆.

例 4.28 设 n 阶方阵 $\boldsymbol{A}=[a_{ij}]_{n\times n}$ 满足 $\boldsymbol{A}^m=\boldsymbol{E}$（$m$ 为正整数）. 又矩阵 $\boldsymbol{B}=[A_{ij}]_{n\times n}$，其中 A_{ij} 为 $\boldsymbol{A}$ 中元素 a_{ij} 的代数余子式，求证：$\boldsymbol{B}^m=\boldsymbol{E}$.

证明 由 $\boldsymbol{A}^m=\boldsymbol{E}$ 得 $|\boldsymbol{A}^m|=|\boldsymbol{A}|^m=1$，即 $|\boldsymbol{A}|\neq 0$，从而 $\boldsymbol{A}$ 可逆，且 $\boldsymbol{A}^*=|\boldsymbol{A}|\boldsymbol{A}^{-1}$. 又

$$\boldsymbol{B}=[A_{ij}]_{n\times n}=(\boldsymbol{A}^*)^{\mathrm{T}}=(|\boldsymbol{A}|\boldsymbol{A}^{-1})^{\mathrm{T}}=|\boldsymbol{A}|(\boldsymbol{A}^{\mathrm{T}})^{-1}$$

得

$$\boldsymbol{B}^m=[|\boldsymbol{A}|(\boldsymbol{A}^{\mathrm{T}})^{-1}]^m=|\boldsymbol{A}|^m[(\boldsymbol{A}^m)^{\mathrm{T}}]^{-1}=|\boldsymbol{A}^m|(\boldsymbol{E}^{\mathrm{T}})^{-1}=1\cdot\boldsymbol{E}^{-1}=\boldsymbol{E}$$

例 4.29 设 n 阶非零方阵 $\boldsymbol{A}=[a_{ij}]_{n\times n}$ 满足 $a_{ij}=A_{ij}$，其中 A_{ij} 为元素 a_{ij} 的代数余子式（$i=1,2,\cdots,n;j=1,2,\cdots,n$），求 $|\boldsymbol{A}|$.

解 由 $a_{ij}=A_{ij}$，$\boldsymbol{A}^*=[A_{ij}]_{n\times n}^{\mathrm{T}}$，$\boldsymbol{A}^{\mathrm{T}}=[a_{ij}]_{n\times n}^{\mathrm{T}}$ 得 $\boldsymbol{A}^*=\boldsymbol{A}^{\mathrm{T}}$，取行列式得 $|\boldsymbol{A}^*|=|\boldsymbol{A}^{\mathrm{T}}|$，又 $|\boldsymbol{A}^*|=|\boldsymbol{A}|^{n-1}$，$|\boldsymbol{A}^{\mathrm{T}}|=|\boldsymbol{A}|$，得 $|\boldsymbol{A}|^{n-1}=|\boldsymbol{A}|$，从而 $|\boldsymbol{A}|=0$ 或 $|\boldsymbol{A}|=1$.

又由 $\boldsymbol{A}\neq\boldsymbol{O}$，不妨设 $a_{kt}\neq 0$，则

$$|\boldsymbol{A}|=a_{k1}A_{k1}+a_{k2}A_{k2}+\cdots+a_{kt}A_{kt}+\cdots+a_{kn}A_{kn}=a_{k1}^2+a_{k2}^2+\cdots+a_{kt}^2+\cdots+a_{kn}^2>0$$

因此舍 $|\boldsymbol{A}|=0$，得 $|\boldsymbol{A}|=1$.

总结 若 $\boldsymbol{A}=[a_{ij}]_{n\times n}$，则 $a_{ij}=A_{ij}$ 的充分必要条件为 $\boldsymbol{A}^*=\boldsymbol{A}^{\mathrm{T}}$. 若题中出现 $a_{ij}=A_{ij}$ 要马上想到 $\boldsymbol{A}^*=\boldsymbol{A}^{\mathrm{T}}$；反之，若题中出现 $\boldsymbol{A}^*=\boldsymbol{A}^{\mathrm{T}}$ 要马上想到 $a_{ij}=A_{ij}$.

例 4.30 设三阶方阵 $\boldsymbol{A}$ 满足 $|\boldsymbol{A}|=2$，求 $|5\boldsymbol{A}^{-1}-3\boldsymbol{A}^*|$.

解 由 $|\boldsymbol{A}|=2$ 得 $\boldsymbol{A}$ 可逆，且

$$\boldsymbol{A}^*=|\boldsymbol{A}|\boldsymbol{A}^{-1}=2\boldsymbol{A}^{-1}$$

从而

$$|5\boldsymbol{A}^{-1}-3\boldsymbol{A}^*|=|5\boldsymbol{A}^{-1}-3(2\boldsymbol{A}^{-1})|=|-\boldsymbol{A}^{-1}|=(-1)^3\frac{1}{|\boldsymbol{A}|}=-\frac{1}{2}$$

例 4.31 设三阶可逆矩阵 $\boldsymbol{A}$，交换一、三两行得到矩阵 $\boldsymbol{B}$，求证 $\boldsymbol{B}$ 可逆，并求 $\boldsymbol{AB}^{-1}$.

解 由 $\boldsymbol{A}$ 可逆得 $|\boldsymbol{A}|\neq 0$，由 $\boldsymbol{A}$ 交换一、三行得到 $\boldsymbol{B}$，知 $|\boldsymbol{B}|=-|\boldsymbol{A}|\neq 0$，所以 $\boldsymbol{B}$ 可逆. 由 $\boldsymbol{A}$ 交换一、三行得 $\boldsymbol{B}$，得 $\boldsymbol{PA}=\boldsymbol{B}$，其中

$$\boldsymbol{P}=\begin{bmatrix}0&0&1\\0&1&0\\1&0&0\end{bmatrix}$$

等号两边取逆得 $\boldsymbol{B}^{-1}=\boldsymbol{A}^{-1}\boldsymbol{P}^{-1}$，所以

$$\boldsymbol{AB}^{-1}=\boldsymbol{A}(\boldsymbol{A}^{-1}\boldsymbol{P}^{-1})=\boldsymbol{P}^{-1}=\begin{bmatrix}0&0&1\\0&1&0\\1&0&0\end{bmatrix}^{-1}=\begin{bmatrix}0&0&1\\0&1&0\\1&0&0\end{bmatrix}$$

例 4.32 设 n 阶方阵 $\boldsymbol{A}$ 与 $\boldsymbol{B}$ 满足 $\boldsymbol{A}^2=\boldsymbol{B}^2=\boldsymbol{E}$，且 $|\boldsymbol{A}|+|\boldsymbol{B}|=0$. 求证：$\boldsymbol{A}+\boldsymbol{B}$ 必不可逆.

证明 由 $|\boldsymbol{A}|+|\boldsymbol{B}|=0$，得 $|\boldsymbol{B}|=-|\boldsymbol{A}|$，从而

$$|A+B| = |AE+EB| = |AB^2+A^2B| = |A(B+A)B|$$
$$= |A||B+A||B| = |A||B+A|(-|A|) = -|A|^2|A+B|$$

移项整理得

$$(|A|^2+1)|A+B| = 0$$

由$|A|^2+1\neq 0$,从而$|A+B|=0$,所以$A+B$必不可逆.

例 4.33 设$A=\begin{bmatrix}1&1&0\\0&1&1\\0&0&1\end{bmatrix}$,求$A^n$.

解 令$A_0=\begin{bmatrix}0&1&0\\0&0&1\\0&0&0\end{bmatrix}$,则

$$A_0^2=\begin{bmatrix}0&1&0\\0&0&1\\0&0&0\end{bmatrix}\begin{bmatrix}0&1&0\\0&0&1\\0&0&0\end{bmatrix}=\begin{bmatrix}0&0&1\\0&0&0\\0&0&0\end{bmatrix}$$

$$A_0^3=A_0^2A_0=\begin{bmatrix}0&0&1\\0&0&0\\0&0&0\end{bmatrix}\begin{bmatrix}0&1&0\\0&0&1\\0&0&0\end{bmatrix}=\begin{bmatrix}0&0&0\\0&0&0\\0&0&0\end{bmatrix}=O$$

而

$$A^n=(E+A_0)^n=E^n+\mathrm{C}_n^1E^{n-1}A_0+\mathrm{C}_n^2E^{n-2}{A_0}^2+\cdots$$

省略的项中含A_0的3次或3次以上的幂,而$A_0^3=0,\cdots,A_0^n=0$,从而省略的项均为零项,从而有

$$A^n=E+\mathrm{C}_n^1A_0+\mathrm{C}_n^2A_0^2$$
$$=\begin{bmatrix}1&0&0\\0&1&0\\0&0&1\end{bmatrix}+\begin{bmatrix}0&\mathrm{C}_n^1&0\\0&0&\mathrm{C}_n^1\\0&0&0\end{bmatrix}+\begin{bmatrix}0&0&\mathrm{C}_n^2\\0&0&0\\0&0&0\end{bmatrix}$$
$$=\begin{bmatrix}1&n&\dfrac{n(n-1)}{2}\\0&1&n\\0&0&1\end{bmatrix}$$

总结 若$A=\begin{bmatrix}\lambda & 1 & & & \\ & \lambda & 1 & & \\ & & \ddots & \ddots & \\ & & & & 1\\ & & & & \lambda\end{bmatrix}$,求$A^n$时,可令$A_0=\begin{bmatrix}0 & 1 & & & \\ & 0 & 1 & & \\ & & \ddots & \ddots & \\ & & & & 1\\ & & & & 0\end{bmatrix}$,计算$A_0^2,A_0^3$,…,然后将$A$拆成$\lambda E+A_0$,则

$$A^n=(\lambda E+A_0)^n=(\lambda E)^n+C_n^1(\lambda E)^{n-1}A_0+C_n^2(\lambda E)^{n-2}A_0^2+\cdots$$

展开式中,后面很多项均为零,只需计算前面几项就可以了.形如$A=\begin{bmatrix}1 & a & b\\ 0 & 1 & c\\ 0 & 0 & 1\end{bmatrix}$的矩阵,求$A^n$时也可类似计算.

例 4.34 设$A,B,A+B$均为n阶可逆阵,求证:

(1)$A^{-1}+B^{-1}$可逆,且$(A^{-1}+B^{-1})^{-1}=A(A+B)^{-1}B$;

(2)$A(A+B)^{-1}B=B(A+B)^{-1}A$.

证明 证法一:(1)由

$$\begin{aligned}(A^{-1}+B^{-1})A(A+B)^{-1}B&=[(A^{-1}+B^{-1})A][(A+B)^{-1}(B^{-1})^{-1}]\\&=(E+B^{-1}A)[B^{-1}(A+B)]^{-1}=(E+B^{-1}A)(B^{-1}A+E)^{-1}=E\end{aligned}$$

则$A^{-1}+B^{-1}$可逆,且$(A^{-1}+B^{-1})^{-1}=A(A+B)^{-1}B$.

(2)由

$$\begin{aligned}(A^{-1}+B^{-1})B(A+B)^{-1}A&=[(A^{-1}+B^{-1})B][(A+B)^{-1}(A^{-1})^{-1}]\\&=(A^{-1}B+E)[A^{-1}(A+B)]^{-1}=(A^{-1}B+E)(E+A^{-1}B)^{-1}=E\end{aligned}$$

则

$$B(A+B)^{-1}A=(A^{-1}+B^{-1})^{-1}=A(A+B)^{-1}B$$

证法二:(1)由

$$A+B=B(B^{-1}A+E)=B(B^{-1}+A^{-1})A$$

左乘B^{-1},右乘A^{-1}得

$$B^{-1}+A^{-1}=B^{-1}(A+B)A^{-1}$$

等号两边同时取逆得

$$(A^{-1}+B^{-1})^{-1}=A(A+B)^{-1}B$$

(2)由

$$A+B=A(E+A^{-1}B)=A(B^{-1}+A^{-1})B$$

左乘A^{-1},右乘B^{-1}得

$$B^{-1}+A^{-1}=A^{-1}(A+B)B^{-1}$$

等号两边同时取逆得

$$(\boldsymbol{A}^{-1}+\boldsymbol{B}^{-1})^{-1}=\boldsymbol{B}(\boldsymbol{A}+\boldsymbol{B})^{-1}\boldsymbol{A}$$

所以

$$\boldsymbol{B}(\boldsymbol{A}+\boldsymbol{B})^{-1}\boldsymbol{A}=(\boldsymbol{A}^{-1}+\boldsymbol{B}^{-1})^{-1}=\boldsymbol{A}(\boldsymbol{A}+\boldsymbol{B})^{-1}\boldsymbol{B}$$

例 4.35 设三阶方阵 $\boldsymbol{A}$ 与 $\boldsymbol{B}$ 满足 $\boldsymbol{A}^{-1}\boldsymbol{B}\boldsymbol{A}=2\boldsymbol{A}+\boldsymbol{B}\boldsymbol{A}$，其中 $\boldsymbol{A}=\begin{bmatrix}2&1&1\\0&2&1\\0&0&2\end{bmatrix}$，求矩阵 $\boldsymbol{B}$.

解 由 $\boldsymbol{A}^{-1}\boldsymbol{B}\boldsymbol{A}=2\boldsymbol{A}+\boldsymbol{B}\boldsymbol{A}$，右乘 $\boldsymbol{A}^{-1}$ 得 $\boldsymbol{A}^{-1}\boldsymbol{B}=2\boldsymbol{E}+\boldsymbol{B}$，左乘 $\boldsymbol{A}$ 得 $\boldsymbol{B}=2\boldsymbol{A}+\boldsymbol{A}\boldsymbol{B}$，移项整理得 $(\boldsymbol{E}-\boldsymbol{A})\boldsymbol{B}=2\boldsymbol{A}$.

由

$$|\boldsymbol{E}-\boldsymbol{A}|=\begin{vmatrix}-1&-1&-1\\0&-1&-1\\0&0&-1\end{vmatrix}=-1\neq 0$$

得 $\boldsymbol{E}-\boldsymbol{A}$ 可逆，从而 $\boldsymbol{B}=(\boldsymbol{E}-\boldsymbol{A})^{-1}2\boldsymbol{A}$.

由

$$[\boldsymbol{E}-\boldsymbol{A}\quad 2\boldsymbol{A}]=\begin{bmatrix}-1&-1&-1&4&2&2\\0&-1&-1&0&4&2\\0&0&-1&0&0&4\end{bmatrix}\xrightarrow{\text{行变换}}\begin{bmatrix}1&1&1&-4&-2&-2\\0&1&1&0&-4&-2\\0&0&1&0&0&-4\end{bmatrix}$$

$$\xrightarrow{\text{行变换}}\begin{bmatrix}1&0&0&-4&2&0\\0&1&0&0&-4&2\\0&0&1&0&0&-4\end{bmatrix}$$

则

$$\boldsymbol{B}=(\boldsymbol{E}-\boldsymbol{A})^{-1}2\boldsymbol{A}=\begin{bmatrix}-4&2&0\\0&-4&2\\0&0&-4\end{bmatrix}$$

总结 有的同学在计算 $\boldsymbol{A}^{-1}\boldsymbol{B}=2\boldsymbol{E}+\boldsymbol{B}$ 时直接移项整理为 $(\boldsymbol{A}^{-1}-\boldsymbol{E})\boldsymbol{B}=2\boldsymbol{E}$，则 $\boldsymbol{B}=2(\boldsymbol{A}^{-1}-\boldsymbol{E})^{-1}$，也可求出 $\boldsymbol{B}$. 但这样做需要两次求逆的计算，比较麻烦. 一般题中只给出 $\boldsymbol{A}$ 而没给 $\boldsymbol{A}^{-1}$ 时，尽量将表达式化成只含 $\boldsymbol{A}$ 而不含 $\boldsymbol{A}^{-1}$，再去解 $\boldsymbol{B}$ 会比较简单；若题中出现 $\boldsymbol{A}^*$，则等号两边同乘 $\boldsymbol{A}$，由 $\boldsymbol{A}\boldsymbol{A}^*=|\boldsymbol{A}|\boldsymbol{E}$ 可将 $\boldsymbol{A}^*$ 化掉，再计算会比较简单.

例 4.36 设 n 阶方阵 $\boldsymbol{A}$ 与 $\boldsymbol{B}$ 满足 $\boldsymbol{A}\boldsymbol{B}=\boldsymbol{A}+\boldsymbol{B}$，求证：

(1) $\boldsymbol{A}-\boldsymbol{E}$ 可逆；

(2) $\boldsymbol{A}\boldsymbol{B}=\boldsymbol{B}\boldsymbol{A}$.

证明 (1) 由 $\boldsymbol{A}\boldsymbol{B}=\boldsymbol{A}+\boldsymbol{B}$ 得 $\boldsymbol{A}\boldsymbol{B}-\boldsymbol{A}-\boldsymbol{B}=\boldsymbol{O}$，即 $(\boldsymbol{A}\boldsymbol{B}-\boldsymbol{B})-\boldsymbol{A}=\boldsymbol{O}$，则 $(\boldsymbol{A}-\boldsymbol{E})\boldsymbol{B}-\boldsymbol{A}+\boldsymbol{E}=\boldsymbol{E}$，即 $(\boldsymbol{A}-\boldsymbol{E})(\boldsymbol{B}-\boldsymbol{E})=\boldsymbol{E}$，因此 $\boldsymbol{A}-\boldsymbol{E}$ 可逆，且 $(\boldsymbol{A}-\boldsymbol{E})^{-1}=\boldsymbol{B}-\boldsymbol{E}$.

(2) 由 $(\boldsymbol{A}-\boldsymbol{E})^{-1}=\boldsymbol{B}-\boldsymbol{E}$ 得 $(\boldsymbol{B}-\boldsymbol{E})(\boldsymbol{A}-\boldsymbol{E})=\boldsymbol{E}$，即 $\boldsymbol{B}\boldsymbol{A}-\boldsymbol{B}-\boldsymbol{A}+\boldsymbol{E}=\boldsymbol{E}$，则 $\boldsymbol{B}\boldsymbol{A}=\boldsymbol{A}+\boldsymbol{B}$，由 $\boldsymbol{A}\boldsymbol{B}=\boldsymbol{A}+\boldsymbol{B}$，得 $\boldsymbol{A}\boldsymbol{B}=\boldsymbol{B}\boldsymbol{A}$.

例 4.37 设 $\boldsymbol{A}$ 为 n 阶方阵,求证:

(1)当 $r(\boldsymbol{A})=n$ 时,$r(\boldsymbol{A}^*)=n$;

(2)当 $r(\boldsymbol{A})=n-1$ 时,$r(\boldsymbol{A}^*)=1$;

(3)当 $r(\boldsymbol{A})<n-1$ 时,$r(\boldsymbol{A}^*)=0$.

证明 (1)当 $r(\boldsymbol{A})=n$ 时,$|\boldsymbol{A}|\neq0$,而 $|\boldsymbol{A}^*|=|\boldsymbol{A}|^{n-1}\neq0$,所以 $r(\boldsymbol{A}^*)=n$.

(2)当 $r(\boldsymbol{A})=n-1$ 时,$|\boldsymbol{A}|=0$. 又由 $\boldsymbol{AA}^*=|\boldsymbol{A}|\boldsymbol{E}=0\boldsymbol{E}=\boldsymbol{O}$,得 $r(\boldsymbol{A})+r(\boldsymbol{A}^*)\leqslant n$,因此$r(\boldsymbol{A}^*)\leqslant1$.

又由 $r(\boldsymbol{A})=n-1$ 知 $\boldsymbol{A}$ 中存在 $n-1$ 阶非零子式,即 $\boldsymbol{A}$ 中存在某元素余子式、代数余子式非零,由 $\boldsymbol{A}^*$定义 $\boldsymbol{A}^*=[A_{ij}]_{n\times n}^{\mathrm{T}}$知 $\boldsymbol{A}^*\neq\boldsymbol{O}$,所以 $r(\boldsymbol{A}^*)=1$.

(3)当 $r(\boldsymbol{A})<n-1$ 时,$\boldsymbol{A}$ 中全部 $n-1$ 阶子式均为零,即 $\boldsymbol{A}$ 中全部元素余子式、代数余子式均为零,由 $\boldsymbol{A}^*$定义 $\boldsymbol{A}^*=[\boldsymbol{A}_{ij}]_{n\times n}^{\mathrm{T}}$得 $\boldsymbol{A}^*=\boldsymbol{O}$,所以 $r(\boldsymbol{A}^*)=0$.

例 4.38 设 $\boldsymbol{A}$ 为 n 阶方阵($n\geqslant3$),求证:$(\boldsymbol{A}^*)^*=|\boldsymbol{A}|^{n-2}\boldsymbol{A}$.

证明 当 $r(\boldsymbol{A})=n$ 时,$|\boldsymbol{A}|\neq0$,故 $|\boldsymbol{A}^*|=|\boldsymbol{A}|^{n-1}\neq0$,故 $\boldsymbol{A}^*$ 可逆,且 $(\boldsymbol{A}^*)^*=|\boldsymbol{A}^*|(\boldsymbol{A}^*)^{-1}$. 又 $\boldsymbol{AA}^*=|\boldsymbol{A}|\boldsymbol{E}$,即$\left(\dfrac{1}{|\boldsymbol{A}|}\boldsymbol{A}\right)\boldsymbol{A}^*=\boldsymbol{E}$,得$(\boldsymbol{A}^*)^{-1}=\dfrac{1}{|\boldsymbol{A}|}\boldsymbol{A}$,所以

$$(\boldsymbol{A}^*)^*=|\boldsymbol{A}^*|(\boldsymbol{A}^*)^{-1}=|\boldsymbol{A}|^{n-1}\frac{1}{|\boldsymbol{A}|}\boldsymbol{A}=|\boldsymbol{A}|^{n-2}\boldsymbol{A}$$

成立.

当 $r(\boldsymbol{A})<n$ 时,可得 $r(\boldsymbol{A}^*)\leqslant1$,所以 $r((\boldsymbol{A}^*)^*)=0$,即$(\boldsymbol{A}^*)^*=\boldsymbol{O}=0^{n-2}\boldsymbol{A}=|\boldsymbol{A}|^{n-2}\boldsymbol{A}$ 成立.

例 4.39 设 $\boldsymbol{A},\boldsymbol{B}$ 为 n 阶方阵,求证:

(1)$\mathrm{tr}(\boldsymbol{AB})=\mathrm{tr}(\boldsymbol{BA})$;

(2)对任意方阵 $\boldsymbol{A},\boldsymbol{B}$,等式 $\boldsymbol{AB}-\boldsymbol{BA}=\boldsymbol{E}$ 均不成立.

证明 (1)设

$$\boldsymbol{A}=[a_{ij}]_{n\times n},\boldsymbol{B}=[b_{ij}]_{n\times n},\boldsymbol{AB}=[c_{ij}]_{n\times n},\boldsymbol{BA}=[d_{ij}]_{n\times n}$$

则

$$\mathrm{tr}(\boldsymbol{AB})=c_{11}+c_{22}+\cdots+c_{nn}=\sum_{i=1}^{n}c_{ii}=\sum_{i=1}^{n}(a_{i1}b_{1i}+a_{i2}b_{2i}+\cdots+a_{in}b_{ni})=\sum_{i=1}^{n}\sum_{k=1}^{n}a_{ik}b_{ki}$$

$$\mathrm{tr}(\boldsymbol{BA})=d_{11}+d_{22}+\cdots+d_{nn}=\sum_{k=1}^{n}d_{kk}=\sum_{k=1}^{n}(b_{k1}a_{1k}+b_{k2}a_{2k}+\cdots+b_{kn}a_{nk})=\sum_{k=1}^{n}\sum_{i=1}^{n}b_{ki}a_{ik}$$

得

$$\mathrm{tr}(\boldsymbol{AB})=\sum_{i=1}^{n}\sum_{k=1}^{n}a_{ik}b_{ki}=\sum_{k=1}^{n}\sum_{i=1}^{n}b_{ki}a_{ik}=\mathrm{tr}(\boldsymbol{BA})$$

(2)对任意方阵 $\boldsymbol{A},\boldsymbol{B}$ 有

$$\mathrm{tr}(\boldsymbol{AB}-\boldsymbol{BA})=\mathrm{tr}(\boldsymbol{AB})-\mathrm{tr}(\boldsymbol{BA})=0$$

而
$$\mathrm{tr}(\boldsymbol{E})=n\neq 0$$
因此 $\boldsymbol{AB}-\boldsymbol{BA}=\boldsymbol{E}$ 不成立.

例 4.40 设 $\boldsymbol{A},\boldsymbol{B}$ 为 $m\times n$ 矩阵,求证:$\mathrm{r}(\boldsymbol{A}\pm\boldsymbol{B})\leqslant\mathrm{r}(\boldsymbol{A})+\mathrm{r}(\boldsymbol{B})$.

证明 由
$$\mathrm{r}\begin{bmatrix}\boldsymbol{A} & \boldsymbol{O}\\ \boldsymbol{O} & \boldsymbol{B}\end{bmatrix}=\mathrm{r}(\boldsymbol{A})+\mathrm{r}(\boldsymbol{B})$$
且
$$\boldsymbol{A}\pm\boldsymbol{B}=[\boldsymbol{E}_m\quad \boldsymbol{E}_m]\begin{bmatrix}\boldsymbol{A}\\ \pm\boldsymbol{B}\end{bmatrix}=[\boldsymbol{E}_m\quad \boldsymbol{E}_m]\begin{bmatrix}\boldsymbol{A} & \boldsymbol{O}\\ \boldsymbol{O} & \pm\boldsymbol{B}\end{bmatrix}\begin{bmatrix}\boldsymbol{E}_n\\ \boldsymbol{E}_n\end{bmatrix}$$
所以
$$\mathrm{r}(\boldsymbol{A}\pm\boldsymbol{B})\leqslant\mathrm{r}\begin{bmatrix}\boldsymbol{A} & \boldsymbol{O}\\ \boldsymbol{O} & \pm\boldsymbol{B}\end{bmatrix}=\mathrm{r}(\boldsymbol{A})+\mathrm{r}(\pm\boldsymbol{B})=\mathrm{r}(\boldsymbol{A})+\mathrm{r}(\boldsymbol{B})$$

4.4 同步训练题

1. 选择题

(1)设 n 阶方阵 $\boldsymbol{A},\boldsymbol{B}$ 满足 $(\boldsymbol{AB})^2=\boldsymbol{E}$,则以下不正确的是________.

A. $\boldsymbol{A}^{-1}=\boldsymbol{B}$　　B. $\boldsymbol{B}^{-1}=\boldsymbol{ABA}$　　C. $\boldsymbol{A}^{-1}=\boldsymbol{BAB}$　　D. $(\boldsymbol{BA})^2=\boldsymbol{E}$

(2)设 $\boldsymbol{A},\boldsymbol{B}$ 为 n 阶对称阵,则________不一定对称.

A. $\boldsymbol{A}+\boldsymbol{B}$　　B. $\boldsymbol{A}-\boldsymbol{B}$　　C. $\boldsymbol{AB}$　　D. $\boldsymbol{A}^k+\boldsymbol{B}^k$

(3)下列说法中不正确的是________.

A. 若 $\boldsymbol{A}$ 为对称阵,则 $\boldsymbol{A}^*$ 必为对称阵

B. 若可逆阵 $\boldsymbol{A}$ 对称,则 $\boldsymbol{A}^{-1}$ 必为对称阵

C. 若 $\boldsymbol{A}$ 为反对称阵,则 $\boldsymbol{A}^*$ 必为反对称阵

D. 若可逆阵 $\boldsymbol{A}$ 反对称,则 $\boldsymbol{A}^{-1}$ 必为反对称阵

(4)设 $\boldsymbol{A},\boldsymbol{B}$ 为同阶方阵,则________成立.

A. $|\boldsymbol{A}+\boldsymbol{B}|=|\boldsymbol{A}|+|\boldsymbol{B}|$　　B. $\boldsymbol{AB}=\boldsymbol{BA}$

C. $|\boldsymbol{AB}|=|\boldsymbol{BA}|$　　D. $(\boldsymbol{A}+\boldsymbol{B})^{-1}=\boldsymbol{A}^{-1}+\boldsymbol{B}^{-1}$

(5)设 $\boldsymbol{A}$ 为三阶方阵,将 $\boldsymbol{A}$ 的第 2 行加到第 1 行上得矩阵 $\boldsymbol{B}$,则将 $\boldsymbol{B}$ 的第 1 列的 -1 倍加到第 2 列上得矩阵 $\boldsymbol{C}$,已知 $\boldsymbol{P}=\begin{bmatrix}1 & 1 & 0\\ 0 & 1 & 0\\ 0 & 0 & 1\end{bmatrix}$,则有________成立.

A. $\boldsymbol{P}^{-1}\boldsymbol{AP}=\boldsymbol{C}$　　B. $\boldsymbol{P}^{\mathrm{T}}\boldsymbol{AP}=\boldsymbol{C}$　　C. $\boldsymbol{PAP}^{-1}=\boldsymbol{C}$　　D. $\boldsymbol{PAP}^{\mathrm{T}}=\boldsymbol{C}$

(6)设$\boldsymbol{A}$,$\boldsymbol{B}$为n阶方阵,$\boldsymbol{E}$为n阶单位阵,则下列一定正确的是________.

A. $\boldsymbol{A}^2\boldsymbol{B}^2=(\boldsymbol{A}+\boldsymbol{B})(\boldsymbol{A}-\boldsymbol{B})$

B. $\boldsymbol{A}^3+\boldsymbol{E}=(\boldsymbol{A}+\boldsymbol{E})(\boldsymbol{A}^2-\boldsymbol{A}+\boldsymbol{E})$

C. $(\boldsymbol{A}+\boldsymbol{B})^2=\boldsymbol{A}^2+2\boldsymbol{A}\boldsymbol{B}+\boldsymbol{B}^2$

D. $\boldsymbol{A}^3-\boldsymbol{B}^3=(\boldsymbol{A}-\boldsymbol{B})(\boldsymbol{A}^2+\boldsymbol{A}\boldsymbol{B}+\boldsymbol{B}^2)$

(7)设$\boldsymbol{A}$为n阶可逆阵($n\geqslant 2$),常数$k\neq 0,\pm 1$,则$(k\boldsymbol{A})^*=$________.

A. $k\boldsymbol{A}^*$

B. $k^{n-1}\boldsymbol{A}^*$

C. $k^n\boldsymbol{A}^*$

D. $\frac{1}{k}\boldsymbol{A}^*$

(8)设四阶方阵$\boldsymbol{A}$的秩为2,则其伴随阵$\boldsymbol{A}^*$的秩为________.

A. 0

B. 1

C. 2

D. 3

2. 填空题

(1)设三阶方阵$\boldsymbol{A}$的行列式等于2,则$|3\boldsymbol{A}^3|=$________.

(2)设$\boldsymbol{A}=\begin{bmatrix}1&2&3\\4&5&6\\7&8&9\end{bmatrix}$,$\boldsymbol{P}=\begin{bmatrix}0&0&1\\0&1&0\\1&0&0\end{bmatrix}$,则$\boldsymbol{P}^{10}\boldsymbol{A}\boldsymbol{P}^{11}=$________.

(3)设$\boldsymbol{A}=[1\quad 2\quad 3]$,$\boldsymbol{B}=\begin{bmatrix}1&\frac{1}{2}&\frac{1}{3}\end{bmatrix}^{\mathrm{T}}$,则$(\boldsymbol{B}\boldsymbol{A})^n=$________.

(4)设$\boldsymbol{A}$为4×3阶矩阵,且$\mathrm{r}(\boldsymbol{A})=2$,而$\boldsymbol{B}=\begin{bmatrix}1&0&2\\0&2&0\\-1&0&3\end{bmatrix}$,则$\mathrm{r}(\boldsymbol{A}\boldsymbol{B})=$________.

(5)若$\boldsymbol{A}=\begin{bmatrix}a&b\\c&d\end{bmatrix}$,则$\boldsymbol{A}^*=$________.

(6)设$\boldsymbol{A}=\begin{bmatrix}1&0&0\\-5&1&0\\3&8&1\end{bmatrix}$,则$(\boldsymbol{A}^*)^{-1}=$________.

(7)设$\boldsymbol{A}=\begin{bmatrix}2&1&0\\1&2&0\\0&0&1\end{bmatrix}$,矩阵$\boldsymbol{A}$,$\boldsymbol{B}$满足$\boldsymbol{A}\boldsymbol{B}\boldsymbol{A}^*=2\boldsymbol{B}\boldsymbol{A}^*+\boldsymbol{E}$,则$|\boldsymbol{B}|=$________.

3. 设三阶方阵$\boldsymbol{A}$,$\boldsymbol{B}$满足$\boldsymbol{A}^{-1}\boldsymbol{B}\boldsymbol{A}=6\boldsymbol{A}+\boldsymbol{B}\boldsymbol{A}$,且$\boldsymbol{A}=\begin{bmatrix}\frac{1}{3}&0&0\\0&\frac{1}{4}&0\\0&0&\frac{1}{7}\end{bmatrix}$,求矩阵$\boldsymbol{B}$.

4. 判断下列矩阵是否可逆,若可逆求其逆.

$$A=\begin{bmatrix}2&1\\3&2\end{bmatrix},B=\begin{bmatrix}1&0&0\\1&1&0\\1&1&1\end{bmatrix},C=\begin{bmatrix}2&-1&3\\1&4&0\\4&7&3\end{bmatrix},D=\begin{bmatrix}3&1&0&0&0\\3&2&0&0&0\\0&0&3&0&0\\0&0&0&4&3\\0&0&0&3&2\end{bmatrix}$$

5. 已知 $A=\begin{bmatrix}3&3&3&3\\0&1&1&1\\0&0&1&1\\0&0&0&1\end{bmatrix}$,求 A 中所有元素代数余子式之和.

6. 已知三阶方阵 $A=\begin{bmatrix}1&0&1\\0&2&0\\0&0&1\end{bmatrix}$, $C=\begin{bmatrix}1&0&0\\0&2&0\\1&0&0\end{bmatrix}$, B 为三阶可逆阵,计算 $(BC^{\mathrm{T}}-E)^{\mathrm{T}}(AB^{-1})^{\mathrm{T}}+[(BA^{-1})^{\mathrm{T}}]^{-1}$.

7. 设 n 阶方阵 A,B 满足 $A^{\mathrm{T}}A=B^{\mathrm{T}}B=E$,且 $|A|+|B|=0$,求 $|A+B|$.

8. 设矩阵 $A=\begin{bmatrix}2&3\\5&7\end{bmatrix}\begin{bmatrix}a&0\\0&b\end{bmatrix}\begin{bmatrix}-7&3\\5&-2\end{bmatrix}$,求 A^8.

9. 设 n 阶方阵 A 满足 $A^2=A$,求证:$\mathrm{r}(A)+\mathrm{r}(A-E)=n$.

10. 设 n 阶方阵 A 满足 $(A+E)^3=O$,求证:A 可逆,并求 A^{-1}.

11. 设 A,B,C,D 为 n 阶方阵,A 可逆且满足 $AC=CA$,求证:$\begin{vmatrix}A&B\\C&D\end{vmatrix}=|AD-CB|$.

12. 求证两个上三角阵的乘积仍为上三角阵.

4.5 同步训练题答案与提示

1. (1)A (2)C (3)C (4)C (5)C (6)B (7)B (8)A

2. (1)216 (2)$\begin{bmatrix}3&2&1\\6&5&4\\9&8&7\end{bmatrix}$ (3)$3^{n-1}\begin{bmatrix}1&2&3\\\frac{1}{2}&1&\frac{3}{2}\\\frac{1}{3}&\frac{2}{3}&1\end{bmatrix}$ (4)2

(5)$\begin{bmatrix}d&-b\\-c&a\end{bmatrix}$ (6)$\begin{bmatrix}1&0&0\\-5&1&0\\3&8&1\end{bmatrix}$ (7)$\frac{1}{9}$

3. $\begin{bmatrix} 3 & 0 & 0 \\ 0 & 2 & 0 \\ 0 & 0 & 1 \end{bmatrix}$

4. $\boldsymbol{A}$ 可逆,$\boldsymbol{A}^{-1}=\begin{bmatrix} 2 & -1 \\ -3 & 2 \end{bmatrix}$;$\boldsymbol{B}$ 可逆,$\boldsymbol{B}^{-1}=\begin{bmatrix} 1 & 0 & 0 \\ -1 & 1 & 0 \\ 0 & -1 & 1 \end{bmatrix}$;$\boldsymbol{C}$ 不可逆;

$\boldsymbol{D}$ 可逆,$\boldsymbol{D}^{-1}=\begin{bmatrix} 2 & -1 & 0 & 0 & 0 \\ -3 & 2 & 0 & 0 & 0 \\ 0 & 0 & \frac{1}{3} & 0 & 0 \\ 0 & 0 & 0 & -2 & 3 \\ 0 & 0 & 0 & 3 & -4 \end{bmatrix}$.

5. $\sum\limits_{i=1}^{4}\sum\limits_{j=1}^{4}A_{ij}=1$

6. $\begin{bmatrix} 1 & 0 & 0 \\ 0 & 4 & 0 \\ 1 & 0 & 0 \end{bmatrix}$

7. $|\boldsymbol{A}+\boldsymbol{B}|=0$

8. $\boldsymbol{A}^8=\begin{bmatrix} -14a^8+15b^8 & 6a^8-6b^8 \\ -35a^8+35b^8 & 15a^8-14b^8 \end{bmatrix}$

9. 提示:$\mathrm{r}(\boldsymbol{A})+\mathrm{r}(\boldsymbol{A}-\boldsymbol{E})\geqslant \mathrm{r}[\boldsymbol{A}-(\boldsymbol{A}-\boldsymbol{E})]=n$,又 $\boldsymbol{A}(\boldsymbol{A}-\boldsymbol{E})=\boldsymbol{A}^2-\boldsymbol{A}=\boldsymbol{O}$,则 $\mathrm{r}(\boldsymbol{A})+\mathrm{r}(\boldsymbol{A}-\boldsymbol{E})\leqslant n$.

10. 提示:$(\boldsymbol{A}+\boldsymbol{E})^3=\boldsymbol{A}^3+3\boldsymbol{A}^2+3\boldsymbol{A}+\boldsymbol{E}=\boldsymbol{O}$,则 $-\boldsymbol{E}=\boldsymbol{A}^3+3\boldsymbol{A}^2+3\boldsymbol{A}=\boldsymbol{A}(\boldsymbol{A}^2+3\boldsymbol{A}+3\boldsymbol{E})$,从而 $\boldsymbol{A}$ 可逆,且 $\boldsymbol{A}^{-1}=-(\boldsymbol{A}^2+3\boldsymbol{A}+3\boldsymbol{E})$.

11. 提示:由

$$\begin{bmatrix} \boldsymbol{E} & \boldsymbol{O} \\ -\boldsymbol{C}\boldsymbol{A}^{-1} & \boldsymbol{E} \end{bmatrix}\begin{bmatrix} \boldsymbol{A} & \boldsymbol{B} \\ \boldsymbol{C} & \boldsymbol{D} \end{bmatrix}=\begin{bmatrix} \boldsymbol{A} & \boldsymbol{B} \\ \boldsymbol{O} & -\boldsymbol{C}\boldsymbol{A}^{-1}\boldsymbol{B}+\boldsymbol{D} \end{bmatrix}$$

得

$$\begin{vmatrix} \boldsymbol{A} & \boldsymbol{B} \\ \boldsymbol{C} & \boldsymbol{D} \end{vmatrix}=\begin{vmatrix} \boldsymbol{A} & \boldsymbol{B} \\ \boldsymbol{O} & -\boldsymbol{C}\boldsymbol{A}^{-1}\boldsymbol{B}+\boldsymbol{D} \end{vmatrix}=|\boldsymbol{A}||\boldsymbol{D}-\boldsymbol{C}\boldsymbol{A}^{-1}\boldsymbol{B}|=|\boldsymbol{A}\boldsymbol{D}-\boldsymbol{C}\boldsymbol{B}|$$

12. 略.

第5章　向量组的线性相关性

5.1　知识要点

1. 了解行向量、列向量、向量的维数、向量的坐标、零向量的概念，了解向量的加、减、数乘运算及运算规律.

2. 了解矩阵的行向量组，矩阵的列向量组的概念.

3. 掌握向量组的线性组合的概念.

设 $\boldsymbol{\alpha}_1,\boldsymbol{\alpha}_2,\cdots,\boldsymbol{\alpha}_m,\boldsymbol{\beta}$ 为同型向量，若存在常数 $k_1,k_2,\cdots,k_m$，使 $\boldsymbol{\beta}=k_1\boldsymbol{\alpha}_1+k_2\boldsymbol{\alpha}_2+\cdots+k_m\boldsymbol{\alpha}_m$ 成立，则称向量 $\boldsymbol{\beta}$ 是向量组 $\boldsymbol{\alpha}_1,\boldsymbol{\alpha}_2,\cdots,\boldsymbol{\alpha}_m$ 的一个线性组合，或称向量 $\boldsymbol{\beta}$ 可由向量组 $\boldsymbol{\alpha}_1,\boldsymbol{\alpha}_2,\cdots,\boldsymbol{\alpha}_m$ 线性表示.

4. 掌握以下两种写法的等价关系，会将一种写法转化为另一种写法.

$$\begin{cases}\boldsymbol{\beta}_1=c_{11}\boldsymbol{\alpha}_1+c_{21}\boldsymbol{\alpha}_2+\cdots+c_{m1}\boldsymbol{\alpha}_m\\ \boldsymbol{\beta}_2=c_{12}\boldsymbol{\alpha}_1+c_{22}\boldsymbol{\alpha}_2+\cdots+c_{m2}\boldsymbol{\alpha}_m\\ \qquad\vdots\\ \boldsymbol{\beta}_s=c_{1s}\boldsymbol{\alpha}_1+c_{2s}\boldsymbol{\alpha}_2+\cdots+c_{ms}\boldsymbol{\alpha}_m\end{cases}$$

$$\Leftrightarrow[\boldsymbol{\beta}_1\quad\boldsymbol{\beta}_2\quad\cdots\quad\boldsymbol{\beta}_s]=[\boldsymbol{\alpha}_1\quad\boldsymbol{\alpha}_2\quad\cdots\quad\boldsymbol{\alpha}_m]\begin{bmatrix}c_{11}&c_{12}&\cdots&c_{1s}\\c_{21}&c_{22}&\cdots&c_{2s}\\\vdots&\vdots&&\vdots\\c_{m1}&c_{m2}&\cdots&c_{ms}\end{bmatrix}$$

5. 掌握方程组的三种等价写法，会将三种写法互相转化.

设 $\boldsymbol{A}=\begin{bmatrix}a_{11}&a_{12}&\cdots&a_{1n}\\a_{21}&a_{22}&\cdots&a_{2n}\\\vdots&\vdots&&\vdots\\a_{m1}&a_{m2}&\cdots&a_{mn}\end{bmatrix}$，$\boldsymbol{b}=\begin{bmatrix}b_1\\b_2\\\vdots\\b_m\end{bmatrix}$，$\boldsymbol{\alpha}_1,\boldsymbol{\alpha}_2,\cdots,\boldsymbol{\alpha}_m$ 为 $\boldsymbol{A}$ 的 n 个列向量，$\boldsymbol{X}=\begin{bmatrix}x_1\\x_2\\\vdots\\x_n\end{bmatrix}$，则

$$\begin{cases}a_{11}x_1+a_{12}x_2+\cdots+a_{1n}x_n=b_1\\a_{21}x_1+a_{22}x_2+\cdots+a_{2n}x_n=b_2\\\qquad\vdots\\a_{m1}x_1+a_{m2}x_2+\cdots+a_{mn}x_n=b_m\end{cases}\Leftrightarrow\boldsymbol{AX}=\boldsymbol{b}\Leftrightarrow x_1\boldsymbol{\alpha}_1+x_2\boldsymbol{\alpha}_2+\cdots+x_n\boldsymbol{\alpha}_n=\boldsymbol{b}$$

6. 理解一个向量组可由另一个向量组线性表示的概念，掌握两个向量组等价的概念及线

性表示与等价的性质.

定义:若一个向量组中的每个向量均可由另一个向量组线性表示,则称第一个向量组可由第二个向量组线性表示;若两个向量组可互相线性表示,则称两个向量组等价.

性质:

(1)线性表示具有反身性:一个向量组中的每个向量均可由整个向量组线性表示;一个向量组的任何一部分均可由整个向量组线性表示.

(2)线性表示的传递性:若向量组 A 可由向量组 B 线性表示,向量组 B 可由向量组 C 线性表示,则向量组 A 可由向量组 C 线性表示.

(3)向量组的等价具有反身性、对称性和传递性.

(4)零向量可由任何一个同型向量组线性表示.

7. 熟练掌握向量组的线性相关、线性无关的定义.

线性相关:若存在不全为零的数 $k_1,k_2,\cdots,k_m$ 使得 $k_1\boldsymbol{\alpha}_1+k_2\boldsymbol{\alpha}_2+\cdots+k_m\boldsymbol{\alpha}_m=\mathbf{0}$ 成立,则称向量组 $\boldsymbol{\alpha}_1,\boldsymbol{\alpha}_2,\cdots,\boldsymbol{\alpha}_m$ 线性相关.

线性无关:若使 $k_1\boldsymbol{\alpha}_1+k_2\boldsymbol{\alpha}_2+\cdots+k_m\boldsymbol{\alpha}_m=\mathbf{0}$ 成立,则必有 $k_1=k_2=\cdots=k_m=0$,则称向量组 $\boldsymbol{\alpha}_1,\boldsymbol{\alpha}_2,\cdots,\boldsymbol{\alpha}_m$ 线性无关.

8. 掌握相关性的 16 条结论.

(1)由一个向量构成的向量组线性相关的充分必要条件为该向量为零,线性无关的充分必要条件为该向量非零.

(2)由两个向量构成的向量组线性相关的充分必要条件为它们对应坐标成比例,或一个向量可写成另一个向量的 k 倍.

(3)含有零向量的向量组必线性相关.

(4)若 $\boldsymbol{\beta}$ 可由向量组 $\boldsymbol{\alpha}_1,\boldsymbol{\alpha}_2,\cdots,\boldsymbol{\alpha}_m$ 线性表示,则表示法唯一的充分必要条件为 $\boldsymbol{\alpha}_1,\boldsymbol{\alpha}_2,\cdots,\boldsymbol{\alpha}_m$ 线性无关;表示法不唯一的充分必要条件为 $\boldsymbol{\alpha}_1,\boldsymbol{\alpha}_2,\cdots,\boldsymbol{\alpha}_m$ 线性相关.

(5)若 $\boldsymbol{\alpha}_1,\boldsymbol{\alpha}_2,\cdots,\boldsymbol{\alpha}_m$ 线性无关,$\boldsymbol{\alpha}_1,\boldsymbol{\alpha}_2,\cdots,\boldsymbol{\alpha}_m,\boldsymbol{\beta}$ 线性相关,则 $\boldsymbol{\beta}$ 可由 $\boldsymbol{\alpha}_1,\boldsymbol{\alpha}_2,\cdots,\boldsymbol{\alpha}_m$ 唯一地线性表示.

(6)向量组 $\boldsymbol{\alpha}_1,\boldsymbol{\alpha}_2,\cdots,\boldsymbol{\alpha}_m$ 线性相关的充分必要条件为其中至少有一个向量可由其余 $m-1$ 个向量线性表示;$\boldsymbol{\alpha}_1,\boldsymbol{\alpha}_2,\cdots,\boldsymbol{\alpha}_m$ 线性无关的充分必要条件为其中每一个向量均不能由其余 $m-1$ 个向量线性表示.

(7)若大向量组的一部分线性相关,则整个大向量组必线性相关;若整个大向量组线性无关,则它的任何一个部分组均线性无关.

(8)设矩阵 $\boldsymbol{A}$ 的列向量组为 $\boldsymbol{\alpha}_1,\boldsymbol{\alpha}_2,\cdots,\boldsymbol{\alpha}_n$,则 $\boldsymbol{\alpha}_1,\boldsymbol{\alpha}_2,\cdots,\boldsymbol{\alpha}_n$ 线性相关的充分必要条件为方程组 $\boldsymbol{AX}=\mathbf{0}$ 有非零解;$\boldsymbol{\alpha}_1,\boldsymbol{\alpha}_2,\cdots,\boldsymbol{\alpha}_n$ 线性无关的充分必要条件为方程组 $\boldsymbol{AX}=\mathbf{0}$ 只有零解.

(9)若由向量组 $\boldsymbol{\alpha}_1,\boldsymbol{\alpha}_2,\cdots,\boldsymbol{\alpha}_m$ 构成矩阵 $\boldsymbol{A}$,则向量组 $\boldsymbol{\alpha}_1,\boldsymbol{\alpha}_2,\cdots,\boldsymbol{\alpha}_m$ 线性相关的充分必要条件为 $\mathrm{r}(\boldsymbol{A})<m$;$\boldsymbol{\alpha}_1,\boldsymbol{\alpha}_2,\cdots,\boldsymbol{\alpha}_m$ 线性无关的充分必要条件为 $\mathrm{r}(\boldsymbol{A})=m$.

(10) n 个 n 维向量线性相关的充分必要条件为由它们构成的行列式为零,线性无关的充分必要条件为由它们构成的行列式非零.

(11) 当 $m>n$ 时,m 个 n 维向量必线性相关.

(12) 同时调换一组向量中两个坐标的位置,向量组的相关性不变.

(13) 对线性无关的 m 个 s 维向量,同时在相同位置添加 r 个坐标所得到的 m 个 $s+r$ 维向量仍线性无关;对线性相关的 m 个 s 维向量,同时在相同位置去掉 r 个坐标所得到的 m 个 $s-r$ 维向量仍线性相关.

(14) 若向量组 $\boldsymbol{\alpha}_1,\boldsymbol{\alpha}_2,\cdots,\boldsymbol{\alpha}_m$ 可由 $\boldsymbol{\beta}_1,\boldsymbol{\beta}_2,\cdots,\boldsymbol{\beta}_s$ 线性表示,且 $m>s$,则向量组 $\boldsymbol{\alpha}_1,\boldsymbol{\alpha}_2,\cdots,\boldsymbol{\alpha}_m$ 必线性相关.

(15) 若向量组 $\boldsymbol{\alpha}_1,\boldsymbol{\alpha}_2,\cdots,\boldsymbol{\alpha}_m$ 线性无关,向量组 $\boldsymbol{\beta}_1,\boldsymbol{\beta}_2,\cdots,\boldsymbol{\beta}_m$ 可由向量组 $\boldsymbol{\alpha}_1,\boldsymbol{\alpha}_2,\cdots,\boldsymbol{\alpha}_m$ 线性表示为

$$[\boldsymbol{\beta}_1 \quad \boldsymbol{\beta}_2 \quad \cdots \quad \boldsymbol{\beta}_m] = [\boldsymbol{\alpha}_1 \quad \boldsymbol{\alpha}_2 \quad \cdots \quad \boldsymbol{\alpha}_m]\begin{bmatrix} c_{11} & c_{12} & \cdots & c_{1m} \\ c_{21} & c_{22} & \cdots & c_{2m} \\ \vdots & \vdots & & \vdots \\ c_{m1} & c_{m2} & \cdots & c_{mm} \end{bmatrix}$$

则 $\boldsymbol{\beta}_1,\boldsymbol{\beta}_2,\cdots,\boldsymbol{\beta}_m$ 线性无关的充分必要条件为行列式

$$\begin{vmatrix} c_{11} & c_{12} & \cdots & c_{1m} \\ c_{21} & c_{22} & \cdots & c_{2m} \\ \vdots & \vdots & & \vdots \\ c_{m1} & c_{m2} & \cdots & c_{mm} \end{vmatrix} \neq 0$$

$\boldsymbol{\beta}_1,\boldsymbol{\beta}_2,\cdots,\boldsymbol{\beta}_m$ 线性相关的充分必要条件为行列式

$$\begin{vmatrix} c_{11} & c_{12} & \cdots & c_{1m} \\ c_{21} & c_{22} & \cdots & c_{2m} \\ \vdots & \vdots & & \vdots \\ c_{m1} & c_{m2} & \cdots & c_{mm} \end{vmatrix} = 0$$

(16) 若矩阵 $\boldsymbol{A}$ 经初等行变换变成 $\boldsymbol{B}$,则 $\boldsymbol{A}$ 的行向量组与 $\boldsymbol{B}$ 的行向量组等价,且 $\boldsymbol{A}$ 中任意 k 个列向量与 $\boldsymbol{B}$ 中对应的 k 个列向量具有相同的线性相关性和线性关系.

9. 掌握向量组的极大无关组与向量组的秩的三种方法的定义.

定义方法 1:若向量组 A 与向量组 $\boldsymbol{\alpha}_1,\boldsymbol{\alpha}_2,\cdots,\boldsymbol{\alpha}_r$ 满足

(ⅰ) $\boldsymbol{\alpha}_1,\boldsymbol{\alpha}_2,\cdots,\boldsymbol{\alpha}_r\in A$;

(ⅱ) 向量 $\boldsymbol{\alpha}_1,\boldsymbol{\alpha}_2,\cdots,\boldsymbol{\alpha}_r$ 线性无关;

(ⅲ)A 组中的每个向量均可由 $\boldsymbol{\alpha}_1,\boldsymbol{\alpha}_2,\cdots,\boldsymbol{\alpha}_r$ 线性表示,则称 $\boldsymbol{\alpha}_1,\boldsymbol{\alpha}_2,\cdots,\boldsymbol{\alpha}_r$ 为向量组 A 的一个极大无关组,极大无关组中所含向量的个数为向量组 A 的秩.

定义方法 2:若向量组 A 与向量组 $\alpha_1,\alpha_2,\cdots,\alpha_r$ 满足

(ⅰ)$\boldsymbol{\alpha}_1,\boldsymbol{\alpha}_2,\cdots,\boldsymbol{\alpha}_r\in A$;

(ⅱ)向量 $\boldsymbol{\alpha}_1,\boldsymbol{\alpha}_2,\cdots,\boldsymbol{\alpha}_r$ 线性无关;

(ⅲ)A 组中任意 $r+1$ 个向量(若存在)必线性相关;则称 $\boldsymbol{\alpha}_1,\boldsymbol{\alpha}_2,\cdots,\boldsymbol{\alpha}_r$ 为向量组 A 的一个极大无关组,极大无关组中所含向量的个数为向量组 A 的秩.

定义方法 3:若向量组 A 中有 r 个向量线性无关,而 A 组中任意 $r+1$ 个向量(若存在)必线性相关,则称 r 为 A 组的秩,此时 A 组中任意 r 个线性无关的向量均可称为 A 组的一个极大无关组.

10. 掌握向量组的极大无关组与向量组的秩的七条结论.

(1)只含零向量的向量组秩为 0,没有极大无关组.

(2)一个向量组的极大无关组不一定唯一,但各极大无关组中所含向量的个数相同.

(3)若向量组 A 的秩为 r,则 A 组中任意 r 个线性无关向量均可作为 A 组的极大无关组.

(4)向量组 $\boldsymbol{\alpha}_1,\boldsymbol{\alpha}_2,\cdots,\boldsymbol{\alpha}_m$ 线性无关的充分必要条件为秩$\{\boldsymbol{\alpha}_1,\boldsymbol{\alpha}_2,\cdots,\boldsymbol{\alpha}_m\}=m$.

(5)若 A 组可由 B 组线性表示,则 $\mathrm{r}\{A\text{ 组}\}=\mathrm{r}\{B\text{ 组}\}$.

(6)等价向量组的秩相等.

(7)矩阵 $\boldsymbol{A}$ 的秩等于 $\boldsymbol{A}$ 的行向量组的秩,也等于 $\boldsymbol{A}$ 的列向量组的秩.

11. 理解向量空间的定义.

设 V 是由一些 n 维向量所构成的非空集合,若 V 对于向量的加法和数乘运算封闭,则称集合 V 是一个向量空间.

12. 理解空间的基和维数的概念.

设空间 V 与向量 $\boldsymbol{\alpha}_1,\boldsymbol{\alpha}_2,\cdots,\boldsymbol{\alpha}_r$ 满足

(ⅰ)$\boldsymbol{\alpha}_1,\boldsymbol{\alpha}_2,\cdots,\boldsymbol{\alpha}_r\in V$;

(ⅱ)向量 $\boldsymbol{\alpha}_1,\boldsymbol{\alpha}_2,\cdots,\boldsymbol{\alpha}_r$ 线性无关;

(ⅲ)V 中任何一个向量均可由 $\boldsymbol{\alpha}_1,\boldsymbol{\alpha}_2,\cdots,\boldsymbol{\alpha}_r$ 线性表示.

则称 $\boldsymbol{\alpha}_1,\boldsymbol{\alpha}_2,\cdots,\boldsymbol{\alpha}_r$ 为空间 V 的一组基,基中所含向量的个数称为空间 V 的维数,记为 $\dim V=r$.

13. 理解子空间概念与性质.

设 V_1,V_2 为两个向量空间,若 $V_1\subset V_2$ 则称设 V_1 为 V_2 的子空间,此时有 $\dim V_1\leqslant\dim V_2$.

14. 理解向量在基下的坐标的定义.

设 $\boldsymbol{\alpha}_1,\boldsymbol{\alpha}_2,\cdots,\boldsymbol{\alpha}_r$ 为空间 V 的一组基,对 $\forall\boldsymbol{\gamma}\in V$, $\exists x_1,x_2,\cdots,x_r\in\mathbb{R}$ 使

$$\boldsymbol{\gamma} = x_1\boldsymbol{\alpha}_1 + x_2\boldsymbol{\alpha}_2 + \cdots + x_r\boldsymbol{\alpha}_r = [\boldsymbol{\alpha}_1 \quad \boldsymbol{\alpha}_2 \quad \cdots \quad \boldsymbol{\alpha}_r]\begin{bmatrix} x_1 \\ x_2 \\ \vdots \\ x_r \end{bmatrix}$$

成立. 此时称$\begin{bmatrix} x_1 \\ x_2 \\ \vdots \\ x_r \end{bmatrix}$为向量 $\boldsymbol{\gamma}$ 在 $\boldsymbol{\alpha}_1,\boldsymbol{\alpha}_2,\cdots,\boldsymbol{\alpha}_r$ 下的坐标.

15. 理解过渡矩阵的概念和性质.

设 $\boldsymbol{\alpha}_1,\boldsymbol{\alpha}_2,\cdots,\boldsymbol{\alpha}_r$ 为空间 V 的一组基,$\boldsymbol{\beta}_1,\boldsymbol{\beta}_2,\cdots,\boldsymbol{\beta}_r$ 为空间 V 的另一组基,若有

$$\begin{cases} \boldsymbol{\beta}_1 = p_{11}\boldsymbol{\alpha}_1 + p_{21}\boldsymbol{\alpha}_2 + \cdots + p_{r1}\boldsymbol{\alpha}_r \\ \boldsymbol{\beta}_2 = p_{12}\boldsymbol{\alpha}_1 + p_{22}\boldsymbol{\alpha}_2 + \cdots + p_{r2}\boldsymbol{\alpha}_r \\ \qquad \vdots \\ \boldsymbol{\beta}_r = p_{1r}\boldsymbol{\alpha}_1 + p_{2r}\boldsymbol{\alpha}_2 + \cdots + p_{rr}\alpha_r \end{cases}$$

或写成$[\boldsymbol{\beta}_1 \quad \boldsymbol{\beta}_2 \quad \cdots \quad \boldsymbol{\beta}_r] = [\boldsymbol{\alpha}_1 \quad \boldsymbol{\alpha}_2 \quad \cdots \quad \boldsymbol{\alpha}_r]\begin{bmatrix} p_{11} & p_{12} & \cdots & p_{1r} \\ p_{21} & p_{22} & \cdots & p_{2r} \\ \vdots & \vdots & & \vdots \\ p_{r1} & p_{r2} & \cdots & p_{rr} \end{bmatrix}$成立,则称矩阵 $\boldsymbol{P} = [p_{ij}]_{r\times r}$ 为基 $\boldsymbol{\alpha}_1,\boldsymbol{\alpha}_2,\cdots,\boldsymbol{\alpha}_r$ 到基 $\boldsymbol{\beta}_1,\boldsymbol{\beta}_2,\cdots,\boldsymbol{\beta}_r$ 的过渡矩阵.

性质:

(1)过渡矩阵都是可逆阵.

(2)若由 $\boldsymbol{\alpha}_1,\boldsymbol{\alpha}_2,\cdots,\boldsymbol{\alpha}_r$ 到 $\boldsymbol{\beta}_1,\boldsymbol{\beta}_2,\cdots,\boldsymbol{\beta}_r$ 的过渡矩阵为 $\boldsymbol{P}$,则 $\boldsymbol{\beta}_1,\boldsymbol{\beta}_2,\cdots,\boldsymbol{\beta}_r$ 到 $\boldsymbol{\alpha}_1,\boldsymbol{\alpha}_2,\cdots,\boldsymbol{\alpha}_r$ 的过渡矩阵为 $\boldsymbol{P}^{-1}$.

16. 理解坐标变换公式 $\boldsymbol{X}=\boldsymbol{PY}$,会用坐标变换公式计算.

17. 理解线性方程组解的以下三条性质:

(1)若 $\boldsymbol{\alpha}_1,\boldsymbol{\alpha}_2,\cdots,\boldsymbol{\alpha}_s$ 为齐次方程组 $\boldsymbol{AX}=\boldsymbol{0}$ 的解,则 $k_1\boldsymbol{\alpha}_1+k_2\boldsymbol{\alpha}_2+\cdots+k_s\boldsymbol{\alpha}_s$($k_1,k_2,\cdots,k_s$ 为任意实数)还是方程组 $\boldsymbol{AX}=\boldsymbol{0}$ 的解.

(2)非齐次方程组 $\boldsymbol{AX}=\boldsymbol{b}$ 的两解之差为对应齐次方程组 $\boldsymbol{AX}=\boldsymbol{0}$ 的解.

(3)若 $\boldsymbol{\alpha}^*$ 为非齐次方程组 $\boldsymbol{AX}=\boldsymbol{b}$ 的一个解,$\boldsymbol{\alpha}$ 为对应齐次方程组 $\boldsymbol{AX}=\boldsymbol{0}$ 的解,则 $\boldsymbol{\alpha}^*+\boldsymbol{\alpha}$ 为非齐次方程组 $\boldsymbol{AX}=\boldsymbol{b}$ 的解.

18. 掌握齐次方程组 $\boldsymbol{AX}=\boldsymbol{0}$ 的基础解系的概念及有关结论.

定义:方程组 $\boldsymbol{AX}=\boldsymbol{0}$ 与向量 $\boldsymbol{\alpha}_1,\boldsymbol{\alpha}_2,\cdots,\boldsymbol{\alpha}_r$ 满足

(ⅰ)向量 $\boldsymbol{\alpha}_1,\boldsymbol{\alpha}_2,\cdots,\boldsymbol{\alpha}_r$ 为方程组 $\boldsymbol{AX}=\boldsymbol{0}$ 的解;

(ⅱ)向量 $\boldsymbol{\alpha}_1,\boldsymbol{\alpha}_2,\cdots,\boldsymbol{\alpha}_r$ 线性无关;

(ⅲ)方程组 $\boldsymbol{AX}=\boldsymbol{0}$ 的每个解均可由 $\boldsymbol{\alpha}_1,\boldsymbol{\alpha}_2,\cdots,\boldsymbol{\alpha}_r$ 线性表示. 则称向量 $\boldsymbol{\alpha}_1,\boldsymbol{\alpha}_2,\cdots,\boldsymbol{\alpha}_r$ 为齐次方程组 $\boldsymbol{AX}=\boldsymbol{0}$ 的基础解系.

结论:(1)方程组 $\boldsymbol{AX}=\boldsymbol{0}$ 的基础解系可以看成解空间 $N(\boldsymbol{A})=\{\boldsymbol{X}|\boldsymbol{AX}=\boldsymbol{0}\}$ 的一组基.

(2)基础解系中所含向量的个数 $=\dim$(解空间) $=n-\mathrm{r}(\boldsymbol{A})$,其中 n 表示方程组 $\boldsymbol{AX}=\boldsymbol{0}$ 中未知数的个数.

(3)若方程组 $\boldsymbol{PX}=\boldsymbol{0}$ 与方程组 $\boldsymbol{QX}=\boldsymbol{0}$ 同解,则 $\mathrm{r}(\boldsymbol{P})=\mathrm{r}(\boldsymbol{Q})$.

(4)与基础解系等价的线性无关的向量组仍为基础解系.

(5)若 $\boldsymbol{\alpha}_1,\boldsymbol{\alpha}_2,\cdots,\boldsymbol{\alpha}_s$ 满足

(ⅰ)$\boldsymbol{\alpha}_1,\boldsymbol{\alpha}_2,\cdots,\boldsymbol{\alpha}_s$ 为方程组 $\boldsymbol{AX}=\boldsymbol{0}$ 的解;

(ⅱ)$\boldsymbol{\alpha}_1,\boldsymbol{\alpha}_2,\cdots,\boldsymbol{\alpha}_s$ 线性无关;

(ⅲ)$s=n-\mathrm{r}(\boldsymbol{A})$(或 $s=$ 基础解系中应当含有向量的个数),则 $\boldsymbol{\alpha}_1,\boldsymbol{\alpha}_2,\cdots,\boldsymbol{\alpha}_s$ 为方程组$\boldsymbol{AX}=\boldsymbol{0}$ 的解.

19. 掌握方程组 $\boldsymbol{AX}=\boldsymbol{b}$ 与方程组 $\boldsymbol{AX}=\boldsymbol{0}$ 有无穷解时解的结构.

(1)$\boldsymbol{AX}=\boldsymbol{0}$ 的全部解构成解空间,通解可写成 $\boldsymbol{X}=c_1\boldsymbol{\eta}_1+c_2\boldsymbol{\eta}_2+\cdots+c_{n-r}\boldsymbol{\eta}_{n-r}$的形式,其中 $c_1,c_2,\cdots,c_{n-r}$为任意常数,$\boldsymbol{\eta}_1,\boldsymbol{\eta}_2,\cdots,\boldsymbol{\eta}_{n-r}$为 $\boldsymbol{AX}=\boldsymbol{0}$ 的基础解系,n 为未知数个数,$r=\mathrm{r}(\boldsymbol{A})$.

(2)$\boldsymbol{AX}=\boldsymbol{b}(\boldsymbol{b}\neq\boldsymbol{0})$的全部解不能构成空间,$\boldsymbol{AX}=\boldsymbol{b}$ 没有基础解系,$\boldsymbol{AX}=\boldsymbol{b}$ 的通解可写成 $\boldsymbol{X}=\boldsymbol{\eta}^*+c_1\boldsymbol{\eta}_1+c_2\boldsymbol{\eta}_2+\cdots+c_{n-r}\boldsymbol{\eta}_{n-r}$的形式,其中 $\boldsymbol{\eta}^*$ 为 $\boldsymbol{AX}=\boldsymbol{b}$ 的一个特解, $\boldsymbol{\eta}_1,\boldsymbol{\eta}_2,\cdots,\boldsymbol{\eta}_{n-r}$为对应齐次方程组 $\boldsymbol{AX}=\boldsymbol{0}$ 的基础解系,$c_1,c_2,\cdots,c_{n-r}$为任意常数.

20. 会用凑数法解方程组(例 5.19).

21. 了解矩阵的值域 $R(\boldsymbol{A})=\{\boldsymbol{AX}|\boldsymbol{X}\in\mathbb{R}^n\}$,核空间 $N(\boldsymbol{A})=\{\boldsymbol{X}|\boldsymbol{AX}=\boldsymbol{0}\}$ 的概念及它们维数的关系 $\dim R(\boldsymbol{A})=\mathrm{r}(\boldsymbol{A})$,$\dim R(\boldsymbol{A})+\dim N(\boldsymbol{A})=n$.

22. 了解$\mathbb{R}^n$ 中线性变换的概念,了解线性变换在基下的矩阵的概念.

5.2 典型题解析

例 5.1 判断下列向量是否线性相关.

(1)$\boldsymbol{\alpha}_1=(2,0,-1)$.

(2)$\boldsymbol{\alpha}_1=(3,-1,0)$,$\boldsymbol{\alpha}_2=(1,4,-1)$.

(3)$\boldsymbol{\alpha}_1=(1,2,0)$,$\boldsymbol{\alpha}_2=(3,1,-4)$,$\boldsymbol{\alpha}_3=(5,5,-4)$.

(4)$\boldsymbol{\alpha}_1=(3,1,3)$,$\boldsymbol{\alpha}_2=(1,-5,4)$,$\boldsymbol{\alpha}_3=(1,0,-2)$,$\boldsymbol{\alpha}_4=(1,1,5)$.

(5)$\boldsymbol{\alpha}_1=(2,1,3,-1)$,$\boldsymbol{\alpha}_2=(0,1,-5,3)$,$\boldsymbol{\alpha}_3=(4,3,1,1)$.

(6)$\boldsymbol{\alpha}_1=(2,1,-5,0,4,0)$,$\boldsymbol{\alpha}_2=(-3,0,6,1,7,0)$,$\boldsymbol{\alpha}_3=(5,0,4,0,3,1)$.

解 (1)由一个向量构成的向量组,由于 $\boldsymbol{\alpha}_1\neq\boldsymbol{0}$,则 $\boldsymbol{\alpha}_1$ 线性无关.

(2)两个向量构成的向量组,由于 $\boldsymbol{\alpha}_1,\boldsymbol{\alpha}_2$ 对应坐标不成比例,则 $\boldsymbol{\alpha}_1,\boldsymbol{\alpha}_2$ 线性无关.

(3)由于 $\begin{vmatrix}\boldsymbol{\alpha}_1\\\boldsymbol{\alpha}_2\\\boldsymbol{\alpha}_3\end{vmatrix}=\begin{vmatrix}1&2&0\\3&1&-4\\5&5&-4\end{vmatrix}=0$,则 $\boldsymbol{\alpha}_1,\boldsymbol{\alpha}_2,\boldsymbol{\alpha}_3$ 线性相关.

(4)由于4个三维向量必线性相关,则 $\boldsymbol{\alpha}_1,\boldsymbol{\alpha}_2,\boldsymbol{\alpha}_3,\boldsymbol{\alpha}_4$ 线性相关.

(5)令 $\boldsymbol{A}=\begin{bmatrix}\boldsymbol{\alpha}_1\\\boldsymbol{\alpha}_2\\\boldsymbol{\alpha}_3\end{bmatrix}=\begin{bmatrix}2&1&3&-1\\0&1&-5&3\\4&3&1&1\end{bmatrix}\rightarrow\begin{bmatrix}2&1&3&-1\\0&1&-5&3\\0&0&0&0\end{bmatrix}$

由于 $\mathrm{r}(\boldsymbol{A})=2<3$,则 $\boldsymbol{\alpha}_1,\boldsymbol{\alpha}_2,\boldsymbol{\alpha}_3$ 线性相关.

(6) $\boldsymbol{\alpha}_1,\boldsymbol{\alpha}_2,\boldsymbol{\alpha}_3$ 可看成(1,0,0),(0,1,0),(0,0,1)添加第一、第三、第五个坐标所得,由(1,0,0),(0,1,0),(0,0,1)线性无关,得 $\boldsymbol{\alpha}_1,\boldsymbol{\alpha}_2,\boldsymbol{\alpha}_3$ 仍线性无关.

例5.2 设 $\boldsymbol{\alpha}_1=(6,a+1,3),\boldsymbol{\alpha}_2=(a,2,-2),\boldsymbol{\alpha}_3=(a,1,0)$.

(1)当 a 取何值时,$\boldsymbol{\alpha}_1,\boldsymbol{\alpha}_2$ 线性相关.

(2)当 a 取何值时,$\boldsymbol{\alpha}_1,\boldsymbol{\alpha}_2,\boldsymbol{\alpha}_3$ 线性无关.

解 (1) $\boldsymbol{\alpha}_1,\boldsymbol{\alpha}_2$ 线性相关 $\Leftrightarrow \dfrac{6}{a}=\dfrac{a+1}{2}=\dfrac{3}{-2}\Leftrightarrow a=-4$,则当 $a=-4$ 时,$\boldsymbol{\alpha}_1,\boldsymbol{\alpha}_2$ 线性相关.

(2) $\boldsymbol{\alpha}_1,\boldsymbol{\alpha}_2,\boldsymbol{\alpha}_3$ 线性相关 $\Leftrightarrow 0=\begin{vmatrix}\boldsymbol{\alpha}_1\\\boldsymbol{\alpha}_2\\\boldsymbol{\alpha}_3\end{vmatrix}=\begin{vmatrix}6&a+1&3\\a&2&-2\\a&1&0\end{vmatrix}$

又

$$\begin{vmatrix}6&a+1&3\\a&2&-2\\a&1&0\end{vmatrix}=\begin{vmatrix}6&a+1&2a+5\\a&2&2\\0&-1&0\end{vmatrix}=(3-2a)(a+4)$$

则当 $a=\dfrac{3}{2}$ 或 $a=-4$ 时,$\boldsymbol{\alpha}_1,\boldsymbol{\alpha}_2,\boldsymbol{\alpha}_3$ 线性相关.

例5.3 判断对错,并说明理由.

(1)若 $\boldsymbol{\alpha}_1,\boldsymbol{\alpha}_2,\cdots,\boldsymbol{\alpha}_m$ 线性相关,则 $\boldsymbol{\alpha}_1,\boldsymbol{\alpha}_2,\cdots,\boldsymbol{\alpha}_m$ 中任何一个向量均可由其余向量线性表示.

(2)若 $\boldsymbol{\alpha}_1,\boldsymbol{\alpha}_2,\cdots,\boldsymbol{\alpha}_m$ 线性无关,$\boldsymbol{\beta}$ 不可由 $\boldsymbol{\alpha}_1,\boldsymbol{\alpha}_2,\cdots,\boldsymbol{\alpha}_m$ 线性表示,则 $\boldsymbol{\alpha}_1,\boldsymbol{\alpha}_2,\cdots,\boldsymbol{\alpha}_m,\boldsymbol{\beta}$ 仍线性无关.

(3)若 $\boldsymbol{\alpha}_1,\boldsymbol{\alpha}_2,\boldsymbol{\alpha}_3,\boldsymbol{\alpha}_4$ 线性相关,$\boldsymbol{\alpha}_1,\boldsymbol{\alpha}_2$ 线性无关,则 $\boldsymbol{\alpha}_3,\boldsymbol{\alpha}_4$ 必线性相关.

(4)若 $\mathrm{r}\{\boldsymbol{\alpha}_1,\boldsymbol{\alpha}_2,\cdots,\boldsymbol{\alpha}_m\}=r$,则 $\boldsymbol{\alpha}_1,\boldsymbol{\alpha}_2,\cdots,\boldsymbol{\alpha}_m$ 中任意 r 个向量均线性无关.

(5)若矩阵 $\boldsymbol{A}_{m\times n}$ 的行向量组线性相关,则 $\boldsymbol{A}$ 的列向量组必线性相关.

(6)若 $\boldsymbol{AB}=\boldsymbol{C}$,则 $\boldsymbol{C}$ 的行向量组可由 $\boldsymbol{B}$ 的行向量组线性表示,$\boldsymbol{C}$ 的列向量组可由 $\boldsymbol{A}$ 的列向量组线性表示.

(7)若向量组 $A:\boldsymbol{\alpha}_1,\boldsymbol{\alpha}_2,\cdots,\boldsymbol{\alpha}_m$ 与向量组 $B:\boldsymbol{\beta}_1,\boldsymbol{\beta}_2,\cdots,\boldsymbol{\beta}_m$ 等价,则矩阵 $\boldsymbol{A}=[\boldsymbol{\alpha}_1\quad\boldsymbol{\alpha}_2\quad\cdots\quad\boldsymbol{\alpha}_m]$ 与矩阵 $\boldsymbol{B}=[\boldsymbol{\beta}_1\quad\boldsymbol{\beta}_2\quad\cdots\quad\boldsymbol{\beta}_m]$ 等价.

(8)若矩阵 $\boldsymbol{A}=[\boldsymbol{\alpha}_1\quad\boldsymbol{\alpha}_2\quad\cdots\quad\boldsymbol{\alpha}_m]$ 与矩阵 $\boldsymbol{B}=[\boldsymbol{\beta}_1\quad\boldsymbol{\beta}_2\quad\cdots\quad\boldsymbol{\beta}_m]$ 等价,则向量组 $A:\boldsymbol{\alpha}_1,\boldsymbol{\alpha}_2,\cdots,\boldsymbol{\alpha}_m$ 与向量组 $B:\boldsymbol{\beta}_1,\boldsymbol{\beta}_2,\cdots,\boldsymbol{\beta}_m$ 等价.

解 (1)错. 举反例:若 $\boldsymbol{\alpha}_1=(1,0),\boldsymbol{\alpha}_2=(0,1),\boldsymbol{\alpha}_3=(2,0)$,则 $\boldsymbol{\alpha}_1,\boldsymbol{\alpha}_2,\boldsymbol{\alpha}_3$ 线性相关,但 $\boldsymbol{\alpha}_2$ 不能由 $\boldsymbol{\alpha}_1,\boldsymbol{\alpha}_3$ 线性表示.

(2)对. 用反证法证明,假设 $\boldsymbol{\alpha}_1,\boldsymbol{\alpha}_2,\cdots,\boldsymbol{\alpha}_m,\boldsymbol{\beta}$ 线性相关,由 $\boldsymbol{\alpha}_1,\boldsymbol{\alpha}_2,\cdots,\boldsymbol{\alpha}_m$ 线性无关,得 $\boldsymbol{\beta}$ 可由 $\boldsymbol{\alpha}_1,\boldsymbol{\alpha}_2,\cdots,\boldsymbol{\alpha}_m$ 线性表示,矛盾,从而命题正确.

(3)错. 举反例:若 $\boldsymbol{\alpha}_1=(1,0),\boldsymbol{\alpha}_2=(0,1),\boldsymbol{\alpha}_3=(2,0),\boldsymbol{\alpha}_4=(0,2)$,则 $\boldsymbol{\alpha}_1,\boldsymbol{\alpha}_2,\boldsymbol{\alpha}_3,\boldsymbol{\alpha}_4$ 线性相关,而 $\boldsymbol{\alpha}_1,\boldsymbol{\alpha}_2$ 线性无关,$\boldsymbol{\alpha}_3,\boldsymbol{\alpha}_4$ 也线性无关.

(4)错. 举反例:$\boldsymbol{\alpha}_1=(1,0),\boldsymbol{\alpha}_2=(0,1),\boldsymbol{\alpha}_3=(2,0)$,则 $\mathrm{r}\{\boldsymbol{\alpha}_1,\boldsymbol{\alpha}_2,\boldsymbol{\alpha}_3\}=2$,但 $\boldsymbol{\alpha}_1,\boldsymbol{\alpha}_3$ 线性相关,$\boldsymbol{\alpha}_1,\boldsymbol{\alpha}_3$ 不能作为极大无关组.

(5)错. 举反例:若 $\boldsymbol{A}=\begin{bmatrix}1&2\\1&2\\1&3\end{bmatrix}$,则 $\boldsymbol{A}$ 的行向量组 $\boldsymbol{\alpha}_1=(1,2),\boldsymbol{\alpha}_2=(1,2),\boldsymbol{\alpha}_3=(1,3)$ 线性相关,但 $\boldsymbol{A}$ 的列向量组 $\boldsymbol{\beta}_1=(1,1,1)^{\mathrm{T}},\boldsymbol{\beta}_2=(2,2,3)^{\mathrm{T}}$ 线性无关.

(6)对. 将 $\boldsymbol{B},\boldsymbol{C}$ 分块为 $\boldsymbol{B}=\begin{bmatrix}\boldsymbol{\beta}_1\\\boldsymbol{\beta}_2\\\vdots\\\boldsymbol{\beta}_n\end{bmatrix},\boldsymbol{C}=\begin{bmatrix}\boldsymbol{\gamma}_1\\\boldsymbol{\gamma}_2\\\vdots\\\boldsymbol{\gamma}_m\end{bmatrix}$,由 $\boldsymbol{A}_{m\times n}\boldsymbol{B}_{n\times s}=\boldsymbol{C}_{m\times s}$ 得

$$\begin{bmatrix}a_{11}&a_{12}&\cdots&a_{1n}\\a_{21}&a_{22}&\cdots&a_{2n}\\\vdots&\vdots&&\vdots\\a_{m1}&a_{m2}&\cdots&a_{mn}\end{bmatrix}\begin{bmatrix}\boldsymbol{\beta}_1\\\boldsymbol{\beta}_2\\\vdots\\\boldsymbol{\beta}_n\end{bmatrix}=\begin{bmatrix}\boldsymbol{\gamma}_1\\\boldsymbol{\gamma}_2\\\vdots\\\boldsymbol{\gamma}_m\end{bmatrix}$$

即

$$\begin{cases}\boldsymbol{\gamma}_1=a_{11}\boldsymbol{\beta}_1+a_{12}\boldsymbol{\beta}_2+\cdots+a_{1n}\boldsymbol{\beta}_n\\\boldsymbol{\gamma}_2=a_{21}\boldsymbol{\beta}_1+a_{22}\boldsymbol{\beta}_2+\cdots+a_{2n}\boldsymbol{\beta}_n\\\qquad\vdots\\\boldsymbol{\gamma}_m=a_{m1}\boldsymbol{\beta}_1+a_{m2}\boldsymbol{\beta}_2+\cdots+a_{mn}\boldsymbol{\beta}_n\end{cases}$$

所以 $\boldsymbol{C}$ 的行向量组 $\boldsymbol{\gamma}_1,\boldsymbol{\gamma}_2,\cdots,\boldsymbol{\gamma}_m$ 可由 $\boldsymbol{B}$ 的行向量组 $\boldsymbol{\beta}_1,\boldsymbol{\beta}_2,\cdots,\boldsymbol{\beta}_n$ 线性表示,类似地也可以证明 $\boldsymbol{C}$ 的列向量组可由 $\boldsymbol{A}$ 的列向量组线性表示.

(7)对. 由向量组 A 与向量组 B 等价,得 $\mathrm{r}\{\boldsymbol{\alpha}_1,\boldsymbol{\alpha}_2,\cdots,\boldsymbol{\alpha}_m\}=\mathrm{r}\{\boldsymbol{\beta}_1,\boldsymbol{\beta}_2,\cdots,\boldsymbol{\beta}_m\}$,从而矩阵 $\boldsymbol{A}$

与 $\boldsymbol{B}$ 的秩相等,又 $\boldsymbol{A}$ 与 $\boldsymbol{B}$ 为同型矩阵,所以矩阵 $\boldsymbol{A}$ 与 $\boldsymbol{B}$ 等价.

(8)错. 举反例:若 $\boldsymbol{\alpha}_1=(1,0,0,0)^{\mathrm{T}},\boldsymbol{\alpha}_2=(0,1,0,0)^{\mathrm{T}},\boldsymbol{\beta}_1=(0,0,1,0)^{\mathrm{T}},\boldsymbol{\beta}_2=(0,0,0,1)^{\mathrm{T}}$ 则矩阵 $\boldsymbol{A}=(\boldsymbol{\alpha}_1,\boldsymbol{\alpha}_2)$ 与矩阵 $\boldsymbol{B}=(\boldsymbol{\beta}_1,\boldsymbol{\beta}_2)$ 等价,但向量组 $\{\boldsymbol{\alpha}_1,\boldsymbol{\alpha}_2\}$ 与向量组 $\{\boldsymbol{\beta}_1,\boldsymbol{\beta}_2\}$ 不等价.

总结 对同型矩阵 $\boldsymbol{A}$ 与 $\boldsymbol{B}$ 有:$\boldsymbol{A}$ 与 $\boldsymbol{B}$ 等价 $\Leftrightarrow \mathrm{r}(\boldsymbol{A})=\mathrm{r}(\boldsymbol{B})$. 但对于向量组 $A:\boldsymbol{\alpha}_1,\boldsymbol{\alpha}_2,\cdots,\boldsymbol{\alpha}_m$ 与向量组 $B:\boldsymbol{\beta}_1,\boldsymbol{\beta}_2,\cdots,\boldsymbol{\beta}_m$,$A$ 组与 B 组等价$\Rightarrow$r{A 组} = r{B 组},但 r{A 组} = r{B 组}$\not\Rightarrow$ A 组与 B 组等价.

例 5.4 设 $\boldsymbol{\alpha}_1,\boldsymbol{\alpha}_2,\boldsymbol{\alpha}_3$ 线性相关,$\boldsymbol{\alpha}_2,\boldsymbol{\alpha}_3,\boldsymbol{\alpha}_4$ 线性无关,问:

(1)$\boldsymbol{\alpha}_1$ 可否由 $\boldsymbol{\alpha}_2,\boldsymbol{\alpha}_3,\boldsymbol{\alpha}_4$ 线性表示;

(2)$\boldsymbol{\alpha}_4$ 可否由 $\boldsymbol{\alpha}_1,\boldsymbol{\alpha}_2,\boldsymbol{\alpha}_3$ 线性表示.

解 (1)由 $\boldsymbol{\alpha}_2,\boldsymbol{\alpha}_3,\boldsymbol{\alpha}_4$ 线性无关,得 $\boldsymbol{\alpha}_2,\boldsymbol{\alpha}_3$ 线性无关. 又由 $\boldsymbol{\alpha}_1,\boldsymbol{\alpha}_2,\boldsymbol{\alpha}_3$ 线性相关,可得 $\boldsymbol{\alpha}_1$ 由 $\boldsymbol{\alpha}_2,\boldsymbol{\alpha}_3$ 线性表示,即 $\exists k_2,k_3\in\mathbb{R}$ 使 $\boldsymbol{\alpha}_1=k_2\boldsymbol{\alpha}_2+k_3\boldsymbol{\alpha}_3$ 成立,从而 $\boldsymbol{\alpha}_1=k_2\boldsymbol{\alpha}_2+k_3\boldsymbol{\alpha}_3+0\boldsymbol{\alpha}_4$ 成立,所以 $\boldsymbol{\alpha}_1$ 可由 $\boldsymbol{\alpha}_2,\boldsymbol{\alpha}_3,\boldsymbol{\alpha}_4$ 线性表示.

(2)$\boldsymbol{\alpha}_4$ 不能由 $\boldsymbol{\alpha}_1,\boldsymbol{\alpha}_2,\boldsymbol{\alpha}_3$ 线性表示. 用反证法证明.

假设 $\boldsymbol{\alpha}_4$ 可由 $\boldsymbol{\alpha}_1,\boldsymbol{\alpha}_2,\boldsymbol{\alpha}_3$ 线性表示,即 $\exists C_1,C_2,C_3\in\mathbb{R}$ 使 $\boldsymbol{\alpha}_4=C_1\boldsymbol{\alpha}_1+C_2\boldsymbol{\alpha}_2+C_3\boldsymbol{\alpha}_3=C_1(k_2\boldsymbol{\alpha}_2+k_3\boldsymbol{\alpha}_3)+C_2\boldsymbol{\alpha}_2+C_3\boldsymbol{\alpha}_3=(C_1k_2+C_2)\boldsymbol{\alpha}_2+(C_1k_3+C_3)\boldsymbol{\alpha}_3$ 成立,即 $\boldsymbol{\alpha}_4$ 可由 $\boldsymbol{\alpha}_2,\boldsymbol{\alpha}_3$ 线性表示. 这与已知中 $\boldsymbol{\alpha}_2,\boldsymbol{\alpha}_3,\boldsymbol{\alpha}_4$ 线性无关矛盾,因此 $\boldsymbol{\alpha}_4$ 不可由 $\boldsymbol{\alpha}_1,\boldsymbol{\alpha}_2,\boldsymbol{\alpha}_3$ 线性表示.

例 5.5 已知 $\boldsymbol{\alpha}_1=(3,a,0,0)^{\mathrm{T}},\boldsymbol{\alpha}_2=(-5,b,2,0)^{\mathrm{T}},\boldsymbol{\alpha}_3=(4,c,-7,2)^{\mathrm{T}},\boldsymbol{\alpha}_4=(5,d,-3,8)^{\mathrm{T}}$,则对任意 a,b,c,d 有________.

A. $\boldsymbol{\alpha}_1,\boldsymbol{\alpha}_2,\boldsymbol{\alpha}_3$ 必线性相关　　B. $\boldsymbol{\alpha}_1,\boldsymbol{\alpha}_2,\boldsymbol{\alpha}_3$ 必线性无关

C. $\boldsymbol{\alpha}_1,\boldsymbol{\alpha}_2,\boldsymbol{\alpha}_3,\boldsymbol{\alpha}_4$ 必线性相关　　D. $\boldsymbol{\alpha}_1,\boldsymbol{\alpha}_2,\boldsymbol{\alpha}_3,\boldsymbol{\alpha}_4$ 必线性无关

解 选 B

$\boldsymbol{\alpha}_1,\boldsymbol{\alpha}_2,\boldsymbol{\alpha}_3,\boldsymbol{\alpha}_4$ 可看成 $\boldsymbol{\beta}_1=(3,0,0)^{\mathrm{T}},\boldsymbol{\beta}_2=(-5,2,0)^{\mathrm{T}},\boldsymbol{\beta}_3=(4,-7,2)^{\mathrm{T}},\boldsymbol{\beta}_4=(5,-3,8)^{\mathrm{T}}$ 在第二个坐标位置任意添加坐标 a,b,c,d 所得,而 $|\boldsymbol{\beta}_1,\boldsymbol{\beta}_2,\boldsymbol{\beta}_3|\neq 0$,得 $\boldsymbol{\beta}_1,\boldsymbol{\beta}_2,\boldsymbol{\beta}_3$ 线性无关,则添加坐标后所得 $\boldsymbol{\alpha}_1,\boldsymbol{\alpha}_2,\boldsymbol{\alpha}_3$ 仍线性无关.

若 $\boldsymbol{\alpha}_1,\boldsymbol{\alpha}_2,\boldsymbol{\alpha}_3,\boldsymbol{\alpha}_4$ 为四个三维向量,则必线性相关,添加坐标后所得的 $\boldsymbol{\alpha}_1,\boldsymbol{\alpha}_2,\boldsymbol{\alpha}_3,\boldsymbol{\alpha}_4$ 就不能确定了,若 $a=b=c=d=0$,则 $\boldsymbol{\alpha}_1,\boldsymbol{\alpha}_2,\boldsymbol{\alpha}_3,\boldsymbol{\alpha}_4$ 线性相关,若 $a=b=c=0,d=1$,则 $\boldsymbol{\alpha}_1,\boldsymbol{\alpha}_2,\boldsymbol{\alpha}_3,\boldsymbol{\alpha}_4$ 线性无关,所以 C 与 D 选项均为错误的.

例 5.6 已知 $\boldsymbol{\alpha}_1,\boldsymbol{\alpha}_2,\boldsymbol{\alpha}_3,\boldsymbol{\alpha}_4$ 线性无关,则________仍线性无关.

A. $\boldsymbol{\alpha}_1+\boldsymbol{\alpha}_2,\boldsymbol{\alpha}_2+\boldsymbol{\alpha}_3,\boldsymbol{\alpha}_3+\boldsymbol{\alpha}_4,\boldsymbol{\alpha}_4+\boldsymbol{\alpha}_1$

B. $\boldsymbol{\alpha}_1-\boldsymbol{\alpha}_2,\boldsymbol{\alpha}_2-\boldsymbol{\alpha}_3,\boldsymbol{\alpha}_3-\boldsymbol{\alpha}_4,\boldsymbol{\alpha}_4-\boldsymbol{\alpha}_1$

C. $\boldsymbol{\alpha}_1+2\boldsymbol{\alpha}_2,2\boldsymbol{\alpha}_2+3\boldsymbol{\alpha}_3,3\boldsymbol{\alpha}_3+4\boldsymbol{\alpha}_4,4\boldsymbol{\alpha}_4+\boldsymbol{\alpha}_1$

D. $\boldsymbol{\alpha}_1,\boldsymbol{\alpha}_1+\boldsymbol{\alpha}_2,\boldsymbol{\alpha}_1+\boldsymbol{\alpha}_2+\boldsymbol{\alpha}_3,\boldsymbol{\alpha}_1+\boldsymbol{\alpha}_2+\boldsymbol{\alpha}_3+\boldsymbol{\alpha}_4$

解 选 D

由于$(\boldsymbol{\alpha}_1+\boldsymbol{\alpha}_2)-(\boldsymbol{\alpha}_2+\boldsymbol{\alpha}_3)+(\boldsymbol{\alpha}_3+\boldsymbol{\alpha}_4)-(\boldsymbol{\alpha}_4+\boldsymbol{\alpha}_1)=\boldsymbol{0}$,则 A 选项线性相关;

由于$(\boldsymbol{\alpha}_1-\boldsymbol{\alpha}_2)+(\boldsymbol{\alpha}_2-\boldsymbol{\alpha}_3)+(\boldsymbol{\alpha}_3-\boldsymbol{\alpha}_4)+(\boldsymbol{\alpha}_4-\boldsymbol{\alpha}_1)=\boldsymbol{0}$，则 B 选项线性相关；

由于$(\boldsymbol{\alpha}_1+2\boldsymbol{\alpha}_2)-(2\boldsymbol{\alpha}_2+3\boldsymbol{\alpha}_3)+(3\boldsymbol{\alpha}_3+4\boldsymbol{\alpha}_4)-(4\boldsymbol{\alpha}_4+\boldsymbol{\alpha}_1)=\boldsymbol{0}$，则 C 选项线性相关；

由

$$[\boldsymbol{\alpha}_1\quad \boldsymbol{\alpha}_1+\boldsymbol{\alpha}_2\quad \boldsymbol{\alpha}_1+\boldsymbol{\alpha}_2+\boldsymbol{\alpha}_3\quad \boldsymbol{\alpha}_1+\boldsymbol{\alpha}_2+\boldsymbol{\alpha}_3+\boldsymbol{\alpha}_4]=[\boldsymbol{\alpha}_1\quad \boldsymbol{\alpha}_2\quad \boldsymbol{\alpha}_3\quad \boldsymbol{\alpha}_4]\begin{bmatrix}1&1&1&1\\0&1&1&1\\0&0&1&1\\0&0&0&1\end{bmatrix}$$，其中

$\boldsymbol{\alpha}_1,\boldsymbol{\alpha}_2,\boldsymbol{\alpha}_3,\boldsymbol{\alpha}_4$ 线性无关，$\begin{vmatrix}1&1&1&1\\0&1&1&1\\0&0&1&1\\0&0&0&1\end{vmatrix}=1\neq0$，则 D 选项线性无关.

总结 本题中 A, B,C 选项用观察法，直接看出 A, B,C 线性相关. 若有的同学不善于观察，也可按与 D 选项类似的方法来判断，比如 A 选项中

$$[\boldsymbol{\alpha}_1+\boldsymbol{\alpha}_2\quad \boldsymbol{\alpha}_2+\boldsymbol{\alpha}_3\quad \boldsymbol{\alpha}_3+\boldsymbol{\alpha}_4\quad \boldsymbol{\alpha}_4+\boldsymbol{\alpha}_1]=[\boldsymbol{\alpha}_1\quad \boldsymbol{\alpha}_2\quad \boldsymbol{\alpha}_3\quad \boldsymbol{\alpha}_4]\begin{bmatrix}1&0&0&1\\1&1&0&0\\0&1&1&0\\0&0&1&1\end{bmatrix}$$

由于 $\boldsymbol{\alpha}_1,\boldsymbol{\alpha}_2,\boldsymbol{\alpha}_3,\boldsymbol{\alpha}_4$ 线性无关，$\begin{vmatrix}1&0&0&1\\1&1&0&0\\0&1&1&0\\0&0&1&1\end{vmatrix}=0$，则 A 选项线性相关.

一般地，在给出 $\boldsymbol{\alpha}_1,\boldsymbol{\alpha}_2,\cdots,\boldsymbol{\alpha}_m$ 线性无关的条件下，判断 $\boldsymbol{\alpha}_1,\boldsymbol{\alpha}_2,\cdots,\boldsymbol{\alpha}_m$ 的一些线性组合是否线性相关，用相关性结论中的第(15)条来判断是最快的.

例 5.7 已知 $\boldsymbol{\alpha}_1,\boldsymbol{\alpha}_2,\cdots,\boldsymbol{\alpha}_m$ 线性无关，$\boldsymbol{\alpha}_1+\boldsymbol{\alpha}_2,\boldsymbol{\alpha}_2+\boldsymbol{\alpha}_3,\cdots,\boldsymbol{\alpha}_{m-1}+\boldsymbol{\alpha}_m,\boldsymbol{\alpha}_m+\boldsymbol{\alpha}_1$ 是否线性相关？

解 由

$$[\boldsymbol{\alpha}_1+\boldsymbol{\alpha}_2\quad \boldsymbol{\alpha}_2+\boldsymbol{\alpha}_3\quad \cdots\quad \boldsymbol{\alpha}_{m-1}+\boldsymbol{\alpha}_m\quad \boldsymbol{\alpha}_m+\boldsymbol{\alpha}_1]=[\boldsymbol{\alpha}_1\quad \boldsymbol{\alpha}_2\quad \cdots\quad \boldsymbol{\alpha}_m]\begin{bmatrix}1&0&0&\cdots&1\\1&1&0&\cdots&0\\0&1&1&\cdots&0\\0&0&0&\cdots&1\end{bmatrix}$$

由 $\boldsymbol{\alpha}_1,\boldsymbol{\alpha}_2,\cdots,\boldsymbol{\alpha}_m$ 线性无关，知

$$\begin{vmatrix}1&0&0&\cdots&1\\1&1&0&\cdots&0\\0&1&1&\cdots&0\\0&0&0&\cdots&1\end{vmatrix}=1+(-1)^{m+1}=\begin{cases}2,m\text{ 取奇数}\\0,m\text{ 取偶数}\end{cases}$$

则当 m 取奇数时，$\boldsymbol{\alpha}_1+\boldsymbol{\alpha}_2,\boldsymbol{\alpha}_2+\boldsymbol{\alpha}_3,\cdots,\boldsymbol{\alpha}_{m-1}+\boldsymbol{\alpha}_m,\boldsymbol{\alpha}_m+\boldsymbol{\alpha}_1$ 线性无关；当 m 取偶数时，$\boldsymbol{\alpha}_1+\boldsymbol{\alpha}_2,\boldsymbol{\alpha}_2+\boldsymbol{\alpha}_3,\cdots,\boldsymbol{\alpha}_{m-1}+\boldsymbol{\alpha}_m,\boldsymbol{\alpha}_m+\boldsymbol{\alpha}_1$ 线性相关.

例 5.8 设 $\boldsymbol{\alpha}_1=(1,1,1,1)^{\mathrm{T}},\boldsymbol{\alpha}_2=(1,2,1,1)^{\mathrm{T}},\boldsymbol{\alpha}_3=(3,5,3,3)^{\mathrm{T}},\boldsymbol{\alpha}_4=(2,-1,3,4)^{\mathrm{T}},\boldsymbol{\alpha}_5=(5,3,6,7)^{\mathrm{T}}$.

(1)求 $\mathrm{r}\{\boldsymbol{\alpha}_1,\boldsymbol{\alpha}_2,\boldsymbol{\alpha}_3,\boldsymbol{\alpha}_4,\boldsymbol{\alpha}_5\}$.

(2)求 $\boldsymbol{\alpha}_1,\boldsymbol{\alpha}_2,\boldsymbol{\alpha}_3,\boldsymbol{\alpha}_4,\boldsymbol{\alpha}_5$ 的一个极大无关组.

(3)将其余向量用极大无关组线性表示.

解 令

$$\boldsymbol{A}=[\boldsymbol{\alpha}_1\quad\boldsymbol{\alpha}_2\quad\boldsymbol{\alpha}_3\quad\boldsymbol{\alpha}_4\quad\boldsymbol{\alpha}_5]=\begin{bmatrix}1&1&3&2&5\\1&2&5&-1&3\\1&1&3&3&6\\1&1&3&4&7\end{bmatrix}\xrightarrow{\text{行变换}}\begin{bmatrix}1&1&3&2&5\\0&1&2&-3&-2\\0&0&0&1&1\\0&0&0&0&0\end{bmatrix}$$

在行阶梯形中可看出 $\mathrm{r}\{\boldsymbol{\alpha}_1,\boldsymbol{\alpha}_2,\boldsymbol{\alpha}_3,\boldsymbol{\alpha}_4,\boldsymbol{\alpha}_5\}=\mathrm{r}(\boldsymbol{A})=3$，$\boldsymbol{\alpha}_1,\boldsymbol{\alpha}_2,\boldsymbol{\alpha}_4$ 为一个极大无关组. 继续对 $\boldsymbol{A}$ 进行初等行变换

$$\boldsymbol{A}\xrightarrow{\text{行变换}}\begin{bmatrix}1&0&1&0&2\\0&1&2&0&1\\0&0&0&1&1\\0&0&0&0&0\end{bmatrix}$$

在行最简形中可看出 $\boldsymbol{\alpha}_3=\boldsymbol{\alpha}_1+2\boldsymbol{\alpha}_2,\boldsymbol{\alpha}_5=2\boldsymbol{\alpha}_1+\boldsymbol{\alpha}_2+\boldsymbol{\alpha}_4$.

总结 (1)本题中所给向量 $\boldsymbol{\alpha}_1,\boldsymbol{\alpha}_2,\boldsymbol{\alpha}_3,\boldsymbol{\alpha}_4,\boldsymbol{\alpha}_5$ 均为列向量，若对行向量 $\boldsymbol{\beta}_1,\boldsymbol{\beta}_2,\boldsymbol{\beta}_3,\boldsymbol{\beta}_4,\boldsymbol{\beta}_5$，求秩和极大无关组，并将其余向量用极大无关组线性表示时，我们构造矩阵 $\boldsymbol{A}=[\boldsymbol{\beta}_1^{\mathrm{T}}\quad\boldsymbol{\beta}_2^{\mathrm{T}}\quad\boldsymbol{\beta}_3^{\mathrm{T}}\quad\boldsymbol{\beta}_4^{\mathrm{T}}\quad\boldsymbol{\beta}_5^{\mathrm{T}}]$，然后对 $\boldsymbol{A}$ 进行初等行变换. 总之，不管原题中所给向量是行向量还是列向量，我们构造矩阵 $\boldsymbol{A}$ 时，总是将所给向量(或转置)作为 $\boldsymbol{A}$ 的列，然后对 $\boldsymbol{A}$ 进行初等行变换.

(2)求极大无关组时所用初等变换必须用初等行变换，而不能用初等列变换.

(3)若题目中只求秩和极大无关组，而不用求其余向量由极大无关组线性表示时，对矩阵 $\boldsymbol{A}$ 进行初等行变换，变成行阶梯形就可以求出秩与极大无关组. 取极大无关组时，一般取行阶梯形中每阶第一个非零元素所对应的向量.

例 5.9 已知 $\boldsymbol{\alpha}_1=(1,1,1),\boldsymbol{\alpha}_2=(-1,3,2),\boldsymbol{\alpha}_3=(2,0,-1),\boldsymbol{\beta}_1=(3,5,3),\boldsymbol{\beta}_2=(6,0,0)$，求 $\boldsymbol{\beta}_1,\boldsymbol{\beta}_2$ 被 $\boldsymbol{\alpha}_1,\boldsymbol{\alpha}_2,\boldsymbol{\alpha}_3$ 线性表示的表达式.

解 令

$$\boldsymbol{A}=[\boldsymbol{\alpha}_1^{\mathrm{T}}\quad\boldsymbol{\alpha}_2^{\mathrm{T}}\quad\boldsymbol{\alpha}_3^{\mathrm{T}}\quad\boldsymbol{\beta}_1^{\mathrm{T}}\quad\boldsymbol{\beta}_2^{\mathrm{T}}]=\begin{bmatrix}1&-1&2&3&6\\1&3&0&5&0\\1&2&-1&3&0\end{bmatrix}$$

$$\xrightarrow{\text{行变换}}\begin{bmatrix}1&-1&2&3&6\\0&1&1&2&0\\0&0&-2&-2&-2\end{bmatrix}\xrightarrow{\text{行变换}}\begin{bmatrix}1&0&0&2&3\\0&1&0&1&-1\\0&0&1&1&1\end{bmatrix}$$

则有

$$\boldsymbol{\beta}_1^{\mathrm{T}} = 2\boldsymbol{\alpha}_1^{\mathrm{T}} + \boldsymbol{\alpha}_2^{\mathrm{T}} + \boldsymbol{\alpha}_3^{\mathrm{T}},\quad \boldsymbol{\beta}_2^{\mathrm{T}} = 3\boldsymbol{\alpha}_1^{\mathrm{T}} - \boldsymbol{\alpha}_2^{\mathrm{T}} + \boldsymbol{\alpha}_3^{\mathrm{T}}$$

所以有

$$\boldsymbol{\beta}_1 = 2\boldsymbol{\alpha}_1 + \boldsymbol{\alpha}_2 + \boldsymbol{\alpha}_3,\quad \boldsymbol{\beta}_1 = 3\boldsymbol{\alpha}_1 - \boldsymbol{\alpha}_2 + \boldsymbol{\alpha}_3$$

例 5.10 已知向量组 $A:\boldsymbol{\alpha}_1,\boldsymbol{\alpha}_2,\cdots,\boldsymbol{\alpha}_m$ 可由向量组 $B:\boldsymbol{\beta}_1,\boldsymbol{\beta}_2,\cdots,\boldsymbol{\beta}_s$ 线性表示,且 $\mathrm{r}\{A\text{ 组}\} = \mathrm{r}\{B\text{ 组}\}$,求证:$A$ 组与 B 组等价.

证明 设 A 组的极大无关组为 $\boldsymbol{\alpha}_1,\boldsymbol{\alpha}_2,\cdots,\boldsymbol{\alpha}_r$,$B$ 组的极大无关组为 $\boldsymbol{\beta}_1,\boldsymbol{\beta}_2,\cdots,\boldsymbol{\beta}_r$,由已知 A 组可由 B 组线性表示,又由线性表示的传递性,得 $\boldsymbol{\alpha}_1,\boldsymbol{\alpha}_2,\cdots,\boldsymbol{\alpha}_r$ 可由 $\boldsymbol{\beta}_1,\boldsymbol{\beta}_2,\cdots,\boldsymbol{\beta}_r$ 线性表示,即 $\exists\,\boldsymbol{C} = [c_{ij}]_{r\times r}$ 使

$$[\boldsymbol{\alpha}_1\quad \boldsymbol{\alpha}_2\quad \cdots\quad \boldsymbol{\alpha}_r] = [\boldsymbol{\beta}_1\quad \boldsymbol{\beta}_2\quad \cdots\quad \boldsymbol{\beta}_r]\boldsymbol{C}$$

由 $r = \mathrm{r}(\boldsymbol{\alpha}_2,\cdots,\boldsymbol{\alpha}_r) \leqslant \mathrm{r}(\boldsymbol{C})$ 得 $\mathrm{r}(\boldsymbol{C}) = r$,$\boldsymbol{C}$ 可逆,所以有

$$[\boldsymbol{\beta}_1\quad \boldsymbol{\beta}_2\quad \cdots\quad \boldsymbol{\beta}_r] = [\boldsymbol{\alpha}_1\quad \boldsymbol{\alpha}_2\quad \cdots\quad \boldsymbol{\alpha}_r]\boldsymbol{C}^{-1}$$

即 $\boldsymbol{\beta}_1,\boldsymbol{\beta}_2,\cdots,\boldsymbol{\beta}_r$ 可由 $\boldsymbol{\alpha}_1,\boldsymbol{\alpha}_2,\cdots,\boldsymbol{\alpha}_r$ 线性表示

综上,$\boldsymbol{\alpha}_1,\boldsymbol{\alpha}_2,\cdots,\boldsymbol{\alpha}_r$ 与 $\boldsymbol{\beta}_1,\boldsymbol{\beta}_2,\cdots,\boldsymbol{\beta}_r$ 等价,再由等价的传递性得 A 组与 B 组等价.

例 5.11 设 $\boldsymbol{\alpha}_1,\boldsymbol{\alpha}_2,\boldsymbol{\alpha}_3$ 为三维列向量,$\boldsymbol{\alpha}_1\neq\boldsymbol{0}$,$\boldsymbol{A}$ 为三阶方阵,且 $\boldsymbol{A}\boldsymbol{\alpha}_1 = \boldsymbol{\alpha}_1$,$\boldsymbol{A}\boldsymbol{\alpha}_2 = \boldsymbol{\alpha}_1 + \boldsymbol{\alpha}_2$,$\boldsymbol{A}\boldsymbol{\alpha}_3 = \boldsymbol{\alpha}_2 + \boldsymbol{\alpha}_3$,求证 $\boldsymbol{\alpha}_1,\boldsymbol{\alpha}_2,\boldsymbol{\alpha}_3$ 线性无关.

证明 若

$$k_1\boldsymbol{\alpha}_1 + k_2\boldsymbol{\alpha}_2 + k_3\boldsymbol{\alpha}_3 = \boldsymbol{0} \tag{8}$$

则

$$k_1\boldsymbol{A}\boldsymbol{\alpha}_1 + k_2\boldsymbol{A}\boldsymbol{\alpha}_2 + k_3\boldsymbol{A}\boldsymbol{\alpha}_3 = \boldsymbol{0}$$

即

$$k_1\boldsymbol{\alpha}_1 + k_2(\boldsymbol{\alpha}_2 + \boldsymbol{\alpha}_3) + k_3(\boldsymbol{\alpha}_2 + \boldsymbol{\alpha}_3) = \boldsymbol{0}$$

与式(8)相减,得

$$k_2\boldsymbol{\alpha}_1 + k_3\boldsymbol{\alpha}_2 = \boldsymbol{0} \tag{9}$$

乘 $\boldsymbol{A}$ 得

$$k_2\boldsymbol{A}\boldsymbol{\alpha}_1 + k_3\boldsymbol{A}\boldsymbol{\alpha}_2 = \boldsymbol{0}$$

即

$$k_2\boldsymbol{\alpha}_1 + k_3(\boldsymbol{\alpha}_1 + \boldsymbol{\alpha}_2) = \boldsymbol{0}$$

与式(9)相减得

$$k_3\boldsymbol{\alpha}_1 = \boldsymbol{0}$$

由 $\boldsymbol{\alpha}_1\neq\boldsymbol{0}$ 得 $k_3 = 0$,代入式(9)得 $k_2 = 0$,代入式(8)得 $k_1 = 0$,所以 $\boldsymbol{\alpha}_1,\boldsymbol{\alpha}_2,\boldsymbol{\alpha}_3$ 线性无关.

例 5.12 $\boldsymbol{\alpha}_1,\boldsymbol{\alpha}_2,\boldsymbol{\alpha}_3$ 为空间 V 的一组基,$\boldsymbol{\beta}_1 = \boldsymbol{\alpha}_1$,$\boldsymbol{\beta}_2 = \boldsymbol{\alpha}_1 + \boldsymbol{\alpha}_2$,$\boldsymbol{\beta}_3 = \boldsymbol{\alpha}_1 + \boldsymbol{\alpha}_2 + \boldsymbol{\alpha}_3$,求由基 $\boldsymbol{\alpha}_1,\boldsymbol{\alpha}_2,\boldsymbol{\alpha}_3$ 到基 $\boldsymbol{\beta}_1,\boldsymbol{\beta}_2,\boldsymbol{\beta}_3$ 的过渡矩阵,并求向量 $\boldsymbol{\gamma} = 2\boldsymbol{\beta}_1 + 5\boldsymbol{\beta}_2 - 3\boldsymbol{\beta}_3$ 在基 $\boldsymbol{\alpha}_1,\boldsymbol{\alpha}_2,\boldsymbol{\alpha}_3$ 下的坐标.

解 由

$$\begin{cases}\boldsymbol{\beta}_1=\boldsymbol{\alpha}_1\\ \boldsymbol{\beta}_2=\boldsymbol{\alpha}_1+\boldsymbol{\alpha}_2\\ \boldsymbol{\beta}_3=\boldsymbol{\alpha}_1+\boldsymbol{\alpha}_2+\boldsymbol{\alpha}_3\end{cases}$$

得

$$[\boldsymbol{\beta}_1\quad \boldsymbol{\beta}_2\quad \boldsymbol{\beta}_3]=[\boldsymbol{\alpha}_1\quad \boldsymbol{\alpha}_2\quad \boldsymbol{\alpha}_3]\begin{bmatrix}1&1&1\\0&1&1\\0&0&1\end{bmatrix}$$

则基 $\boldsymbol{\alpha}_1,\boldsymbol{\alpha}_2,\boldsymbol{\alpha}_3$ 到基 $\boldsymbol{\beta}_1,\boldsymbol{\beta}_2,\boldsymbol{\beta}_3$ 的过渡矩阵为

$$\boldsymbol{P}=\begin{bmatrix}1&1&1\\0&1&1\\0&0&1\end{bmatrix}$$

由 $\boldsymbol{\gamma}=2\boldsymbol{\beta}_1+5\boldsymbol{\beta}_2-3\boldsymbol{\beta}_3$ 在基 $\boldsymbol{\beta}_1,\boldsymbol{\beta}_2,\boldsymbol{\beta}_3$ 下的坐标为 $\boldsymbol{Y}=(2,5,-3)^{\mathrm{T}}$,则

$$\boldsymbol{X}=\boldsymbol{PY}=\begin{bmatrix}1&1&1\\0&1&1\\0&0&1\end{bmatrix}\begin{bmatrix}2\\5\\-3\end{bmatrix}=\begin{bmatrix}4\\2\\-3\end{bmatrix}$$

即 $\boldsymbol{\gamma}$ 在基 $\boldsymbol{\alpha}_1,\boldsymbol{\alpha}_2,\boldsymbol{\alpha}_3$ 下的坐标为 $\boldsymbol{X}=(4,2,-3)^{\mathrm{T}}$.

总结 求 $\boldsymbol{\gamma}$ 在基 $\boldsymbol{\alpha}_1,\boldsymbol{\alpha}_2,\boldsymbol{\alpha}_3$ 下的坐标,可按本题解法,利用坐标变换公式直接计算,也可不用坐标变换公式直接求 $\boldsymbol{\gamma}$ 被 $\boldsymbol{\alpha}_1,\boldsymbol{\alpha}_2,\boldsymbol{\alpha}_3$ 线性表示的表达式,即

$$\boldsymbol{\gamma}=2\boldsymbol{\beta}_1+5\boldsymbol{\beta}_2-3\boldsymbol{\beta}_3=2\boldsymbol{\alpha}_1+5(\boldsymbol{\alpha}_1+\boldsymbol{\alpha}_2)-3(\boldsymbol{\alpha}_1+\boldsymbol{\alpha}_2+\boldsymbol{\alpha}_3)=4\boldsymbol{\alpha}_1+2\boldsymbol{\alpha}_2-3\boldsymbol{\alpha}_3$$

则 $\boldsymbol{\gamma}$ 在基 $\boldsymbol{\alpha}_1,\boldsymbol{\alpha}_2,\boldsymbol{\alpha}_3$ 下的坐标为 $\boldsymbol{X}=(4,2,-3)^{\mathrm{T}}$.

例 5.13 已知 $\boldsymbol{\alpha}_1,\boldsymbol{\alpha}_2,\boldsymbol{\alpha}_3$ 与 $\boldsymbol{\beta}_1,\boldsymbol{\beta}_2,\boldsymbol{\beta}_3$ 为空间 V 的两组基,由基 $\boldsymbol{\alpha}_1,\boldsymbol{\alpha}_2,\boldsymbol{\alpha}_3$ 到基 $\boldsymbol{\beta}_1,\boldsymbol{\beta}_2,\boldsymbol{\beta}_3$ 的过渡矩阵为 $\boldsymbol{P}=\begin{bmatrix}1&1&-1\\-1&1&1\\1&-1&1\end{bmatrix}$,且 $\boldsymbol{\beta}_1=(0,1,1),\boldsymbol{\beta}_2=(1,0,2),\boldsymbol{\beta}_3=(2,1,0)$,求 $\boldsymbol{\alpha}_1$, $\boldsymbol{\alpha}_2,\boldsymbol{\alpha}_3$.

解 由过渡矩阵的定义知

$$[\boldsymbol{\beta}_1^{\mathrm{T}}\quad \boldsymbol{\beta}_2^{\mathrm{T}}\quad \boldsymbol{\beta}_3^{\mathrm{T}}]=[\boldsymbol{\alpha}_1^{\mathrm{T}}\quad \boldsymbol{\alpha}_2^{\mathrm{T}}\quad \boldsymbol{\alpha}_3^{\mathrm{T}}]\boldsymbol{P}$$

令

$$\boldsymbol{A}=[\boldsymbol{\alpha}_1^{\mathrm{T}}\quad \boldsymbol{\alpha}_2^{\mathrm{T}}\quad \boldsymbol{\alpha}_3^{\mathrm{T}}],\boldsymbol{B}=[\boldsymbol{\beta}_1^{\mathrm{T}}\quad \boldsymbol{\beta}_2^{\mathrm{T}}\quad \boldsymbol{\beta}_3^{\mathrm{T}}]$$

则 $\boldsymbol{B}=\boldsymbol{AP}$,即

$$A = BP^{-1} = \begin{bmatrix} 0 & 1 & 2 \\ 1 & 0 & 1 \\ 1 & 2 & 0 \end{bmatrix} \begin{bmatrix} 1 & 1 & -1 \\ -1 & 1 & 1 \\ 1 & -1 & 1 \end{bmatrix}^{-1} = \begin{bmatrix} \frac{1}{2} & \frac{3}{2} & 1 \\ \frac{1}{2} & \frac{1}{2} & 1 \\ \frac{3}{2} & 1 & \frac{1}{2} \end{bmatrix}$$

即

$$\boldsymbol{\alpha}_1 = (\frac{1}{2},\frac{1}{2},\frac{3}{2}),\boldsymbol{\alpha}_2 = (\frac{3}{2},\frac{1}{2},1),\boldsymbol{\alpha}_3 = (1,1,\frac{1}{2})$$

总结 在过渡矩阵定义中，$[\boldsymbol{\beta}_1 \quad \boldsymbol{\beta}_2 \quad \cdots \quad \boldsymbol{\beta}_m] = [\boldsymbol{\alpha}_1 \quad \boldsymbol{\alpha}_2 \quad \cdots \quad \boldsymbol{\alpha}_m]\boldsymbol{P}$，若 $\boldsymbol{\alpha}_1,\boldsymbol{\alpha}_2,\cdots,\boldsymbol{\alpha}_m$ 与 $\boldsymbol{\beta}_1,\boldsymbol{\beta}_2,\cdots,\boldsymbol{\beta}_m$ 都是列向量，则直接将 $[\boldsymbol{\beta}_1 \quad \boldsymbol{\beta}_2 \quad \cdots \quad \boldsymbol{\beta}_m]$ 与 $[\boldsymbol{\alpha}_1 \quad \boldsymbol{\alpha}_2 \quad \cdots \quad \boldsymbol{\alpha}_m]$ 看成矩阵计算. 若 $\boldsymbol{\alpha}_1,\boldsymbol{\alpha}_2,\cdots,\boldsymbol{\alpha}_m$ 与 $\boldsymbol{\beta}_1,\boldsymbol{\beta}_2,\cdots,\boldsymbol{\beta}_m$ 都是行向量，则要先作转置变成列向量，得

$$[\boldsymbol{\beta}_1^{\mathrm{T}} \quad \boldsymbol{\beta}_2^{\mathrm{T}} \quad \cdots \quad \boldsymbol{\beta}_m^{\mathrm{T}}] = [\boldsymbol{\alpha}_1^{\mathrm{T}} \quad \boldsymbol{\alpha}_2^{\mathrm{T}} \quad \cdots \quad \boldsymbol{\alpha}_m^{\mathrm{T}}]\boldsymbol{P}$$

再将 $[\boldsymbol{\beta}_1^{\mathrm{T}} \quad \boldsymbol{\beta}_2^{\mathrm{T}} \quad \cdots \quad \boldsymbol{\beta}_m^{\mathrm{T}}]$ 与 $[\boldsymbol{\alpha}_1^{\mathrm{T}} \quad \boldsymbol{\alpha}_2^{\mathrm{T}} \quad \cdots \quad \boldsymbol{\alpha}_m^{\mathrm{T}}]$ 看成矩阵计算.

例 5.14 设 $\boldsymbol{A}$ 为 $m \times n$ 矩阵，则方程组 $\boldsymbol{AX} = \boldsymbol{0}$ 只有零解的充分必要条件为________.

A. $\boldsymbol{A}$ 的列向量组线性无关

B. $\boldsymbol{A}$ 的列向量组线性相关

C. $\boldsymbol{A}$ 的行向量组线性无关

D. $\boldsymbol{A}$ 的行向量组线性相关

解 选 A

分析 设 $\boldsymbol{A} = [\boldsymbol{\alpha}_1 \quad \boldsymbol{\alpha}_2 \quad \cdots \quad \boldsymbol{\alpha}_n]$，则方程组 $\boldsymbol{AX} = \boldsymbol{0}$ 可写成

$$\boldsymbol{AX} = \boldsymbol{0} \Leftrightarrow x_1\boldsymbol{\alpha}_1 + x_2\boldsymbol{\alpha}_2 + \cdots x_n\boldsymbol{\alpha}_n = \boldsymbol{0}\text{(知识点第 5 条)}.$$

方程组 $\boldsymbol{AX} = \boldsymbol{0}$ 只有零解，即只有 $x_1 = x_2 = \cdots = x_n = 0$ 才能使 $x_1\boldsymbol{\alpha}_1 + x_2\boldsymbol{\alpha}_2 + \cdots x_n\boldsymbol{\alpha}_n = \boldsymbol{0}$ 成立. 所以 $\boldsymbol{\alpha}_1,\boldsymbol{\alpha}_2,\cdots,\boldsymbol{\alpha}_n$ 线性无关，因此，应选 A.

例 5.15 设 $\boldsymbol{A}$ 为 $m \times n$ 矩阵，$\boldsymbol{B}$ 为 $n \times s$ 矩阵，若 $\boldsymbol{AB} = \boldsymbol{0}$：求证：$\mathrm{r}(\boldsymbol{A}) + \mathrm{r}(\boldsymbol{B}) \leqslant n$.

证明 将 $\boldsymbol{B}$ 按列分块得 $\boldsymbol{B} = [\boldsymbol{B}_1 \quad \boldsymbol{B}_2 \quad \cdots \quad \boldsymbol{B}_s]$，则

$$\boldsymbol{0} = \boldsymbol{AB} = \boldsymbol{A}[\boldsymbol{B}_1 \quad \boldsymbol{B}_2 \quad \cdots \quad \boldsymbol{B}_s] = [\boldsymbol{AB}_1 \quad \boldsymbol{AB}_2 \quad \cdots \quad \boldsymbol{AB}_s]$$

所以有 $\boldsymbol{AB}_1 = \boldsymbol{AB}_2 = \cdots = \boldsymbol{AB}_s = \boldsymbol{0}$，即 $\boldsymbol{B}_1,\boldsymbol{B}_2,\cdots,\boldsymbol{B}_s$ 均为方程组 $\boldsymbol{AX} = \boldsymbol{0}$ 的解，从而

$$\{\boldsymbol{B}_1,\boldsymbol{B}_2,\cdots,\boldsymbol{B}_s\} \subset \{\boldsymbol{AX} = \boldsymbol{0}\text{ 的解空间}\}$$

则 $\mathrm{r}(\boldsymbol{B}) = \mathrm{r}\{\boldsymbol{B}_1,\boldsymbol{B}_2,\cdots,\boldsymbol{B}_s\} \leqslant \dim\{\boldsymbol{AX} = \boldsymbol{0}\text{ 的解空间}\} = n - \mathrm{r}(\boldsymbol{A})$，所以 $\mathrm{r}(\boldsymbol{A}) + \mathrm{r}(\boldsymbol{B}) \leqslant n$.

例 5.16 设 $\boldsymbol{P},\boldsymbol{Q}$ 均为 $m \times n$ 矩阵，则以下说法中正确的为________.

A. 若方程组 $\boldsymbol{PX} = \boldsymbol{0}$ 的解均为 $\boldsymbol{QX} = \boldsymbol{0}$ 的解，$\mathrm{r}(\boldsymbol{P}) \geqslant \mathrm{r}(\boldsymbol{Q})$

B. 若方程组 $\boldsymbol{PX} = \boldsymbol{0}$ 的解均为 $\boldsymbol{QX} = \boldsymbol{0}$ 的解，$\mathrm{r}(\boldsymbol{P}) \leqslant \mathrm{r}(\boldsymbol{Q})$

C. 若 $\mathrm{r}(\boldsymbol{P}) \leqslant \mathrm{r}(\boldsymbol{Q})$，则方程组 $\boldsymbol{PX} = \boldsymbol{0}$ 的解均为 $\boldsymbol{QX} = \boldsymbol{0}$ 的解

D. 若 $\mathrm{r}(\boldsymbol{P}) \geqslant \mathrm{r}(\boldsymbol{Q})$，则方程组 $\boldsymbol{PX} = \boldsymbol{0}$ 的解均为 $\boldsymbol{QX} = \boldsymbol{0}$ 的解

解 选 A

分析 若方程组 $\boldsymbol{PX}=\mathbf{0}$ 的解均为 $\boldsymbol{QX}=\mathbf{0}$ 的解，则

$$\{\boldsymbol{PX}=\mathbf{0}\text{ 的解空间}\}\subset\{\boldsymbol{QX}=\mathbf{0}\text{ 的解空间}\}$$

$$n-\mathrm{r}(\boldsymbol{P})=\dim(\boldsymbol{PX}=\mathbf{0}\text{ 的解空间})\leqslant\dim\{\boldsymbol{QX}=\mathbf{0}\text{ 的解空间}\}=n-\mathrm{r}(\boldsymbol{Q})$$

所以 $\mathrm{r}(\boldsymbol{P})\geqslant\mathrm{r}(\boldsymbol{Q})$，故应选 A.

例 5.17 已知方程组 $\begin{cases}x+y+z=0\\2x+2y+2z=0\end{cases}$ 与向量 $\boldsymbol{\alpha}_1=(2,-5,3)^{\mathrm{T}}$，$\boldsymbol{\alpha}_2=(1,4,-5)^{\mathrm{T}}$，问：$\boldsymbol{\alpha}_1$，$\boldsymbol{\alpha}_2$ 可否做该方程组的基础解系？

解 将 $\boldsymbol{\alpha}_1=(2,-5,3)^{\mathrm{T}}$，$\boldsymbol{\alpha}_2=(1,4,-5)^{\mathrm{T}}$ 代入方程中，两个方程均成立，则 $\boldsymbol{\alpha}_1,\boldsymbol{\alpha}_2$ 是该方程组的解.

由 $\boldsymbol{\alpha}_1,\boldsymbol{\alpha}_2$ 对应坐标不成比例，知 $\boldsymbol{\alpha}_1,\boldsymbol{\alpha}_2$ 线性无关.

方程组系数矩阵为 $\boldsymbol{A}=\begin{bmatrix}1&1&1\\2&2&2\end{bmatrix}$，显然 $\mathrm{r}(\boldsymbol{A})=1$，$n-\mathrm{r}(\boldsymbol{A})=2$，而 $\boldsymbol{\alpha}_1,\boldsymbol{\alpha}_2$ 的向量个数也是 2.

综上，$\boldsymbol{\alpha}_1,\boldsymbol{\alpha}_2$ 可作为该方程组的基础解系.

例 5.18 已知 $\boldsymbol{\alpha}_1,\boldsymbol{\alpha}_2$ 为方程组 $\boldsymbol{AX}=\mathbf{0}$ 的基础解系，问 $\boldsymbol{\alpha}_1+\boldsymbol{\alpha}_2,\boldsymbol{\alpha}_1-\boldsymbol{\alpha}_2$ 能否做方程组 $\boldsymbol{AX}=\mathbf{0}$ 的基础解系？

解 由 $\boldsymbol{\alpha}_1,\boldsymbol{\alpha}_2$ 为方程组 $\boldsymbol{AX}=\mathbf{0}$ 的解，则 $\boldsymbol{\alpha}_1+\boldsymbol{\alpha}_2,\boldsymbol{\alpha}_1-\boldsymbol{\alpha}_2$ 也为方程组 $\boldsymbol{AX}=\mathbf{0}$ 的解.

由
$$[\boldsymbol{\alpha}_1+\boldsymbol{\alpha}_2\quad\boldsymbol{\alpha}_1-\boldsymbol{\alpha}_2]=[\boldsymbol{\alpha}_1\quad\boldsymbol{\alpha}_2]\begin{bmatrix}1&1\\1&-1\end{bmatrix}$$

其中 $\boldsymbol{\alpha}_1,\boldsymbol{\alpha}_2$ 为 $\boldsymbol{AX}=\mathbf{0}$ 的基础解系，则 $\boldsymbol{\alpha}_1+\boldsymbol{\alpha}_2,\boldsymbol{\alpha}_1-\boldsymbol{\alpha}_2$ 线性无关，而基础解系中含有两个向量.

综上，$\boldsymbol{\alpha}_1+\boldsymbol{\alpha}_2,\boldsymbol{\alpha}_1-\boldsymbol{\alpha}_2$ 为方程组 $\boldsymbol{AX}=\mathbf{0}$ 的基础解系？

总结 若给出方程组 $\boldsymbol{AX}=\mathbf{0}$ 及向量 $\boldsymbol{\alpha}_1,\boldsymbol{\alpha}_2,\cdots,\boldsymbol{\alpha}_s$，问 $\boldsymbol{\alpha}_1,\boldsymbol{\alpha}_2,\cdots,\boldsymbol{\alpha}_s$ 能否做 $\boldsymbol{AX}=\mathbf{0}$ 的基础解系，一般验证以下三条成立即可：

(ⅰ) $\boldsymbol{\alpha}_1,\boldsymbol{\alpha}_2,\cdots,\boldsymbol{\alpha}_s$ 是方程组 $\boldsymbol{AX}=\mathbf{0}$ 的解；

(ⅱ) $\boldsymbol{\alpha}_1,\boldsymbol{\alpha}_2,\cdots,\boldsymbol{\alpha}_s$ 线性无关；

(ⅲ) $s=n-\mathrm{r}(\boldsymbol{A})$（或 $s=$ 基础解系中应当含有向量的个数）.

例 5.19 设矩阵 $\boldsymbol{A}=[\boldsymbol{\alpha}_1\quad\boldsymbol{\alpha}_2\quad\boldsymbol{\alpha}_3\quad\boldsymbol{\alpha}_4]$，其中 $\boldsymbol{\alpha}_2,\boldsymbol{\alpha}_3,\boldsymbol{\alpha}_4$ 线性无关，$\boldsymbol{\alpha}_1=2\boldsymbol{\alpha}_2-\boldsymbol{\alpha}_3$，$\boldsymbol{\beta}=\boldsymbol{\alpha}_1+\boldsymbol{\alpha}_2+\boldsymbol{\alpha}_3+\boldsymbol{\alpha}_4$，求方程组 $\boldsymbol{AX}=\boldsymbol{\beta}$ 的通解.

解 由 $\boldsymbol{\alpha}_2,\boldsymbol{\alpha}_3,\boldsymbol{\alpha}_4$ 线性无关，$\boldsymbol{\alpha}_1=2\boldsymbol{\alpha}_2-\boldsymbol{\alpha}_3$ 得 $\mathrm{r}(\boldsymbol{A})=\mathrm{r}\{\boldsymbol{\alpha}_1,\boldsymbol{\alpha}_2,\boldsymbol{\alpha}_3,\boldsymbol{\alpha}_4\}=3$，则方程组 $\boldsymbol{AX}=\boldsymbol{\beta}$ 通解的形式为 $\boldsymbol{X}=\boldsymbol{\eta}^*+c\boldsymbol{\eta}$.

由于 $\boldsymbol{\beta}=\boldsymbol{\alpha}_1+\boldsymbol{\alpha}_2+\boldsymbol{\alpha}_3+\boldsymbol{\alpha}_4$，取 $\boldsymbol{\eta}^*=\begin{bmatrix}1\\1\\1\\1\end{bmatrix}$ 为 $\boldsymbol{AX}=\boldsymbol{\beta}$ 的一个特解.

由于 $\boldsymbol{\alpha}_1=2\boldsymbol{\alpha}_2-\boldsymbol{\alpha}_3$，即 $\boldsymbol{\alpha}_1-2\boldsymbol{\alpha}_2+\boldsymbol{\alpha}_3+0\boldsymbol{\alpha}_4=0$，取 $\boldsymbol{\eta}=\begin{bmatrix}1\\-2\\1\\0\end{bmatrix}$ 为齐次方程组 $\boldsymbol{AX}=\boldsymbol{0}$ 的一个线性无关的解.

所以，$\boldsymbol{AX}=\boldsymbol{\beta}$ 的通解为 $\boldsymbol{X}=\begin{bmatrix}1\\1\\1\\1\end{bmatrix}+C\begin{bmatrix}1\\-2\\1\\0\end{bmatrix}$，$C$ 为任意常数.

总结 (1)本题采用的方法为"凑数法"，其一般步骤为：

第一步，写出系数矩阵的秩，给出通解的形式；

第二步，凑出通解形式中的向量 $\boldsymbol{\eta}^*$，$\boldsymbol{\eta}$ 等，写出通解；

第三步，验证(一般只需验证所凑的 $\boldsymbol{AX}=\boldsymbol{0}$ 的解是否线性无关，验证的过程可在草纸上进行).

(2)本题中若凑 $\boldsymbol{AX}=\boldsymbol{\beta}$ 的特解 $\boldsymbol{\eta}^*$ 时，直接观察不易凑出 $\boldsymbol{\eta}^*$，可将方程改写为

$$\boldsymbol{AX}=\boldsymbol{\beta}\Leftrightarrow[\boldsymbol{\alpha}_1\quad\boldsymbol{\alpha}_2\quad\boldsymbol{\alpha}_3\quad\boldsymbol{\alpha}_4]\begin{bmatrix}x_1\\x_2\\x_3\\x_3\end{bmatrix}=\boldsymbol{\beta}\Leftrightarrow x_1\boldsymbol{\alpha}_1+x_2\boldsymbol{\alpha}_2+x_3\boldsymbol{\alpha}_3+x_4\boldsymbol{\alpha}_4=\boldsymbol{\beta}$$

由 $\boldsymbol{\beta}=\boldsymbol{\alpha}_1+\boldsymbol{\alpha}_2+\boldsymbol{\alpha}_3+\boldsymbol{\alpha}_4$ 可解出 $x_1=x_2=x_3=x_4=1$ 满足方程. 即 $\boldsymbol{\eta}^*=(1,1,1,1)^{\mathrm{T}}$ 为 $\boldsymbol{AX}=\boldsymbol{\beta}$ 的一个特解.

同理，将 $\boldsymbol{AX}=\boldsymbol{0}$ 改写成 $x_1\boldsymbol{\alpha}_1+x_2\boldsymbol{\alpha}_2+x_3\boldsymbol{\alpha}_3+x_4\boldsymbol{\alpha}_4=\boldsymbol{0}$，由 $\boldsymbol{\alpha}_1-2\boldsymbol{\alpha}_2+\boldsymbol{\alpha}_3+0\boldsymbol{\alpha}_4=\boldsymbol{0}$ 可看出取 $\boldsymbol{\eta}=(1,-2,1,0)^{\mathrm{T}}$ 为 $\boldsymbol{AX}=\boldsymbol{0}$ 的一个线性无关解.

例 5.20 设非齐次方程组 $\boldsymbol{AX}=\boldsymbol{b}$ 中 $\mathrm{r}(\boldsymbol{A})=2$，且 $\boldsymbol{\eta}_1,\boldsymbol{\eta}_2,\boldsymbol{\eta}_3$ 为其 3 个特解，又 $\boldsymbol{\eta}_1+\boldsymbol{\eta}_2=(3,1,-1)^{\mathrm{T}}$，$\boldsymbol{\eta}_1+\boldsymbol{\eta}_3=(2,0,-2)^{\mathrm{T}}$，求 $\boldsymbol{AX}=\boldsymbol{b}$ 的通解.

解 由 $\mathrm{r}(\boldsymbol{A})=2$，则 $\boldsymbol{AX}=\boldsymbol{b}$ 的通解形式为 $\boldsymbol{X}=\boldsymbol{\eta}^*+C\boldsymbol{\eta}$，取 $\boldsymbol{\eta}^*=\dfrac{\boldsymbol{\eta}_1+\boldsymbol{\eta}_3}{2}=\begin{bmatrix}1\\0\\-1\end{bmatrix}$ 为 $\boldsymbol{AX}=\boldsymbol{b}$ 的一个特解，取 $\boldsymbol{\eta}=(\boldsymbol{\eta}_1+\boldsymbol{\eta}_2)-(\boldsymbol{\eta}_1+\boldsymbol{\eta}_3)=\begin{bmatrix}1\\1\\1\end{bmatrix}$，则通解为 $\boldsymbol{X}=\begin{bmatrix}1\\0\\-1\end{bmatrix}+C\begin{bmatrix}1\\1\\1\end{bmatrix}$，其中 C 为任意常数.

例 5.21 设 n 阶方阵 $\boldsymbol{A}$ 的秩为 $n-1$，$\boldsymbol{\alpha}_1,\boldsymbol{\alpha}_2$ 为方程组 $\boldsymbol{AX}=\boldsymbol{0}$ 的两个不同解，则方程组 $\boldsymbol{AX}$

$=\mathbf{0}$ 的通解为________.（k 为任意常数）

A. $k\boldsymbol{\alpha}_1$　　B. $k\boldsymbol{\alpha}_2$　　C. $k(\boldsymbol{\alpha}_1+\boldsymbol{\alpha}_2)$　　D. $k(\boldsymbol{\alpha}_1-\boldsymbol{\alpha}_2)$

解　选 D

分析　由 $\mathrm{r}(\boldsymbol{A})=n-1$，则基础解系中应含一个线性无关解. 而 $\boldsymbol{\alpha}_1-\boldsymbol{\alpha}_2$ 为 $\boldsymbol{AX}=\mathbf{0}$ 的解. 由于 $\boldsymbol{\alpha}_1,\boldsymbol{\alpha}_2$ 不同，则 $\boldsymbol{\alpha}_1-\boldsymbol{\alpha}_2\neq 0$，即单个向量 $\boldsymbol{\alpha}_1-\boldsymbol{\alpha}_2$ 线性无关，综上，$\boldsymbol{\alpha}_1-\boldsymbol{\alpha}_2$ 为 $\boldsymbol{AX}=\mathbf{0}$ 的基础解系. $\boldsymbol{AX}=\mathbf{0}$ 的通解为 $k(\boldsymbol{\alpha}_1-\boldsymbol{\alpha}_2)$，所以 D 正确. 而 A，B，C 选项中我们不能保证 $\boldsymbol{\alpha}_1\neq\mathbf{0}$，也不能保证 $\boldsymbol{\alpha}_2\neq\mathbf{0}$，也不能保证 $\boldsymbol{\alpha}_1+\boldsymbol{\alpha}_2\neq\mathbf{0}$，即单个向量 $\boldsymbol{\alpha}_1$，单个向量 $\boldsymbol{\alpha}_2$，单个向量 $\boldsymbol{\alpha}_1+\boldsymbol{\alpha}_2$ 是否线性无关无法判断.

例 5.22　设 $\boldsymbol{\alpha}_1,\boldsymbol{\alpha}_2$ 为非齐次方程组 $\boldsymbol{AX}=\boldsymbol{b}$ 的两个特解，$\boldsymbol{\beta}_1,\boldsymbol{\beta}_2$ 为对应齐次方程组 $\boldsymbol{AX}=\mathbf{0}$ 的一个基础解系，则________必为 $\boldsymbol{AX}=\boldsymbol{b}$ 的通解.

A. $k_1\boldsymbol{\beta}_1+k_2(\boldsymbol{\beta}_1+\boldsymbol{\beta}_2)+\dfrac{\boldsymbol{\alpha}_1+\boldsymbol{\alpha}_2}{2}(k_1,k_2\in\mathbb{R})$

B. $k_1\boldsymbol{\beta}_1+k_2(\boldsymbol{\beta}_1-\boldsymbol{\beta}_2)+\dfrac{\boldsymbol{\alpha}_1-\boldsymbol{\alpha}_2}{2}(k_1,k_2\in\mathbb{R})$

C. $k_1\boldsymbol{\beta}_1+k_2(\boldsymbol{\alpha}_1-\boldsymbol{\alpha}_2)+\dfrac{\boldsymbol{\alpha}_1+\boldsymbol{\alpha}_2}{2}(k_1,k_2\in\mathbb{R})$

D. $k_1\boldsymbol{\beta}_1+k_2(\boldsymbol{\alpha}_1+\boldsymbol{\alpha}_2)+\dfrac{\boldsymbol{\alpha}_1-\boldsymbol{\alpha}_2}{2}(k_1,k_2\in\mathbb{R})$

解　选 A

分析　由 $\boldsymbol{\alpha}_1,\boldsymbol{\alpha}_2$ 为 $\boldsymbol{AX}=\boldsymbol{b}$ 的解，则 $\boldsymbol{A\alpha}_1=\boldsymbol{A\alpha}_2=\boldsymbol{b}$，从而 $\boldsymbol{A}\left(\dfrac{\boldsymbol{\alpha}_1+\boldsymbol{\alpha}_2}{2}\right)=\dfrac{\boldsymbol{A\alpha}_1+\boldsymbol{A\alpha}_2}{2}=\dfrac{\boldsymbol{b}+\boldsymbol{b}}{2}=\boldsymbol{b}$，即 $\boldsymbol{\eta}^*=\dfrac{\boldsymbol{\alpha}_1+\boldsymbol{\alpha}_2}{2}$ 为 $\boldsymbol{AX}=\boldsymbol{b}$ 的一个特解，

由 $\boldsymbol{\beta}_1,\boldsymbol{\beta}_2$ 为 $\boldsymbol{AX}=\mathbf{0}$ 的解，则 $\boldsymbol{\beta}_1,\boldsymbol{\beta}_1+\boldsymbol{\beta}_2$ 仍为 $\boldsymbol{AX}=\mathbf{0}$ 的解.

由 $\boldsymbol{\beta}_1,\boldsymbol{\beta}_2$ 为 $\boldsymbol{AX}=\mathbf{0}$ 的基础解系，则 $\boldsymbol{\beta}_1,\boldsymbol{\beta}_2$ 线性无关.

而

$$[\boldsymbol{\beta}_1\quad \boldsymbol{\beta}_1+\boldsymbol{\beta}_2]=[\boldsymbol{\beta}_1\quad \boldsymbol{\beta}_2]\begin{bmatrix}1&1\\0&1\end{bmatrix}，且\begin{vmatrix}1&1\\0&1\end{vmatrix}=1\neq 0$$

则 $\boldsymbol{\beta}_1,\boldsymbol{\beta}_1+\boldsymbol{\beta}_2$ 线性无关. 又由于 $\boldsymbol{AX}=\mathbf{0}$ 的基础解系中应含两个向量，则 $\boldsymbol{\beta}_1,\boldsymbol{\beta}_1+\boldsymbol{\beta}_2$ 为 $\boldsymbol{AX}=\mathbf{0}$ 的基础解系，因此 $\boldsymbol{X}=k_1\boldsymbol{\beta}_1+k_2(\boldsymbol{\beta}_1+\boldsymbol{\beta}_2)+\dfrac{\boldsymbol{\alpha}_1+\boldsymbol{\alpha}_2}{2}$ 为 $\boldsymbol{AX}=\boldsymbol{b}$ 的通解，故 A 选项正确.

B，D 选项中 $\boldsymbol{\eta}^*=\dfrac{\boldsymbol{\alpha}_1-\boldsymbol{\alpha}_2}{2}$ 不是 $\boldsymbol{AX}=\boldsymbol{b}$ 的特解. C 选项中无法判断 $\boldsymbol{\beta},\boldsymbol{\alpha}_1-\boldsymbol{\alpha}_2$ 是否线性无关，也就无法判断 $\boldsymbol{\beta},\boldsymbol{\alpha}_1-\boldsymbol{\alpha}_2$ 能否做 $\boldsymbol{AX}=\mathbf{0}$ 的基础解系，故 B，C，D 均错误.

5.3 综合与提高

例 5.23 设 $\boldsymbol{\alpha}_1=(1,a_1,a_1^2,\cdots,a_1^{n-1}),\boldsymbol{\alpha}_2=(1,a_2,a_2^2,\cdots,a_2^{n-1}),\cdots,\boldsymbol{\alpha}_m=(1,a_m,a_m^2,\cdots,a_m^{n-1})$,已知 $m<n,a_1,a_2,a_3,\cdots,a_m$ 互不相等,问:$\boldsymbol{\alpha}_1,\boldsymbol{\alpha}_2,\cdots,\boldsymbol{\alpha}_m$ 是否线性相关?

解 $\boldsymbol{\alpha}_1,\boldsymbol{\alpha}_2,\cdots,\boldsymbol{\alpha}_m$ 线性无关.

方法一:令 $\boldsymbol{\beta}_1=(1,a_1,a_1^2,\cdots,a_1^{m-1}),\boldsymbol{\beta}_2=(1,a_2,a_2^2,\cdots,a_2^{m-1}),\cdots,\boldsymbol{\beta}_m=(1,a_m,a_m^2,\cdots,a_m^{m-1})$.

由于

$$\begin{vmatrix}\boldsymbol{\beta}_1\\ \boldsymbol{\beta}_2\\ \vdots\\ \boldsymbol{\beta}_m\end{vmatrix}=\begin{vmatrix}1 & a_1 & a_1^2 & \cdots & a_1^{m-1}\\ 1 & a_2 & a_2^2 & \cdots & a_2^{m-1}\\ \vdots & \vdots & \vdots & & \vdots\\ 1 & a_m & a_m^2 & \cdots & a_m^{m-1}\end{vmatrix}=\prod_{1\leqslant i<j\leqslant m}(a_j-a_i)\neq 0$$

则 $\boldsymbol{\beta}_1,\boldsymbol{\beta}_2,\cdots,\boldsymbol{\beta}_m$ 线性无关,而 $\boldsymbol{\beta}_1,\boldsymbol{\beta}_2,\cdots,\boldsymbol{\beta}_m$ 添加坐标,得到 $\boldsymbol{\alpha}_1,\boldsymbol{\alpha}_2,\cdots,\boldsymbol{\alpha}_m$,所以 $\boldsymbol{\alpha}_1,\boldsymbol{\alpha}_2,\cdots,\boldsymbol{\alpha}_m$ 仍线性无关.

方法二:令 $\boldsymbol{\alpha}_{m+1}=(1,a_{m+1},a_{m+1}^2,\cdots,a_{m+1}^{n-1}),\cdots,\boldsymbol{\alpha}_n=(1,a_n,a_n^2,\cdots,a_n^{n-1})$,其中 $a_1,a_2,\cdots,a_m,a_{m+1},\cdots,a_n$ 互不相等,由于

$$\begin{vmatrix}\boldsymbol{\alpha}_1\\ \boldsymbol{\alpha}_2\\ \vdots\\ \boldsymbol{\alpha}_m\\ \vdots\\ \boldsymbol{\alpha}_n\end{vmatrix}=\begin{vmatrix}1 & a_1 & a_1^2 & \cdots & a_1^{n-1}\\ 1 & a_2 & a_2^2 & \cdots & a_2^{n-1}\\ \vdots & \vdots & \vdots & & \vdots\\ 1 & a_m & a_m^2 & \cdots & a_m^{n-1}\\ \vdots & \vdots & \vdots & & \vdots\\ 1 & a_n & a_n^2 & \cdots & a_n^{n-1}\end{vmatrix}=\prod_{1\leqslant i<j\leqslant n}(a_j-a_i)\neq 0$$

则 $\boldsymbol{\alpha}_1,\boldsymbol{\alpha}_2,\cdots,\boldsymbol{\alpha}_m,\boldsymbol{\alpha}_{m+1},\cdots,\boldsymbol{\alpha}_n$ 线性无关,而 $\boldsymbol{\alpha}_1,\boldsymbol{\alpha}_2,\cdots,\boldsymbol{\alpha}_m$ 为 $\boldsymbol{\alpha}_1,\boldsymbol{\alpha}_2,\cdots,\boldsymbol{\alpha}_m,\boldsymbol{\alpha}_{m+1},\cdots,\boldsymbol{\alpha}_n$ 的一部分,所以 $\boldsymbol{\alpha}_1,\boldsymbol{\alpha}_2,\cdots,\boldsymbol{\alpha}_m$ 仍线性无关.

方法三:令矩阵

$$\boldsymbol{A}=\begin{bmatrix}\boldsymbol{\alpha}_1\\ \boldsymbol{\alpha}_2\\ \vdots\\ \boldsymbol{\alpha}_m\end{bmatrix}=\begin{bmatrix}1 & a_1 & a_1^2 & \cdots & a_1^{m-1} & \cdots & a_1^{n-1}\\ 1 & a_2 & a_2^2 & \cdots & a_2^{m-1} & \cdots & a_2^{n-1}\\ \vdots & \vdots & \vdots & & \vdots & & \vdots\\ 1 & a_m & a_m^2 & \cdots & a_m^{m-1} & \cdots & a_m^{n-1}\end{bmatrix}$$

在矩阵 $\boldsymbol{A}$ 中前 m 行 m 列构成的 m 阶子式

$$\begin{vmatrix} 1 & a_1 & a_1^2 & \cdots & a_1^{m-1} \\ 1 & a_2 & a_2^2 & \cdots & a_2^{m-1} \\ \vdots & \vdots & \vdots & & \vdots \\ 1 & a_m & a_m^2 & \cdots & a_m^{m-1} \end{vmatrix} = \prod_{1 \leqslant i < j \leqslant m} (a_j - a_i) \neq 0$$

而 $\boldsymbol{A}$ 只有 m 行，$\boldsymbol{A}$ 中没有 $m+1$ 阶非零子式，因此 $\mathrm{r}(\boldsymbol{A}) = m$，所以 $\boldsymbol{\alpha}_1, \boldsymbol{\alpha}_2, \cdots, \boldsymbol{\alpha}_m$ 线性无关.

例 5.24 设 $\boldsymbol{\alpha}_1, \boldsymbol{\alpha}_2, \cdots, \boldsymbol{\alpha}_n$ 为 n 维向量，求证：$\boldsymbol{\alpha}_1, \boldsymbol{\alpha}_2, \cdots, \boldsymbol{\alpha}_n$ 线性无关的充分必要条件为任意 n 维向量均可由 $\boldsymbol{\alpha}_1, \boldsymbol{\alpha}_2, \cdots, \boldsymbol{\alpha}_n$ 线性表示.

证明 必要性：已知 $\boldsymbol{\alpha}_1, \boldsymbol{\alpha}_2, \cdots, \boldsymbol{\alpha}_n$ 线性无关，对任意 n 维向量 $\boldsymbol{\beta}$，向量组 $\boldsymbol{\alpha}_1, \boldsymbol{\alpha}_2, \cdots, \boldsymbol{\alpha}_n, \boldsymbol{\beta}$ 由 $n+1$ 个 n 维向量组成，必线性相关，所以 $\boldsymbol{\beta}$ 可由 $\boldsymbol{\alpha}_1, \boldsymbol{\alpha}_2, \cdots, \boldsymbol{\alpha}_n$ 线性表示.

充分性：已知 $\boldsymbol{e}_1 = (1, 0, \cdots, 0)^{\mathrm{T}}, \boldsymbol{e}_2 = (0, 1, \cdots, 0)^{\mathrm{T}}, \cdots, \boldsymbol{e}_n = (0, 0, \cdots, 1)^{\mathrm{T}}$ 可由 $\boldsymbol{\alpha}_1, \boldsymbol{\alpha}_2, \cdots, \boldsymbol{\alpha}_n$ 线性表示，从而有 $n = \mathrm{r}\{\boldsymbol{e}_1, \boldsymbol{e}_2, \cdots, \boldsymbol{e}_n\} \leqslant \mathrm{r}\{\boldsymbol{\alpha}_1, \boldsymbol{\alpha}_2, \cdots, \boldsymbol{\alpha}_n\}$，即 $\mathrm{r}\{\boldsymbol{\alpha}_1, \boldsymbol{\alpha}_2, \cdots, \boldsymbol{\alpha}_n\} = n$，所以 $\boldsymbol{\alpha}_1, \boldsymbol{\alpha}_2, \cdots, \boldsymbol{\alpha}_n$ 线性无关.

例 5.25 设向量组 $\boldsymbol{\alpha}_1, \boldsymbol{\alpha}_2, \cdots, \boldsymbol{\alpha}_m$ 线性无关，$\boldsymbol{\beta}_1, \boldsymbol{\beta}_2, \cdots, \boldsymbol{\beta}_s$ 可由 $\boldsymbol{\alpha}_1, \boldsymbol{\alpha}_2, \cdots, \boldsymbol{\alpha}_m$ 线性表示为

$$[\boldsymbol{\beta}_1 \quad \boldsymbol{\beta}_2 \quad \cdots \quad \boldsymbol{\beta}_s] = [\boldsymbol{\alpha}_1 \quad \boldsymbol{\alpha}_2 \quad \cdots \quad \boldsymbol{\alpha}_m] \begin{bmatrix} c_{11} & c_{12} & \cdots & c_{1s} \\ c_{21} & c_{22} & \cdots & c_{2s} \\ \vdots & \vdots & & \vdots \\ c_{m1} & c_{m2} & \cdots & c_{ms} \end{bmatrix}$$

令 $\boldsymbol{C} = [c_{ij}]_{m \times s}$，求证：$\boldsymbol{\beta}_1, \boldsymbol{\beta}_2, \cdots, \boldsymbol{\beta}_s$ 线性无关的充分必要条件为 $\mathrm{r}(\boldsymbol{C}) = s$.

证明 显然当 $\boldsymbol{\alpha}_1, \boldsymbol{\alpha}_2, \cdots, \boldsymbol{\alpha}_m$ 线性无关时，有

$$[\boldsymbol{\alpha}_1 \quad \boldsymbol{\alpha}_2 \quad \cdots \quad \boldsymbol{\alpha}_m] \begin{bmatrix} y_1 \\ y_2 \\ \vdots \\ y_m \end{bmatrix} = \boldsymbol{0} \quad \Leftrightarrow \quad \begin{bmatrix} y_1 \\ y_2 \\ \vdots \\ y_m \end{bmatrix} = \boldsymbol{0}$$

$\boldsymbol{\beta}_1, \boldsymbol{\beta}_2, \cdots, \boldsymbol{\beta}_s$ 线性无关

$\Leftrightarrow$ 若使 $x_1\boldsymbol{\beta}_1 + x_2\boldsymbol{\beta}_2 + \cdots + x_s\boldsymbol{\beta}_s = \boldsymbol{0}$，则必有 $x_1 = x_2 = \cdots = x_s = 0$

$\Leftrightarrow$ 若使 $[\boldsymbol{\beta}_1 \quad \boldsymbol{\beta}_2 \quad \cdots \quad \boldsymbol{\beta}_s] \begin{bmatrix} x_1 \\ x_2 \\ \vdots \\ x_s \end{bmatrix} = \boldsymbol{0}$，则必有 $\begin{bmatrix} x_1 \\ x_2 \\ \vdots \\ x_s \end{bmatrix} = \boldsymbol{0}$

$\Leftrightarrow$ 若使 $[\boldsymbol{\alpha}_1 \quad \boldsymbol{\alpha}_2 \quad \cdots \quad \boldsymbol{\alpha}_m]\boldsymbol{C}\boldsymbol{X} = \boldsymbol{0}$，则必有 $\boldsymbol{X} = \boldsymbol{0}$（其中 $\boldsymbol{X} = \begin{bmatrix} x_1 \\ x_2 \\ \vdots \\ x_s \end{bmatrix}$）

$\Leftrightarrow$ 若使 $\boldsymbol{CX}=\mathbf{0}$,则必有 $\boldsymbol{X}=\mathbf{0}$(将 $\boldsymbol{CX}$ 看成整体,由于 $\boldsymbol{\alpha}_1,\boldsymbol{\alpha}_2,\cdots,\boldsymbol{\alpha}_m$ 线性无关)

$\Leftrightarrow$ 方程组 $\boldsymbol{CX}=\mathbf{0}$ 只有零解

$\Leftrightarrow$ $\mathrm{r}(\boldsymbol{C})=s$,因此结论成立.

总结 相关性结论的第(15)条可看成本题中 $m=s$ 时的特例.

例 5.26 已知 $\boldsymbol{\alpha}_1,\boldsymbol{\alpha}_2,\cdots,\boldsymbol{\alpha}_m$ 线性无关,$\boldsymbol{\beta}_1$ 可由 $\boldsymbol{\alpha}_1,\boldsymbol{\alpha}_2,\cdots,\boldsymbol{\alpha}_m$ 线性表示,$\boldsymbol{\beta}_2$ 不能由 $\boldsymbol{\alpha}_1,\boldsymbol{\alpha}_2,\cdots,\boldsymbol{\alpha}_m$ 线性表示,求证:对任意常数 t,向量组 $\boldsymbol{\alpha}_1,\boldsymbol{\alpha}_2,\cdots,\boldsymbol{\alpha}_m,t\boldsymbol{\beta}_1+\boldsymbol{\beta}_2$ 必线性无关.

证明 反证法. 假设 $\boldsymbol{\alpha}_1,\boldsymbol{\alpha}_2,\cdots,\boldsymbol{\alpha}_m,t\boldsymbol{\beta}_1+\boldsymbol{\beta}_2$ 线性相关.

由于 $\boldsymbol{\alpha}_1,\boldsymbol{\alpha}_2,\cdots,\boldsymbol{\alpha}_m$ 线性无关,则 $t\boldsymbol{\beta}_1+\boldsymbol{\beta}_2$ 可由 $\boldsymbol{\alpha}_1,\boldsymbol{\alpha}_2,\cdots,\boldsymbol{\alpha}_m$ 线性表示. 已知 $\boldsymbol{\beta}_1$ 可由 $\boldsymbol{\alpha}_1,\boldsymbol{\alpha}_2,\cdots,\boldsymbol{\alpha}_m$ 线性表示,设

$$t\boldsymbol{\beta}_1+\boldsymbol{\beta}_2=c_1\boldsymbol{\alpha}_1+c_2\boldsymbol{\alpha}_2+\cdots+c_m\boldsymbol{\alpha}_m$$

$$\boldsymbol{\beta}_1=k_1\boldsymbol{\alpha}_1+k_2\boldsymbol{\alpha}_2+\cdots+k_m\boldsymbol{\alpha}_m$$

则

$$\begin{aligned}\boldsymbol{\beta}_2&=c_1\boldsymbol{\alpha}_1+c_2\boldsymbol{\alpha}_2+\cdots+c_m\boldsymbol{\alpha}_m-t(k_1\boldsymbol{\alpha}_1+k_2\boldsymbol{\alpha}_2+\cdots+k_m\boldsymbol{\alpha}_m)\\&=(c_1-tk_1)\boldsymbol{\alpha}_1+(c_2-tk_2)\boldsymbol{\alpha}_2+\cdots+(c_m-tk_m)\boldsymbol{\alpha}_m\end{aligned}$$

即 $\boldsymbol{\beta}_2$ 可由 $\boldsymbol{\alpha}_1,\boldsymbol{\alpha}_2,\cdots,\boldsymbol{\alpha}_m$ 线性表示,与已知矛盾.

因此,对 $\forall t\in\mathbb{R}$,有 $\boldsymbol{\alpha}_1,\boldsymbol{\alpha}_2,\cdots,\boldsymbol{\alpha}_m,t\boldsymbol{\beta}_1+\boldsymbol{\beta}_2$ 线性无关.

例 5.27 已知 $\boldsymbol{\alpha}_1,\boldsymbol{\alpha}_2,\boldsymbol{\beta}_1,\boldsymbol{\beta}_2$ 均为三维向量,$\boldsymbol{\alpha}_1,\boldsymbol{\alpha}_2$ 线性无关,$\boldsymbol{\beta}_1,\boldsymbol{\beta}_2$ 也线性无关.

(1)求证:存在非零向量 $\boldsymbol{\xi}$,使 $\boldsymbol{\xi}$ 既可由 $\boldsymbol{\alpha}_1,\boldsymbol{\alpha}_2$ 线性表示,也可由 $\boldsymbol{\beta}_1,\boldsymbol{\beta}_2$ 线性表示.

(2)若 $\boldsymbol{\alpha}_1=(2,2,1)^{\mathrm{T}},\boldsymbol{\alpha}_2=(1,1,0)^{\mathrm{T}},\boldsymbol{\beta}_1=(1,0,-1)^{\mathrm{T}},\boldsymbol{\beta}_2=(-5,-6,-3)^{\mathrm{T}}$;求出既可由 $\boldsymbol{\alpha}_1,\boldsymbol{\alpha}_2$ 线性表示,又可由 $\boldsymbol{\beta}_1,\boldsymbol{\beta}_2$ 线性表示的全部 $\boldsymbol{\xi}$.

解 (1)由 $\boldsymbol{\alpha}_1,\boldsymbol{\alpha}_2,\boldsymbol{\beta}_1,\boldsymbol{\beta}_2$ 为四个三维向量必线性相关,则存在不全为零的 k_1,k_2,k_3,k_4 使 $k_1\boldsymbol{\alpha}_1+k_2\boldsymbol{\alpha}_2+k_3\boldsymbol{\beta}_1+k_4\boldsymbol{\beta}_2=\mathbf{0}$.

令 $\boldsymbol{\xi}=k_1\boldsymbol{\alpha}_1+k_2\boldsymbol{\alpha}_2=-k_3\boldsymbol{\beta}_1-k_4\boldsymbol{\beta}_2$,由于 k_1,k_2,k_3,k_4 不全为零,不妨设 k_1,k_2 不全为零. 由于 $\boldsymbol{\alpha}_1,\boldsymbol{\alpha}_2$ 线性无关,则 $\boldsymbol{\xi}=k_1\boldsymbol{\alpha}_1+k_2\boldsymbol{\alpha}_2\neq\mathbf{0}$. 所以于 $\boldsymbol{\xi}=k_1\boldsymbol{\alpha}_1+k_2\boldsymbol{\alpha}_2=-k_3\boldsymbol{\beta}_1-k_4\boldsymbol{\beta}_2$ 为既可由 $\boldsymbol{\alpha}_1,\boldsymbol{\alpha}_2$ 线性表示,也可由 $\boldsymbol{\beta}_1,\boldsymbol{\beta}_2$ 线性表示的非零向量.

(2)设 $\boldsymbol{\xi}=x_1\boldsymbol{\alpha}_1+x_2\boldsymbol{\alpha}_2=x_3\boldsymbol{\beta}_1+x_4\boldsymbol{\beta}_2$,整理得方程

$$x_1\boldsymbol{\alpha}_1+x_2\boldsymbol{\alpha}_2-x_3\boldsymbol{\beta}_1-x_4\boldsymbol{\beta}_2=\mathbf{0}$$

此方程组系数矩阵为

$$\boldsymbol{A}=[\boldsymbol{\alpha}_1\quad\boldsymbol{\alpha}_2\quad-\boldsymbol{\beta}_1\quad-\boldsymbol{\beta}_2]=\begin{bmatrix}2&1&-1&5\\2&1&0&6\\1&0&1&3\end{bmatrix}$$

$$\boldsymbol{A}\xrightarrow{\text{行变换}}\begin{bmatrix}1&0&0&2\\0&1&0&2\\0&0&1&1\end{bmatrix}$$

还原得

$$\begin{cases} x_1 = -2x_4 \\ x_2 = -2x_4 \\ x_3 = -\ \ x_4 \\ x_4 = \quad x_4 \end{cases}$$

令 x_4 为任意常数 C,得通解

$$\begin{cases} x_1 = -2C \\ x_2 = -2C \\ x_3 = -\ \ C \\ x_4 = \quad C \end{cases}$$

则所求

$$\boldsymbol{\xi} = x_1\boldsymbol{\alpha}_1 + x_2\boldsymbol{\alpha}_2 = -2C\begin{bmatrix}2\\2\\1\end{bmatrix} - 2C\begin{bmatrix}1\\1\\0\end{bmatrix} = -2C\begin{bmatrix}3\\3\\1\end{bmatrix} = k\begin{bmatrix}3\\3\\1\end{bmatrix} \quad (k\text{ 为任意常数})$$

例 5.28 设 $\boldsymbol{\alpha}_1=(-1,-1,1)^{\mathrm T}$,$\boldsymbol{\alpha}_2=(1,\lambda,-1)^{\mathrm T}$,$\boldsymbol{\alpha}_3=(\lambda,1,2)^{\mathrm T}$,$\boldsymbol{\beta}=(4,\lambda^2,-4)^{\mathrm T}$. 问 λ 取何值时,$\boldsymbol{\beta}$ 不能由 $\boldsymbol{\alpha}_1,\boldsymbol{\alpha}_2,\boldsymbol{\alpha}_3$ 线性表示;当 λ 取何值时,$\boldsymbol{\beta}$ 可由 $\boldsymbol{\alpha}_1,\boldsymbol{\alpha}_2,\boldsymbol{\alpha}_3$ 唯一线性表示;当 λ 取何值时,$\boldsymbol{\beta}$ 可由 $\boldsymbol{\alpha}_1,\boldsymbol{\alpha}_2,\boldsymbol{\alpha}_3$ 线性表示,但表示法不唯一.

解 向量等式

$$x_1\boldsymbol{\alpha}_1 + x_2\boldsymbol{\alpha}_2 + x_3\boldsymbol{\alpha}_3 = \boldsymbol{\beta} \tag{10}$$

等同于方程组

$$[\boldsymbol{\alpha}_1 \quad \boldsymbol{\alpha}_2 \quad \boldsymbol{\alpha}_3]\begin{bmatrix}x_1\\x_2\\x_3\end{bmatrix} = \boldsymbol{\beta}$$

其增广矩阵

$$\overline{\boldsymbol{A}} = [\boldsymbol{\alpha}_1 \quad \boldsymbol{\alpha}_2 \quad \boldsymbol{\alpha}_3 \quad \boldsymbol{\beta}] = \begin{bmatrix}-1 & 1 & \lambda & 4\\ -1 & \lambda & 1 & \lambda^2\\ 1 & -1 & 2 & -4\end{bmatrix}$$

$$\overline{\boldsymbol{A}} \xrightarrow{\text{行变换}} \begin{bmatrix}-1 & 1 & \lambda & 4\\ 0 & \lambda-1 & 1-\lambda & \lambda^2-4\\ 0 & 0 & \lambda+2 & 0\end{bmatrix}$$

当 $\lambda\neq1$ 且 $\lambda\neq-2$ 时,$\mathrm{r}(\boldsymbol{A})=\mathrm{r}(\overline{\boldsymbol{A}})=3$,方程组有唯一解,即只有唯一一组 x 值满足式(10),$\boldsymbol{\beta}$ 可由 $\boldsymbol{\alpha}_1,\boldsymbol{\alpha}_2,\boldsymbol{\alpha}_3$ 唯一线性表示.

当 $\lambda=1$ 时,

$$\overline{\boldsymbol{A}} \xrightarrow{\text{行变换}} \begin{bmatrix}-1 & 1 & 1 & 4\\ 0 & 0 & 0 & -3\\ 0 & 0 & 3 & 0\end{bmatrix} \xrightarrow{\text{行变换}} \begin{bmatrix}-1 & 1 & 1 & 4\\ 0 & 0 & 3 & 0\\ 0 & 0 & 0 & -3\end{bmatrix}$$

$r(\boldsymbol{A})=2,r(\overline{\boldsymbol{A}})=3$,方程组无解,即没有 x 值满足式(10),即 $\boldsymbol{\beta}$ 不能由 $\boldsymbol{\alpha}_1,\boldsymbol{\alpha}_2,\boldsymbol{\alpha}_3$ 线性表示.

当 $\lambda=-2$ 时,$r(\boldsymbol{A})=r(\overline{\boldsymbol{A}})=2$,方程组有无穷多组解,即有无穷组值 x 满足式(10),$\boldsymbol{\beta}$ 可由 $\boldsymbol{\alpha}_1,\boldsymbol{\alpha}_2,\boldsymbol{\alpha}_3$ 线性表示,且表示法不唯一.

例 5.29 设 $\boldsymbol{\alpha}_1=(a_{11},a_{12},\cdots,a_{1n}),\boldsymbol{\alpha}_2=(a_{21},a_{22},\cdots,a_{2n}),\cdots,\boldsymbol{\alpha}_r=(a_{r1},a_{r2},\cdots,a_{rn}),\boldsymbol{\beta}=(b_1,b_2,\cdots,b_n)$.

已知 $r<n$,$\boldsymbol{\beta}^{\mathrm{T}}$ 为方程组

$$\begin{cases}a_{11}x_1+a_{12}x_2+\cdots+a_{1n}x_n=0\\a_{21}x_1+a_{22}x_2+\cdots+a_{2n}x_n=0\\\qquad\vdots\\a_{r1}x_1+a_{r2}x_2+\cdots+a_{rn}x_n=0\end{cases}$$

的一个非零解,且 $\boldsymbol{\alpha}_1,\boldsymbol{\alpha}_2,\cdots,\boldsymbol{\alpha}_r$ 线性无关. 问 $\boldsymbol{\alpha}_1,\boldsymbol{\alpha}_2,\cdots,\boldsymbol{\alpha}_r,\boldsymbol{\beta}$ 是否相关.

分析 我们先用举例的方法“猜”出结果. 令 $\boldsymbol{\alpha}_1=(1,0,0),\boldsymbol{\alpha}_2=(0,1,0)$,则方程组为 $\begin{cases}x_1+0x_2+0x_3=0\\0x_1+x_2+0x_3=0\end{cases}$. 取 $\boldsymbol{\beta}^{\mathrm{T}}=(0,0,1)^{\mathrm{T}}$,显然为方程组的一个非零解,此时 $\boldsymbol{\alpha}_1=(1,0,0),\boldsymbol{\alpha}_2=(0,1,0),\boldsymbol{\beta}=(0,0,1)$线性无关.

解 若有

$$k_1\boldsymbol{\alpha}_1+k_2\boldsymbol{\alpha}_2+\cdots+k_r\boldsymbol{\alpha}_r+k_{r+1}\boldsymbol{\beta}=\boldsymbol{0}\tag{11}$$

由已知 $\boldsymbol{\beta}^{\mathrm{T}}$ 为方程组的解,将 $\boldsymbol{\beta}^{\mathrm{T}}$ 代入方程组中,得

$$\boldsymbol{\alpha}_1\boldsymbol{\beta}^{\mathrm{T}}=\boldsymbol{\alpha}_2\boldsymbol{\beta}^{\mathrm{T}}=\cdots=\boldsymbol{\alpha}_r\boldsymbol{\beta}^{\mathrm{T}}=\boldsymbol{0}$$

式(11)两边同乘 $\boldsymbol{\beta}^{\mathrm{T}}$,得

$$k_1\boldsymbol{\alpha}_1\boldsymbol{\beta}^{\mathrm{T}}+k_2\boldsymbol{\alpha}_2\boldsymbol{\beta}^{\mathrm{T}}+\cdots+k_r\boldsymbol{\alpha}_r\boldsymbol{\beta}^{\mathrm{T}}+k_{r+1}\boldsymbol{\beta}\boldsymbol{\beta}^{\mathrm{T}}=\boldsymbol{0}$$

即 $k_{r+1}\boldsymbol{\beta}\boldsymbol{\beta}^{\mathrm{T}}=\boldsymbol{0}$. 由 $\boldsymbol{\beta}\neq\boldsymbol{0}$,则

$$\boldsymbol{\beta}\boldsymbol{\beta}^{\mathrm{T}}=(b_1,b_2,\cdots,b_n)\begin{bmatrix}b_1\\b_2\\\vdots\\b_n\end{bmatrix}=b_1^2+b_2^2+\cdots+b_n^2\neq0$$

因此 $k_{r+1}=0$,代入式(11)得 $k_1\boldsymbol{\alpha}_1+k_2\boldsymbol{\alpha}_2+\cdots+k_r\boldsymbol{\alpha}_r=\boldsymbol{0}$. 又由 $\boldsymbol{\alpha}_1,\boldsymbol{\alpha}_2,\cdots,\boldsymbol{\alpha}_r$ 线性无关,得 $k_1=k_2=\cdots=k_r=0$. 综上 $\boldsymbol{\alpha}_1,\boldsymbol{\alpha}_2,\cdots,\boldsymbol{\alpha}_r,\boldsymbol{\beta}$ 线性无关.

例 5.30 设 $\boldsymbol{\alpha}_1=(1,1,0,0)^{\mathrm{T}},\boldsymbol{\alpha}_2=(1,0,0,1)^{\mathrm{T}},\boldsymbol{\alpha}_3=(1,1,0,1)^{\mathrm{T}}$ 为空间 V 的一组基. $\boldsymbol{\beta}_1=(1,1,0,2)^{\mathrm{T}},\boldsymbol{\beta}_2=(2,2,0,1)^{\mathrm{T}},\boldsymbol{\beta}_3=(1,2,0,2)^{\mathrm{T}}$ 为空间 V 的另一组基. 求由 $\boldsymbol{\alpha}_1,\boldsymbol{\alpha}_2,\boldsymbol{\alpha}_3$ 到 $\boldsymbol{\beta}_1,\boldsymbol{\beta}_2,\boldsymbol{\beta}_3$ 的过渡矩阵,并求 $\boldsymbol{\gamma}=\boldsymbol{\beta}_3-\boldsymbol{\beta}_1$ 在基 $\boldsymbol{\alpha}_1,\boldsymbol{\alpha}_2,\boldsymbol{\alpha}_3$ 下的坐标.

分析 在过渡矩阵定义$[\boldsymbol{\beta}_1\quad\boldsymbol{\beta}_2\quad\boldsymbol{\beta}_3]=[\boldsymbol{\alpha}_1\quad\boldsymbol{\alpha}_2\quad\boldsymbol{\alpha}_3]\boldsymbol{P}$中,若矩阵$\boldsymbol{A}=[\boldsymbol{\alpha}_1\quad\boldsymbol{\alpha}_2\quad\boldsymbol{\alpha}_3]$,矩阵$\boldsymbol{B}=[\boldsymbol{\beta}_1\quad\boldsymbol{\beta}_2\quad\boldsymbol{\beta}_3]$为方阵,则我们可以由$\boldsymbol{B}=\boldsymbol{AP}$解出$\boldsymbol{P}=\boldsymbol{A}^{-1}\boldsymbol{B}$来求$\boldsymbol{P}$. 但本题$\boldsymbol{A}=[\boldsymbol{\alpha}_1\quad\boldsymbol{\alpha}_2\quad\boldsymbol{\alpha}_3]$与$\boldsymbol{B}=[\boldsymbol{\beta}_1\quad\boldsymbol{\beta}_2\quad\boldsymbol{\beta}_3]$均不是方阵,不能求$\boldsymbol{A}^{-1}$. 因此只能通过求$\boldsymbol{\beta}_1,\boldsymbol{\beta}_2,\boldsymbol{\beta}_3$被$\boldsymbol{\alpha}_1,\boldsymbol{\alpha}_2,\boldsymbol{\alpha}_3$线性表示的表达式来求过渡矩阵$\boldsymbol{P}$.

解 令

$$A=[\boldsymbol{\alpha}_1\quad\boldsymbol{\alpha}_2\quad\boldsymbol{\alpha}_3\quad\boldsymbol{\beta}_1\quad\boldsymbol{\beta}_2\quad\boldsymbol{\beta}_3]=\begin{bmatrix}1&1&1&1&2&1\\1&0&1&1&2&2\\0&0&0&0&0&0\\0&1&1&2&1&2\end{bmatrix}\xrightarrow{\text{行变换}}\begin{bmatrix}1&0&0&-1&1&-1\\0&1&0&0&0&-1\\0&0&1&2&1&3\\0&0&0&0&0&0\end{bmatrix}$$

则有

$$\begin{cases}\boldsymbol{\beta}_1=-\boldsymbol{\alpha}_1+2\boldsymbol{\alpha}_3\\\boldsymbol{\beta}_2=\boldsymbol{\alpha}_1+\boldsymbol{\alpha}_3\\\boldsymbol{\beta}_3=-\boldsymbol{\alpha}_1-\boldsymbol{\alpha}_2+3\boldsymbol{\alpha}_3\end{cases}$$

即

$$[\boldsymbol{\beta}_1\quad\boldsymbol{\beta}_2\quad\boldsymbol{\beta}_3]=[\boldsymbol{\alpha}_1\quad\boldsymbol{\alpha}_2\quad\boldsymbol{\alpha}_3]\begin{bmatrix}-1&1&-1\\0&0&-1\\2&1&3\end{bmatrix}$$

所以由$\boldsymbol{\alpha}_1,\boldsymbol{\alpha}_2,\boldsymbol{\alpha}_3$到$\boldsymbol{\beta}_1,\boldsymbol{\beta}_2,\boldsymbol{\beta}_3$的过渡矩阵

$$\boldsymbol{P}=\begin{bmatrix}-1&1&-1\\0&0&-1\\2&1&3\end{bmatrix}$$

于是 $$\boldsymbol{\gamma}=\boldsymbol{\beta}_3-\boldsymbol{\beta}_1=(-\boldsymbol{\alpha}_1-\boldsymbol{\alpha}_2+3\boldsymbol{\alpha}_3)-(-\boldsymbol{\alpha}_1+\boldsymbol{\alpha}_3)=-\boldsymbol{\alpha}_2+\boldsymbol{\alpha}_3$$

从而$\boldsymbol{\gamma}$在基$\boldsymbol{\alpha}_1,\boldsymbol{\alpha}_2,\boldsymbol{\alpha}_3$下的坐标为$(0,-1,1)^{\mathrm{T}}$.

例 5.31 设$\boldsymbol{A}$为$m\times n$矩阵,$\boldsymbol{B}$为$n\times s$矩阵,若$\mathrm{r}(\boldsymbol{A})=n$,求证:$\mathrm{r}(\boldsymbol{AB})=\mathrm{r}(\boldsymbol{B})$.

证明 构造方程组$\boldsymbol{ABX}=\boldsymbol{0}$与方程组$\boldsymbol{BX}=\boldsymbol{0}$,显然$\boldsymbol{BX}=\boldsymbol{0}$的解均为$\boldsymbol{ABX}=\boldsymbol{0}$的解. 若$\boldsymbol{X}$满足$\boldsymbol{ABX}=\boldsymbol{0}$,即$\boldsymbol{BX}$为$\boldsymbol{AY}=\boldsymbol{0}$的解,由$\mathrm{r}(\boldsymbol{A})=n$,知方程组$\boldsymbol{AY}=\boldsymbol{0}$只有零解,因此必有$\boldsymbol{BX}=\boldsymbol{0}$成立.

综上,方程组$\boldsymbol{ABX}=\boldsymbol{0}$与$\boldsymbol{BX}=\boldsymbol{0}$同解,则$n-\mathrm{r}(\boldsymbol{AB})=n-\mathrm{r}(\boldsymbol{B})$,即$\mathrm{r}(\boldsymbol{AB})=\mathrm{r}(\boldsymbol{B})$.

总结 欲证两矩阵秩相等,即$\mathrm{r}(\boldsymbol{P})=\mathrm{r}(\boldsymbol{Q})$,可构造两方程组$\boldsymbol{PX}=\boldsymbol{0}$及$\boldsymbol{QX}=\boldsymbol{0}$,若能说明$\boldsymbol{PX}=\boldsymbol{0}$与$\boldsymbol{QX}=\boldsymbol{0}$同解,则有$n-\mathrm{r}(\boldsymbol{P})=n-\mathrm{r}(\boldsymbol{Q})$,得$\mathrm{r}(\boldsymbol{P})=\mathrm{r}(\boldsymbol{Q})$.

例 5.32 设$\boldsymbol{A}$为$m\times n$矩阵,求证:$\mathrm{r}(\boldsymbol{A}^{\mathrm{T}}\boldsymbol{A})=\mathrm{r}(\boldsymbol{A})$.

证明 构造方程组 $\boldsymbol{A}^{\mathrm{T}}\boldsymbol{A}\boldsymbol{X}=\boldsymbol{0}$ 与方程组 $\boldsymbol{A}\boldsymbol{X}=\boldsymbol{0}$,显然 $\boldsymbol{A}\boldsymbol{X}=\boldsymbol{0}$ 的解均为 $\boldsymbol{A}^{\mathrm{T}}\boldsymbol{A}\boldsymbol{X}$ 的解. 若 $\boldsymbol{X}$ 满足 $\boldsymbol{A}^{\mathrm{T}}\boldsymbol{A}\boldsymbol{X}=\boldsymbol{0}$,则 $\boldsymbol{X}^{\mathrm{T}}\boldsymbol{A}^{\mathrm{T}}\boldsymbol{A}\boldsymbol{X}=\boldsymbol{0}$,即 $(\boldsymbol{A}\boldsymbol{X})^{\mathrm{T}}\boldsymbol{A}\boldsymbol{X}=\boldsymbol{0}$,即 $\|\boldsymbol{A}\boldsymbol{X}\|^2=\boldsymbol{0}$,从而 $\boldsymbol{A}\boldsymbol{X}=\boldsymbol{0}$. 综上,方程组 $\boldsymbol{A}\boldsymbol{X}=\boldsymbol{0}$ 与 $\boldsymbol{A}^{\mathrm{T}}\boldsymbol{A}\boldsymbol{X}=\boldsymbol{0}$ 同解,则 $n-\mathrm{r}(\boldsymbol{A}^{\mathrm{T}}\boldsymbol{A})=n-\mathrm{r}(\boldsymbol{A})$,即 $\mathrm{r}(\boldsymbol{A}^{\mathrm{T}}\boldsymbol{A})=\mathrm{r}(\boldsymbol{A})$.

例 5.33 设 $\boldsymbol{A}$ 为 n 阶方阵,$|\boldsymbol{A}|=0$,$\boldsymbol{A}$ 中存在一个代数余子式 $A_{ij}\neq 0$,求证:$\boldsymbol{\alpha}=[A_{i1}\quad A_{i2}\quad\cdots\quad A_{in}]^{\mathrm{T}}$ 为方程组 $\boldsymbol{A}\boldsymbol{X}=\boldsymbol{0}$ 的基础解系.

证明 将 $\boldsymbol{\alpha}$ 代入 $\boldsymbol{A}\boldsymbol{X}=\boldsymbol{0}$ 中,有

$$\boldsymbol{A}\boldsymbol{\alpha}=\begin{bmatrix}a_{11}&a_{12}&\cdots&a_{1n}\\a_{21}&a_{22}&\cdots&a_{2n}\\\vdots&\vdots&&\vdots\\a_{n1}&a_{n2}&\cdots&a_{nn}\end{bmatrix}\begin{bmatrix}A_{i1}\\A_{i2}\\\vdots\\A_{in}\end{bmatrix}=\begin{bmatrix}0\\\vdots\\|\boldsymbol{A}|\\\vdots\\0\end{bmatrix}=\boldsymbol{0}$$

则 $\boldsymbol{\alpha}$ 为方程组 $\boldsymbol{A}\boldsymbol{X}=\boldsymbol{0}$ 的解,由 $A_{ij}\neq 0$,则 $\boldsymbol{\alpha}=[A_{i1}\quad A_{i2}\quad\cdots\quad A_{in}]^{\mathrm{T}}\neq\boldsymbol{0}$,即 $\boldsymbol{\alpha}$ 线性无关.

由 $A_{ij}\neq 0$,则余子式 $M_{ij}\neq 0$,即矩阵 $\boldsymbol{A}$ 中存在 $n-1$ 阶非零子式. 又 $|\boldsymbol{A}|=0$,得 $\mathrm{r}(\boldsymbol{A})=n-1$,$\boldsymbol{A}\boldsymbol{X}=\boldsymbol{0}$ 的基础解系中应含一个线性无关向量. 综上,$\boldsymbol{\alpha}$ 为方程组 $\boldsymbol{A}\boldsymbol{X}=\boldsymbol{0}$ 的基础解系.

例 5.34 设 $\boldsymbol{\alpha}_1,\boldsymbol{\alpha}_2,\cdots,\boldsymbol{\alpha}_s$ 为方程组 $\boldsymbol{A}\boldsymbol{X}=\boldsymbol{0}$ 的一个基础解系,$\boldsymbol{\beta}_1=t_1\boldsymbol{\alpha}_1+t_2\boldsymbol{\alpha}_2$,$\boldsymbol{\beta}_2=t_1\boldsymbol{\alpha}_2+t_2\boldsymbol{\alpha}_3$,$\cdots$,$\boldsymbol{\beta}_s=t_1\boldsymbol{\alpha}_s+t_2\boldsymbol{\alpha}_1$. 问 t_1,t_2 满足什么关系时,$\boldsymbol{\beta}_1,\boldsymbol{\beta}_2,\cdots,\boldsymbol{\beta}_s$ 也是 $\boldsymbol{A}\boldsymbol{X}=\boldsymbol{0}$ 的一个基础解系.

解 显然,$\boldsymbol{\beta}_1,\boldsymbol{\beta}_2,\cdots\boldsymbol{\beta}_S$ 都是方程组 $\boldsymbol{A}\boldsymbol{X}=\boldsymbol{0}$ 的解,而方程组 $\boldsymbol{A}\boldsymbol{X}=0$ 的基础解系应含 s 个向量,因此 $\boldsymbol{\beta}_1,\boldsymbol{\beta}_2,\cdots,\boldsymbol{\beta}_s$ 为 $\boldsymbol{A}\boldsymbol{X}=\boldsymbol{0}$ 的基础解系 $\Leftrightarrow\boldsymbol{\beta}_1,\boldsymbol{\beta}_2,\cdots,\boldsymbol{\beta}_s$ 线性无关. 又由于

$$[\boldsymbol{\beta}_1\quad\boldsymbol{\beta}_2\quad\cdots\quad\boldsymbol{\beta}_s]=[\boldsymbol{\alpha}_1\quad\boldsymbol{\alpha}_2\quad\cdots\quad\boldsymbol{\alpha}_s]\begin{bmatrix}t_1&&&&t_2\\t_2&t_1&&&\\&t_2&\ddots&&\\&&\ddots&\ddots&\\&&&t_2&t_1\end{bmatrix}$$

从而由 $\boldsymbol{\alpha}_1,\boldsymbol{\alpha}_2,\cdots,\boldsymbol{\alpha}_s$ 线性无关可知

$$\boldsymbol{\beta}_1,\boldsymbol{\beta}_2,\cdots,\boldsymbol{\beta}_s\text{ 线性无关}\Leftrightarrow\begin{vmatrix}t_1&&&&t_2\\t_2&t_1&&&\\&t_2&\ddots&&\\&&\ddots&\ddots&\\&&&t_2&t_1\end{vmatrix}=t_1^s+(-1)^{s+1}t_2^s\neq 0$$

$$\text{即 }\boldsymbol{\beta}_1,\boldsymbol{\beta}_2,\cdots,\boldsymbol{\beta}_s\text{ 可做 }\boldsymbol{A}\boldsymbol{X}=\boldsymbol{0}\text{ 的基础解系}\Leftrightarrow\begin{vmatrix}t_1&&&&t_2\\t_2&t_1&&&\\&t_2&\ddots&&\\&&\ddots&\ddots&\\&&&t_2&t_1\end{vmatrix}=t_1^s+(-1)^{s+1}t_2^s\neq 0.$$

所以,当 t_1,t_2 满足条件 $t_1^s+(-1)^{s+1}t_2^s\neq 0$ 时,$\boldsymbol{\beta}_1,\boldsymbol{\beta}_2,\cdots,\boldsymbol{\beta}_s$ 也是 $\boldsymbol{AX}=\boldsymbol{0}$ 的基础解系.

例 5.35 设 $\boldsymbol{A}$ 为三阶方阵,$\boldsymbol{\alpha}_1,\boldsymbol{\alpha}_2,\boldsymbol{\alpha}_3$ 为三维列向量,$\boldsymbol{P}=[\boldsymbol{\alpha}_1\quad\boldsymbol{\alpha}_2\quad\boldsymbol{\alpha}_3]$,已知

$$\begin{cases}\boldsymbol{A\alpha}_1=3\boldsymbol{\alpha}_1-5\boldsymbol{\alpha}_2+\boldsymbol{\alpha}_3\\ \boldsymbol{A\alpha}_2=\boldsymbol{\alpha}_1+\boldsymbol{\alpha}_2-\boldsymbol{\alpha}_3\\ \boldsymbol{A\alpha}_3=4\boldsymbol{\alpha}_1+5\boldsymbol{\alpha}_3\end{cases}$$

(1)求矩阵 $\boldsymbol{B}$ 使 $\boldsymbol{AP}=\boldsymbol{PB}$ 成立.

(2)若已知 $\boldsymbol{\alpha}_1,\boldsymbol{\alpha}_2,\boldsymbol{\alpha}_3$ 线性无关,求证:使 $\boldsymbol{AP}=\boldsymbol{PB}$ 成立的矩阵 $\boldsymbol{B}$ 唯一.

解 (1)$\boldsymbol{AP}=\boldsymbol{A}[\boldsymbol{\alpha}_1\quad\boldsymbol{\alpha}_2\quad\boldsymbol{\alpha}_3]=[\boldsymbol{A\alpha}_1\quad\boldsymbol{A\alpha}_2\quad\boldsymbol{A\alpha}_3]$

若使 $\boldsymbol{AP}=\boldsymbol{PB}$,即

$$[\boldsymbol{A\alpha}_1\quad\boldsymbol{A\alpha}_2\quad\boldsymbol{A\alpha}_3]=[\boldsymbol{\alpha}_1\quad\boldsymbol{\alpha}_2\quad\boldsymbol{\alpha}_3]\begin{bmatrix}b_{11}&b_{12}&b_{13}\\ b_{21}&b_{22}&b_{23}\\ b_{31}&b_{32}&b_{33}\end{bmatrix}\tag{12}$$

由已知

$$\begin{cases}\boldsymbol{A\alpha}_1=3\boldsymbol{\alpha}_1-5\boldsymbol{\alpha}_2+\boldsymbol{\alpha}_3\\ \boldsymbol{A\alpha}_2=\boldsymbol{\alpha}_1+\boldsymbol{\alpha}_2-\boldsymbol{\alpha}_3\\ \boldsymbol{A\alpha}_3=4\boldsymbol{\alpha}_1+5\boldsymbol{\alpha}_3\end{cases}$$

即

$$[\boldsymbol{A\alpha}_1\quad\boldsymbol{A\alpha}_2\quad\boldsymbol{A\alpha}_3]=[\boldsymbol{\alpha}_1\quad\boldsymbol{\alpha}_2\quad\boldsymbol{\alpha}_3]\begin{bmatrix}3&1&4\\ -5&1&0\\ 1&-1&5\end{bmatrix}$$

则取

$$\boldsymbol{B}=\begin{bmatrix}3&1&4\\ -5&1&0\\ 1&-1&5\end{bmatrix}$$

就能满足 $\boldsymbol{AP}=\boldsymbol{PB}$.

(2)由于 $\boldsymbol{\alpha}_1,\boldsymbol{\alpha}_2,\boldsymbol{\alpha}_3$ 线性无关,则 $\boldsymbol{A\alpha}_1$ 由 $\boldsymbol{\alpha}_1,\boldsymbol{\alpha}_2,\boldsymbol{\alpha}_3$ 线性表示的表示法唯一,$\boldsymbol{A\alpha}_2$ 由 $\boldsymbol{\alpha}_1,\boldsymbol{\alpha}_2,\boldsymbol{\alpha}_3$ 线性表示的表示法唯一,$\boldsymbol{A\alpha}_3$ 由 $\boldsymbol{\alpha}_1,\boldsymbol{\alpha}_2,\boldsymbol{\alpha}_3$ 线性表示的表示法唯一. 又由式(12)知,$\boldsymbol{B}$ 中各元素即为 $\boldsymbol{A\alpha}_1,\boldsymbol{A\alpha}_2,\boldsymbol{A\alpha}_3$ 由 $\boldsymbol{\alpha}_1,\boldsymbol{\alpha}_2,\boldsymbol{\alpha}_3$ 线性表示的表示系数,则 $\boldsymbol{B}$ 中元素是唯一确定的,从而矩阵 $\boldsymbol{B}$ 唯一.

例 5.36 已知 $\boldsymbol{\alpha}_1,\boldsymbol{\alpha}_2,\cdots,\boldsymbol{\alpha}_m$ 线性无关,求证:$\boldsymbol{\alpha}_2-\boldsymbol{\alpha}_1,\boldsymbol{\alpha}_3-\boldsymbol{\alpha}_2,\cdots,\boldsymbol{\alpha}_m-\boldsymbol{\alpha}_{m-1}$线性无关.

证明 方法一:若有

$$k_1(\boldsymbol{\alpha}_2-\boldsymbol{\alpha}_1)+k_2(\boldsymbol{\alpha}_3-\boldsymbol{\alpha}_2)+\cdots+k_{m-1}(\boldsymbol{\alpha}_m-\boldsymbol{\alpha}_{m-1})=\boldsymbol{0}$$

即

$$-k_1\boldsymbol{\alpha}_1+(k_1-k_2)\boldsymbol{\alpha}_2+\cdots+(k_{m-2}-k_{m-1})\boldsymbol{\alpha}_{m-1}+k_{m-1}\boldsymbol{\alpha}_m=\mathbf{0}$$

由 $\boldsymbol{\alpha}_1,\boldsymbol{\alpha}_2,\cdots,\boldsymbol{\alpha}_m$ 线性无关,则

$$-k_1=k_1-k_2=\cdots=k_{m-2}-k_{m-1}=k_{m-1}=0$$

因此

$$k_1=k_2=\cdots=k_{m-1}=0$$

所以 $\boldsymbol{\alpha}_2-\boldsymbol{\alpha}_1,\boldsymbol{\alpha}_3-\boldsymbol{\alpha}_2,\cdots,\boldsymbol{\alpha}_m-\boldsymbol{\alpha}_{m-1}$ 线性无关.

方法二:

$$[\boldsymbol{\alpha}_1\quad \boldsymbol{\alpha}_2-\boldsymbol{\alpha}_1\quad \cdots\quad \boldsymbol{\alpha}_m-\boldsymbol{\alpha}_{m-1}]=[\boldsymbol{\alpha}_1\quad \boldsymbol{\alpha}_2\quad \cdots\quad \boldsymbol{\alpha}_m]\begin{bmatrix}1&-1&&&\\&1&-1&&\\&&\ddots&\ddots&\\&&&\ddots&-1\\&&&&1\end{bmatrix}$$

且

$$\begin{vmatrix}1&-1&&&\\&1&-1&&\\&&\ddots&\ddots&\\&&&\ddots&-1\\&&&&1\end{vmatrix}=1\neq 0$$

由 $\boldsymbol{\alpha}_1,\boldsymbol{\alpha}_2,\cdots,\boldsymbol{\alpha}_m$ 线性无关,可知 $\boldsymbol{\alpha}_1,\boldsymbol{\alpha}_2-\boldsymbol{\alpha}_1,\boldsymbol{\alpha}_3-\boldsymbol{\alpha}_2,\cdots,\boldsymbol{\alpha}_m-\boldsymbol{\alpha}_{m-1}$ 线性无关. 又 $\boldsymbol{\alpha}_2-\boldsymbol{\alpha}_1,\boldsymbol{\alpha}_3-\boldsymbol{\alpha}_2,\cdots,\boldsymbol{\alpha}_m-\boldsymbol{\alpha}_{m-1}$ 为 $\boldsymbol{\alpha}_1,\boldsymbol{\alpha}_2-\boldsymbol{\alpha}_1,\boldsymbol{\alpha}_3-\boldsymbol{\alpha}_2,\cdots,\boldsymbol{\alpha}_m-\boldsymbol{\alpha}_{m-1}$ 的一部分,则 $\boldsymbol{\alpha}_2-\boldsymbol{\alpha}_1,\boldsymbol{\alpha}_3-\boldsymbol{\alpha}_2,\cdots,\boldsymbol{\alpha}_m-\boldsymbol{\alpha}_{m-1}$ 线性无关.

例 5.37 已知非齐次方程组

$$\begin{cases}x_1+x_2+x_3+x_4=-1\\4x_1+3x_2+5x_3-x_4=-1\\ax_1+x_2+3x_3-bx_4=1\end{cases}$$

有三个线性无关的解.

(1)求证:该方程组系数矩阵的秩等于2.

(2)求 a,b 的值及方程组的通解.

解 由系数矩阵

$$\boldsymbol{A}=\begin{bmatrix}1&1&1&1\\4&3&5&-1\\a&1&3&-b\end{bmatrix}$$

有二阶非零子式,则 $\mathrm{r}(\boldsymbol{A})\geqslant 2$. 设 $\boldsymbol{\alpha}_1,\boldsymbol{\alpha}_2,\boldsymbol{\alpha}_3$ 为原方程组的三个线性无关解,则 $\boldsymbol{\alpha}_2-\boldsymbol{\alpha}_1,\boldsymbol{\alpha}_3-\boldsymbol{\alpha}_2$ 为对应齐次方程组 $\boldsymbol{AX}=\mathbf{0}$ 的两个解.

若有

$$k_1(\boldsymbol{\alpha}_2-\boldsymbol{\alpha}_1)+k_2(\boldsymbol{\alpha}_3-\boldsymbol{\alpha}_2)=\mathbf{0}$$

即

$$-k_1\boldsymbol{\alpha}_1+(k_1-k_2)\boldsymbol{\alpha}_2+k_3\boldsymbol{\alpha}_3=\mathbf{0}$$

由 $\boldsymbol{\alpha}_1,\boldsymbol{\alpha}_2,\boldsymbol{\alpha}_3$ 线性无关,得 $-k_1=k_1-k_2=k_3=0$,即 $k_1=k_2=0$,从而 $\boldsymbol{\alpha}_2-\boldsymbol{\alpha}_1,\boldsymbol{\alpha}_3-\boldsymbol{\alpha}_2$ 线性无关,则 $\boldsymbol{AX}=\mathbf{0}$ 的基础解系中至少含两个线性无关向量,即 $n-\mathrm{r}(\boldsymbol{A})\geqslant 2,\mathrm{r}(\boldsymbol{A})\leqslant n-2=2$. 综上,有 $\mathrm{r}(\boldsymbol{A})=2$.

(2)对增广阵进行初等行变换,得

$$\overline{\boldsymbol{A}}=\begin{bmatrix}1&1&1&1&-1\\4&3&5&-1&-1\\a&1&3&-b&1\end{bmatrix}\xrightarrow{\text{行变换}}\begin{bmatrix}1&1&1&1&-1\\0&-1&1&-5&3\\0&0&4-2a&4a-b-5&4-2a\end{bmatrix}$$

由 $\mathrm{r}(\boldsymbol{A})=2$,则 $4-2a=4a-b-5=0$,即 $a=2,b=3$.

$$\overline{\boldsymbol{A}}\xrightarrow{\text{行变换}}\begin{bmatrix}1&1&1&1&-1\\0&-1&1&-5&3\\0&0&0&0&0\end{bmatrix}\xrightarrow{\text{行变换}}\begin{bmatrix}1&0&2&-4&2\\0&1&-1&5&-3\\0&0&0&0&0\end{bmatrix}$$

还原成方程组

$$\begin{cases}x_1=-2x_3+4x_4+2\\x_2=x_3-5x_4-3\\x_3=x_3\\x_4=x_4\end{cases}$$

通解为

$$\boldsymbol{X}=C_1\begin{bmatrix}-2\\1\\1\\0\end{bmatrix}+C_2\begin{bmatrix}4\\-5\\0\\1\end{bmatrix}+\begin{bmatrix}2\\-3\\0\\0\end{bmatrix}\quad(C_1,C_2\text{ 为任意常数})$$

例 5.38 设 $\boldsymbol{A}$ 为三阶方阵,$\boldsymbol{\alpha}_1,\boldsymbol{\alpha}_2,\boldsymbol{\alpha}_3$ 为 $\boldsymbol{A}$ 的三个列向量. 已知 $\boldsymbol{\alpha}_1,\boldsymbol{\alpha}_2$ 线性无关,$\boldsymbol{\alpha}_1,\boldsymbol{\alpha}_2,\boldsymbol{\alpha}_3$ 线性相关,$\boldsymbol{A}^*$ 为 $\boldsymbol{A}$ 的伴随矩阵,求方程 $\boldsymbol{A}^*\boldsymbol{X}=\mathbf{0}$ 的通解.

解 由 $\boldsymbol{\alpha}_1,\boldsymbol{\alpha}_2$ 线性无关,$\boldsymbol{\alpha}_1,\boldsymbol{\alpha}_2,\boldsymbol{\alpha}_3$ 线性相关,得 $\mathrm{r}(\boldsymbol{A})=\mathrm{r}\{\boldsymbol{\alpha}_1,\boldsymbol{\alpha}_2,\boldsymbol{\alpha}_3\}=2$,从而 $\mathrm{r}(\boldsymbol{A}^*)=1$,方程组 $\boldsymbol{A}^*\boldsymbol{X}=\mathbf{0}$ 的通解形式为 $\boldsymbol{X}=C_1\boldsymbol{\eta}_1+C_2\boldsymbol{\eta}_2$. 由 $\mathrm{r}(\boldsymbol{A})=2$,则 $|\boldsymbol{A}|=0$,从 而 $\boldsymbol{A}^*\boldsymbol{A}=|\boldsymbol{A}|\boldsymbol{E}=0\boldsymbol{E}=\mathbf{0}$,即

$$\mathbf{0}=\boldsymbol{A}^*\boldsymbol{A}=\boldsymbol{A}^*[\boldsymbol{\alpha}_1\quad\boldsymbol{\alpha}_2\quad\boldsymbol{\alpha}_3]=[\boldsymbol{A}^*\boldsymbol{\alpha}_1\quad\boldsymbol{A}^*\boldsymbol{\alpha}_2\quad\boldsymbol{A}^*\boldsymbol{\alpha}_3]$$

所以 $\boldsymbol{A}^*\boldsymbol{\alpha}_1=\boldsymbol{A}^*\boldsymbol{\alpha}_2=\boldsymbol{A}^*\boldsymbol{\alpha}_3=\mathbf{0}$,即 $\boldsymbol{\alpha}_1,\boldsymbol{\alpha}_2,\boldsymbol{\alpha}_3$ 均为方程组 $\boldsymbol{A}^*\boldsymbol{X}=\mathbf{0}$ 的解,取 $\boldsymbol{\eta}_1=\boldsymbol{\alpha}_1,\boldsymbol{\eta}_2=\boldsymbol{\alpha}_2$ 为 $\boldsymbol{A}^*\boldsymbol{X}=\mathbf{0}$ 的两个线性无关解,则 $\boldsymbol{A}^*\boldsymbol{X}=\mathbf{0}$ 的通解为 $\boldsymbol{X}=C_1\boldsymbol{\alpha}_1+C_2\boldsymbol{\alpha}_2$($C_1,C_2$ 为任意常数).

5.4 同步训练题

1. 判断对错

(1) 如果向量组线性相关,则它的任何一个部分组都线性相关.

(2) 向量组 $\boldsymbol{\alpha}_1,\boldsymbol{\alpha}_2,\cdots,\boldsymbol{\alpha}_m$ 线性相关的充分必要条件为其中至少有一个向量不能由其余 $m-1$ 个向量线性表示.

(3) 向量组 $\boldsymbol{\alpha}_1,\boldsymbol{\alpha}_2,\cdots,\boldsymbol{\alpha}_m(m\geqslant 3)$ 线性无关的充分必要条件为 $\boldsymbol{\alpha}_1,\boldsymbol{\alpha}_2,\cdots,\boldsymbol{\alpha}_m$ 中向量两两无关.

(4) 若向量组 $\boldsymbol{\alpha}_1,\boldsymbol{\alpha}_2,\cdots,\boldsymbol{\alpha}_m$ 的秩为 m,则 $\boldsymbol{\alpha}_1,\boldsymbol{\alpha}_2,\cdots,\boldsymbol{\alpha}_m$ 的任何一个部分组都线性无关.

(5) 若 n 维向量 $\boldsymbol{\alpha}_1,\boldsymbol{\alpha}_2,\cdots,\boldsymbol{\alpha}_m$ 构成的向量组的秩为 n,则 $\boldsymbol{\alpha}_1,\boldsymbol{\alpha}_2,\cdots,\boldsymbol{\alpha}_m$ 必线性无关.

(6) 若 V 为向量空间,$\boldsymbol{\alpha}$ 为 V 中的一个向量,则 $\dim V\leqslant\boldsymbol{\alpha}$ 的维数.

(7) 设 V 是由一些 n 维向量构成的空间,$\boldsymbol{\alpha}\in V$,则 $\boldsymbol{\alpha}$ 在一组基下的坐标必为 n 维向量.

(8) 如果两个向量组等价,则它们所含向量的个数相同.

(9) 两个向量组等价的充分必要条件是它们的秩相等.

(10) 当非齐次线性方程组 $\boldsymbol{AX}=\boldsymbol{b}$ 有无穷多组解时,它的全部解中最多可找到 $(n-\mathrm{r}(\boldsymbol{A})+1)$ 个线性无关向量.

(11) 方程组 $\boldsymbol{AX}=\boldsymbol{b}(\boldsymbol{b}\neq\boldsymbol{0})$ 有无穷多组解时,全部解向量不能构成空间.

(12) 方程组 $\boldsymbol{AX}=\boldsymbol{b}(\boldsymbol{b}\neq\boldsymbol{0})$ 有解的充分必要条件为向量 $\boldsymbol{b}$ 可由 $\boldsymbol{A}$ 的列向量组线性表示.

2. 判断下列向量组是否线性相关

(1) $\boldsymbol{\alpha}_1=(-1,3,2),\boldsymbol{\alpha}_2=(2,-6,-4)$

(2) $\boldsymbol{\alpha}_1=(-1,0,2),\boldsymbol{\alpha}_2=(-1,-2,7),\boldsymbol{\alpha}_3=(1,-2,3)$

(3) $\boldsymbol{\alpha}_1=(1,1,0,0),\boldsymbol{\alpha}_2=(0,1,1,0),\boldsymbol{\alpha}_3=(0,0,1,1),\boldsymbol{\alpha}_4=(-1,0,0,1)$

(4) $\boldsymbol{\alpha}_1=(-5,3,9),\boldsymbol{\alpha}_2=(1,4,-7),\boldsymbol{\alpha}_3=(2,5,-6),\boldsymbol{\alpha}_4=(1,0,-1)$

(5) $\boldsymbol{\alpha}_1=(3,1,-2,1),\boldsymbol{\alpha}_2=(4,0,1,2),\boldsymbol{\alpha}_3=(-2,-2,5,0)$

3. 当 x 为何值时下列向量组线性相关

(1) $\boldsymbol{\alpha}_1=(x,1,1,1),\boldsymbol{\alpha}_2=(1,x,1,1),\boldsymbol{\alpha}_3=(1,1,x,1),\boldsymbol{\alpha}_4=(1,1,1,x)$

(2) $\boldsymbol{\alpha}_1=(6,x,x),\boldsymbol{\alpha}_2=(x+1,2,1),\boldsymbol{\alpha}_3=(3,-2,0)$

(3) $\boldsymbol{\alpha}_1=(1,1,-2,3,0),\boldsymbol{\alpha}_2=(2,1,-6,4,x+7),\boldsymbol{\alpha}_3=(3,2,x,7,-1)$

4. 求下列向量组的极大无关组与秩

(1) $\boldsymbol{\alpha}_1=(1,2,1,2),\boldsymbol{\alpha}_2=(1,0,3,1),\boldsymbol{\alpha}_3=(2,-1,0,1),\boldsymbol{\alpha}_4=(2,1,-2,2),\boldsymbol{\alpha}_5=(2,2,4,3)$

(2) $\boldsymbol{\alpha}_1=(2,1,5,3),\boldsymbol{\alpha}_2=(1,-1,2,1),\boldsymbol{\alpha}_3=(0,3,1,1),\boldsymbol{\alpha}_4=(1,2,3,2),\boldsymbol{\alpha}_5=(-1,1,-2,-8)$

(3) $\boldsymbol{\alpha}_1=(2,1,3,-1)$, $\boldsymbol{\alpha}_2=(3,-1,2,0)$, $\boldsymbol{\alpha}_3=(1,3,4,-2)$, $\boldsymbol{\alpha}_4=(4,-3,1,1)$

(4) $\boldsymbol{\alpha}_1=(1,2,3,2,3,3)$, $\boldsymbol{\alpha}_2=(0,-1,-1,-1,-1,-2)$, $\boldsymbol{\alpha}_3=(-1,3,2,0,-1,1)$, $\boldsymbol{\alpha}_4=(-1,0,-1,-2,-3,-3)$

5. 选择题

(1) 设 $\boldsymbol{A}$ 为 $m\times n$ 矩阵, $\boldsymbol{\alpha}_1,\boldsymbol{\alpha}_2,\cdots,\boldsymbol{\alpha}_s$ 为 n 维列向量, 则________.

A. 若 $\boldsymbol{\alpha}_1,\boldsymbol{\alpha}_2,\cdots,\boldsymbol{\alpha}_s$ 线性相关, 则 $\boldsymbol{A\alpha}_1,\boldsymbol{A\alpha}_2,\cdots,\boldsymbol{A\alpha}_s$ 必线性相关

B. 若 $\boldsymbol{\alpha}_1,\boldsymbol{\alpha}_2,\cdots,\boldsymbol{\alpha}_s$ 线性无关, 则 $\boldsymbol{A\alpha}_1,\boldsymbol{A\alpha}_2,\cdots,\boldsymbol{A\alpha}_s$ 必线性无关

C. 若 $\boldsymbol{\alpha}_1,\boldsymbol{\alpha}_2,\cdots,\boldsymbol{\alpha}_s$ 线性相关, 则 $\boldsymbol{A\alpha}_1,\boldsymbol{A\alpha}_2,\cdots,\boldsymbol{A\alpha}_s$ 必线性无关

D. 若 $\boldsymbol{\alpha}_1,\boldsymbol{\alpha}_2,\cdots,\boldsymbol{\alpha}_s$ 线性无关, 则 $\boldsymbol{A\alpha}_1,\boldsymbol{A\alpha}_2,\cdots,\boldsymbol{A\alpha}_s$ 必线性相关

(2) 已知 $\boldsymbol{\alpha}_1,\boldsymbol{\alpha}_2,\boldsymbol{\alpha}_3$ 线性无关, 则________必线性无关.

A. $\boldsymbol{\alpha}_1+\boldsymbol{\alpha}_2,\boldsymbol{\alpha}_2+\boldsymbol{\alpha}_3,\boldsymbol{\alpha}_3-\boldsymbol{\alpha}_1$

B. $\boldsymbol{\alpha}_1+\boldsymbol{\alpha}_2,\boldsymbol{\alpha}_2+\boldsymbol{\alpha}_3,\boldsymbol{\alpha}_1+2\boldsymbol{\alpha}_2+\boldsymbol{\alpha}_3$

C. $\boldsymbol{\alpha}_1+2\boldsymbol{\alpha}_2,2\boldsymbol{\alpha}_2+3\boldsymbol{\alpha}_3,3\boldsymbol{\alpha}_3+\boldsymbol{\alpha}_1$

D. $\boldsymbol{\alpha}_1+\boldsymbol{\alpha}_2+\boldsymbol{\alpha}_3,2\boldsymbol{\alpha}_1-3\boldsymbol{\alpha}_2+22\boldsymbol{\alpha}_3,3\boldsymbol{\alpha}_1+5\boldsymbol{\alpha}_2-5\boldsymbol{\alpha}_3$

(3) 设 $\boldsymbol{\alpha}_1,\boldsymbol{\alpha}_2,\cdots,\boldsymbol{\alpha}_m$ 与 $\boldsymbol{\beta}_1,\boldsymbol{\beta}_2,\cdots,\boldsymbol{\beta}_m$ 均为 n 维列向量, 已知 $\boldsymbol{\alpha}_1,\boldsymbol{\alpha}_2,\cdots,\boldsymbol{\alpha}_m$ 线性无关, 则 $\boldsymbol{\beta}_1,\boldsymbol{\beta}_2,\cdots,\boldsymbol{\beta}_m$ 线性无关的充分必要条件为________.

A. $\boldsymbol{\alpha}_1,\boldsymbol{\alpha}_2,\cdots,\boldsymbol{\alpha}_m$ 可由 $\boldsymbol{\beta}_1,\boldsymbol{\beta}_2,\cdots,\boldsymbol{\beta}_m$ 线性表示

B. $\boldsymbol{\beta}_1,\boldsymbol{\beta}_2,\cdots,\boldsymbol{\beta}_m$ 可由 $\boldsymbol{\alpha}_1,\boldsymbol{\alpha}_2,\cdots,\boldsymbol{\alpha}_m$ 线性表示

C. 向量组 $\boldsymbol{\alpha}_1,\boldsymbol{\alpha}_2,\cdots,\boldsymbol{\alpha}_m$ 与向量组 $\boldsymbol{\beta}_1,\boldsymbol{\beta}_2,\cdots,\boldsymbol{\beta}_m$ 等价

D. 矩阵 $\boldsymbol{A}=[\boldsymbol{\alpha}_1\quad\boldsymbol{\alpha}_2\quad\cdots\quad\boldsymbol{\alpha}_m]$ 与矩阵 $\boldsymbol{B}=[\boldsymbol{\beta}_1\quad\boldsymbol{\beta}_2\quad\cdots\quad\boldsymbol{\beta}_m]$ 等价

(4) 设 $\boldsymbol{\beta}$ 可由向量组 $\boldsymbol{\alpha}_1,\boldsymbol{\alpha}_2,\cdots,\boldsymbol{\alpha}_m$ 线性表示, 但 β 不能由向量组(1) $\boldsymbol{\alpha}_1,\boldsymbol{\alpha}_2,\cdots,\boldsymbol{\alpha}_{m-1}$ 线性表示, 记向量组(2) $\boldsymbol{\alpha}_1,\boldsymbol{\alpha}_2,\cdots,\boldsymbol{\alpha}_{m-1},\boldsymbol{\beta}$, 则________.

A. $\boldsymbol{\alpha}_m$ 不能由(1)线性表示, 也不能由(2)线性表示

B. $\boldsymbol{\alpha}_m$ 不能由(1)线性表示, 但可由(2)线性表示

C. $\boldsymbol{\alpha}_m$ 可由(1)线性表示, 但不能由(2)线性表示

D. $\boldsymbol{\alpha}_m$ 可由(1)线性表示, 也可由(2)线性表示

(5) 设 $\boldsymbol{\alpha}_1,\boldsymbol{\alpha}_2$ 为方程组 $\boldsymbol{AX}=\boldsymbol{b}$ 的两个特解, 已知 $\boldsymbol{AX}=\boldsymbol{b}$ 的通解为 $\boldsymbol{X}=C_1\boldsymbol{\eta}_1+C_2\boldsymbol{\eta}_2+\boldsymbol{\eta}^*$ (C_1,C_2 为任意常数), 则________仍为 $\boldsymbol{AX}=\boldsymbol{b}$ 的通解.

A. $\boldsymbol{X}=C_1(\boldsymbol{\eta}_1+\boldsymbol{\eta}_2)+C_2(\boldsymbol{\eta}_1-\boldsymbol{\eta}_2)+\dfrac{\boldsymbol{\alpha}_1+\boldsymbol{\alpha}_2+\boldsymbol{\eta}^*}{2}$

B. $\boldsymbol{X}=C_1(\boldsymbol{\eta}_1+\boldsymbol{\eta}_2)+C_2(\boldsymbol{\eta}_2-\boldsymbol{\eta}_1)+\dfrac{\boldsymbol{\alpha}_1+\boldsymbol{\alpha}_2}{2}$

C. $\boldsymbol{X}=C_1\boldsymbol{\alpha}_1+C_2\boldsymbol{\alpha}_2+\boldsymbol{\eta}^*$

D. $\boldsymbol{X}=C_1(\boldsymbol{\eta}_1+\boldsymbol{\eta}_2)+C_2(\boldsymbol{\eta}_1-\boldsymbol{\eta}_2)+\boldsymbol{\alpha}_1+\boldsymbol{\alpha}_2$

(6) 设 $\boldsymbol{\alpha}_1=(a_1,a_2,a_3)^{\mathrm{T}},\boldsymbol{\alpha}_2=(b_1,b_2,b_3)^{\mathrm{T}},\boldsymbol{\alpha}_3=(c_1,c_2,c_3)^{\mathrm{T}}$,则三条直线 $l_1:a_1x+b_1y+c_1=0,l_2:a_2x+b_2y+c_2=0,l_3:a_3x+b_3y+c_3=0$ 交于一点的充分必要条件为

A. $\boldsymbol{\alpha}_1,\boldsymbol{\alpha}_2,\boldsymbol{\alpha}_3$ 线性相关

B. $\boldsymbol{\alpha}_1,\boldsymbol{\alpha}_2,\boldsymbol{\alpha}_3$ 线性无关

C. $\mathrm{r}\{\boldsymbol{\alpha}_1,\boldsymbol{\alpha}_2\}=\mathrm{r}\{\boldsymbol{\alpha}_1,\boldsymbol{\alpha}_2,\boldsymbol{\alpha}_3\}$

D. $\boldsymbol{\alpha}_1,\boldsymbol{\alpha}_2$ 线性无关,$\boldsymbol{\alpha}_1,\boldsymbol{\alpha}_2,\boldsymbol{\alpha}_3$ 线性相关

6. 已知 $\boldsymbol{\alpha}_1,\boldsymbol{\alpha}_2,\cdots,\boldsymbol{\alpha}_m$ 线性无关,求证:$\boldsymbol{\alpha}_1,\boldsymbol{\alpha}_1+\boldsymbol{\alpha}_2,\cdots,\boldsymbol{\alpha}_1+\boldsymbol{\alpha}_2+\cdots+\boldsymbol{\alpha}_m$ 仍线性无关.

7. 设 $\boldsymbol{A}$ 为 n 阶方阵,$\boldsymbol{\alpha}$ 为 n 维列向量,已知 $\boldsymbol{A}^k\boldsymbol{\alpha}\neq\boldsymbol{0},\boldsymbol{A}^{k+1}\boldsymbol{\alpha}=\boldsymbol{0}$($k$ 为自然数),求证向量组 $\boldsymbol{\alpha},\boldsymbol{A}\boldsymbol{\alpha},\cdots,\boldsymbol{A}^k\boldsymbol{\alpha}$ 线性无关.

8. 已知 $\boldsymbol{\alpha}_1,\boldsymbol{\alpha}_2,\cdots,\boldsymbol{\alpha}_m,\boldsymbol{\beta}_1,\boldsymbol{\beta}_2,\cdots,\boldsymbol{\beta}_s$ 均为 n 维向量,求证 $\mathrm{r}\{\boldsymbol{\alpha}_1,\boldsymbol{\alpha}_2,\cdots,\boldsymbol{\alpha}_m,\boldsymbol{\beta}_1,\boldsymbol{\beta}_2,\cdots,\boldsymbol{\beta}_s\}\leqslant\mathrm{r}\{\boldsymbol{\alpha}_1,\boldsymbol{\alpha}_2,\cdots,\boldsymbol{\alpha}_m\}+\mathrm{r}\{\boldsymbol{\beta}_1,\boldsymbol{\beta}_2,\cdots,\boldsymbol{\beta}_s\}$

9. 判断下列集合是否构成向量空间. 若构成向量空间,求其维数和一组基.

(1) $V_1=\{(a,a,a,b)\mid\forall a,b\in\mathbb{R}\}$

(2) $V_2=\{(1,a,b,c)\mid\forall a,b,c\in\mathbb{R}\}$

(3) $V_3=\{(a,2a,3a,b)\mid\forall a,b\in\mathbb{R}\}$

(4) $V_4=\{$所有长度为 1 的 n 维向量$\}$

10. 设 $\boldsymbol{\alpha}_1,\boldsymbol{\alpha}_2,\boldsymbol{\alpha}_3,\boldsymbol{\alpha}_4$ 为空间 V 的一组基,$\boldsymbol{\beta}_1=\boldsymbol{\alpha}_1,\boldsymbol{\beta}_2=\boldsymbol{\alpha}_1+\boldsymbol{\alpha}_2,\boldsymbol{\beta}_3=\boldsymbol{\alpha}_1+\boldsymbol{\alpha}_2+\boldsymbol{\alpha}_3,\boldsymbol{\beta}_4=\boldsymbol{\alpha}_1+\boldsymbol{\alpha}_2+\boldsymbol{\alpha}_3+\boldsymbol{\alpha}_4$ 求基 $\boldsymbol{\beta}_1,\boldsymbol{\beta}_2,\boldsymbol{\beta}_3,\boldsymbol{\beta}_4$ 到基 $\boldsymbol{\alpha}_1,\boldsymbol{\alpha}_2,\boldsymbol{\alpha}_3,\boldsymbol{\alpha}_4$ 的过渡矩阵.

11. 已知 $\boldsymbol{\alpha}_1=(1,1,1,1)^{\mathrm{T}},\boldsymbol{\alpha}_2=(1,1,-1,-1)^{\mathrm{T}},\boldsymbol{\alpha}_3=(1,-1,1,-1)^{\mathrm{T}},\boldsymbol{\alpha}_4=(1,-1,-1,1)^{\mathrm{T}},\boldsymbol{\beta}=(1,2,1,1)^{\mathrm{T}}$. (1)求证 $\boldsymbol{\alpha}_1,\boldsymbol{\alpha}_2,\boldsymbol{\alpha}_3,\boldsymbol{\alpha}_4$ 构成$\mathbb{R}^4$ 的一组基,(2)求 $\boldsymbol{\beta}$ 在基 $\boldsymbol{\alpha}_1,\boldsymbol{\alpha}_2,\boldsymbol{\alpha}_3,\boldsymbol{\alpha}_4$ 下的坐标.

12. 已知 $\boldsymbol{\alpha}_1,\boldsymbol{\alpha}_2,\boldsymbol{\alpha}_3,\boldsymbol{\alpha}_4$ 线性相关,$\boldsymbol{\alpha}_1,\boldsymbol{\alpha}_2,\boldsymbol{\alpha}_3,\boldsymbol{\alpha}_5$ 线性无关,求证 $\boldsymbol{\alpha}_1,\boldsymbol{\alpha}_2,\boldsymbol{\alpha}_3,\boldsymbol{\alpha}_5-\boldsymbol{\alpha}_4$ 线性无关.

13. 设 $\boldsymbol{P},\boldsymbol{Q}$ 为两个向量空间,若 $\boldsymbol{P}\subset\boldsymbol{Q}$,且 $\dim\boldsymbol{P}=\dim\boldsymbol{Q}$,求证:$\boldsymbol{P}=\boldsymbol{Q}$.

14. 设 n 阶方阵 $\boldsymbol{A}$ 的列向量 $\boldsymbol{\alpha}_1,\boldsymbol{\alpha}_2,\cdots,\boldsymbol{\alpha}_n$ 线性相关,但 $\boldsymbol{\alpha}_1,\boldsymbol{\alpha}_2,\cdots,\boldsymbol{\alpha}_{n-1}$线性无关,记 $\boldsymbol{A}^*$ 为 $\boldsymbol{A}$ 的伴随矩阵.

(1)求证:$\boldsymbol{\alpha}_1,\boldsymbol{\alpha}_2,\cdots,\boldsymbol{\alpha}_n$ 均为方程组 $\boldsymbol{A}^*\boldsymbol{X}=\boldsymbol{0}$ 的解.

(2)求证:$\boldsymbol{\alpha}_1,\boldsymbol{\alpha}_2,\cdots,\boldsymbol{\alpha}_{n-1}$为 $\boldsymbol{A}^*\boldsymbol{X}=\boldsymbol{0}$ 的基础解系.

15. 已知方程组 $\boldsymbol{AX}=\boldsymbol{0}$ 的解全部都是方程 $b_1x_1+b_2x_2+\cdots+b_nx_n=0$ 的解,令 $\boldsymbol{\beta}=[b_1\quad b_2\quad\cdots\quad b_n]$,求证:$\boldsymbol{\beta}$ 可由 $\boldsymbol{A}$ 的行向量组 $\boldsymbol{\alpha}_1,\boldsymbol{\alpha}_2,\cdots,\boldsymbol{\alpha}_m$ 线性表示.

16. 设 $\boldsymbol{A}$ 为 $n\times n$ 实矩阵,若对任意 n 维非零列向量 $\boldsymbol{X}$ 均有 $\boldsymbol{X}^{\mathrm{T}}\boldsymbol{AX}>0$,求证:$|\boldsymbol{A}|\neq0$.

17. 设 n 阶方阵 $\boldsymbol{A}$ 的各行元素之和均为零,且 $\boldsymbol{A}$ 中存在某元素的代数余子式 $A_{ij}\neq0$,求方程组 $\boldsymbol{AX}=\boldsymbol{0}$ 的通解.

18. 设 $\boldsymbol{A}=\begin{bmatrix}1&2&3\\4&8&5\\2&4&1\end{bmatrix}$, $\boldsymbol{A}^*$ 为 $\boldsymbol{A}$ 的伴随阵,求方程组 $\boldsymbol{A}^*\boldsymbol{X}=\boldsymbol{0}$ 的通解.

5.5 同步训练题答案与提示

1. (1)错 (2)错 (3)错 (4)对 (5)错 (6)对 (7)错 (8)错 (9)错 (10)对 (11)对 (12)对

2. (1)线性相关 (2)线性相关 (3)线性无关 (4)线性相关 (5)线性无关

3. (1) $x=-3$ 或 $x=1$ (2) $x=\frac{3}{2}$ 或 $x=4$ (3) $x=-8$

4. (1)秩为3,一个极大无关组为 $\boldsymbol{\alpha}_1,\boldsymbol{\alpha}_2,\boldsymbol{\alpha}_3$.

(2)秩为3,一个极大无关组为 $\boldsymbol{\alpha}_1,\boldsymbol{\alpha}_2,\boldsymbol{\alpha}_5$.

(3)秩为2,一个极大无关组为 $\boldsymbol{\alpha}_1,\boldsymbol{\alpha}_2$.

(4)秩为3,一个极大无关组为 $\boldsymbol{\alpha}_1,\boldsymbol{\alpha}_2,\boldsymbol{\alpha}_4$.

5. (1)A (2)C (3)D (4)B (5)B (6)D

6. 提示:利用相关性第(15)条结论.

7. 提示:用线性无关定义证明:若有 $C_0\boldsymbol{\alpha}+C_1\boldsymbol{A\alpha}+\cdots+C_k\boldsymbol{A}^k\boldsymbol{\alpha}=\boldsymbol{0}$ 两边同乘 $\boldsymbol{A}^k$ 得 $C_0=0$;两边同乘 $\boldsymbol{A}^{k-1}$ 得 $C_1=0,\cdots$,依次类推,可得 $C_0=C_1=\cdots=C_k=0$,即 $\boldsymbol{\alpha},\boldsymbol{A\alpha},\cdots,\boldsymbol{A}^k\boldsymbol{\alpha}$ 线性无关.

8. 证明:不妨设 $\boldsymbol{\alpha}_1,\boldsymbol{\alpha}_2,\cdots,\boldsymbol{\alpha}_m$ 的极大无关组为 $\boldsymbol{\alpha}_1,\boldsymbol{\alpha}_2,\cdots,\boldsymbol{\alpha}_{r_1}$,不妨设 $\boldsymbol{\beta}_1,\boldsymbol{\beta}_2,\cdots,\boldsymbol{\beta}_s$ 的极大无关组为 $\boldsymbol{\beta}_1,\boldsymbol{\beta}_2,\cdots,\boldsymbol{\beta}_{r_2}$,由 $\boldsymbol{\alpha}_1,\boldsymbol{\alpha}_2,\cdots,\boldsymbol{\alpha}_m,\boldsymbol{\beta}_1,\boldsymbol{\beta}_2,\cdots,\boldsymbol{\beta}_s$ 可由 $\boldsymbol{\alpha}_1,\boldsymbol{\alpha}_2,\cdots,\boldsymbol{\alpha}_{r_1},\boldsymbol{\beta}_1,\boldsymbol{\beta}_2,\cdots,\boldsymbol{\beta}_{r_2}$ 线性表示,得 $\mathrm{r}\{\boldsymbol{\alpha}_1,\boldsymbol{\alpha}_2,\cdots,\boldsymbol{\alpha}_m,\boldsymbol{\beta}_1,\boldsymbol{\beta}_2,\cdots,\boldsymbol{\beta}_s\}\leqslant\mathrm{r}\{\boldsymbol{\alpha}_1,\boldsymbol{\alpha}_2,\cdots,\boldsymbol{\alpha}_{r_1},\boldsymbol{\beta}_1,\boldsymbol{\beta}_2,\cdots,\boldsymbol{\beta}_{r_2}\}\leqslant r_1+r_2$,即. $\mathrm{r}\{\boldsymbol{\alpha}_1,\boldsymbol{\alpha}_2,\cdots,\boldsymbol{\alpha}_m,\boldsymbol{\beta}_1,\boldsymbol{\beta}_2,\cdots,\boldsymbol{\beta}_s\}\leqslant\mathrm{r}\{\boldsymbol{\alpha}_1,\boldsymbol{\alpha}_2,\cdots,\boldsymbol{\alpha}_m\}+\mathrm{r}\{\boldsymbol{\beta}_1,\boldsymbol{\beta}_2,\cdots,\boldsymbol{\beta}_s\}$.

9. (1)构成空间, $\dim V_1=2$,一组基为 $\boldsymbol{\alpha}_1=(1,1,1,0),\boldsymbol{\alpha}_2=(0,0,0,1)$.

(2)不构成空间.

(3)构成空间, $\dim V_3=2$,一组基为 $\boldsymbol{\alpha}_1=(1,2,3,0),\boldsymbol{\alpha}_2=(0,0,0,1)$.

(4)不构成空间.

10. $\begin{bmatrix}1&-1&0&0\\0&1&-1&0\\0&0&1&-1\\0&0&0&1\end{bmatrix}$

11. (1)提示:只需证 $\boldsymbol{\alpha}_1,\boldsymbol{\alpha}_2,\boldsymbol{\alpha}_3,\boldsymbol{\alpha}_4$ 线性无关即可.

(2) $(\frac{5}{4},\frac{1}{4},-\frac{1}{4},-\frac{1}{4})^{\mathrm{T}}$.

12. 提示：可用线性无关定义证明，也可说明 $\boldsymbol{\alpha}_1,\boldsymbol{\alpha}_2,\boldsymbol{\alpha}_3,\boldsymbol{\alpha}_5-\boldsymbol{\alpha}_4$ 与 $\boldsymbol{\alpha}_1,\boldsymbol{\alpha}_2,\boldsymbol{\alpha}_3,\boldsymbol{\alpha}_5$ 等价，从而 $\mathrm{r}\{\boldsymbol{\alpha}_1,\boldsymbol{\alpha}_2,\boldsymbol{\alpha}_3,\boldsymbol{\alpha}_5-\boldsymbol{\alpha}_4\}=\mathrm{r}\{\boldsymbol{\alpha}_1,\boldsymbol{\alpha}_2,\boldsymbol{\alpha}_3,\boldsymbol{\alpha}_5\}=4$，则 $\boldsymbol{\alpha}_1,\boldsymbol{\alpha}_2,\boldsymbol{\alpha}_3,\boldsymbol{\alpha}_5-\boldsymbol{\alpha}_4$ 线性无关.

13. 提示：设 $\boldsymbol{P}$ 的一组基为 $\boldsymbol{\alpha}_1,\boldsymbol{\alpha}_2,\cdots,\boldsymbol{\alpha}_r$，用基的定义说明 $\boldsymbol{\alpha}_1,\boldsymbol{\alpha}_2,\cdots,\boldsymbol{\alpha}_r$ 也是 $\boldsymbol{Q}$ 的一组基，从而 $\forall\boldsymbol{\beta}\in\boldsymbol{Q},\boldsymbol{\beta}=x_1\boldsymbol{\alpha}_1+x_2\boldsymbol{\alpha}_2+\cdots+x_r\boldsymbol{\alpha}_r\in\boldsymbol{P}$，则 $\boldsymbol{Q}\subset\boldsymbol{P}$，从而 $\boldsymbol{P}=\boldsymbol{Q}$.

14. 证明：(1)由已知 $\mathrm{r}(\boldsymbol{A})=n-1$，$|\boldsymbol{A}|=0$ 则 $\boldsymbol{A}^*\boldsymbol{A}=|\boldsymbol{A}|\boldsymbol{E}=0\boldsymbol{E}=\boldsymbol{0}$，即 $\boldsymbol{0}=\boldsymbol{A}^*\boldsymbol{A}=\boldsymbol{A}^*[\boldsymbol{\alpha}_1\ \ \boldsymbol{\alpha}_2\ \ \cdots\ \ \boldsymbol{\alpha}_n]=[\boldsymbol{A}^*\boldsymbol{\alpha}_1\ \ \boldsymbol{A}^*\boldsymbol{\alpha}_2\ \ \cdots\ \ \boldsymbol{A}^*\boldsymbol{\alpha}_m]$，从而 $\boldsymbol{A}^*\boldsymbol{\alpha}_1=\boldsymbol{A}^*\boldsymbol{\alpha}_2=\cdots=\boldsymbol{A}^*\boldsymbol{\alpha}_n=\boldsymbol{0}$，即 $\boldsymbol{\alpha}_1,\boldsymbol{\alpha}_2,\cdots,\boldsymbol{\alpha}_n$ 为 $\boldsymbol{A}^*\boldsymbol{X}=\boldsymbol{0}$ 的解.

(2)由 $\mathrm{r}(\boldsymbol{A})=n-1$ 得 $\mathrm{r}(\boldsymbol{A}^*)=1$，$\boldsymbol{A}^*\boldsymbol{X}=\boldsymbol{0}$ 为基础解系中应含有 $n-\mathrm{r}(\boldsymbol{A}^*)=n-1$ 个线性无关的向量. 又 $\boldsymbol{\alpha}_1,\boldsymbol{\alpha}_2,\cdots,\boldsymbol{\alpha}_{n-1}$为 $\boldsymbol{A}^*\boldsymbol{X}=\boldsymbol{0}$ 的解，$\boldsymbol{\alpha}_1,\boldsymbol{\alpha}_2,\cdots,\boldsymbol{\alpha}_{n-1}$线性无关，从而 $\boldsymbol{\alpha}_1,\boldsymbol{\alpha}_2,\cdots,\boldsymbol{\alpha}_{n-1}$为 $\boldsymbol{A}^*\boldsymbol{X}=\boldsymbol{0}$ 的基础解系.

15. 提示：由 $\boldsymbol{AX}=\boldsymbol{0}$ 与方程组 $\begin{cases}\boldsymbol{\alpha}_1\boldsymbol{X}=0\\\boldsymbol{\alpha}_2\boldsymbol{X}=0\\\quad\vdots\\\boldsymbol{\alpha}_m\boldsymbol{X}=0\\\boldsymbol{\beta}\boldsymbol{X}=0\end{cases}$ 同解得，$\mathrm{r}\{\boldsymbol{\alpha}_1,\boldsymbol{\alpha}_2,\cdots,\boldsymbol{\alpha}_m\}=\mathrm{r}\{\boldsymbol{\alpha}_1,\boldsymbol{\alpha}_2,\cdots,\boldsymbol{\alpha}_m,\boldsymbol{\beta}\}$. 不妨设 $\boldsymbol{\alpha}_1,\boldsymbol{\alpha}_2,\cdots,\boldsymbol{\alpha}_m$ 的极大无关组为 $\boldsymbol{\alpha}_1,\boldsymbol{\alpha}_2,\cdots,\boldsymbol{\alpha}_r$，则 $\boldsymbol{\alpha}_1,\boldsymbol{\alpha}_2,\cdots,\boldsymbol{\alpha}_r,\boldsymbol{\beta}$ 线性相关，$\boldsymbol{\beta}$ 可由 $\boldsymbol{\alpha}_1,\boldsymbol{\alpha}_2,\cdots,\boldsymbol{\alpha}_r$ 线性表示，所以 $\boldsymbol{\beta}$ 可由 $\boldsymbol{\alpha}_1,\boldsymbol{\alpha}_2,\cdots,\boldsymbol{\alpha}_m$ 线性表示.

16. 提示：用反证法，若 $|\boldsymbol{A}|=0$，则 $\boldsymbol{AX}=\boldsymbol{0}$ 有非零解，设 $\boldsymbol{\alpha}$ 为 $\boldsymbol{AX}=\boldsymbol{0}$ 的一个非零解，则 $\boldsymbol{\alpha}^{\mathrm{T}}\boldsymbol{A}\boldsymbol{\alpha}=\boldsymbol{0}$ 与已知矛盾，从而 $|\boldsymbol{A}|\neq\boldsymbol{0}$.

17. 提示：用凑数法，$\boldsymbol{AX}=\boldsymbol{0}$ 的通解为 $\boldsymbol{X}=C(1,1,\cdots,1)^{\mathrm{T}}$，$C$ 为任意常数.

18. 提示：利用 14 题方法即可得通解为 $\boldsymbol{X}=C_1\begin{bmatrix}1\\4\\2\end{bmatrix}+C_2\begin{bmatrix}3\\5\\1\end{bmatrix}$，$C_1,C_2\in\mathbb{R}$.

第 6 章　方阵的对角化

6.1　知 识 要 点

1. 掌握特征值、特征向量的定义,会用定义验证矩阵的特征值与特征向量.

定义:设 $\boldsymbol{A}$ 为 n 阶方阵,$\boldsymbol{X}$ 为 n 维列向量,λ 为数,若有等式 $\boldsymbol{AX}=\lambda\boldsymbol{X}(\boldsymbol{X}\neq\boldsymbol{0})$ 成立,则称数 λ 为矩阵 $\boldsymbol{A}$ 的特征值,向量 $\boldsymbol{X}$ 为矩阵 $\boldsymbol{A}$ 的对应特征值 λ 的特征向量.

2. 理解特征多项式的概念,掌握特征多项式与特征值的关系.

若矩阵 $\boldsymbol{A}=[a_{ij}]_{n\times n}$,称多项式 $f(\lambda)=|\lambda\boldsymbol{E}-\boldsymbol{A}|=\begin{vmatrix}\lambda-a_{11} & -a_{12} & \cdots & -a_{1n}\\ -a_{21} & \lambda-a_{22} & \cdots & -a_{2n}\\ \vdots & \vdots & & \vdots\\ -a_{n1} & -a_{n2} & \cdots & \lambda-a_{nn}\end{vmatrix}$ 为矩阵 $\boldsymbol{A}$ 的特征多项式, n 阶方阵 $\boldsymbol{A}$ 的特征多项式为 n 次多项式 $f(\lambda)=0$ 的根为矩阵 $\boldsymbol{A}$ 的特征值.

3. 掌握与特征值、特征向量有关的 15 条结论.

(1)实矩阵 $\boldsymbol{A}$ 的特征值不一定为实数.

(2)n 阶方阵 $\boldsymbol{A}$ 在复数范围内恰含 n 个特征值(重根按重数计算),而方阵 $\boldsymbol{A}$ 的每个特征值均对应无穷多个特征向量.

(3)方阵 $\boldsymbol{A}$ 的全部特征值之和等于 $\boldsymbol{A}$ 的迹,方阵 $\boldsymbol{A}$ 的全部特征值的乘积为 $\boldsymbol{A}$ 的行列式,即若方阵 $\boldsymbol{A}$ 的特征值为 $\lambda_1,\lambda_2,\cdots,\lambda_n$,则

$$\begin{cases}\lambda_1+\lambda_2+\cdots+\lambda_n=\operatorname{tr}(\boldsymbol{A})=a_{11}+a_{22}+\cdots+a_{nn}\\ \lambda_1\lambda_2\cdots\lambda_n=|\boldsymbol{A}|\end{cases}$$

(4)方阵 $\boldsymbol{A}$ 可逆的充分必要条件为 $\boldsymbol{A}$ 的全部特征值均非零.

(5)方阵 $\boldsymbol{A}$ 的不同特征值所对应的特征向量线性无关.

(6)若方阵 $\boldsymbol{A}$ 有 k 个不同的特征值 $\lambda_1,\lambda_2,\cdots,\lambda_k$,而 $\lambda_i(i=1,2,\cdots,k)$ 对应 t_i 个线性无关的特征向量,则这 $t_1+t_2+\cdots+t_k$ 个特征向量放在一起仍线性无关.

(7)方阵 $\boldsymbol{A}$ 同一特征值 λ 对应特征向量 $\boldsymbol{\eta}_1,\boldsymbol{\eta}_2,\cdots,\boldsymbol{\eta}_s$ 的非零线性组合 $\boldsymbol{0}\neq\boldsymbol{\eta}=C_1\boldsymbol{\eta}_1+C_2\boldsymbol{\eta}_2+\cdots+C_s\boldsymbol{\eta}_s$ 仍为方阵 $\boldsymbol{A}$ 属于特征值 λ 的特征向量.

(8)方阵 $\boldsymbol{A}$ 的不同特征值对应特征向量之和一定不是 $\boldsymbol{A}$ 的特征向量.

(9)$\boldsymbol{A}^{\mathrm{T}}$ 与 $\boldsymbol{A}$ 具有相同的特征多项式,从而具有相同的特征值,但一般来说特征向量不同.

(10)若方阵 $\boldsymbol{A}$ 可逆,则 $\boldsymbol{A}$ 与 $\boldsymbol{A}^{-1}$特征值互为倒数,特征向量相同.

(11)若方阵 $\boldsymbol{A}$ 有特征值 λ,对应的特征向量为 $\boldsymbol{X}$,则 $\boldsymbol{A}^k$ 必有特征值 λ^k,对应的特征向量为$\boldsymbol{X}$(k 为自然数).

(12)若方阵 $\boldsymbol{A}$ 有特征值 λ,对应的特征向量为 $\boldsymbol{X}$,则 $\boldsymbol{A}^k$ 必有特征值 λ^k,对应的特征向量为$\boldsymbol{X}$(k 为任意正整数),且 $C\boldsymbol{A}$ 必有特征值 $C\lambda$,对应的特征向量仍为 $\boldsymbol{X}$.

(13)若方阵 $\boldsymbol{A}$ 有特征值 λ,对应的特征向量为 $\boldsymbol{X}$,则 $f(\boldsymbol{A})=a_0\boldsymbol{E}+a_1\boldsymbol{A}+\cdots+a_k\boldsymbol{A}^k$ 必有特征值 $f(\lambda)=a_0+a_1\lambda+\cdots+a_k\lambda^k$,对应的特征向量仍为 $\boldsymbol{X}$.

(14)若 λ_i 是方程 $|\lambda\boldsymbol{E}-\boldsymbol{A}|=0$ 的 k 重根,称 λ_i 为矩阵 $\boldsymbol{A}$ 的 k 重特征值,$\boldsymbol{A}$ 的 k 重特征值对应线性无关特征向量的个数不超过 k 个.

(15)上(下)三角阵、对角阵的特征值就是主对角线上的 n 个元素.

4. 掌握特征值、特征向量的计算方法,会计算矩阵的特征值与特征向量.

计算方法:第一步,写出矩阵 $\boldsymbol{A}$ 的特征多项式 $f(\lambda)=|\lambda\boldsymbol{E}-\boldsymbol{A}|$,令 $f(\lambda)=|\lambda\boldsymbol{E}-\boldsymbol{A}|=0$,解出的根 $\lambda_1,\lambda_2,\cdots,\lambda_n$ 就是 $\boldsymbol{A}$ 的 n 个特征值.

第二步,对于矩阵 $\boldsymbol{A}$ 的每个特征值 $\lambda_i(i=1,2,\cdots,n)$,解方程组 $(\lambda_i\boldsymbol{E}-\boldsymbol{A})\boldsymbol{X}=\boldsymbol{0}$,若方程组的基础解系为 $\boldsymbol{\eta}_1,\boldsymbol{\eta}_2,\cdots,\boldsymbol{\eta}_s$,则 $k_1\boldsymbol{\eta}_1+k_2\boldsymbol{\eta}_2+\cdots+k_s\boldsymbol{\eta}_s$($k_1,k_2,\cdots,k_s$ 不全为零)为矩阵 $\boldsymbol{A}$ 的属于特征值 λ_i 的全部向量.

5. 理解相似矩阵的定义.

定义:设 $\boldsymbol{A},\boldsymbol{B}$ 均为 n 阶方阵,若存在可逆阵 $\boldsymbol{P}$ 使得 $\boldsymbol{B}=\boldsymbol{P}^{-1}\boldsymbol{AP}$ 成立,则称矩阵 $\boldsymbol{A}$ 与 $\boldsymbol{B}$ 相似,其中可逆阵 $\boldsymbol{P}$ 称为由 $\boldsymbol{A}$ 到 $\boldsymbol{B}$ 的相似矩阵.

6. 理解相似矩阵有关的七条结论.

(1)矩阵相似具有反身性、对称性和传递性.

(2)设 $\boldsymbol{A}$ 与 $\boldsymbol{B}$ 相似($\boldsymbol{B}=\boldsymbol{P}^{-1}\boldsymbol{AP}$),$\boldsymbol{A}$ 与 $\boldsymbol{B}$ 特征多项式相同,特征值相同. 特征向量有如下关系:若 $\boldsymbol{A}$ 的特征值 λ 对应的特征向量为 $\boldsymbol{X}$,则 $\boldsymbol{B}=\boldsymbol{P}^{-1}\boldsymbol{AP}$ 的特征值 λ 对应的特征向量为$\boldsymbol{P}^{-1}\boldsymbol{X}$.

(3)若 $\boldsymbol{A}$ 与 $\boldsymbol{B}$ 相似,则 $\mathrm{tr}(\boldsymbol{A})=\mathrm{tr}(\boldsymbol{B})$,$|\boldsymbol{A}|=|\boldsymbol{B}|$,$\mathrm{r}(\boldsymbol{A})=\mathrm{r}(\boldsymbol{B})$.

(4)若 $\boldsymbol{A}$ 与 $\boldsymbol{B}$ 相似,且 $\boldsymbol{A}$ 可逆,则 $\boldsymbol{B}$ 必可逆,且 $\boldsymbol{A}^{-1}$与 $\boldsymbol{B}^{-1}$仍相似.

(5)若 $\boldsymbol{A}$ 与 $\boldsymbol{B}$ 相似,则 $\boldsymbol{A}^k$ 与 $\boldsymbol{B}^k$ 仍相似(k 为自然数).

(6)若 $\boldsymbol{A}$ 与 $\boldsymbol{B}$ 相似,则 $\boldsymbol{A}^k$ 与 $\boldsymbol{B}^k$ 仍相似(k 为常数).

(7)若 $\boldsymbol{A}$ 与 $\boldsymbol{B}$ 相似,则 $f(\boldsymbol{A})=a_0\boldsymbol{E}+a_1\boldsymbol{A}+\cdots+a_k\boldsymbol{A}^k$ 与 $f(\boldsymbol{B})=a_0\boldsymbol{E}+a_1\boldsymbol{B}+\cdots+a_k\boldsymbol{B}^k$ 仍相似.

7. 掌握相似对角化的概念.

定义:若方阵 $\boldsymbol{A}$ 可以与一个对角阵相似,则称 $\boldsymbol{A}$ 可相似对角化,简称 $\boldsymbol{A}$ 可对角化.

8. 掌握与矩阵相似对角化有关的五条结论.

(1)n 阶方阵 $\boldsymbol{A}$ 可对角化,则与 $\boldsymbol{A}$ 相似的对角阵 $\boldsymbol{\Lambda}=\mathrm{diag}(\lambda_1,\lambda_2,\cdots,\lambda_n)$ 的主对角线上的 n 个元素 $\lambda_1,\lambda_2,\cdots,\lambda_n$ 必为 $\boldsymbol{A}$ 的 n 个特征值.

(2) n 阶方阵 $\boldsymbol{A}$ 可对角化的充分必要条件为 $\boldsymbol{A}$ 有 n 个线性无关的特征向量.

(3)若 n 阶方阵 $\boldsymbol{A}$ 的 n 个特征值互异,则方阵 $\boldsymbol{A}$ 可对角化;反之不一定成立.

(4)若方阵 $\boldsymbol{A}$ 的 n 个特征值为 $\lambda_1,\lambda_2,\cdots,\lambda_n$,对应的 n 个线性无关的特征向量分别为 $\boldsymbol{\alpha}_1,\boldsymbol{\alpha}_2,\cdots,\boldsymbol{\alpha}_n$,令 $\boldsymbol{P}=[\boldsymbol{\alpha}_1\quad\boldsymbol{\alpha}_2\quad\cdots\quad\boldsymbol{\alpha}_n]$,$\boldsymbol{\Lambda}=\mathrm{diag}(\lambda_1,\lambda_2,\cdots,\lambda_n)$,则必有 $\boldsymbol{P}^{-1}\boldsymbol{AP}=\boldsymbol{\Lambda}$ 成立,其中 $\boldsymbol{\alpha}_i$ 为 λ_i 对应的特征向量.

(5)方阵 $\boldsymbol{A}$ 可对角化的充分必要条件是对于 $\boldsymbol{A}$ 的每个特征值均有 k 重特征值恰好对应 k 个线性无关的特征向量.

9. 掌握将方阵 $\boldsymbol{A}$ 对角化的计算方法,会将方阵 $\boldsymbol{A}$ 对角化.

计算步骤:第一步,求出方阵 $\boldsymbol{A}$ 的 n 个特征值为 $\lambda_1,\lambda_2,\cdots,\lambda_n$.

第二步,对于矩阵 $\boldsymbol{A}$ 的每个特征值 $\lambda_i(i=1,2,\cdots,n)$,解方程组 $(\lambda_i\boldsymbol{E}-\boldsymbol{A})\boldsymbol{X}=\boldsymbol{0}$,找出方程组的基础解系作为 λ_i 对应的线性无关的特征向量. 对 $\lambda_1,\lambda_2,\cdots,\lambda_n$,一共解出 n 个线性无关的特征向量 $\boldsymbol{\alpha}_1,\boldsymbol{\alpha}_2,\cdots,\boldsymbol{\alpha}_n$.

第三步,令 $\boldsymbol{P}=[\boldsymbol{\alpha}_1\quad\boldsymbol{\alpha}_2\quad\cdots\quad\boldsymbol{\alpha}_n]$,$\boldsymbol{\Lambda}=\mathrm{diag}(\lambda_1,\lambda_2,\cdots,\lambda_n)$,则必有 $\boldsymbol{P}^{-1}\boldsymbol{AP}=\boldsymbol{\Lambda}=\mathrm{diag}(\lambda_1,\lambda_2,\cdots,\lambda_n)$ 成立,其中 $\boldsymbol{\alpha}_i$ 为 λ_i 对应的特征向量 $(i=1,2,\cdots,n)$.

10. 了解约当块和约当标准形矩阵的概念,了解“任意复方阵均可相似于一个约当标准形矩阵,若不计约当块的排列顺序,则这个约当矩阵是唯一的”的结论.

6.2 典型题解析

例 6.1 求矩阵 $\boldsymbol{A}=\begin{bmatrix}1&2&2\\2&1&2\\2&2&1\end{bmatrix}$ 的全部特征值与特征向量.

解

$$|\lambda\boldsymbol{E}-\boldsymbol{A}|=\begin{vmatrix}\lambda-1&-2&-2\\-2&\lambda-1&-2\\-2&-2&\lambda-1\end{vmatrix}=(\lambda-5)\begin{vmatrix}1&1&1\\-2&\lambda-1&-2\\-2&-2&\lambda-1\end{vmatrix}$$

$$=(\lambda-5)\begin{vmatrix}1&1&1\\0&\lambda+1&0\\0&0&\lambda+1\end{vmatrix}=(\lambda-5)(\lambda+1)^2=0$$

解出 $\boldsymbol{A}$ 的特征值为 $\lambda_1=5,\lambda_2=\lambda_3=-1$.

对 $\lambda_1=5$,解方程组 $(5\boldsymbol{E}-\boldsymbol{A})\boldsymbol{X}=\boldsymbol{0}$,即 $\begin{bmatrix}4&-2&-2\\-2&4&-2\\-2&-2&4\end{bmatrix}\begin{bmatrix}x_1\\x_2\\x_3\end{bmatrix}=\boldsymbol{0}$,解出 $\boldsymbol{\alpha}_1=(1,1,1)^{\mathrm{T}}$,则

$\lambda_1=5$ 对应的全部特征向量为 $C_1(1,1,1)^{\mathrm{T}},C_1\neq 0$.

对 $\lambda_2=\lambda_3=-1$,解方程组 $(-\boldsymbol{E}-\boldsymbol{A})\boldsymbol{X}=\boldsymbol{0}$,即 $\begin{bmatrix}-2&-2&-2\\-2&-2&-2\\-2&-2&-2\end{bmatrix}\begin{bmatrix}x_1\\x_2\\x_3\end{bmatrix}=\boldsymbol{0}$. 解得基础解系为 $\boldsymbol{\alpha}_2=(1,-1,0)^{\mathrm{T}},\boldsymbol{\alpha}_3=(1,0,-1)^{\mathrm{T}}$,则 $\lambda_2=\lambda_3=-1$ 对应的全部特征向量为 $C_2(1,-1,0)^{\mathrm{T}}+C_3(1,0,-1)^{\mathrm{T}},C_2,C_3$ 不全为零.

总结 解出矩阵 $\boldsymbol{A}$ 的特征值 $\lambda_1,\lambda_2,\cdots,\lambda_n$ 后,对每个特征值 λ_i 要求特征向量时,要解方程组 $(\lambda_i\boldsymbol{E}-\boldsymbol{A})\boldsymbol{X}=\boldsymbol{0}$. 一般情况下,方程组 $(\lambda_i\boldsymbol{E}-\boldsymbol{A})\boldsymbol{X}=\boldsymbol{0}$ 都是比较简单的方程组,用凑数法来解比较快,本题中 $(5\boldsymbol{E}-\boldsymbol{A})\boldsymbol{X}=\boldsymbol{0}$ 系数矩阵的秩显然为 2,基础解系中含一个非零解,只需凑出一个非零解 $\boldsymbol{\alpha}_1=(1,1,1)^{\mathrm{T}}$,即为方程组的基础解系. 本题中 $(-\boldsymbol{E}-\boldsymbol{A})\boldsymbol{X}=\boldsymbol{0}$ 系数矩阵的秩为 1,基础解系中含有两个线性无关解,只需凑出两个线性无关解 $\boldsymbol{\alpha}_2=(1,-1,0)^{\mathrm{T}}$,$\boldsymbol{\alpha}_3=(1,0,-1)^{\mathrm{T}}$ 即为方程组的基础解系.

例 6.2 设矩阵 $\boldsymbol{A}=\begin{bmatrix}9&4\\1&6\end{bmatrix}$,问:

(1) $\boldsymbol{\alpha}_1=(4,1)^{\mathrm{T}},\boldsymbol{\alpha}_2=(2,1)^{\mathrm{T}}$ 是否为 $\boldsymbol{A}$ 的特征向量?

(2) $\lambda_1=5,\lambda_2=3$ 是否为 $\boldsymbol{A}$ 的特征值?

解 (1)由

$$\boldsymbol{A}\boldsymbol{\alpha}_1=\begin{bmatrix}9&4\\1&6\end{bmatrix}\begin{bmatrix}4\\1\end{bmatrix}=\begin{bmatrix}40\\10\end{bmatrix}=10\begin{bmatrix}4\\1\end{bmatrix}$$

则 $\lambda=10$ 为 $\boldsymbol{A}$ 的特征值,$\boldsymbol{\alpha}_1$ 为 $\boldsymbol{A}$ 的属于特征值 $\lambda=10$ 的特征向量.

由

$$\boldsymbol{A}\boldsymbol{\alpha}_2=\begin{bmatrix}9&4\\1&6\end{bmatrix}\begin{bmatrix}2\\1\end{bmatrix}=\begin{bmatrix}22\\8\end{bmatrix}\neq k\begin{bmatrix}2\\1\end{bmatrix}$$

则 $\boldsymbol{\alpha}_2=(2,1)^{\mathrm{T}}$ 不是 $\boldsymbol{A}$ 的特征向量.

(2)将 $\lambda_1=5$ 代入 $|\lambda\boldsymbol{E}-\boldsymbol{A}|=0$ 中,有

$$|5\boldsymbol{E}-\boldsymbol{A}|=\begin{vmatrix}-4&-4\\-1&-1\end{vmatrix}=0$$

即 $\lambda_1=5$ 使 $|\lambda\boldsymbol{E}-\boldsymbol{A}|=0$ 成立,则 $\lambda_1=5$ 为矩阵 $\boldsymbol{A}$ 的特征值.

将 $\lambda_2=3$,代入 $|\lambda\boldsymbol{E}-\boldsymbol{A}|=0$ 中,有

$$|3\boldsymbol{E}-\boldsymbol{A}|=\begin{vmatrix}-6&-4\\-1&-3\end{vmatrix}\neq 0$$

即 $\lambda_2=3$ 使 $|\lambda\boldsymbol{E}-\boldsymbol{A}|=0$ 不成立,$\lambda_2=3$ 不是矩阵 $\boldsymbol{A}$ 的特征值.

总结 验证向量 $\boldsymbol{\alpha}$ 是否为 $\boldsymbol{A}$ 的特征向量,一般将其代入特征值、特征向量的定义中直接验证;验证给定数值 λ_1 是否为 $\boldsymbol{A}$ 的特征值,一般将 λ_1 代入特征多项式 $f(\lambda)=|\lambda\boldsymbol{E}-\boldsymbol{A}|$ 中,若 $f(\lambda_1)=0$,则 λ_1 为 $\boldsymbol{A}$ 的特征值;若 $f(\lambda_1)\neq 0$,则 λ_1 不是 $\boldsymbol{A}$ 的特征值.

例 6.3 已知 n 阶方阵 $\boldsymbol{A}$ 的特征值为 $\lambda_1,\lambda_2,\cdots,\lambda_n$，对应的特征向量分别为 $\boldsymbol{\alpha}_1,\boldsymbol{\alpha}_2,\cdots,\boldsymbol{\alpha}_n$. 求：

(1) $\boldsymbol{A}^{\mathrm{T}}$ 的特征值.

(2) $k\boldsymbol{A},\boldsymbol{A}^m,\boldsymbol{A}^{-1},\boldsymbol{A}^*,\boldsymbol{P}^{-1}\boldsymbol{A}\boldsymbol{P},3\boldsymbol{A}^2-\boldsymbol{A}+2\boldsymbol{E}$ 的特征值与特征向量.

解 (1) $\boldsymbol{A}^{\mathrm{T}}$ 与 $\boldsymbol{A}$ 特征值相同，即 $\boldsymbol{A}^{\mathrm{T}}$ 的特征值分别为 $\lambda_1,\lambda_2,\cdots,\lambda_n$.

(2) $k\boldsymbol{A}$ 的特征值为 $k\lambda_1,k\lambda_2,\cdots,k\lambda_n$，对应的特征向量分别为 $\boldsymbol{X}_1,\boldsymbol{X}_2,\cdots,\boldsymbol{X}_n$.

$\boldsymbol{A}^m$ 的特征值为 $\lambda_1^m,\lambda_2^m,\cdots,\lambda_n^m$，对应的特征向量分别为 $\boldsymbol{X}_1,\boldsymbol{X}_2,\cdots,\boldsymbol{X}_n$.

$\boldsymbol{A}^{-1}$ 的特征值为 $\dfrac{1}{\lambda_1},\dfrac{1}{\lambda_2},\cdots,\dfrac{1}{\lambda_n}$，对应的特征向量分别为 $\boldsymbol{X}_1,\boldsymbol{X}_2,\cdots,\boldsymbol{X}_n$.

由 $\boldsymbol{A}^*=|\boldsymbol{A}|\boldsymbol{A}^{-1}=\lambda_1\lambda_2\cdots\lambda_n\boldsymbol{A}^{-1}$，则 $\boldsymbol{A}^*$ 的特征值为

$$\frac{\lambda_1\lambda_2\cdots\lambda_n}{\lambda_1},\frac{\lambda_1\lambda_2\cdots\lambda_n}{\lambda_2},\cdots,\frac{\lambda_1\lambda_2\cdots\lambda_n}{\lambda_n}$$

约分得 $\lambda_2\lambda_3\cdots\lambda_n,\lambda_1\lambda_3\cdots\lambda_n,\cdots,\lambda_1\lambda_2\cdots\lambda_{n-1}$，对应的特征向量分别为 $\boldsymbol{X}_1,\boldsymbol{X}_2,\cdots,\boldsymbol{X}_n$.

$\boldsymbol{P}^{-1}\boldsymbol{A}\boldsymbol{P}$ 的特征值为 $\lambda_1,\lambda_2,\cdots,\lambda_n$，对应的特征向量分别为

$$\boldsymbol{P}^{-1}\boldsymbol{X}_1,\boldsymbol{P}^{-1}\boldsymbol{X}_2,\cdots,\boldsymbol{P}^{-1}\boldsymbol{X}_n$$

$3\boldsymbol{A}^2-\boldsymbol{A}+2\boldsymbol{E}$ 的特征值为 $3\lambda_1{}^2-\lambda_1+2,3\lambda_2{}^2-\lambda_2+2,\cdots,3\lambda_n{}^2-\lambda_n+2$，对应的特征向量分别为 $\boldsymbol{X}_1,\boldsymbol{X}_2,\cdots,\boldsymbol{X}_n$.

例 6.4 设 $\boldsymbol{A}$ 为三阶方阵，且 $\boldsymbol{A}$ 的特征值为 $1,-1,2$，若 $\boldsymbol{B}=\boldsymbol{A}^3-2\boldsymbol{A}^2$，求 $|\boldsymbol{B}|$.

解 由 $\boldsymbol{A}$ 的特征值为 $\lambda_1=1,\lambda_2=-1,\lambda_3=2,\boldsymbol{B}=f(\boldsymbol{A})=\boldsymbol{A}^3-2\boldsymbol{A}^2$，则 $\boldsymbol{B}$ 的特征值为

$$f(\lambda_1)=1^3-2\times1^2=-1$$

$$f(\lambda_2)=(-1)^3-2\times(-1)^2=-3$$

$$f(\lambda_3)=2^3-2\times2^2=0$$

而 $|\boldsymbol{B}|$ 等于 $\boldsymbol{B}$ 的全部特征值乘积，即 $|\boldsymbol{B}|=(-1)\times(-3)\times0=0$.

例 6.5 设三阶方阵 $\boldsymbol{A}$ 满足 $|\boldsymbol{A}+\boldsymbol{E}|=|\boldsymbol{A}+2\boldsymbol{E}|=|\boldsymbol{A}+3\boldsymbol{E}|=0$，求 $|\boldsymbol{A}+4\boldsymbol{E}|$.

解 由 $|\boldsymbol{A}+\boldsymbol{E}|=0$，则 $|-\boldsymbol{E}-\boldsymbol{A}|=0$，即 $\lambda_1=-1$ 使得 $|\lambda\boldsymbol{E}-\boldsymbol{A}|=0$ 成立，从而 $\lambda_1=-1$ 为 $\boldsymbol{A}$ 的特征值. 同理，由 $|\boldsymbol{A}+2\boldsymbol{E}|=0$，得 $\lambda_2=-2$ 为 $\boldsymbol{A}$ 的特征值，由 $|\boldsymbol{A}+3\boldsymbol{E}|=0$ 得 $\lambda_3=-3$ 为 $\boldsymbol{A}$ 的特征值.

又令 $\boldsymbol{B}=f(\boldsymbol{A})=\boldsymbol{A}+4\boldsymbol{E}$，则 $\boldsymbol{B}$ 的特征值

$$f(\lambda_1)=\lambda_1+4=3,f(\lambda_2)=\lambda_2+4=2,f(\lambda_3)=\lambda_3+4=1$$

则 $|\boldsymbol{A}+4\boldsymbol{E}|=|\boldsymbol{B}|=3\times2\times1=6$.

例 6.6 设 n 阶方阵 $\boldsymbol{A}$ 的各行元素之和均为 $k(k\neq0)$.

(1) 求证：$\lambda=k$ 为 $\boldsymbol{A}$ 的特征值，对应的特征向量为 $\boldsymbol{X}=(1,1,\cdots,1)^{\mathrm{T}}$.

(2) $2\boldsymbol{A}^{-1}+\boldsymbol{E}$ 的各行元素之和为多少？

解 由于 $\boldsymbol{A}$ 的各行元素之和均为 k，整理成矩阵等式为

$$A\begin{bmatrix}1\\1\\\vdots\\1\end{bmatrix}=\begin{bmatrix}k\\k\\\vdots\\k\end{bmatrix}=k\begin{bmatrix}1\\1\\\vdots\\1\end{bmatrix}$$

则 $\lambda=k$ 为 $\boldsymbol{A}$ 的特征值,对应的特征向量为 $\boldsymbol{X}=(1,1,\cdots,1)^{\mathrm{T}}$.

从而 $\boldsymbol{A}^{-1}$ 必有特征值$\frac{1}{k}$,对应的特征向量为 $\boldsymbol{X}=(1,1,\cdots,1)^{\mathrm{T}}$,$2\boldsymbol{A}^{-1}+\boldsymbol{E}$ 必有特征值$\frac{2}{k}+1$,对应的特征向量为 $\boldsymbol{X}=(1,1,\cdots,1)^{\mathrm{T}}$.

因此

$$(2\boldsymbol{A}^{-1}+\boldsymbol{E})\begin{bmatrix}1\\1\\\vdots\\1\end{bmatrix}=\left(\frac{2}{k}+1\right)\begin{bmatrix}1\\1\\\vdots\\1\end{bmatrix}$$

$2\boldsymbol{A}^{-1}+\boldsymbol{E}$ 的各行元素之和为$\frac{2}{k}+1$.

例 6.7 设 n 阶方阵 $\boldsymbol{A}$ 有特征值 λ,对应的特征向量为 $\boldsymbol{X}$.

求证:(1)$\boldsymbol{A}^m$ 必有特征值 λ^m,对应的特征向量仍为 $\boldsymbol{X}$.

(2)$f(\boldsymbol{A})=a_0\boldsymbol{E}+a_1\boldsymbol{A}+\cdots+a_k\boldsymbol{A}^k$ 必有特征值 $f(\lambda)=a_0+a_1\lambda+\cdots+a_k\lambda^k$,对应的特征向量仍为 $\boldsymbol{X}$.

(3)当 $\boldsymbol{A}$ 可逆时,$\boldsymbol{A}^{-1}$ 必有特征值$\frac{1}{\lambda}$,对应特征向量仍为 $\boldsymbol{X}$.

(4)设 $\boldsymbol{P}$ 为可逆阵,则 $\boldsymbol{P}^{-1}\boldsymbol{AP}$ 必有特征值 λ,对应特征向量为 $\boldsymbol{P}^{-1}\boldsymbol{X}$.

证明 (1)用数学归纳法.

当 $m=1$ 时,$\boldsymbol{A}^1=\boldsymbol{A}$,有特征值 λ,对应特征向量为 $\boldsymbol{X}$,结论成立.

假设对 $m-1$ 结论成立,即 $\boldsymbol{A}^{m-1}\boldsymbol{X}=\lambda^{m-1}\boldsymbol{X}(\boldsymbol{X}\neq\boldsymbol{0})$,则

$$\boldsymbol{A}^m\boldsymbol{X}=\boldsymbol{A}(\boldsymbol{A}^{m-1}\boldsymbol{x})=\boldsymbol{A}(\lambda^{m-1}\boldsymbol{X})=\lambda^{m-1}\boldsymbol{AX}=\lambda^{m-1}(\lambda\boldsymbol{X})=\lambda^m\boldsymbol{X}(\boldsymbol{X}\neq\boldsymbol{0})$$

从而 $\boldsymbol{A}^m$ 有特征值 λ^m,对应的特征向量为 $\boldsymbol{X}$,结论成立.

(2)由(1)得 $\boldsymbol{EX}=\boldsymbol{X},\boldsymbol{AX}=\lambda\boldsymbol{X},\cdots,\boldsymbol{A}^k\boldsymbol{X}=\lambda^k\boldsymbol{X}$, 则

$$\begin{aligned}f(\boldsymbol{A})\boldsymbol{X}&=(a_0\boldsymbol{E}+a_1\boldsymbol{A}+\cdots+a_k\boldsymbol{A}^k)\boldsymbol{X}=a_0\boldsymbol{EX}+a_1\boldsymbol{AX}+\cdots+a_k\boldsymbol{A}^k\boldsymbol{X}\\&=a_0\boldsymbol{X}+a_1\lambda\boldsymbol{X}+\cdots+a_k\lambda^k\boldsymbol{X}=(a_0+a_1\lambda+\cdots+a_k\lambda^k)\boldsymbol{X}\quad(\boldsymbol{X}\neq\boldsymbol{0})\end{aligned}$$

则 $f(\boldsymbol{A})$ 有特征值 $f(\lambda)$,对应的特征向量为 $\boldsymbol{X}$.

(3)由 $\boldsymbol{A}$ 可逆,知 $0\neq|\boldsymbol{A}|=\lambda_1\lambda_2\cdots\lambda_n$,则 $\boldsymbol{A}$ 的特征值 $\lambda\neq0$.

由 $\boldsymbol{AX}=\lambda\boldsymbol{X}(\boldsymbol{X}\neq\boldsymbol{0})$,等号两边左乘 $\boldsymbol{A}^{-1}$,得

$$\lambda\boldsymbol{A}^{-1}\boldsymbol{X}=\boldsymbol{A}^{-1}\boldsymbol{AX}$$

即 $A^{-1}X=\frac{1}{\lambda}X(X\neq 0)$,因此 A^{-1} 有特征值 $\frac{1}{\lambda}$,对应特征向量仍为 X.

由已知 $AX=\lambda X(X\neq 0)$,左乘 P^{-1},得

$$P^{-1}AX=\lambda P^{-1}X$$

即

$$P^{-1}A(PP^{-1})X=\lambda P^{-1}X$$

从而

$$P^{-1}AP(P^{-1}X)=\lambda(P^{-1}X)$$

又由 $PP^{-1}X=X(X\neq 0)$,则 $P^{-1}X\neq 0$,因此 $P^{-1}AP$ 有特征值 λ,对应的特征向量为 $P^{-1}X$.

例 6.8 设 A 为 n 阶方阵,求证:

(1)若 $A^k=0$,则 A 的特征值全为零.

(2)若 $A^2=E$,则 A 的特征值均为 ± 1.

(3)若 $A^2+A+E=0$,则 A 没有实特征值.

证明 (1)设 A 的特征值为 $\lambda_1,\lambda_2,\cdots,\lambda_n$,则 A^k 的特征值为 $\lambda_1^k,\lambda_2^k,\cdots,\lambda_n^k$. 由于 $A^k=0$ 的特征值只能取零,则 $\lambda_1^k=\lambda_2^k=\cdots=\lambda_n^k=0$,因此 $\lambda_1=\lambda_2=\cdots=\lambda_n=0$,即 A 的 n 个特征值均为零.

(2)设 A 的特征值为 $\lambda_1,\lambda_2,\cdots,\lambda_n$,则 A^2-E 的特征值为 $\lambda_1^2-1,\lambda_2^2-1,\cdots,\lambda_n^2-1$,由于 $A^2-E=0$ 的特征值只能取零,则 $\lambda_1^2-1=\lambda_2^2-1=\cdots=\lambda_n^2-1=0$. 因此 $\lambda_1=\pm 1,\lambda_2=\pm 1,\cdots,\lambda_n=\pm 1$,即 A 的 n 个特征值均为 1 或 -1.

(3)设 A 的特征值为 $\lambda_1,\lambda_2,\cdots,\lambda_n$,则 A^2+A+E 的特征值为

$$\lambda_1^2+\lambda_1+1,\lambda_2^2+\lambda_2+1,\cdots,\lambda_n^2+\lambda_n+1$$

由 $A^2+A+E=0$ 的特征值只能取零,则

$$\lambda_1^2+\lambda_1+1=\lambda_2^2+\lambda_2+1=\cdots=\lambda_n^2+\lambda_n+1=0$$

因此 $\lambda_1,\lambda_2,\cdots,\lambda_n$ 均不可能为实数,即 A 没有实数特征值.

例 6.9 设 A,B 为 n 阶方阵,求证:

(1) 若 AB 有特征值 $\lambda=0$,则 BA 也必有特征值 $\lambda=0$.

(2) 若 AB 有特征值 $\mu\neq 0$,则 BA 也必有特征值 μ.

证明 (1)若 AB 有特征值 $\lambda=0$,代入 AB 的特征多项式中,有 $|0E-AB|=0$,即

$$|-AB|=(-1)^n|A||B|=0$$

因此 BA 也有特征值 $\lambda=0$.

(2)若 AB 有特征值 μ,即存在 n 维向量 $X(X\neq 0)$,使 $ABX=\mu X(X\neq 0)$ 成立,左乘 B,得

$$B(ABX)=BA(BX)=\mu(BX)$$

由 $\mu\neq 0,X\neq 0$,则 $ABX=\mu X\neq 0$,因此 $BX\neq 0$. 从而 BA 有特征值 μ,对应特征向量为 BX.

总结 本题证明了 AB 的特征值必为 BA 的特征值;同理 BA 的特征值也必为 AB 的特征值,从而 AB 与 BA 的特征值完全相同.

例 6.10 求证:方阵 A 的不同特征值对应的特征向量之和,一定不是 A 的特征向量.

设 $\lambda_1,\lambda_2,\cdots,\lambda_k$ 为 $\boldsymbol{A}$ 的不同特征值,对应的特征向量分别为 $\boldsymbol{X}_1,\boldsymbol{X}_2,\cdots,\boldsymbol{X}_k$.

求证:$\boldsymbol{X}_1+\boldsymbol{X}_2+\cdots+\boldsymbol{X}_k$ 一定不是 $\boldsymbol{A}$ 的特征向量.

证明 反证法:假设 $\boldsymbol{X}_1+\boldsymbol{X}_2+\cdots+\boldsymbol{X}_k$ 是 $\boldsymbol{A}$ 的特征向量,对应的特征值为 λ,即

$$\boldsymbol{A}(\boldsymbol{X}_1+\boldsymbol{X}_2+\cdots+\boldsymbol{X}_k)=\lambda(\boldsymbol{X}_1+\boldsymbol{X}_2+\cdots+\boldsymbol{X}_k)=\lambda\boldsymbol{X}_1+\lambda\boldsymbol{X}_2+\cdots+\lambda\boldsymbol{X}_k$$

又

$$\boldsymbol{A}(\boldsymbol{X}_1+\boldsymbol{X}_2+\cdots+\boldsymbol{X}_k)=\boldsymbol{A}\boldsymbol{X}_1+\boldsymbol{A}\boldsymbol{X}_2+\cdots+\boldsymbol{A}\boldsymbol{X}_k=\lambda_1\boldsymbol{X}_1+\lambda_2\boldsymbol{X}_2+\cdots+\lambda_k\boldsymbol{X}_k$$

从而

$$\lambda\boldsymbol{X}_1+\lambda\boldsymbol{X}_2+\cdots+\lambda\boldsymbol{X}_k=\lambda_1\boldsymbol{X}_1+\lambda_2\boldsymbol{X}_2+\cdots+\lambda_k\boldsymbol{X}_k$$

即

$$(\lambda-\lambda_1)\boldsymbol{X}_1+(\lambda-\lambda_2)\boldsymbol{X}_2+\cdots+(\lambda-\lambda_k)\boldsymbol{X}_k=\boldsymbol{0}$$

又由 $\boldsymbol{X}_1,\boldsymbol{X}_2,\cdots,\boldsymbol{X}_k$ 为 $\boldsymbol{A}$ 的不同特征值对应的特征向量,故 $\boldsymbol{X}_1,\boldsymbol{X}_2,\cdots,\boldsymbol{X}_k$ 必然线性无关,从而

$$\lambda-\lambda_1=\lambda-\lambda_2=\cdots=\lambda-\lambda_k=0$$

即 $\lambda=\lambda_1=\lambda_2=\cdots=\lambda_k$,矛盾,因此,$\boldsymbol{X}_1+\boldsymbol{X}_2+\cdots+\boldsymbol{X}_k$ 一定不是 $\boldsymbol{A}$ 的特征向量.

例 6.11 设矩阵 $\boldsymbol{A}=\begin{bmatrix} a & 1 & c \\ 0 & b & 0 \\ -4 & c & 1-a \end{bmatrix}$ 有特征值 $\lambda=2$,对应的特征向量为 $\boldsymbol{P}=(1,2,2)^{\mathrm{T}}$,求 a,b,c.

解 由已知 $\boldsymbol{AP}=\lambda\boldsymbol{P}$,即

$$\begin{bmatrix} a & 1 & c \\ 0 & b & 0 \\ -4 & c & 1-a \end{bmatrix}\begin{bmatrix} 1 \\ 2 \\ 2 \end{bmatrix}=2\begin{bmatrix} 1 \\ 2 \\ 2 \end{bmatrix}=\begin{bmatrix} 2 \\ 4 \\ 4 \end{bmatrix}$$

因此

$$\begin{cases} a+2+2c=2 \\ 0+2b+0=4 \\ -4+2c+2(1-a)=4 \end{cases}$$

解得

$$\begin{cases} a=-2 \\ b=2 \\ c=1 \end{cases}$$

例 6.12 设 $\boldsymbol{A}=\begin{bmatrix} 2 & 1 & 1 \\ 1 & 2 & 1 \\ 1 & 1 & 2 \end{bmatrix}$. 求可逆阵 $\boldsymbol{P}$,对角阵 $\boldsymbol{\Lambda}$,使 $\boldsymbol{P}^{-1}\boldsymbol{AP}=\boldsymbol{\Lambda}$ 成立.

解

$$|\lambda \boldsymbol{E}-\boldsymbol{A}|=\begin{vmatrix}\lambda-2 & -1 & -1\\ -1 & \lambda-2 & -1\\ -1 & -1 & \lambda-2\end{vmatrix}=(\lambda-4)\begin{vmatrix}1 & 1 & 1\\ -1 & \lambda-2 & -1\\ -1 & -1 & \lambda-2\end{vmatrix}$$

$$=(\lambda-4)\begin{vmatrix}1 & 1 & 1\\ 0 & \lambda-1 & 0\\ 0 & 0 & \lambda-1\end{vmatrix}=(\lambda-4)(\lambda-1)^2=0$$

解出 $\boldsymbol{A}$ 的特征值为 $\lambda_1=4,\lambda_2=\lambda_3=1$.

对 $\lambda_1=4$,解方程组 $(4\boldsymbol{E}-\boldsymbol{A})\boldsymbol{X}=\boldsymbol{0}$,即

$$\begin{bmatrix}2 & -1 & -1\\ -1 & 2 & -1\\ -1 & -1 & 2\end{bmatrix}\begin{bmatrix}x_1\\ x_2\\ x_3\end{bmatrix}=\boldsymbol{0}$$

解得基础解系为 $\boldsymbol{\alpha}_1=(1,1,1)^{\mathrm{T}}$.

对 $\lambda_2=\lambda_3=1$,解方程组 $(\boldsymbol{E}-\boldsymbol{A})\boldsymbol{X}=0$,即

$$\begin{bmatrix}-1 & -1 & -1\\ -1 & -1 & -1\\ -1 & -1 & -1\end{bmatrix}\begin{bmatrix}x_1\\ x_2\\ x_3\end{bmatrix}=\boldsymbol{0}$$

解得基础解系为 $\boldsymbol{\alpha}_2=(1,-1,0)^{\mathrm{T}},\boldsymbol{\alpha}_3=(1,0,-1)^{\mathrm{T}}$.

令

$$\boldsymbol{P}=[\boldsymbol{\alpha}_1\quad \boldsymbol{\alpha}_2\quad \boldsymbol{\alpha}_3]=\begin{bmatrix}1 & 1 & 1\\ 1 & -1 & 0\\ 1 & 0 & -1\end{bmatrix},\boldsymbol{\Lambda}=\begin{bmatrix}\lambda_1 & & \\ & \lambda_2 & \\ & & \lambda_3\end{bmatrix}=\begin{bmatrix}4 & & \\ & 1 & \\ & & 1\end{bmatrix}$$

则有 $\boldsymbol{P}^{-1}\boldsymbol{A}\boldsymbol{P}=\boldsymbol{\Lambda}=\begin{bmatrix}4 & & \\ & 1 & \\ & & 1\end{bmatrix}$成立.

总结 将 $\boldsymbol{A}$ 相似对角化,对角阵中特征值的位置可以调换位置,但可逆阵 $\boldsymbol{P}$ 中特征向量的位置要相应调换,保证第 i 个特征值对应第 i 个特征向量($i=1,2,3$),本题中若令

$$\boldsymbol{P}=[\boldsymbol{\alpha}_2\quad \boldsymbol{\alpha}_1\quad \boldsymbol{\alpha}_3]=\begin{bmatrix}1 & 1 & 1\\ -1 & 1 & 0\\ 0 & 1 & -1\end{bmatrix},\boldsymbol{\Lambda}=\begin{bmatrix}\lambda_2 & & \\ & \lambda_1 & \\ & & \lambda_3\end{bmatrix}=\begin{bmatrix}1 & & \\ & 4 & \\ & & 1\end{bmatrix}$$

则仍有 $\boldsymbol{P}^{-1}\boldsymbol{A}\boldsymbol{P}=\boldsymbol{\Lambda}$ 成立.

例 6.13 举例说明下列命题全是错误的.

(1)若 $\boldsymbol{A}$ 与 $\boldsymbol{B}$ 特征多项式相同,则 $\boldsymbol{A}$ 与 $\boldsymbol{B}$ 相似.

(2)若 $\boldsymbol{A}$ 与 $\boldsymbol{B}$ 特征值相同,则 $\boldsymbol{A}$ 与 $\boldsymbol{B}$ 相似.

(3)若 A 与 B 的迹相同、行列式相同,则 A 与 B 相似.

(4)若 A^2 与 B^2 相似,则 A 与 B 相似.

(5)若 $3A^4-2A^3+A^2-E$ 与 $3B^4-2B^3+B^2-E$ 相似,则 A 与 B 相似.

解 若 $A=\begin{bmatrix}0&0\\0&0\end{bmatrix}$,$B=\begin{bmatrix}0&1\\0&0\end{bmatrix}$,则

$$|\lambda E-A|=\begin{vmatrix}\lambda&0\\0&\lambda\end{vmatrix}=\lambda^2=\begin{vmatrix}\lambda&-1\\0&\lambda\end{vmatrix}=|\lambda E-B|$$

A 的特征值为 0,0;B 的特征值也为 0,0;

$$\mathrm{tr}(A)=0=\mathrm{tr}(B),\ |A|=0=|B|$$

$A^2=\mathbf{0}$ 与 $B^2=\mathbf{0}$ 相似,$3A^4-2A^3+A^2-E=-E$ 与 $3B^4-2B^3+B^2-E=-E$ 相似.但 A 与 B 不相似,这是由于对 $\forall P$,有 $P^{-1}AP=P^{-1}OP=O\neq B$.

总结 由本题可以看出(1),(2),(3),(4),(5)均为相似的性质,由 A 与 B 相似可得(1),(2),(3),(4),(5),但想求证 A 与 B 相似,却不能由这五条证出.

例 6.14 已知三阶方阵 A 的三个特征值分别为 $\lambda_1=\lambda_2=1$,$\lambda_3=2$,对应的特征向量分别为 $\eta_1=(1,2,1)^{\mathrm{T}}$,$\eta_2=(1,1,0)^{\mathrm{T}}$,$\eta_3=(2,0,-1)^{\mathrm{T}}$,求矩阵 A.

解 令

$$P=[\eta_1\quad\eta_2\quad\eta_3]=\begin{bmatrix}1&1&2\\2&1&0\\1&0&-1\end{bmatrix},\Lambda=\begin{bmatrix}\lambda_1&&\\&\lambda_2&\\&&\lambda_3\end{bmatrix}=\begin{bmatrix}1&&\\&1&\\&&2\end{bmatrix}$$

则有 $P^{-1}AP=\Lambda$ 成立,因此 $A=P\Lambda P^{-1}$,即

$$A=\begin{bmatrix}1&1&2\\2&1&0\\1&0&-1\end{bmatrix}\begin{bmatrix}1&&\\&1&\\&&2\end{bmatrix}\begin{bmatrix}1&1&2\\2&1&0\\1&0&-1\end{bmatrix}^{-1}=\begin{bmatrix}3&-2&2\\0&1&0\\-1&1&0\end{bmatrix}$$

例 6.15 设 $A=\begin{bmatrix}1&-1&1\\2&4&-2\\-3&-3&a\end{bmatrix}$,$B=\begin{bmatrix}2&&\\&2&\\&&b\end{bmatrix}$,若矩阵 A 与 B 相似,求 a,b 的值.

解 由 A 与 B 相似,则 $\mathrm{tr}(A)=\mathrm{tr}(B)$,$|A|=|B|$,有

$$|A|=\begin{vmatrix}1&-1&1\\2&4&-2\\-3&-3&a\end{vmatrix}=\begin{vmatrix}1&0&0\\2&6&-4\\-3&-6&a+3\end{vmatrix}=6a-6$$

则

$$\begin{cases}1+4-a=\mathrm{tr}(A)=\mathrm{tr}(B)=2+2+b\\6a-6=|A|=|B|=4b\end{cases}$$

解出 $a=5,b=6$.

例 6.16 设 $\boldsymbol{A}=\begin{bmatrix}-2&0&0\\2&a&2\\3&1&1\end{bmatrix}$，$\boldsymbol{B}=\begin{bmatrix}-1&&\\&2&\\&&b\end{bmatrix}$，已知矩阵 $\boldsymbol{A}$ 与 $\boldsymbol{B}$ 相似，求 a,b 的值.

解 由 $\boldsymbol{A}$ 与 $\boldsymbol{B}$ 相似，则 $|\lambda\boldsymbol{E}-\boldsymbol{A}|=|\lambda\boldsymbol{E}-\boldsymbol{B}|$.

$$|\lambda\boldsymbol{E}-\boldsymbol{A}|=\begin{vmatrix}\lambda+2&0&0\\-2&\lambda-a&-2\\-3&-1&\lambda-1\end{vmatrix}=(\lambda+2)[\lambda^2-(a+1)\lambda+(a+2)]$$

$$=|\lambda\boldsymbol{E}-\boldsymbol{B}|=(\lambda+1)(\lambda-2)(\lambda-b)$$

由 $|\lambda\boldsymbol{E}-\boldsymbol{A}|=|\lambda\boldsymbol{E}-\boldsymbol{B}|$，则 $|\lambda\boldsymbol{E}-\boldsymbol{B}|$ 应能分解出 $\lambda+2$，从而 $b=-2$，且

$$\lambda^2-(a+1)\lambda+(a+2)=(\lambda+1)(\lambda-2)$$

则 $a=0$.

总结 计算例 6.15，例 6.16 这类问题时，一般先考虑例 6.15 的方法，由相似得 $\mathrm{tr}(\boldsymbol{A})=\mathrm{tr}(\boldsymbol{B})$，$|\boldsymbol{A}|=|\boldsymbol{B}|$. 由这两个式子解出 a,b 值. 但在本题中，由 $\mathrm{tr}(\boldsymbol{A})=\mathrm{tr}(\boldsymbol{B})$ 得 $a-1=b+1$. 由 $|\boldsymbol{A}|=|\boldsymbol{B}|$ 得 $a-2=b$. 由这两个式子解不出 a,b 值，此时再考虑用“由 $\boldsymbol{A}$ 与 $\boldsymbol{B}$ 相似，则 $\boldsymbol{A}$ 与 $\boldsymbol{B}$ 的特征多项式相同”的方法来解.

例 6.17 已知 $\boldsymbol{A}=\begin{bmatrix}3&2&-1\\0&0&a\\0&0&0\end{bmatrix}$ 可对角化，求 a 的值.

解
$$|\lambda\boldsymbol{E}-\boldsymbol{A}|=\begin{vmatrix}\lambda-3&-2&1\\0&\lambda&-a\\0&0&\lambda\end{vmatrix}=\lambda^2(\lambda-3)=0.$$

解出 $\boldsymbol{A}$ 的特征值为 $\lambda_1=3,\lambda_2=\lambda_3=0$.

一重特征值 $\lambda_1=3$ 一定对应一个线性无关的特征向量，由方阵 $\boldsymbol{A}$ 可对角化得 $\boldsymbol{A}$ 一共对应三个线性无关的特征向量，从而 $\lambda_2=\lambda_3=0$ 应对应两个线性无关的特征向量，即方程组 $(0\boldsymbol{E}-\boldsymbol{A})\boldsymbol{X}=\boldsymbol{0}$ 的基础解系中应含有两个线性无关解. 所以，$n-\mathrm{r}(0\boldsymbol{E}-\boldsymbol{A})=2$，$\mathrm{r}(\boldsymbol{A})=\mathrm{r}(0\boldsymbol{E}-\boldsymbol{A})=n-2=1$，因此得 $a=0$.

例 6.18 判断下列矩阵是否可相似对角化.

$$\boldsymbol{A}=\begin{bmatrix}3&0&1\\4&-2&-8\\-4&0&-1\end{bmatrix},\boldsymbol{B}=\begin{bmatrix}1&-5&3\\0&8&-2\\0&0&5\end{bmatrix},\boldsymbol{C}=\begin{bmatrix}2&3&3\\3&2&3\\3&3&2\end{bmatrix}$$

解

$$|\lambda\boldsymbol{E}-\boldsymbol{A}|=\begin{vmatrix}\lambda-3&0&-1\\-4&\lambda+2&8\\4&0&\lambda+1\end{vmatrix}=(\lambda-1)^2(\lambda+2)=0$$

解出 $\boldsymbol{A}$ 的特征值为 $\lambda_1=\lambda_2=1,\lambda_3=-2$. 对 $\lambda_1=\lambda_2=1$,方程组 $(\boldsymbol{E}-\boldsymbol{A})\boldsymbol{X}=\boldsymbol{0}$ 的基础解系中含有 $n-\mathrm{r}(\boldsymbol{E}-\boldsymbol{A})$ 个线性无关的特征向量.

由 $\mathrm{r}(\boldsymbol{E}-\boldsymbol{A})=\mathrm{r}\left(\begin{bmatrix}-2 & 0 & -1\\ -4 & 3 & 8\\ 4 & 0 & 2\end{bmatrix}\right)=2$,则 $\lambda_1=\lambda_2=1$ 只对应一个线性无关的特征向量,$\lambda_3=-2$ 为一重特征值,一定对应一个线性无关的特征向量,则三阶方阵 $\boldsymbol{A}$ 一共对应两个线性无关的特征向量,所以 $\boldsymbol{A}$ 不能相似对角化.

$$|\lambda\boldsymbol{E}-\boldsymbol{B}|=\begin{vmatrix}\lambda-1 & 5 & -3\\ 0 & \lambda-8 & 2\\ 0 & 0 & \lambda-5\end{vmatrix}=(\lambda-1)(\lambda-8)(\lambda-5)=0$$

则 $\boldsymbol{B}$ 的特征值为 $\lambda_1=1,\lambda_2=8,\lambda_3=5$,由于 $\boldsymbol{B}$ 的三个特征值互异,则 $\boldsymbol{B}$ 可相似对角化.

$$|\lambda\boldsymbol{E}-\boldsymbol{C}|=\begin{vmatrix}\lambda-2 & -3 & -3\\ -3 & \lambda-2 & -3\\ -3 & -3 & \lambda-2\end{vmatrix}=(\lambda-8)(\lambda+1)^2=0$$

则 $\boldsymbol{C}$ 的特征值为 $\lambda_1=8,\lambda_2=\lambda_3=-1$.

$\lambda_1=8$ 为一重特征值,一定对应一个线性无关的特征向量. 对 $\lambda_2=\lambda_3=-1$,方程组 $(-\boldsymbol{E}-\boldsymbol{C})\boldsymbol{X}=0$ 的基础解系中含有 $n-\mathrm{r}(-\boldsymbol{E}-\boldsymbol{C})$ 个线性无关的特征向量. 由于 $\mathrm{r}(-\boldsymbol{E}-\boldsymbol{C})=\mathrm{r}\left(\begin{bmatrix}-3 & -3 & -3\\ -3 & -3 & -3\\ -3 & -3 & -3\end{bmatrix}\right)=1$,则 $\lambda_2=\lambda_3=-1$ 对应两个线性无关的特征向量,三阶方阵 $\boldsymbol{C}$ 一共对应三个线性无关的特征向量,所以 $\boldsymbol{C}$ 可相似对角化.

总结 (1)判断一个矩阵是否可对角化时,先求矩阵的特征值. 若 n 个特征值互异,则矩阵一定可对角化;若 n 个特征值不互异,则判断每个特征值对应多少个线性无关的特征向量. 若线性无关特征向量的个数加起来刚好等于 n 个,则矩阵可对角化;若线性无关特征向量的个数加起来不足 n 个,则矩阵不可对角化. 注意,这里只关心每个特征值对应线性无关特征向量的个数,而不用把具体特征向量是什么解出来,即解方程组 $(\lambda_i\boldsymbol{E}-\boldsymbol{A})\boldsymbol{X}=\boldsymbol{0}$ 时,只需算出 $n-\mathrm{r}(\lambda_i\boldsymbol{E}-\boldsymbol{A})$,而不需把方程组 $(\lambda_i\boldsymbol{E}-\boldsymbol{A})\boldsymbol{X}=\boldsymbol{0}$ 全解出来.

(2)本题中矩阵 $\boldsymbol{C}$ 为对称阵,若学习了下章中对称阵的性质,可直接说明 $\boldsymbol{C}$ 可对角化.

6.3 综合与提高

例 6.19 设 $\boldsymbol{A}=\begin{bmatrix}2 & 1 & 1\\ 1 & 2 & 1\\ 1 & 1 & 2\end{bmatrix}$,已知 $\boldsymbol{\alpha}=\begin{bmatrix}1\\ k\\ 1\end{bmatrix}$ 为 $\boldsymbol{A}^{-1}$ 的特征向量,求 k 的值.

解 由 $\boldsymbol{\alpha}$ 为 $\boldsymbol{A}^{-1}$ 的特征向量,知 $\boldsymbol{\alpha}$ 必为 $\boldsymbol{A}$ 的特征向量,即 $\exists\lambda$ 使 $\boldsymbol{A\alpha}=\lambda\boldsymbol{\alpha}$ 成立,由

$$\begin{bmatrix}2&1&1\\1&2&1\\1&1&2\end{bmatrix}\begin{bmatrix}1\\k\\1\end{bmatrix}=\begin{bmatrix}\lambda\\k\lambda\\\lambda\end{bmatrix}$$

得

$$\begin{cases}2+k+1=\lambda\\1+2k+1=\lambda k\\1+k+2=\lambda\end{cases}$$

解出 $k=1$ 或 $k=-2$.

例 6.20 设 $\boldsymbol{A}=\begin{bmatrix}a&-1&c\\5&b&3\\1-c&0&-a\end{bmatrix}$,已知 $|\boldsymbol{A}|=-1$,且 $\boldsymbol{A}$ 的伴随阵 $\boldsymbol{A}^*$ 的特征值 λ_0 对应的特征向量为 $\boldsymbol{\alpha}=(-1,-1,1)^{\mathrm{T}}$,求 a,b,c 及 λ_0 的值.

解 由已知 $\boldsymbol{A}^*\boldsymbol{\alpha}=\lambda_0\boldsymbol{\alpha}$,左乘 $\boldsymbol{A}$ 得 $\boldsymbol{AA}^*\boldsymbol{\alpha}=\lambda_0\boldsymbol{A\alpha}$

由 $\boldsymbol{AA}^*=|\boldsymbol{A}|\boldsymbol{E}=-\boldsymbol{E}$,得 $\lambda_0\boldsymbol{A\alpha}=-\boldsymbol{\alpha}$. 由

$$\lambda_0\begin{bmatrix}a&-1&c\\5&b&3\\1-c&0&-a\end{bmatrix}\begin{bmatrix}-1\\-1\\1\end{bmatrix}=-\begin{bmatrix}-1\\-1\\1\end{bmatrix}=\begin{bmatrix}1\\1\\-1\end{bmatrix}$$

得

$$\begin{cases}\lambda_0(-a+1+c)=1 & (13)\\\lambda_0(-5-b+3)=1 & (14)\\\lambda_0(c-1-a)=-1 & (15)\end{cases}$$

式(13)-式(15)得 $\lambda_0=1$,代入(14)中得 $b=-3$,将 $\lambda_0=1$ 代入式(13)中得 $a=c$,将 $a=c$ 代入

$$-1=|\boldsymbol{A}|=\begin{vmatrix}a&-1&c\\5&b&3\\1-c&0&-a\end{vmatrix}$$

中解出 $a=c=2$,因此 $a=2,b=-3,c=2,\lambda_0=1$ 为所求.

例 6.21 设 $\lambda_1,\lambda_2,\lambda_3$ 为三阶方阵 $\boldsymbol{A}$ 的三个不同特征值,对应的特征向量分别为 $\boldsymbol{\alpha}_1,\boldsymbol{\alpha}_2,\boldsymbol{\alpha}_3$. 令 $\boldsymbol{\beta}=\boldsymbol{\alpha}_1+\boldsymbol{\alpha}_2+\boldsymbol{\alpha}_3$,求证:$\boldsymbol{\beta},\boldsymbol{A\beta},\boldsymbol{A}^2\boldsymbol{\beta}$ 线性无关.

证明 由已知 $\boldsymbol{A\alpha}_1=\lambda_1\boldsymbol{\alpha}_1,\boldsymbol{A\alpha}_2=\lambda_2\boldsymbol{\alpha}_2,\boldsymbol{A\alpha}_3=\lambda_3\boldsymbol{\alpha}_3$,得

$$\begin{cases}\boldsymbol{\beta}=\boldsymbol{\alpha}_1+\boldsymbol{\alpha}_2+\boldsymbol{\alpha}_3\\\boldsymbol{A\beta}=\boldsymbol{A\alpha}_1+\boldsymbol{A\alpha}_2+\boldsymbol{A\alpha}_3=\lambda_1\boldsymbol{\alpha}_1+\lambda_2\boldsymbol{\alpha}_2+\lambda_3\boldsymbol{\alpha}_3\\\boldsymbol{A}^2\boldsymbol{\beta}=\boldsymbol{A}^2\boldsymbol{\alpha}_1+\boldsymbol{A}^2\boldsymbol{\alpha}_2+\boldsymbol{A}^2\boldsymbol{\alpha}_3=\lambda_1^2\boldsymbol{\alpha}_1+\lambda_2^2\boldsymbol{\alpha}_2+\lambda_3^2\boldsymbol{\alpha}_3\end{cases}$$

即

$$[\boldsymbol{\beta}\quad \boldsymbol{A\beta}\quad \boldsymbol{A}^2\boldsymbol{\beta}] = [\boldsymbol{\alpha}_1\quad \boldsymbol{\alpha}_2\quad \boldsymbol{\alpha}_3]\begin{bmatrix}1 & \lambda_1 & \lambda_1^2\\ 1 & \lambda_2 & \lambda_2^2\\ 1 & \lambda_3 & \lambda_3^2\end{bmatrix}$$

$\boldsymbol{\alpha}_1,\boldsymbol{\alpha}_2,\boldsymbol{\alpha}_3$ 为 $\boldsymbol{A}$ 的不同特征值对应的特征向量,必线性无关.

又

$$\begin{vmatrix}1 & \lambda_1 & \lambda_1^2\\ 1 & \lambda_2 & \lambda_2^2\\ 1 & \lambda_3 & \lambda_3^2\end{vmatrix} = \prod_{1\leqslant j<i\leqslant 3}(\lambda_i-\lambda_j)\neq 0$$

所以 $\boldsymbol{\beta},\boldsymbol{A\beta},\boldsymbol{A}^2\boldsymbol{\beta}$ 线性无关.

例 6.22 设 $\boldsymbol{A}$ 为 n 阶实矩阵,若对任意非零向量 $\boldsymbol{X}$,均有 $\boldsymbol{X}^{\mathrm{T}}\boldsymbol{AX}>0$,求证:$|\boldsymbol{A}|>0$.

证明 设 $\boldsymbol{A}$ 有特征值 λ,对应的特征向量为 $\boldsymbol{X}$,则 $\boldsymbol{AX}=\lambda\boldsymbol{X}(\boldsymbol{X}\neq\boldsymbol{0})$,左乘 $\boldsymbol{X}^{\mathrm{T}}$ 得 $\lambda\boldsymbol{X}^{\mathrm{T}}\boldsymbol{X}=\boldsymbol{X}^{\mathrm{T}}\boldsymbol{AX}>0$. 由 $\boldsymbol{X}\neq\boldsymbol{0}$,$\boldsymbol{X}^{\mathrm{T}}\boldsymbol{X}=\|\boldsymbol{X}\|^2>0$,则 $\lambda>0$,即 $\boldsymbol{A}$ 的实特征值均正.

若矩阵 $\boldsymbol{A}$ 有虚数特征值,则虚数特征值为实系数多项式 $|\lambda\boldsymbol{E}-\boldsymbol{A}|=0$ 的虚根,必成对出现,由 $(a+bi)(a-bi)=a^2+b^2>0$,则 $|\boldsymbol{A}|=\lambda_1\lambda_2\cdots\lambda_n>0$.

例 6.23 设 n 阶方阵 $\boldsymbol{A}=[a_{ij}]_{n\times n}$ 满足 $\mathrm{r}(\boldsymbol{A})=1$,求证:$\boldsymbol{A}$ 的特征多项式

$$|\lambda\boldsymbol{E}-\boldsymbol{A}| = \lambda^{n-1}[\lambda-(a_{11}+a_{22}+\cdots+a_{nn})](\text{其中 } n>1)$$

证明 由 $\mathrm{r}(\boldsymbol{A})=1$,则 $|0\boldsymbol{E}-\boldsymbol{A}|=|-\boldsymbol{A}|=0$,$\lambda=0$ 为 $\boldsymbol{A}$ 的特征值. 又由 $\mathrm{r}(\boldsymbol{A})=1$,方程组 $(0\boldsymbol{E}-\boldsymbol{A})\boldsymbol{X}=\boldsymbol{0}$ 的基础解系中含有 $(n-\mathrm{r}(0\boldsymbol{E}-\boldsymbol{A})=n-1)$ 个线性无关的特征向量,因此 $\lambda=0$ 为 $\boldsymbol{A}$ 的至少 $(n-1)$ 重特征值,即 $\lambda_1=\lambda_2=\cdots=\lambda_{n-1}=0$.

又由

$$\lambda_1+\lambda_2+\cdots+\lambda_{n-1}+\lambda_n = \mathrm{tr}(\boldsymbol{A}) = a_{11}+a_{22}+\cdots+a_{nn}$$

则

$$\lambda_n = a_{11}+a_{22}+\cdots+a_{nn}$$

因此

$$|\lambda\boldsymbol{E}-\boldsymbol{A}| = (\lambda-\lambda_1)(\lambda-\lambda_2)\cdots(\lambda-\lambda_n) = \lambda^{n-1}[\lambda-(a_{11}+a_{22}+\cdots+a_{nn})]$$

例 6.24 设三阶方阵 $\boldsymbol{A}$ 的各行元素之和均为 3. 已知方程组 $\boldsymbol{AX}=\boldsymbol{0}$ 的基础解系为 $\boldsymbol{\alpha}_1=(1,-2,1)^{\mathrm{T}}$,$\boldsymbol{\alpha}_2=(1,1,-2)^{\mathrm{T}}$. 求:

(1)矩阵 $\boldsymbol{A}$ 的全部特征值;

(2)矩阵 $\boldsymbol{A}$.

解 由 $\boldsymbol{A}$ 的各行元素之和均为 3,得

$$\boldsymbol{A}\begin{bmatrix}1\\1\\1\end{bmatrix} = \begin{bmatrix}3\\3\\3\end{bmatrix} = 3\begin{bmatrix}1\\1\\1\end{bmatrix}$$

则 $\lambda_1=3$ 为 $\boldsymbol{A}$ 的特征值,对应的特征向量为 $\boldsymbol{\eta}=(1,1,1)^{\mathrm{T}}$.

又由 $\boldsymbol{\alpha}_1,\boldsymbol{\alpha}_2$ 为 $\boldsymbol{AX}=\boldsymbol{0}$ 的基础解系,则 $\boldsymbol{A\alpha}_1=\boldsymbol{0}=0\boldsymbol{\alpha}_1,\boldsymbol{A\alpha}_2=\boldsymbol{0}=0\boldsymbol{\alpha}_2$,即 $\boldsymbol{\alpha}_1,\boldsymbol{\alpha}_2$ 为矩阵 $\boldsymbol{A}$ 属于 $\lambda=0$ 的特征向量,则 $\lambda=0$ 为 $\boldsymbol{A}$ 的至少二重特征值.

综上,$\boldsymbol{A}$ 的全部特征值为 $\lambda_1=3,\lambda_2=\lambda_3=0$,对应的特征向量分别为

$$\boldsymbol{\eta}=(1,1,1)^{\mathrm{T}},\boldsymbol{\alpha}_1=(1,-2,1)^{\mathrm{T}},\boldsymbol{\alpha}_2=(1,1,-2)^{\mathrm{T}}$$

令

$$\boldsymbol{P}=[\boldsymbol{\eta}\quad\boldsymbol{\alpha}_1\quad\boldsymbol{\alpha}_2]=\begin{bmatrix}1&1&1\\1&-2&1\\1&1&-2\end{bmatrix},\boldsymbol{\Lambda}=\begin{bmatrix}\lambda_1&&\\&\lambda_2&\\&&\lambda_3\end{bmatrix}=\begin{bmatrix}3&&\\&0&\\&&0\end{bmatrix}$$

则有 $\boldsymbol{P}^{-1}\boldsymbol{AP}=\boldsymbol{\Lambda}$ 成立,因此 $\boldsymbol{A}=\boldsymbol{P\Lambda P}^{-1}$,即

$$\boldsymbol{A}=\begin{bmatrix}1&1&1\\1&-2&1\\1&1&-2\end{bmatrix}\begin{bmatrix}3&&\\&0&\\&&0\end{bmatrix}\begin{bmatrix}1&1&1\\1&-2&1\\1&1&-2\end{bmatrix}^{-1}=\begin{bmatrix}1&1&1\\1&1&1\\1&1&1\end{bmatrix}$$

例 6.25 设 λ_1,λ_2 为方阵 $\boldsymbol{A}$ 的两个不同特征值,对应的特征向量分别为 $\boldsymbol{\alpha}_1,\boldsymbol{\alpha}_2$,则当________时,$k_1\boldsymbol{\alpha}_1+k_2\boldsymbol{\alpha}_2$ 仍为 $\boldsymbol{A}$ 的特征向量.

A. $k_1=0$ 而 $k_2\neq0$ B. $k_1=0$ 且 $k_2=0$ C. $k_1k_2=0$ D. $k_1k_2\neq0$

解 选 A

分析 A 选项,$k_1=0,k_2\neq0$ 时,$k_1\boldsymbol{\alpha}_1+k_2\boldsymbol{\alpha}_2=k_2\boldsymbol{\alpha}_2\neq\boldsymbol{0}$ 为矩阵 $\boldsymbol{A}$ 属于特征值 λ_2 的特征向量,故 A 正确.

B 选项,$k_1=0,k_2=0$ 时, $k_1\boldsymbol{\alpha}_1+k_2\boldsymbol{\alpha}_2=\boldsymbol{0}$,而零向量不能做特征向量,故 B 错误.

C 选项,$k_1k_2=0$ 包含 $k_1=0,k_2=0$ 的情况,与 B 类似,故 C 错误.

D 选项,$k_1k_2\neq0$,则 $k_1\neq0$ 且 $k_2\neq0$,$k_1\boldsymbol{\alpha}_1$ 为 λ_1 对应特征向量,$k_2\boldsymbol{\alpha}_2$ 为 λ_2 对应特征向量,相加后 $k_1\boldsymbol{\alpha}_1+k_2\boldsymbol{\alpha}_2$ 就不是 $\boldsymbol{A}$ 的特征向量了,因此 D 错误.

例 6.26 设 λ_1,λ_2 为方阵 $\boldsymbol{A}$ 的两个特征值,对应的特征向量分别为 $\boldsymbol{\alpha}_1,\boldsymbol{\alpha}_2$,已知 $\lambda_1=-\lambda_2\neq0$,则________.

A. $\boldsymbol{\alpha}_1+\boldsymbol{\alpha}_2$ 是 $\boldsymbol{A}$ 的特征向量,也是 $\boldsymbol{A}^2$ 的特征向量.

B. $\boldsymbol{\alpha}_1+\boldsymbol{\alpha}_2$ 不是 $\boldsymbol{A}$ 的特征向量,也不是 $\boldsymbol{A}^2$ 的特征向量.

C. $\boldsymbol{\alpha}_1+\boldsymbol{\alpha}_2$ 是 $\boldsymbol{A}$ 的特征向量,但不是 $\boldsymbol{A}^2$ 的特征向量.

D. $\boldsymbol{\alpha}_1+\boldsymbol{\alpha}_2$ 不是 $\boldsymbol{A}$ 的特征向量,而是 $\boldsymbol{A}^2$ 的特征向量.

解 选 D

分析 由 $\lambda_1\neq\lambda_2$ 知 $\boldsymbol{\alpha}_1,\boldsymbol{\alpha}_2$ 为 $\boldsymbol{A}$ 的不同特征值对应的特征向量,则 $\boldsymbol{\alpha}_1+\boldsymbol{\alpha}_2$ 不是 $\boldsymbol{A}$ 的特征向量,而

$$\boldsymbol{A}^2(\boldsymbol{\alpha}_1+\boldsymbol{\alpha}_2)=\boldsymbol{A}^2\boldsymbol{\alpha}_1+\boldsymbol{A}^2\boldsymbol{\alpha}_2=\lambda_1^2\boldsymbol{\alpha}_1+\lambda_2^2\boldsymbol{\alpha}_2$$

由 $\lambda_1=-\lambda_2$,则

$$A^2(\alpha_1+\alpha_2)=\lambda_1^2\alpha_1+\lambda_2^2\alpha_2=\lambda_1^2(\alpha_1+\alpha_2)$$

由 α_1,α_2 线性无关,$\alpha_1+\alpha_2\neq 0$,则 $\alpha_1+\alpha_2$ 为 A^2 的特征向量. 因此应选 D 选项.

本题也可用举例法,设 $A=\begin{bmatrix}1&0\\0&-1\end{bmatrix}$,$\alpha_1=\begin{bmatrix}1\\0\end{bmatrix}$,$\alpha_2=\begin{bmatrix}0\\1\end{bmatrix}$,$\lambda_1=1,\lambda_2=-1$,满足题中要求,容易验证 $\alpha_1+\alpha_2=\begin{bmatrix}1\\1\end{bmatrix}$是 $A^2=E$ 的特征向量,而不是 A 的特征向量.

例 6.27 设 $\lambda_1=2,\lambda_2=3$ 为三阶方阵 A 的两个特征值,对应的特征向量分别为 $\alpha_1=(1,1,-1)^T$,$\alpha_2=(1,t+1,0)^T$. 已知向量 $\beta=(2,t+2,1)^T$ 可由 α_1,α_2 线性表示. 求:(1)t 的值;(2)$A^n\beta$.

解 β 可由 α_1,α_2 线性表示,即方程组 $x_1\alpha_1+x_2\alpha_2=\beta$ 有解.

$$\text{增广阵}\begin{bmatrix}1&1&2\\1&t+1&t+2\\-1&0&1\end{bmatrix}\xrightarrow{\text{行变换}}\begin{bmatrix}1&1&2\\0&1&3\\0&0&-2t\end{bmatrix}$$

由方程组 $x_1\alpha_1+x_2\alpha_2=\beta$ 有解,得 $t=0$,此时可解出 $x_1=-1,x_2=3$,即 $\beta=-\alpha_1+3\alpha_2$. 由已知 $A\alpha_1=2\alpha_1$,$A\alpha_2=3\alpha_2$,则 $A^n\alpha_1=2^n\alpha_1$,$A^n\alpha_2=3^n\alpha_2$,所以有

$$A^n\beta=A^n(-\alpha_1+3\alpha_2)=-A^n\alpha_1+3A^n\alpha_2=-2^n\alpha_1+3^{n+1}\alpha_2=\begin{bmatrix}3^{n+1}-2^n\\3^{n+1}-2^n\\2^n\end{bmatrix}$$

例 6.28 设 $A=\begin{bmatrix}9&4\\1&6\end{bmatrix}$,$\alpha_1=\begin{bmatrix}4\\1\end{bmatrix}$,$\alpha_2=\begin{bmatrix}-1\\1\end{bmatrix}$

(1)验证 α_1,α_2 为 A 的特征向量.

(2)求 A^n.

解 由

$$A\alpha_1=\begin{bmatrix}9&4\\1&6\end{bmatrix}\begin{bmatrix}4\\1\end{bmatrix}=\begin{bmatrix}40\\10\end{bmatrix}=10\begin{bmatrix}4\\1\end{bmatrix}=10\alpha_1$$

则 $\lambda_1=10$ 为 A 的特征值,对应的特征向量为 $\alpha_1=\begin{bmatrix}4\\1\end{bmatrix}$.

又

$$A\alpha_2=\begin{bmatrix}9&4\\1&6\end{bmatrix}\begin{bmatrix}-1\\1\end{bmatrix}=\begin{bmatrix}-5\\5\end{bmatrix}=5\begin{bmatrix}-1\\1\end{bmatrix}=5\alpha_2$$

则 $\lambda_2=5$ 为 A 的特征值,对应的特征向量为 $\alpha_2=\begin{bmatrix}-1\\1\end{bmatrix}$.

令

$$P=[\boldsymbol{\alpha}_1\quad\boldsymbol{\alpha}_2]=\begin{bmatrix}4&-1\\1&1\end{bmatrix},\boldsymbol{\Lambda}=\begin{bmatrix}\lambda_1&\\&\lambda_2\end{bmatrix}=\begin{bmatrix}10&\\&5\end{bmatrix}$$

则有 $\boldsymbol{P}^{-1}\boldsymbol{AP}=\boldsymbol{\Lambda}$ 成立,此时 $\boldsymbol{A}=\boldsymbol{P\Lambda P}^{-1}$,则

$$\begin{aligned}\boldsymbol{A}^n&=\boldsymbol{P\Lambda P}^{-1}\boldsymbol{P\Lambda P}^{-1}\cdots\boldsymbol{P\Lambda P}^{-1}=\boldsymbol{P\Lambda}^n\boldsymbol{P}^{-1}\\&=\begin{bmatrix}4&-1\\1&1\end{bmatrix}\begin{bmatrix}10^n&\\&5^n\end{bmatrix}\begin{bmatrix}4&-1\\1&1\end{bmatrix}^{-1}\\&=\frac{1}{5}\begin{bmatrix}4\times10^n+5^n&4\times10^n-4\times5^n\\10^n-5^n&10^n+4\times5^n\end{bmatrix}\end{aligned}$$

例 6.29 判断下列矩阵是否相似.

$$\boldsymbol{A}=\begin{bmatrix}2&0&0\\0&2&0\\0&0&3\end{bmatrix},\boldsymbol{B}=\begin{bmatrix}2&1&0\\0&2&1\\0&0&3\end{bmatrix},\boldsymbol{C}=\begin{bmatrix}2&0&1\\0&2&0\\0&0&3\end{bmatrix}$$

解 矩阵 $\boldsymbol{A}$ 为由特征值 $\lambda_1=\lambda_2=2,\lambda_3=3$ 构成的对角阵. 由

$$|\lambda\boldsymbol{E}-\boldsymbol{B}|=\begin{vmatrix}\lambda-2&-1&0\\0&\lambda-2&-1\\0&0&\lambda-3\end{vmatrix}=(\lambda-2)^2(\lambda-3)=0$$

解出 $\boldsymbol{B}$ 的特征值为 $\lambda_1=\lambda_2=2,\lambda_3=3$. $\lambda_3=3$ 为一重特征值,一定对应一个线性无关的特征向量. 对 $\lambda_1=\lambda_2=2$,方程组 $(2\boldsymbol{E}-\boldsymbol{B})\boldsymbol{X}=\boldsymbol{0}$ 的基础解系中含有 $n-\mathrm{r}(2\boldsymbol{E}-\boldsymbol{B})=1$ 个线性无关的特征向量,则 $\lambda_1=\lambda_2=2$ 对应一个线性无关的特征向量. 从而三阶方阵 $\boldsymbol{B}$ 只有两个线性无关的特征向量,$\boldsymbol{B}$ 不可对角化. 因此 $\boldsymbol{B}$ 与 $\boldsymbol{A}$ 不相似.

由

$$|\lambda\boldsymbol{E}-\boldsymbol{C}|=\begin{vmatrix}\lambda-2&0&-1\\0&\lambda-2&0\\0&0&\lambda-3\end{vmatrix}=(\lambda-2)^2(\lambda-3)=0$$

解出 $\boldsymbol{C}$ 的特征值为 $\lambda_1=\lambda_2=2,\lambda_3=3$. $\lambda_3=3$ 为一重特征值,一定对应一个线性无关的特征向量,对 $\lambda_1=\lambda_2=2$,方程组 $(2\boldsymbol{E}-\boldsymbol{C})\boldsymbol{X}=\boldsymbol{0}$ 的基础解系中含有 $n-\mathrm{r}(2\boldsymbol{E}-\boldsymbol{C})=2$ 个线性无关的特征向量,则 $\lambda_1=\lambda_2=2$ 对应两个线性无关的特征向量,从而三阶方阵 $\boldsymbol{C}$ 一共对应三个线性无关的特征向量,则 $\boldsymbol{C}$ 可对角化. 因此 $\boldsymbol{C}$ 与 $\boldsymbol{A}$ 相似,由相似传递性, $\boldsymbol{B}$ 与 $\boldsymbol{C}$ 不相似.

综上,$\boldsymbol{A}$ 与 $\boldsymbol{C}$ 相似,$\boldsymbol{A}$ 与 $\boldsymbol{B}$ 不相似, $\boldsymbol{B}$ 与 $\boldsymbol{C}$ 不相似.

总结 判断两个矩阵 $\boldsymbol{A}$ 与 $\boldsymbol{B}$ 是否相似,要先求特征值. 若 $\boldsymbol{A}$ 与 $\boldsymbol{B}$ 特征值不同,则 $\boldsymbol{A}$ 与 $\boldsymbol{B}$ 一定不相似. 若 $\boldsymbol{A}$ 与 $\boldsymbol{B}$ 特征值完全相同,则继续判断 $\boldsymbol{A}$ 与 $\boldsymbol{B}$ 能否对角化. 若 $\boldsymbol{A}$ 与 $\boldsymbol{B}$ 特征值相同且均可对角化,则 $\boldsymbol{A}$ 与 $\boldsymbol{B}$ 相似. 若 $\boldsymbol{A}$ 与 $\boldsymbol{B}$ 特征值相同且一个可对角化,另一个不可对角化,

则 $\boldsymbol{A}$ 与 $\boldsymbol{B}$ 不相似.

对 $\boldsymbol{A}$ 与 $\boldsymbol{B}$ 特征值相同,但不可对角化的情况,本科阶段不作讨论,到研究生阶段,可利用约当标准形来判断 $\boldsymbol{A}$ 与 $\boldsymbol{B}$ 是否相似.

例 6.30 设 n 阶方阵 $\boldsymbol{A}$ 满足 $\boldsymbol{A}^2=\boldsymbol{A}$,已知 $\mathrm{r}(\boldsymbol{A})=r,0<r<n$,求证:

(1)$\boldsymbol{A}$ 的非零列向量均为 $\boldsymbol{A}$ 的特征向量;

(2)$\boldsymbol{A}$ 必可对角化,且 $\boldsymbol{A}$ 相似于$\begin{bmatrix}\boldsymbol{E}_r & \boldsymbol{O}\\ \boldsymbol{O} & \boldsymbol{O}\end{bmatrix}$.

证明 (1)设 $\boldsymbol{A}=[\boldsymbol{\alpha}_1\ \ \boldsymbol{\alpha}_2\ \ \cdots\ \ \boldsymbol{\alpha}_n]$,则 $\boldsymbol{A}^2=\boldsymbol{A}\boldsymbol{A}=\boldsymbol{A}[\boldsymbol{\alpha}_1\ \ \boldsymbol{\alpha}_2\ \ \cdots\ \ \boldsymbol{\alpha}_n]=[\boldsymbol{A}\boldsymbol{\alpha}_1,\boldsymbol{A}\boldsymbol{\alpha}_2,\cdots,\boldsymbol{A}\boldsymbol{\alpha}_n]$,由 $\boldsymbol{A}^2=\boldsymbol{A}$,则 $\boldsymbol{A}\boldsymbol{\alpha}_1=\boldsymbol{\alpha}_1,\boldsymbol{A}\boldsymbol{\alpha}_2=\boldsymbol{\alpha}_2,\cdots,\boldsymbol{A}\boldsymbol{\alpha}_n=\boldsymbol{\alpha}_n$,即 $\boldsymbol{A}$ 的非零列向量均为矩阵 $\boldsymbol{A}$ 属于特征值 $\lambda=1$ 的特征向量.

(2)由 $\mathrm{r}(\boldsymbol{A})=r$,则 $\lambda=1$ 至少对应 r 个线性无关的特征向量,从而 $\lambda=1$ 至少为 $\boldsymbol{A}$ 的 r 重特征值,即 $\lambda_1=\lambda_2=\cdots=\lambda_r=1$ 为 $\boldsymbol{A}$ 的特征值.

又由 $\mathrm{r}(\boldsymbol{A})=r<n$,知 $|0\boldsymbol{E}-\boldsymbol{A}|=|-\boldsymbol{A}|=0,\lambda=0$ 为 $\boldsymbol{A}$ 的特征值.

由方程组 $(0\boldsymbol{E}-\boldsymbol{A})\boldsymbol{X}=\boldsymbol{0}$ 的基础解系中含有 $n-\mathrm{r}(0\boldsymbol{E}-\boldsymbol{A})=n-r$ 个线性无关解,则 $\lambda=0$ 为 $\boldsymbol{A}$ 的至少 $n-r$ 重特征值,即 $\lambda_{r+1}=\lambda_{r+2}=\cdots=\lambda_n=0$ 为 $\boldsymbol{A}$ 的特征值.

综上, $\boldsymbol{A}$ 的特征值为 $\lambda_1=\lambda_2=\cdots=\lambda_r=1,\lambda_{r+1}=\lambda_{r+2}=\cdots=\lambda_n=0,\lambda=1$ 对应 r 个线性无关的特征向量,$\lambda=0$ 对应 $n-r$ 个线性无关的特征向量,因此方阵 $\boldsymbol{A}$ 可对角化,且 $\boldsymbol{A}$ 相似于对角阵

$$\mathrm{diag}(\lambda_1,\lambda_2,\cdots,\lambda_n)=\mathrm{diag}(1,1,\cdots,1,0,\cdots,0)=\begin{bmatrix}\boldsymbol{E}_r & \boldsymbol{O}\\ \boldsymbol{O} & \boldsymbol{O}\end{bmatrix}$$

例 6.31 设 n 阶方阵 $\boldsymbol{A}$ 满足 $\boldsymbol{A}^2=\boldsymbol{E}$,求证:

(1)$\mathrm{r}(\boldsymbol{E}+\boldsymbol{A})+\mathrm{r}(\boldsymbol{E}-\boldsymbol{A})=n$;

(2)$\boldsymbol{A}$ 的特征值均为 1 或 -1;

(3)$\boldsymbol{A}$ 必可对角化.

证明 (1)$\mathrm{r}(\boldsymbol{E}+\boldsymbol{A})+\mathrm{r}(\boldsymbol{E}-\boldsymbol{A})\geqslant\mathrm{r}((\boldsymbol{E}+\boldsymbol{A})+(\boldsymbol{E}-\boldsymbol{A}))=\mathrm{r}(2\boldsymbol{E})=n$

由 $\boldsymbol{A}^2=\boldsymbol{E}$ 得

$$(\boldsymbol{E}+\boldsymbol{A})(\boldsymbol{E}-\boldsymbol{A})=\boldsymbol{E}-\boldsymbol{A}^2=\boldsymbol{0}$$

则

$$\mathrm{r}(\boldsymbol{E}+\boldsymbol{A})+\mathrm{r}(\boldsymbol{E}-\boldsymbol{A})\leqslant n$$

综上

$$\mathrm{r}(\boldsymbol{E}+\boldsymbol{A})+\mathrm{r}(\boldsymbol{E}-\boldsymbol{A})=n$$

(2)设 $\boldsymbol{A}$ 的特征值为 $\lambda_1,\lambda_2,\cdots,\lambda_n$,则 $\boldsymbol{A}^2-\boldsymbol{E}$ 的特征值为 $\lambda_1^2-1,\lambda_2^2-1,\cdots,\lambda_n^2-1$,由于 $\boldsymbol{A}^2-\boldsymbol{E}$的特征值只能取零,则 $\lambda_1^2-1=\lambda_2^2-1=\cdots=\lambda_n^2-1=0$,所以 $\lambda_1,\lambda_2,\cdots,\lambda_n$ 均只能取 1 或 -1.

(3)对 $\lambda=1$,方程组 $(\boldsymbol{E}-\boldsymbol{A})\boldsymbol{X}=0$ 的基础解系中含有 $n-\mathrm{r}(\boldsymbol{E}-\boldsymbol{A})$ 个线性无关的特征向量. 对 $\lambda=-1$,方程组 $(-\boldsymbol{E}-\boldsymbol{A})\boldsymbol{X}=0$ 的基础解系中含有 $n-\mathrm{r}(-\boldsymbol{E}-\boldsymbol{A})$ 个线性无关的特征

向量.

因此,矩阵 $\boldsymbol{A}$ 一共含有线性无关的特征向量的个数为

$$[n-\mathrm{r}(\boldsymbol{E}-\boldsymbol{A})]+[n-\mathrm{r}(-\boldsymbol{E}-\boldsymbol{A})]=2n-[\mathrm{r}(\boldsymbol{E}-\boldsymbol{A})+\mathrm{r}(-\boldsymbol{E}-\boldsymbol{A})]=n$$

因此方阵 $\boldsymbol{A}$ 可对角化.

6.4 同步训练题

1. 选择题

(1)设 $\boldsymbol{A}$ 为 n 阶方阵,以下说法中正确的为________.

A. $\boldsymbol{A}$ 的特征值均为 $\boldsymbol{A}^2$ 的特征值

B. $\boldsymbol{A}^2$ 的特征值均为 $\boldsymbol{A}$ 的特征值

C. $\boldsymbol{A}$ 的特征向量均为 $\boldsymbol{A}^2$ 的特征向量

D. $\boldsymbol{A}^2$ 的特征向量均为 $\boldsymbol{A}$ 的特征向量

(2)设 $\boldsymbol{A}$ 为 n 阶方阵,以下说法中有误的为________(m 为自然数).

A. 若 $\boldsymbol{A}^m=\boldsymbol{0}$,则 $\boldsymbol{A}=\boldsymbol{0}$

B. 若 $\boldsymbol{A}^m=\boldsymbol{0}$,则 $\boldsymbol{A}$ 的特征值均为 0

C. 若 $(\boldsymbol{A}+\boldsymbol{E})^2(\boldsymbol{A}+2\boldsymbol{E})=\boldsymbol{0}$,则 $\boldsymbol{A}$ 的特征值只能为 -1 或 -2

D. 若 $\boldsymbol{A}^2+2\boldsymbol{A}+5\boldsymbol{E}=\boldsymbol{0}$,则 $\boldsymbol{A}$ 没有实特征值

(3)已知 $\boldsymbol{A}$ 为三阶方阵,方程组 $\boldsymbol{AX}=\boldsymbol{0}$ 的基础解系为 $\boldsymbol{\alpha}_1,\boldsymbol{\alpha}_2$,且 $\boldsymbol{A\alpha}_3=\boldsymbol{\alpha}_3,\boldsymbol{\alpha}_3\neq\boldsymbol{0}$,则 $\boldsymbol{A}$ 的全部特征向量为________.

A. $k_1\boldsymbol{\alpha}_1+k_2\boldsymbol{\alpha}_2+k_3\boldsymbol{\alpha}_3$($k_1,k_2,k_3$ 不全为零)

B. $k_1\boldsymbol{\alpha}_1+k_2\boldsymbol{\alpha}_2+k_3\boldsymbol{\alpha}_3$($k_1,k_2,k_3$ 均非零)

C. $k_1\boldsymbol{\alpha}_1+k_2\boldsymbol{\alpha}_2$ 及 $k_3\boldsymbol{\alpha}_3$(k_1,k_2 不全为零,$k_3\neq0$)

D. $k_1\boldsymbol{\alpha}_1+k_2\boldsymbol{\alpha}_2$ 及 $k_3\boldsymbol{\alpha}_3$($k_1\neq0,k_2\neq0,k_3\neq0$)

(4)设 $\boldsymbol{\alpha}$ 为 n 阶可逆阵 $\boldsymbol{A}$ 的一个特征向量,$\boldsymbol{P}$ 为 n 阶可逆阵,则下列结论中________不正确.

A. $\boldsymbol{\alpha}$ 必为 $\boldsymbol{A}^{-1}$ 的特征向量

B. $\boldsymbol{A\alpha}$ 必为 $\boldsymbol{A}^{-1}$ 的特征向量

C. $\boldsymbol{P\alpha}$ 必为 $\boldsymbol{P}^{-1}\boldsymbol{AP}$ 的特征向量

D. $\boldsymbol{P}^{-1}\boldsymbol{\alpha}$ 必为 $\boldsymbol{P}^{-1}\boldsymbol{AP}$ 的特征向量

(5)若 $\boldsymbol{\alpha}$ 为 n 阶可逆阵 $\boldsymbol{A}$ 的一个特征向量,则________不正确.

A. $\boldsymbol{\alpha}$ 必为 $\boldsymbol{A}^{\mathrm{T}}$ 的特征向量

B. $\boldsymbol{\alpha}$ 必为 $\boldsymbol{A}^2$ 的特征向量

C. $\boldsymbol{\alpha}$ 必为 $\boldsymbol{A}^*$ 的特征向量

D. $\boldsymbol{\alpha}$ 必为 $\boldsymbol{A}+\boldsymbol{E}$ 的特征向量

(6)下列结论中正确的为________.

A. 若 $\boldsymbol{A}$ 的特征值均为 1,则 $\boldsymbol{A}=\boldsymbol{E}$

B. 若 $\boldsymbol{A}$ 可对角化,则 $\boldsymbol{A}$ 的 n 个特征值互异

C. 若 $\boldsymbol{A}^2$ 与 $\boldsymbol{B}^2$ 相似，则 $\boldsymbol{A}$ 与 $\boldsymbol{B}$ 相似

D. 若 $\boldsymbol{A}$ 的每个特征值的重数等于其对应线性无关特征向量的个数，则 $\boldsymbol{A}$ 可对角化

(7) 设 $\boldsymbol{A}$ 为 n 阶实矩阵，则________.

A. $\boldsymbol{A}$ 至少有一个特征值为实数

B. $\boldsymbol{A}$ 的特征值全是实数

C. $\boldsymbol{A}$ 的特征向量全是实向量

D. $\boldsymbol{A}$ 的每个特征值都对应无穷多个特征向量

2. 填空题

(1) 若 $\boldsymbol{A}$ 与 $\boldsymbol{B}$ 相似，且 $\boldsymbol{B}=\begin{bmatrix}1&5\\0&2\end{bmatrix}$，求 $|\boldsymbol{A}^2+\boldsymbol{A}+\boldsymbol{E}|=$________.

(2) 设 $\boldsymbol{\alpha}=(a,b,c)$ (a,b,c 不全为零). $\boldsymbol{A}=\boldsymbol{\alpha}^{\mathrm{T}}\boldsymbol{\alpha}$，则 $\boldsymbol{A}$ 的特征多项式 $|\lambda\boldsymbol{E}-\boldsymbol{A}|=$________.

(3) 设 n 阶方阵 $\boldsymbol{A}$ 的各行元素之和均为 2，则 $\boldsymbol{A}$ 有一个特征值________.

(4) 若矩阵 $\boldsymbol{A}=\begin{bmatrix}1&5&-3\\0&2&4\\0&0&5\end{bmatrix}$ 与矩阵 $\boldsymbol{B}=\begin{bmatrix}a&x&y\\0&b&z\\0&0&c\end{bmatrix}$ 相似，则 $a^2+b^2+c^2=$________.

(5) 设三阶方阵 $\boldsymbol{A}$ 的特征值为 $1,-1,2$，则 $|2\boldsymbol{A}^*-3\boldsymbol{E}|=$________.

3. 求下列矩阵的特征值和特征向量.

$$\boldsymbol{A}=\begin{bmatrix}3&1&1\\1&3&1\\1&1&3\end{bmatrix},\boldsymbol{B}=\begin{bmatrix}2&0&0\\1&1&1\\1&-1&3\end{bmatrix},\boldsymbol{C}=\begin{bmatrix}6&2&4\\2&3&2\\4&2&6\end{bmatrix}$$

4. 设四阶方阵 $\boldsymbol{A}$ 满足 $|3\boldsymbol{E}+\boldsymbol{A}|=0,\boldsymbol{A}\boldsymbol{A}^{\mathrm{T}}=2\boldsymbol{E},|\boldsymbol{A}|<0$，求 $\boldsymbol{A}$ 的伴随阵 $\boldsymbol{A}^*$ 的两个特征值.

5. 设 $\boldsymbol{A}$ 为三阶方阵，且 $|\boldsymbol{A}-\boldsymbol{E}|=|\boldsymbol{A}+2\boldsymbol{E}|=|2\boldsymbol{A}+3\boldsymbol{E}|=0$，求 $|2\boldsymbol{A}^*-3\boldsymbol{E}|$.

6. 已知 $\boldsymbol{A}=\begin{bmatrix}2&0&0\\-5&0&0\\4&x&0\end{bmatrix}$ 可对角化，求 x 的值.

7. 设矩阵 $\boldsymbol{A}=\begin{bmatrix}0&0&1\\a&1&b\\1&0&0\end{bmatrix}$ 可对角化，求 a,b 满足的条件.

8. 设 $\boldsymbol{A}$ 为三阶方阵，$\boldsymbol{\alpha}_1=(1,0,0)^{\mathrm{T}},\boldsymbol{\alpha}_2=(1,1,0)^{\mathrm{T}},\boldsymbol{\alpha}_3=(1,1,1)^{\mathrm{T}}$，已知 $\boldsymbol{A}\boldsymbol{\alpha}_1=\boldsymbol{\alpha}_1,\boldsymbol{A}\boldsymbol{\alpha}_2=2\boldsymbol{\alpha}_2,\boldsymbol{A}\boldsymbol{\alpha}_3=3\boldsymbol{\alpha}_3$，求矩阵 $\boldsymbol{A}$.

9. 求证：任何非零向量均为 $\boldsymbol{A}$ 的特征向量的充分必要条件是 $\boldsymbol{A}$ 为数量阵.

10. 设 $\begin{cases}x_n=x_{n-1}+2y_{n-1}\\y_n=4x_{n-1}+3y_{n-1}\end{cases}$，已知 $x_0=1,y_0=-1$，求 x_{100}.

11. 已知 $\boldsymbol{A}=\begin{bmatrix}2&-2&0\\-2&1&-2\\0&-2&0\end{bmatrix}$，$\boldsymbol{B}=\begin{bmatrix}1&-2&-2\\-2&2&0\\-2&0&0\end{bmatrix}$，问 $\boldsymbol{A}$ 与 $\boldsymbol{B}$ 是否相似？

12. 已知 $\boldsymbol{A}=\begin{bmatrix}-4&-10&0\\1&x&0\\3&y&1\end{bmatrix}$ 可相似于 $\boldsymbol{\Lambda}=\mathrm{diag}(1,1,-2)$，求 x,y 的值.

13. 设 n 阶非零矩阵 $\boldsymbol{A}$ 满足 $\boldsymbol{A}^k=\boldsymbol{0}$，求证：$\boldsymbol{A}$ 不可对角化.

14. 设方阵 $\boldsymbol{A}$ 与 $\boldsymbol{B}$ 相似，$\boldsymbol{C}$ 与 $\boldsymbol{D}$ 相似，求证 $\begin{bmatrix}\boldsymbol{A}&\boldsymbol{O}\\\boldsymbol{O}&\boldsymbol{C}\end{bmatrix}$ 与 $\begin{bmatrix}\boldsymbol{B}&\boldsymbol{O}\\\boldsymbol{O}&\boldsymbol{D}\end{bmatrix}$ 相似.

15. 设 $\boldsymbol{A}=\begin{bmatrix}1&-1&1\\2&4&-2\\-3&-3&5\end{bmatrix}$，求可逆阵 $\boldsymbol{P}$，对角阵 $\boldsymbol{\Lambda}$，使 $\boldsymbol{P}^{-1}\boldsymbol{A}\boldsymbol{P}=\boldsymbol{\Lambda}$ 成立.

16. 已知 $\boldsymbol{\alpha}=(1,1,-1)^{\mathrm{T}}$ 为矩阵 $\boldsymbol{A}=\begin{bmatrix}2&-1&2\\5&a&3\\-1&b&-2\end{bmatrix}$ 的一个特征向量.

(1)求 a,b 的值，并求 $\boldsymbol{\alpha}$ 对应的特征值.

(2)$\boldsymbol{A}$ 能否对角化？并说明理由.

17. 设矩阵 $\boldsymbol{A}=\begin{bmatrix}1-a&1&b\\0&c&0\\-5&b&a\end{bmatrix}$，有一个特征值 $\lambda=2$ 对应的特征向量为 $\boldsymbol{\alpha}=(1,2,2)^{\mathrm{T}}$，求 a,b,c 的值.

6.5 同步训练题答案与提示

1. (1)C (2)A (3)C (4)C (5)A (6)D

2. (1)21 (2)$\lambda^2(\lambda-a^2-b^2-c^2)$ (3)2 (4)30 (5)35

3. 矩阵 $\boldsymbol{A}$：$\lambda_1=5$，特征向量 $c_1(1,1,1)^{\mathrm{T}}$，$c_1\neq0$；

$\lambda_2=\lambda_3=2$，特征向量 $c_2(1,-1,0)^{\mathrm{T}}+c_3(0,1,1)^{\mathrm{T}}$，$c_2,c_3$ 不全为零.

矩阵 $\boldsymbol{B}$：$\lambda_1=\lambda_2=\lambda_3=2$，特征向量 $c_1(1,1,0)^{\mathrm{T}}+c_2(0,1,1)^{\mathrm{T}}+c_3(1,0,-1)^{\mathrm{T}}$，$c_1c_2,c_3$ 不全为零.

矩阵 $\boldsymbol{C}$：$\lambda_1=11$，特征向量 $c_1(2,1,2)^{\mathrm{T}}$，$c_1\neq0$；

$\lambda_2=\lambda_3=2$，特征向量 $c_2(1,-2,0)^{\mathrm{T}}+c_3(1,0,-1)^{\mathrm{T}}$，$c_2$ 不为零.

4. $\lambda_1=6$，$\lambda_2=\dfrac{4}{3}$

5. 126

6. $x=0$

7. $a+b=0$

8. $\boldsymbol{A}=\begin{bmatrix}1&1&1\\0&2&1\\0&0&3\end{bmatrix}$

9. 提示:必要性显然. 充分性:先用反证法说明 $\lambda_1=\lambda_2=\cdots=\lambda_n$,若不然 $\lambda_i\neq\lambda_j$,对应特征向量之和 $\boldsymbol{\alpha}_i+\boldsymbol{\alpha}_j$ 就不是 $\boldsymbol{A}$ 的特征向量,矛盾,所以 $\lambda_1=\lambda_2=\cdots=\lambda_n=\lambda$ 成立. 取 $\boldsymbol{E}$ 的列向量 $\boldsymbol{e}_1,\boldsymbol{e}_2,\cdots,\boldsymbol{e}_n$,由已知 $\boldsymbol{A}\boldsymbol{e}_i=\boldsymbol{e}_i$,则

$$\boldsymbol{AE}=\boldsymbol{A}[\boldsymbol{e}_1\quad \boldsymbol{e}_2\quad \cdots\quad \boldsymbol{e}_n]=[\boldsymbol{A}\boldsymbol{e}_1\quad \boldsymbol{A}\boldsymbol{e}_2\quad \cdots\quad \boldsymbol{A}\boldsymbol{e}_n]=[\lambda\boldsymbol{e}_1\quad \lambda\boldsymbol{e}_2\quad \cdots\quad \lambda\boldsymbol{e}_n]=\lambda\boldsymbol{E}$$

所以 $\boldsymbol{A}$ 为数量阵.

10. $x_{100}=1$. 提示: $\begin{bmatrix}x_n\\y_n\end{bmatrix}=\begin{bmatrix}1&2\\3&4\end{bmatrix}\begin{bmatrix}x_{n-1}\\y_{n-1}\end{bmatrix}$, 令 $\boldsymbol{A}=\begin{bmatrix}1&2\\3&4\end{bmatrix}$, 则 $\begin{bmatrix}x_n\\y_n\end{bmatrix}=\boldsymbol{A}\begin{bmatrix}x_{n-1}\\y_{n-1}\end{bmatrix}=\cdots=$ $\boldsymbol{A}^{100}\begin{bmatrix}x_0\\y_0\end{bmatrix}=\boldsymbol{A}^{100}\begin{bmatrix}1\\-1\end{bmatrix}$求出 $\boldsymbol{A}$ 的特征值、特征向量,发现$\begin{bmatrix}1\\-1\end{bmatrix}$为 $\lambda=-1$ 对应的特征向量,则 $\boldsymbol{A}^{100}\begin{bmatrix}1\\-1\end{bmatrix}=(-1)^{100}\begin{bmatrix}1\\-1\end{bmatrix}=\begin{bmatrix}1\\-1\end{bmatrix}$,故 $x_{100}=1$.

11. 相似. 提示:$\boldsymbol{A}$ 与 $\boldsymbol{B}$ 相似于 $\boldsymbol{\Lambda}=\begin{bmatrix}4&&\\&1&\\&&-2\end{bmatrix}$.

12. 提示:$x=3,y=6$. 提示:由 $\mathrm{tr}(\boldsymbol{A})=\mathrm{tr}(\boldsymbol{\Lambda})$得 $x=3$. 由于 $\boldsymbol{A}$ 可对角化,则 $\lambda_1=\lambda_2=1$ 对应两个线性无关特征向量,即 $3-\mathrm{r}(\boldsymbol{E}-\boldsymbol{A})=2$,从而可推出 $y=6$.

13. 提示:由 $\boldsymbol{A}^k=\boldsymbol{0}$ 可推出 $\lambda_1=\lambda_2=\cdots=\lambda_n=0$. 对 $\lambda=0$,解方程组$(0\boldsymbol{E}-\boldsymbol{A})\boldsymbol{X}=\boldsymbol{0}$ 得基础解系中含有 $n-\mathrm{r}(0\boldsymbol{E}-\boldsymbol{A})\boldsymbol{X}$ 个线性无关的特征向量. 又 $n-\mathrm{r}(\boldsymbol{A})<n$,则 $\boldsymbol{A}$ 不可对角化.

14. 提示:$\boldsymbol{B}=\boldsymbol{P}^{-1}\boldsymbol{AP},\boldsymbol{D}=\boldsymbol{Q}^{-1}\boldsymbol{CQ}$,得$\begin{bmatrix}\boldsymbol{B}&\boldsymbol{O}\\\boldsymbol{O}&\boldsymbol{D}\end{bmatrix}=\begin{bmatrix}\boldsymbol{P}&\\&\boldsymbol{Q}\end{bmatrix}^{-1}\begin{bmatrix}\boldsymbol{A}&\boldsymbol{O}\\\boldsymbol{O}&\boldsymbol{C}\end{bmatrix}\begin{bmatrix}\boldsymbol{P}&\\&\boldsymbol{Q}\end{bmatrix}$. 由相似定义得出结论.

15. $\boldsymbol{P}=\begin{bmatrix}1&1&1\\-1&0&-2\\0&1&3\end{bmatrix},\boldsymbol{\Lambda}=\begin{bmatrix}2&&\\&2&\\&&6\end{bmatrix}$

16. $a=-3,b=0,\lambda=-1$,不可对角化.

17. $a=3,b=1,c=2$.

第7章　实对称阵与二次型

7.1　知识要点

1. 理解向量内积的概念,会计算向量的内积.

若向量　$\boldsymbol{\alpha}=(x_1,x_2,\cdots,x_n)^{\mathrm{T}},\boldsymbol{\beta}=(y_1,y_2,\cdots,y_n)^{\mathrm{T}}$

则　$[\boldsymbol{\alpha},\boldsymbol{\beta}]=x_1y_1+x_2y_2+\cdots+x_ny_n=\boldsymbol{\alpha}^{\mathrm{T}}\boldsymbol{\beta}=\boldsymbol{\beta}^{\mathrm{T}}\boldsymbol{\alpha}$

称为 $\boldsymbol{\alpha}$ 与 $\boldsymbol{\beta}$ 的内积.

2. 理解向量的模(长度、范数)的概念,理解单位向量的概念.

对于向量 $\boldsymbol{\alpha}=(x_1,x_2,\cdots,x_n)^{\mathrm{T}}$,我们称

$$\|\boldsymbol{\alpha}\| = \sqrt{[\boldsymbol{\alpha},\boldsymbol{\alpha}]} = \sqrt{\boldsymbol{\alpha}^{\mathrm{T}}\boldsymbol{\alpha}} = \sqrt{x_1^2+x_2^2+\cdots+x_n^2}$$

为向量 $\boldsymbol{\alpha}$ 的模(或称为 $\boldsymbol{\alpha}$ 的长度,或 $\boldsymbol{\alpha}$ 的范数),模为1的向量称为单位向量.

3. 了解向量夹角的概念,掌握向量正交的概念. 对非零向量 $\boldsymbol{\alpha},\boldsymbol{\beta}$,称

$$<\boldsymbol{\alpha},\boldsymbol{\beta}> = \arccos\frac{[\boldsymbol{\alpha},\boldsymbol{\beta}]}{\|\boldsymbol{\alpha}\|\,\|\boldsymbol{\beta}\|}$$

为 $\boldsymbol{\alpha}$ 与 $\boldsymbol{\beta}$ 的夹角. 当 $\cos<\boldsymbol{\alpha},\boldsymbol{\beta}>=0\left[<\boldsymbol{\alpha},\boldsymbol{\beta}>=\dfrac{\pi}{2}\right]$时,称向量 $\boldsymbol{\alpha}$ 与 $\boldsymbol{\beta}$ 垂直,或称向量 $\boldsymbol{\alpha}$ 与 $\boldsymbol{\beta}$ 正交.

4. 掌握向量内积的以下六条性质.

(1) $[\boldsymbol{\alpha},\boldsymbol{\beta}]=[\boldsymbol{\beta},\boldsymbol{\alpha}]$;

(2) $[k\boldsymbol{\alpha},\boldsymbol{\beta}]=k[\boldsymbol{\alpha},\boldsymbol{\beta}]=[\boldsymbol{\alpha},k\boldsymbol{\beta}]\ (k\in\mathbb{R})$;

(3) $[\boldsymbol{\alpha}+\boldsymbol{\beta},\boldsymbol{\gamma}]=[\boldsymbol{\alpha},\boldsymbol{\gamma}]+[\boldsymbol{\beta},\boldsymbol{\gamma}]$;

(4) $[\boldsymbol{\alpha},\boldsymbol{\alpha}]\geqslant 0$,$\boldsymbol{\alpha}=0$ 当且仅当$[\boldsymbol{\alpha},\boldsymbol{\alpha}]=0$;

(5) 柯西不等式:$[\boldsymbol{\alpha},\boldsymbol{\beta}]^2\leqslant[\boldsymbol{\alpha},\boldsymbol{\alpha}][\boldsymbol{\beta},\boldsymbol{\beta}]$;

(6) 三角不等式:$\|\boldsymbol{\alpha}+\boldsymbol{\beta}\|\leqslant\|\boldsymbol{\alpha}\|+\|\boldsymbol{\beta}\|$.

5. 理解正交向量组的概念和性质.

定义:由非零向量构成的向量组中,若向量组两两正交,则称此向量组为正交向量组.

性质:正交向量组必线性无关,但线性无关向量组不一定都是正交向量组.

6. 理解空间的正交基,标准正交基的概念.

若空间 V 的一组基中,向量两两正交,则称该基为空间 V 的一组正交基. 若空间 V 的一组正交基中每个向量长度均为1,则称该基为空间的一组标准正交基,或称正交规范基.

7. 理解正交矩阵的概念,掌握正交矩阵的七条性质.

定义:若方阵 $\boldsymbol{A}$ 满足 $\boldsymbol{A}^{\mathrm{T}}\boldsymbol{A}=\boldsymbol{E}$,则称 $\boldsymbol{A}$ 为正交矩阵.

性质:(1)若 $\boldsymbol{A}$ 为正交阵,则 $\boldsymbol{A}$ 可逆,且 $\boldsymbol{A}^{-1}=\boldsymbol{A}^{\mathrm{T}}$;

(2)正交阵的行列式为 1 或 -1;

(3)若 $\boldsymbol{A}$ 为正交阵,则 $\boldsymbol{A}^{-1},\boldsymbol{A}^{*},\boldsymbol{A}^{\mathrm{T}},\boldsymbol{A}^{k}$ 仍为正交阵;

(4)若 $\boldsymbol{A},\boldsymbol{B}$ 均为正交阵,则 $\boldsymbol{AB}$ 仍为正交阵;

(5)若 $\boldsymbol{A}$ 为正交阵,$\boldsymbol{\alpha},\boldsymbol{\beta}$ 为 n 维列向量,则

$$\|\boldsymbol{A\alpha}\|=\|\boldsymbol{\alpha}\|,\ <\boldsymbol{A\alpha},\boldsymbol{A\beta}>=<\boldsymbol{\alpha},\boldsymbol{\beta}>$$

即正交阵 $\boldsymbol{A}$ 乘到向量 $\boldsymbol{\alpha},\boldsymbol{\beta}$ 上,不改变 $\boldsymbol{\alpha},\boldsymbol{\beta}$ 的长度与夹角;

(6)正交阵的实特征值为 1 或 -1,正交阵的虚特征值模为 1;

(7)$\boldsymbol{A}$ 为正交阵 $\Leftrightarrow$ $\boldsymbol{A}$ 的列向量是标准正交的 $\Leftrightarrow$ $\boldsymbol{A}$ 的行向量是标准正交的.

8. 理解施密特正交规范化方法,会用施密特方法将线性无关向量组正交化、规范化.

设 $\boldsymbol{\alpha}_1,\boldsymbol{\alpha}_2,\cdots,\boldsymbol{\alpha}_m$ 为一组线性无关的向量.

正交化方法:令

$$\begin{aligned}
\boldsymbol{\beta}_1&=\boldsymbol{\alpha}_1\\
\boldsymbol{\beta}_2&=\boldsymbol{\alpha}_2-\frac{[\boldsymbol{\alpha}_2,\boldsymbol{\beta}_1]}{[\boldsymbol{\beta}_1,\boldsymbol{\beta}_1]}\boldsymbol{\beta}_1\\
\boldsymbol{\beta}_3&=\boldsymbol{\alpha}_3-\frac{[\boldsymbol{\alpha}_3,\boldsymbol{\beta}_1]}{[\boldsymbol{\beta}_1,\boldsymbol{\beta}_1]}\boldsymbol{\beta}_1-\frac{[\boldsymbol{\alpha}_3,\boldsymbol{\beta}_2]}{[\boldsymbol{\beta}_2,\boldsymbol{\beta}_2]}\boldsymbol{\beta}_2\\
&\vdots\\
\boldsymbol{\beta}_m&=\boldsymbol{\alpha}_m-\frac{[\boldsymbol{\alpha}_m,\boldsymbol{\beta}_1]}{[\boldsymbol{\beta}_1,\boldsymbol{\beta}_1]}\boldsymbol{\beta}_1-\cdots-\frac{[\boldsymbol{\alpha}_m,\boldsymbol{\beta}_{m-1}]}{[\boldsymbol{\beta}_{m-1},\boldsymbol{\beta}_{m-1}]}\boldsymbol{\beta}_{m-1}
\end{aligned}$$

则 $\boldsymbol{\beta}_1,\boldsymbol{\beta}_2,\cdots,\boldsymbol{\beta}_m$ 为正交向量组,且 $\boldsymbol{\alpha}_1,\boldsymbol{\alpha}_2,\cdots,\boldsymbol{\alpha}_i$ 与 $\boldsymbol{\beta}_1,\boldsymbol{\beta}_2,\cdots,\boldsymbol{\beta}_i$ 等价($i=1,2,\cdots,m$).

规范化方法(单位化方法):令

$$\boldsymbol{P}_1=\frac{1}{\|\boldsymbol{\beta}_1\|}\boldsymbol{\beta}_1,\boldsymbol{P}_2=\frac{1}{\|\boldsymbol{\beta}_2\|}\boldsymbol{\beta}_2,\cdots,\boldsymbol{P}_m=\frac{1}{\|\boldsymbol{\beta}_m\|}\boldsymbol{\beta}_m$$

则 $\boldsymbol{P}_1,\boldsymbol{P}_2,\cdots,\boldsymbol{P}_m$ 为标准正交向量组,且 $\boldsymbol{\alpha}_1,\boldsymbol{\alpha}_2,\cdots,\boldsymbol{\alpha}_i$ 与 $\boldsymbol{P}_1,\boldsymbol{P}_2,\cdots,\boldsymbol{P}_i$ 等价($i=1,2,\cdots,m$).

9. 理解二次型的概念,掌握二次型的多项式写法和矩阵写法,并会对两种写法互相转换.

定义:n 元二次多项式,称为 n 元二次型.

$f(x_1,x_2,\cdots,x_n)=\sum\limits_{i=1}^{n}a_{ii}x_i^2+\sum\limits_{j=2}^{n}\sum\limits_{i=1}^{j-1}2a_{ij}x_ix_j$ 为二次型的多项式写法.

$f(x_1,x_2,\cdots,x_n)=\boldsymbol{X}^{\mathrm{T}}\boldsymbol{AX}$ 为二次型的矩阵写法,其中 $\boldsymbol{X}=(x_1,x_2,\cdots,x_n)^{\mathrm{T}}$,$\boldsymbol{A}$ 为对称阵,$\boldsymbol{A}^{\mathrm{T}}=\boldsymbol{A}$. 对称阵 $\boldsymbol{A}$ 称为二次型 $\boldsymbol{X}^{\mathrm{T}}\boldsymbol{AX}$ 的矩阵. 以上两种写法有 $\sum\limits_{i=1}^{n}a_{ii}x_i^2+\sum\limits_{j=2}^{n}\sum\limits_{i=1}^{j-1}2a_{ij}x_ix_j=\boldsymbol{X}^{\mathrm{T}}\boldsymbol{AX}$ 成立.

其中,对称阵 $\boldsymbol{A}$ 中元素 a_{ii} 为多项式中 x_i^2 项的系数,当 $i\neq j$ 时,对称阵 $\boldsymbol{A}$ 中 i 行 j 列元素 $a_{ij}=a_{ji}$ 为多项式 x_ix_j 项系数的一半.

10. 理解二次型的秩的概念.

二次型 $f(x_1,x_2,\cdots,x_n)=\boldsymbol{X}^{\mathrm{T}}\boldsymbol{A}\boldsymbol{X}$ 的矩阵 $\boldsymbol{A}$ 的秩,称为该二次型的秩.

11. 理解线性替换的概念.

设 $\boldsymbol{X}=(x_1,x_2,\cdots,x_n)^{\mathrm{T}},\boldsymbol{Y}=(y_1,y_2,\cdots,y_n)^{\mathrm{T}},\boldsymbol{P}=[p_{ij}]_{n\times n}$

表达式

$$\boldsymbol{X}=\boldsymbol{P}\boldsymbol{Y}\Leftrightarrow\begin{cases}x_1=p_{11}y_1+p_{12}y_2+\cdots+p_{1n}y_n\\x_2=p_{21}y_1+p_{22}y_2+\cdots+p_{2n}y_n\\\qquad\vdots\\x_n=p_{n1}y_1+p_{n2}y_2+\cdots+p_{nn}y_n\end{cases}$$

称为由 $x_1,x_2,\cdots,x_n$ 到 $y_1,y_2,\cdots,y_n$ 的线性替换,矩阵 $\boldsymbol{P}=[p_{ij}]_{n\times n}$ 称为线性替换的替换阵. 若 $\boldsymbol{P}$ 为可逆阵,则称此替换为可逆替换或称非退化线性替换. 若 $\boldsymbol{P}$ 为正交阵,则称此替换为正交矩阵(也叫正交变换). 对二次型进行线性替换时必须用可逆替换.

12. 理解合同矩阵的概念,掌握合同矩阵与二次型的关系.

定义:设 $\boldsymbol{A},\boldsymbol{B}$ 为 n 阶方阵,若存在可逆阵 $\boldsymbol{P}$ 使 $\boldsymbol{B}=\boldsymbol{P}^{\mathrm{T}}\boldsymbol{A}\boldsymbol{P}$ 成立,则称 $\boldsymbol{A}$ 与 $\boldsymbol{B}$ 矩阵合同. 一般情况下,我们只在对称阵 $\boldsymbol{A}$ 与 $\boldsymbol{B}$ 之间研究合同关系, $\boldsymbol{B}=\boldsymbol{P}^{\mathrm{T}}\boldsymbol{A}\boldsymbol{P}$ 中的可逆阵 $\boldsymbol{P}$ 称为 $\boldsymbol{A}$ 与 $\boldsymbol{B}$ 的合同变换阵.

关系:二次型 $f=\boldsymbol{X}^{\mathrm{T}}\boldsymbol{A}\boldsymbol{X}$ 经可逆替换 $\boldsymbol{X}=\boldsymbol{P}\boldsymbol{Y}$ 变为 $\boldsymbol{Y}^{\mathrm{T}}\boldsymbol{B}\boldsymbol{Y}$ 的充分必要条件为对称阵 $\boldsymbol{A}$ 与 $\boldsymbol{B}$ 合同,且合同变换阵 $\boldsymbol{P}$ 为替换 $\boldsymbol{X}=\boldsymbol{P}\boldsymbol{Y}$ 中的替换阵 $\boldsymbol{P}$,即

$$f=\boldsymbol{X}^{\mathrm{T}}\boldsymbol{A}\boldsymbol{X}=(\boldsymbol{P}\boldsymbol{Y})^{\mathrm{T}}\boldsymbol{A}(\boldsymbol{P}\boldsymbol{Y})=\boldsymbol{Y}^{\mathrm{T}}(\boldsymbol{P}^{\mathrm{T}}\boldsymbol{A}\boldsymbol{P})\boldsymbol{Y}=\boldsymbol{Y}^{\mathrm{T}}\boldsymbol{B}\boldsymbol{Y}(\boldsymbol{B}=\boldsymbol{P}^{\mathrm{T}}\boldsymbol{A}\boldsymbol{P})$$

13. 理解矩阵正交相似的概念,掌握正交相似与相似、合同的关系.

定义:设 $\boldsymbol{A},\boldsymbol{B}$ 为 n 阶方阵,若存在正交阵 $\boldsymbol{P}$ 使 $\boldsymbol{B}=\boldsymbol{P}^{-1}\boldsymbol{A}\boldsymbol{P}=\boldsymbol{P}^{\mathrm{T}}\boldsymbol{A}\boldsymbol{P}$ 成立,则称 $\boldsymbol{A}$ 与 $\boldsymbol{B}$ 正交相似,矩阵称为由 $\boldsymbol{A}$ 到 $\boldsymbol{B}$ 的正交相似变换阵.

关系:正交相似既是相似变换也是合同变换.

14. 掌握实对称矩阵的性质.

(1)实对称阵的特征值为实数,特征向量均为实向量.

(2)实对称阵不同特征值对应的特征向量必正交.

(3)实对称阵必可对角化,且可正交相似于对角阵.

15. 掌握将实对称阵正交相似于对角阵的方法.

第一步,求对称阵 $\boldsymbol{A}$ 的特征值 $\lambda_1,\lambda_2,\cdots,\lambda_n$.

第二步,求 $\boldsymbol{A}$ 的 n 个线性无关特征向量 $\boldsymbol{\alpha}_1,\boldsymbol{\alpha}_2,\cdots,\boldsymbol{\alpha}_n$.

第三步,用施密特方法将特征向量正交规范化,得 $\boldsymbol{\alpha}_1,\boldsymbol{\alpha}_2,\cdots,\boldsymbol{\alpha}_n$.

第四步,令

$$\boldsymbol{P}=[\boldsymbol{\alpha}_1\quad\boldsymbol{\alpha}_2\quad\cdots\quad\boldsymbol{\alpha}_n],\boldsymbol{\Lambda}=\mathrm{diag}(\lambda_1,\lambda_2,\cdots,\lambda_n)$$

则 $$P^{-1}AP=P^{\mathrm{T}}AP=\Lambda$$

16. 理解二次型的标准形,二次型的规范形的概念.

不含交叉项,只含平方项的二次型称为二次型的标准形,标准形的矩阵为对角阵. 在二次型的标准形中,若各平方项的系数只有 1, -1 或 0,则称此二次型为二次型的规范标准形,简称规范形.

17. 了解化二次型为标准形的方法——初等变换法;

理解化二次型为标准形的方法——配方法;

掌握化二次型为标准形的方法——正交变换法.

18. 理解惯性定理,理解二次型的正、负惯性指数的概念.

对任何二次型 $f=X^{\mathrm{T}}AX$,均可经过适当的可逆替换将其化为标准形,经过不同的可逆替换可得到无穷多个不同的标准形;对各个标准形继续进行适当的可逆替换,可化为规范形. 规范形系数中 1 的个数、-1 的个数、0 的个数由原二次型 $f=X^{\mathrm{T}}AX$ 唯一确定,而系数中 1, -1, 0 的位置可以任意调换,这个结论称为惯性定理. 其中规范形系数中 1 的个数称为二次型 $f=X^{\mathrm{T}}AX$ 的正惯性指数 p,规范形中 -1 的个数称为二次型 $f=X^{\mathrm{T}}AX$ 的负惯性指数 q,而 $p-q$ 为二次型 $f=X^{\mathrm{T}}AX$ 的符号差,$p+q$ 等于二次型的秩.

19. 掌握对称阵合同的充分必要条件,会判断两个对称阵是否合同.

对称阵 A 与 B 合同的充分必要条件为它们对应的二次型具有相同的正、负惯性指数.

20. 理解正定二次型、正定矩阵的概念.

若 n 元二次型 $f=X^{\mathrm{T}}AX$ 满足对任意非零向量 X, $X^{\mathrm{T}}AX>0$ 都有成立,则 f 称为正定二次型,正定二次型的矩阵称为正定矩阵.

21. 掌握与正定阵有关的六条结论.

(1)若 A 为正定阵,则 $A^{-1}, A^{*}, A^{\mathrm{T}}, A^{k}$ 仍为正定阵,且 $|A|>0$.

(2)两个正定阵的和必为正定阵,两个正定阵的乘积不一定为正定阵.

(3)二次型 $f=X^{\mathrm{T}}AX$ 正定的充分必要条件为 f 的标准形中的 n 个系数均为正数.

(4)二次型 $f=X^{\mathrm{T}}AX$ 正定的充分必要条件为 f 的矩阵 A 的特征值均为正数.

(5)二次型 $f=X^{\mathrm{T}}AX$ 正定的充分必要条件为 f 的矩阵 A 的各阶顺序主子式均为正数.

(6)二次型 $f=X^{\mathrm{T}}AX$ 正定的充分必要条件为 f 的矩阵 A 与单位阵 E 合同,即存在可逆阵 P 使 $A=P^{\mathrm{T}}P$ 成立.

22. 理解半正定二次型、半正定矩阵的概念.

若 n 元二次型 $f=X^{\mathrm{T}}AX$ 满足对任意向量 X,都有 $X^{\mathrm{T}}AX>0$ 成立,则 f 称为半正定二次型,半正定二次型的矩阵称为半正定矩阵.

23. 掌握与半正定阵有关的四条结论.

(1)两个半正定矩阵之和仍为半正定阵.

(2)二次型 $f=X^{\mathrm{T}}AX$ 半正定的充分必要条件为 f 的标准形中的 n 个系数均为非负数.

(3)二次型 $f=\boldsymbol{X}^{\mathrm{T}}\boldsymbol{A}\boldsymbol{X}$ 半正定的充分必要条件为 f 的矩阵 $\boldsymbol{A}$ 的特征值均为非负数.

(4)二次型 $f=\boldsymbol{X}^{\mathrm{T}}\boldsymbol{A}\boldsymbol{X}$ 半正定的充分必要条件为存在矩阵 $\boldsymbol{P}$ 使 $\boldsymbol{A}=\boldsymbol{P}^{\mathrm{T}}\boldsymbol{P}$ 成立.

7.2 典型题解析

例 7.1 判断下列各式是否为二次型,矩阵 $\boldsymbol{A}$ 是否为该二次型的矩阵,写出这些二次型的矩阵.

(1)$f(x_1,x_2)=\boldsymbol{X}^{\mathrm{T}}\begin{bmatrix}1&2\\4&5\end{bmatrix}\boldsymbol{X},\boldsymbol{A}=\begin{bmatrix}1&2\\4&5\end{bmatrix}$.

(2)$f(x_1,x_2,x_3)=2x_1^2-6x_1-x_2^2,\boldsymbol{A}=\begin{bmatrix}2&-3\\-3&-1\end{bmatrix}$.

解 (1)由

$$f(x_1,x_2)=[x_1\quad x_2]\begin{bmatrix}1&2\\4&5\end{bmatrix}\begin{bmatrix}x_1\\x_2\end{bmatrix}=x_1^2+2x_1x_2+4x_1x_2+5x_2^2=x_1^2+6x_1x_2+5x_2^2$$

则 $f(x_1,x_2)$ 是二次齐次多项式,因此 $f(x_1,x_2)$ 是二次型. 而矩阵 $\boldsymbol{A}$ 不是对称阵,则 $\boldsymbol{A}$ 不是二次型的矩阵. $f(x_1,x_2)$ 的矩阵为 $\begin{bmatrix}1&3\\3&5\end{bmatrix}$.

(2)$f(x_1,x_2,x_3)$ 是二次型,$\boldsymbol{A}$ 不是 $f(x_1,x_2,x_3)$ 的矩阵. $f(x_1,x_2,x_3)$ 的矩阵为

$$\boldsymbol{A}=\begin{bmatrix}2&-3&0\\-3&-1&0\\0&0&0\end{bmatrix}$$

总结 (1)当 $\boldsymbol{A}$ 为一般方阵时,$\boldsymbol{A}=[a_{ij}]_{n\times n}$,$f=\boldsymbol{X}^{\mathrm{T}}\boldsymbol{A}\boldsymbol{X}$. 按矩阵乘法定义得,$\boldsymbol{X}^{\mathrm{T}}\boldsymbol{A}\boldsymbol{X}=\sum\limits_{j=1}^{n}\sum\limits_{i=1}^{n}a_{ij}x_ix_j$ 为二次齐次多项式,即 $\boldsymbol{X}^{\mathrm{T}}\boldsymbol{A}\boldsymbol{X}$ 为二次型. 但当 $\boldsymbol{A}$ 不是对称阵时,$\boldsymbol{X}^{\mathrm{T}}\boldsymbol{A}\boldsymbol{X}$ 不是二次型的矩阵写法,矩阵 $\boldsymbol{A}$ 不能称为二次型 $\boldsymbol{X}^{\mathrm{T}}\boldsymbol{A}\boldsymbol{X}$ 的矩阵.

(2)本题(2)问中 $f(x_1,x_2,x_3)$ 为三元二次型,虽然等号右边没有写出含 x_3 的项,但我们应当理解为 f 有 x_1,x_2,x_3 三个未知数,而含 x_3 的项系数为零,因此 f 的矩阵应当为三阶矩阵.

例 7.2 设 $\boldsymbol{\alpha},\boldsymbol{\beta}$ 为单位向量,已知 $[\boldsymbol{\alpha},\boldsymbol{\beta}]=\dfrac{1}{2}$,求 $\|3\boldsymbol{\alpha}-2\boldsymbol{\beta}\|$.

解 $\|3\boldsymbol{\alpha}-2\boldsymbol{\beta}\|=\sqrt{[3\boldsymbol{\alpha}-2\boldsymbol{\beta},3\boldsymbol{\alpha}-2\boldsymbol{\beta}]}=\sqrt{9[\boldsymbol{\alpha},\boldsymbol{\alpha}]-6[\boldsymbol{\alpha},\boldsymbol{\beta}]-6[\boldsymbol{\beta},\boldsymbol{\alpha}]+4[\boldsymbol{\beta},\boldsymbol{\beta}]}$

由 $\boldsymbol{\alpha},\boldsymbol{\beta}$ 为单位向量,知

$$[\boldsymbol{\alpha},\boldsymbol{\alpha}]=\|\boldsymbol{\alpha}\|^2=1,\quad[\boldsymbol{\beta},\boldsymbol{\beta}]=\|\boldsymbol{\beta}\|^2=1$$

从而

$$\|3\boldsymbol{\alpha}-2\boldsymbol{\beta}\|=\sqrt{9-12\times\frac{1}{2}+4}=\sqrt{7}$$

例 7.3 已知 $\boldsymbol{\alpha}$ 与 $\boldsymbol{\beta}$ 正交,求证:

(1) $\|\boldsymbol{\alpha}+\boldsymbol{\beta}\|^2=\|\boldsymbol{\alpha}\|^2+\|\boldsymbol{\beta}\|^2$;

(2) $\|\boldsymbol{\alpha}+\boldsymbol{\beta}\|=\|\boldsymbol{\alpha}-\boldsymbol{\beta}\|$.

证明 (1)由 $\boldsymbol{\alpha}$ 与 $\boldsymbol{\beta}$ 正交,则

$$[\boldsymbol{\alpha},\boldsymbol{\beta}]=[\boldsymbol{\beta},\boldsymbol{\alpha}]=0$$

从而

$$\begin{aligned}\|\boldsymbol{\alpha}+\boldsymbol{\beta}\|^2&=[\boldsymbol{\alpha}+\boldsymbol{\beta},\boldsymbol{\alpha}+\boldsymbol{\beta}]=[\boldsymbol{\alpha},\boldsymbol{\alpha}]+[\boldsymbol{\alpha},\boldsymbol{\beta}]+[\boldsymbol{\beta},\boldsymbol{\alpha}]+[\boldsymbol{\beta},\boldsymbol{\beta}]\\&=\|\boldsymbol{\alpha}\|^2+0+0+\|\boldsymbol{\beta}\|^2=\|\boldsymbol{\alpha}\|^2+\|\boldsymbol{\beta}\|^2\end{aligned}$$

(2)

$$\begin{aligned}\|\boldsymbol{\alpha}+\boldsymbol{\beta}\|&=\sqrt{[\boldsymbol{\alpha}+\boldsymbol{\beta},\boldsymbol{\alpha}+\boldsymbol{\beta}]}=\sqrt{[\boldsymbol{\alpha},\boldsymbol{\alpha}]+2[\boldsymbol{\alpha},\boldsymbol{\beta}]+[\boldsymbol{\beta},\boldsymbol{\beta}]}\\&=\sqrt{[\boldsymbol{\alpha},\boldsymbol{\alpha}]+0+[\boldsymbol{\beta},\boldsymbol{\beta}]}=\sqrt{[\boldsymbol{\alpha},\boldsymbol{\alpha}]+[\boldsymbol{\beta},\boldsymbol{\beta}]}\\\|\boldsymbol{\alpha}-\boldsymbol{\beta}\|&=\sqrt{[\boldsymbol{\alpha}-\boldsymbol{\beta},\boldsymbol{\alpha}-\boldsymbol{\beta}]}=\sqrt{[\boldsymbol{\alpha},\boldsymbol{\alpha}]-2[\boldsymbol{\alpha},\boldsymbol{\beta}]+[\boldsymbol{\beta},\boldsymbol{\beta}]}\\&=\sqrt{[\boldsymbol{\alpha},\boldsymbol{\alpha}]-0+[\boldsymbol{\beta},\boldsymbol{\beta}]}=\sqrt{[\boldsymbol{\alpha},\boldsymbol{\alpha}]+[\boldsymbol{\beta},\boldsymbol{\beta}]}\end{aligned}$$

因此

$$\|\boldsymbol{\alpha}+\boldsymbol{\beta}\|=\|\boldsymbol{\alpha}-\boldsymbol{\beta}\|$$

例 7.4 用施密特方法将 $\alpha_1=(1,1,1)^{\mathrm{T}},\boldsymbol{\alpha}_2=(1,0,1)^{\mathrm{T}},\boldsymbol{\alpha}_3=(1,1,0)^{\mathrm{T}}$ 正交规范化.

解 令

$$\boldsymbol{\beta}_1=\boldsymbol{\alpha}_1=(1,1,1)^{\mathrm{T}}$$

$$\boldsymbol{\beta}_2=\boldsymbol{\alpha}_2-\frac{[\boldsymbol{\alpha}_2,\boldsymbol{\beta}_1]}{[\boldsymbol{\beta}_1,\boldsymbol{\beta}_1]}\boldsymbol{\beta}_1=\begin{bmatrix}1\\0\\1\end{bmatrix}-\frac{2}{3}\begin{bmatrix}1\\1\\1\end{bmatrix}=\begin{bmatrix}\frac{1}{3}\\-\frac{2}{3}\\\frac{1}{3}\end{bmatrix}=\frac{1}{3}\begin{bmatrix}1\\-2\\1\end{bmatrix}$$

$$\boldsymbol{\beta}_3=\boldsymbol{\alpha}_3-\frac{[\boldsymbol{\alpha}_3,\boldsymbol{\beta}_1]}{[\boldsymbol{\beta}_1,\boldsymbol{\beta}_1]}\boldsymbol{\beta}_1-\frac{[\boldsymbol{\alpha}_3,\boldsymbol{\beta}_2]}{[\boldsymbol{\beta}_2,\boldsymbol{\beta}_2]}\boldsymbol{\beta}_2=\begin{bmatrix}1\\0\\1\end{bmatrix}-\frac{2}{3}\begin{bmatrix}1\\1\\1\end{bmatrix}-\frac{-\frac{1}{3}}{\frac{2}{3}}\cdot\frac{1}{3}\begin{bmatrix}1\\-2\\1\end{bmatrix}=\frac{1}{2}\begin{bmatrix}1\\0\\-1\end{bmatrix}$$

令

$$\boldsymbol{P}_1=\frac{1}{\|\boldsymbol{\beta}_1\|}\boldsymbol{\beta}_1=\left[\frac{\sqrt{3}}{3},\frac{\sqrt{3}}{3},\frac{\sqrt{3}}{3}\right]^{\mathrm{T}}$$

$$\boldsymbol{P}_2=\frac{1}{\|\boldsymbol{\beta}_2\|}\boldsymbol{\beta}_2=\left[\frac{\sqrt{6}}{6},-\frac{\sqrt{6}}{3},\frac{\sqrt{6}}{6}\right]^{\mathrm{T}}$$

$$\boldsymbol{P}_3=\frac{1}{\|\boldsymbol{\beta}_3\|}\boldsymbol{\beta}_3=\left[\frac{\sqrt{2}}{2},0,-\frac{\sqrt{2}}{2}\right]^{\mathrm{T}}$$

则 $\boldsymbol{P}_1,\boldsymbol{P}_2,\boldsymbol{P}_3$ 为所求.

例 7.5 求方程组 $\begin{cases}x_1+x_2+x_3=0\\2x_1+2x_2+2x_3=0\end{cases}$ 解空间的一组标准正交基.

解 系数阵 $\boldsymbol{A}=\begin{bmatrix}1&1&1\\2&2&2\end{bmatrix}\xrightarrow{行}\begin{bmatrix}1&1&1\\0&0&0\end{bmatrix}$,解得基础解系

$$\boldsymbol{\alpha}_1=(-1,1,0)^{\mathrm{T}},\boldsymbol{\alpha}_2=(-1,0,1)^{\mathrm{T}}$$

为解空间的一组基.

令

$$\boldsymbol{\beta}_1=\boldsymbol{\alpha}_1=(-1,1,0)^{\mathrm{T}},\boldsymbol{\beta}_2=\boldsymbol{\alpha}_2-\frac{[\boldsymbol{\alpha}_2,\boldsymbol{\beta}_1]}{[\boldsymbol{\beta}_1,\boldsymbol{\beta}_1]}\boldsymbol{\beta}_1=\left[-\frac{1}{2},-\frac{1}{2},1\right]^{\mathrm{T}}$$

令

$$\boldsymbol{P}_1=\frac{1}{\|\boldsymbol{\beta}_1\|}\boldsymbol{\beta}_1=\left[-\frac{\sqrt{2}}{2},\frac{\sqrt{2}}{2},0\right]^{\mathrm{T}},\boldsymbol{P}_2=\frac{1}{\|\boldsymbol{\beta}_2\|}\boldsymbol{\beta}_2=\left[-\frac{\sqrt{6}}{6},-\frac{\sqrt{6}}{6},\frac{\sqrt{6}}{3}\right]^{\mathrm{T}}$$

则 $\boldsymbol{P}_1,\boldsymbol{P}_2$ 为方程组解空间的一组标准正交基.

例 7.6 已知 $f(x_1,x_2,x_3)=5x_1^2+5x_2^2+ax_3^2-2x_1x_2+6x_1x_3-6x_2x_3$ 的秩为 2,求 a 的值.

解 二次型的矩阵

$$\boldsymbol{A}=\begin{bmatrix}5&-1&3\\-1&5&-3\\3&-3&a\end{bmatrix}$$

由二次型的秩为 2,则 $\mathrm{r}(\boldsymbol{A})=2$,

$$|\boldsymbol{A}|=\begin{vmatrix}5&-1&3\\-1&5&-3\\3&-3&a\end{vmatrix}=\begin{vmatrix}0&-1&0\\24&5&12\\-12&-3&a-9\end{vmatrix}=24(a-3)$$

由 $|\boldsymbol{A}|=0$ 得 $a=3$.

例 7.7 用配方法化二次型为标准形,并给出所用的替换.

$$f(x_1,x_2,x_3)=x_1^2+6x_2^2+9x_3^2+4x_1x_2+2x_1x_3+12x_2x_3$$

解

$$\begin{aligned}f(x_1,x_2,x_3)&=[x_1^2+2x_1(2x_2+x_3)+(2x_2+x_3)^2]-(2x_2+x_3)^2+6x_2^2+9x_3^2+12x_2x_3\\&=(x_1+2x_2+x_3)^2+2x_2^2+8x_3^2+8x_2x_3\\&=(x_1+2x_2+x_3)^2+2(x_2+2x_3)^2\end{aligned}$$

令

$$\begin{cases}y_1=x_1+2x_2+x_3\\y_2=x_2+2x_3\\y_3=x_3\end{cases}$$

则
$$f=y_1^2+2y_2^2$$

线性变换整理为
$$\begin{cases}x_1=y_1-2y_2+3y_3\\x_2=y_2-2y_3\\x_3=y_3\end{cases}$$

即
$$\boldsymbol{X}=\begin{bmatrix}1&-2&3\\0&1&-2\\0&0&1\end{bmatrix}\boldsymbol{Y}$$

总结 配方法的计算步骤如下.

第一步,若 f 中含平方项,只含交叉项 $a_{ij}x_ix_j$,则先作可逆变换

$$\begin{cases}x_1=y_1+y_2\\x_2=y_1-y_2\\x_3=y_3\\\quad\vdots\\x_n=y_n\end{cases}$$

使二次型 f 出现平方项. 若原二次型本身存在平方项 $a_{ii}x_i^2(a_{ii}\neq0)$,则不用进行这一步,直接进行第二步.

第二步,将 f 中含有 x_1 的项全找出来配成完全平方,配完 x_1 后各项中不再含有 x_1;再把剩下项中含有 x_2 的项全找出来配成完全平方,依次类推,将二次型 f 化成

$$f=a_1(k_{11}x_1+k_{12}x_2+\cdots+k_{1n}x_n)^2+a_2(k_{22}x_2+\cdots+k_{2n}x_n)^2+\cdots+a_nx_n^2$$

第三步,令

$$\begin{cases}y_1=k_{11}x_1+k_{12}x_2+\cdots+k_{1n}x_n\\y_2=k_{22}x_2+\cdots+k_{2n}x_n\\\quad\vdots\\y_n=x_n\end{cases}$$

则有
$$f=a_1y_1^2+a_2y_2^2+\cdots+a_ny_n^2$$

第四步,从替换

$$\begin{cases}y_1=k_{11}x_1+k_{12}x_2+\cdots+k_{1n}x_n\\y_2=k_{22}x_2+\cdots+k_{2n}x_n\\\quad\vdots\\y_n=x_n\end{cases}$$

中解出

$$\begin{cases} x_1 = p_{11}y_1 + p_{12}y_2 + \cdots + p_{1n}y_n \\ x_2 = p_{22}y_2 + \cdots + p_{2n}y_n \\ \quad\vdots \\ x_n = y_n \end{cases}$$

并整理成 $\boldsymbol{X}=\boldsymbol{PY}$ 形式.

注意:本题中将 f 化为 $f=(x_1+2x_2+x_3)^2+2(x_2+2x_3)^2$ 后,令 $y_1=x_1+2x_2+x_3, y_2=x_2+2x_3$,就能将 f 化为 $y_1^2+2y_2^2$. 但为了保证所用替换为可逆替换,在替换中要补充 $x_3=y_3$,即 f 在替换 $\begin{cases} y_1=x_1+2x_2+x_3 \\ y_2=x_2+2x_3 \\ y_3=x_3 \end{cases}$ 下化为 $y_1^2+2y_2^2$.

例 7.8 用初等变换法将二次型化为标准形,并写出所用的替换.

$$f(x_1,x_2,x_3) = x_1^2+3x_3^2+2x_1x_2+4x_1x_3+2x_2x_3$$

解 二次型 f 的矩阵为

$$\boldsymbol{A} = \begin{bmatrix} 1 & 1 & 2 \\ 1 & 0 & 1 \\ 2 & 1 & 3 \end{bmatrix}$$

对分块阵 $\begin{bmatrix} \boldsymbol{A} \\ \boldsymbol{E} \end{bmatrix}$ 进行"成对"初等变换得

$$\begin{bmatrix} \boldsymbol{A} \\ \boldsymbol{E} \end{bmatrix} = \begin{bmatrix} 1 & 1 & 2 \\ 1 & 0 & 1 \\ 2 & 1 & 3 \\ 1 & 0 & 0 \\ 0 & 1 & 0 \\ 0 & 0 & 1 \end{bmatrix} \xrightarrow[\substack{(-1)\times c_1 \to c_3 \\ (-1)\times r_1 \to r_3}]{\substack{(-1)\times c_1 \to c_2 \\ (-1)\times r_1 \to r_2}} \begin{bmatrix} 1 & 0 & 0 \\ 0 & -1 & -1 \\ 0 & -1 & -1 \\ 1 & -1 & -2 \\ 0 & 1 & 0 \\ 0 & 0 & 1 \end{bmatrix} \xrightarrow[(-1)\times r_2 \to r_3]{(-1)\times c_2 \to c_3} \begin{bmatrix} 1 & 0 & 0 \\ 0 & -1 & 0 \\ 0 & 0 & 0 \\ 1 & -1 & -1 \\ 0 & 1 & -1 \\ 0 & 0 & 1 \end{bmatrix}$$

则二次型 f 在可逆变换 $\boldsymbol{X} = \begin{bmatrix} 1 & -1 & -1 \\ 0 & 1 & -1 \\ 0 & 0 & 1 \end{bmatrix} \boldsymbol{Y}$ 下化为 $f=y_1^2-y_2^2$.

总结 初等变换法化二次型为标准形步骤如下.

第一步,写出二次型 f 的矩阵 $\boldsymbol{A}$.

第二步,对分块矩阵 $\begin{bmatrix} \boldsymbol{A} \\ \boldsymbol{E} \end{bmatrix}$ 进行"成对"初等变换.

$$\begin{bmatrix} \boldsymbol{A} \\ \boldsymbol{E} \end{bmatrix} \xrightarrow{\text{“成对”初等变换}} \begin{bmatrix} \boldsymbol{\Lambda} \\ \boldsymbol{M} \end{bmatrix} \quad (\boldsymbol{\Lambda} \text{ 为对角阵})$$

第三步,二次型 f 在可逆变换 $\boldsymbol{X}=\boldsymbol{M}\boldsymbol{Y}$ 下变为标准形.

$$f = \boldsymbol{Y}^{\mathrm{T}}\boldsymbol{\Lambda}\boldsymbol{Y} = \lambda_1 y_1^2 + \lambda_2 y_2^2 + \cdots + \lambda_n y_n^2$$

其中 $\lambda_1,\lambda_2,\cdots,\lambda_n$ 为对角阵 $\boldsymbol{\Lambda}$ 的对角线元素,一般不是 $\boldsymbol{A}$ 的特征值.

注意:步骤中所谓的"成对"初等变换指的是,作一个行初等变换后,必须再作一个相应的列初等变换,凑成一对初等变换.

例 7.9 用正交变换法将二次型化为标准形,并指出 $f=1$ 表示何种曲面.

$$f(x_1,x_2,x_3) = 5x_1^2 + 5x_2^2 + 3x_3^2 - 2x_1x_2 + 6x_1x_3 - 6x_2x_3$$

解 二次型的矩阵为

$$\boldsymbol{A} = \begin{bmatrix} 5 & -1 & 3 \\ -1 & 5 & -3 \\ 3 & -3 & 3 \end{bmatrix}$$

$$|\lambda\boldsymbol{E} - \boldsymbol{A}| = \begin{vmatrix} \lambda-5 & 1 & -3 \\ 1 & \lambda-5 & 3 \\ -3 & 3 & \lambda-3 \end{vmatrix} = \lambda(\lambda-4)(\lambda-9) = 0$$

解出 $\boldsymbol{A}$ 的特征值,为

$$\lambda_1 = 0, \lambda_2 = 4, \lambda_3 = 9$$

对 $\lambda_1=0$ 解方程组

$$(0\boldsymbol{E} - \boldsymbol{A})\boldsymbol{X} = \boldsymbol{0}$$

即

$$\begin{bmatrix} -5 & 1 & -3 \\ 1 & -5 & 3 \\ -3 & 3 & -3 \end{bmatrix}\begin{bmatrix} x_1 \\ x_2 \\ x_3 \end{bmatrix} = \boldsymbol{0}$$

解得特征向量 $\boldsymbol{\alpha}_1 = (-1,1,2)^{\mathrm{T}}$

对 $\lambda_2=4$ 解方程组

$$(4\boldsymbol{E} - \boldsymbol{A})\boldsymbol{X} = \boldsymbol{0}$$

即

$$\begin{bmatrix} -1 & 1 & -3 \\ 1 & -1 & 3 \\ -3 & 3 & 1 \end{bmatrix}\begin{bmatrix} x_1 \\ x_2 \\ x_3 \end{bmatrix} = \boldsymbol{0}$$

解出特征向量 $\boldsymbol{\alpha}_2 = (1,1,0)^{\mathrm{T}}$

对 $\lambda_3=9$ 解方程组

$$(9\boldsymbol{E} - \boldsymbol{A})\boldsymbol{X} = \boldsymbol{0}$$

即

$$\begin{bmatrix} 4 & 1 & -3 \\ 1 & 4 & 3 \\ -3 & 3 & 6 \end{bmatrix}\begin{bmatrix} x_1 \\ x_2 \\ x_3 \end{bmatrix} = \mathbf{0}$$

解得特征向量 $\boldsymbol{\alpha}_3 = (1, -1, 1)^{\mathrm{T}}$

将 $\boldsymbol{\alpha}_1, \boldsymbol{\alpha}_2, \boldsymbol{\alpha}_3$ 按施密特方法正交规范化得

$$\boldsymbol{P}_1 = \left[-\frac{\sqrt{6}}{6}, \frac{\sqrt{6}}{6}, \frac{\sqrt{6}}{3}\right]^{\mathrm{T}}, \boldsymbol{P}_2 = \left[\frac{\sqrt{2}}{2}, \frac{\sqrt{2}}{2}, 0\right]^{\mathrm{T}}, \boldsymbol{P}_3 = \left[\frac{\sqrt{3}}{3}, -\frac{\sqrt{3}}{3}, \frac{\sqrt{3}}{3}\right]^{\mathrm{T}}$$

令

$$\boldsymbol{P} = [\boldsymbol{P}_1 \quad \boldsymbol{P}_2 \quad \boldsymbol{P}_3] = \begin{bmatrix} -\frac{\sqrt{6}}{6} & \frac{\sqrt{2}}{2} & \frac{\sqrt{3}}{3} \\ \frac{\sqrt{6}}{6} & \frac{\sqrt{2}}{2} & -\frac{\sqrt{3}}{3} \\ \frac{\sqrt{6}}{3} & 0 & \frac{\sqrt{3}}{3} \end{bmatrix}$$

$$\boldsymbol{\Lambda} = \begin{bmatrix} \lambda_1 & & \\ & \lambda_2 & \\ & & \lambda_3 \end{bmatrix} = \begin{bmatrix} 0 & & \\ & 4 & \\ & & 9 \end{bmatrix}$$

则有 $\boldsymbol{P}^{-1}\boldsymbol{A}\boldsymbol{P} = \boldsymbol{P}^{\mathrm{T}}\boldsymbol{A}\boldsymbol{P} = \boldsymbol{\Lambda}$ 成立，从而

$$f(x_1, x_2, x_3) \xlongequal{\boldsymbol{X} = \boldsymbol{P}\boldsymbol{Y}} \boldsymbol{Y}^{\mathrm{T}}(\boldsymbol{P}^{\mathrm{T}}\boldsymbol{A}\boldsymbol{P})\boldsymbol{Y} = \boldsymbol{Y}^{\mathrm{T}}\boldsymbol{\Lambda}\boldsymbol{Y} = 4y_2^2 + 9y_3^2$$

$f = 1$ 即 $0y_1^2 + 4y_2^2 + 9y_3^2 = 1$ 表示椭圆柱面.

总结 (1)正交变换法化二次型为标准形的步骤如下.

第一步，写出二次型 f 的矩阵 $\boldsymbol{A}$.

第二步，按知识点第 15 条的方法将 $\boldsymbol{A}$ 正交相似与对角阵，即找出正交阵 $\boldsymbol{P}$、对角阵 $\boldsymbol{\Lambda}$，使 $\boldsymbol{P}^{-1}\boldsymbol{A}\boldsymbol{P} = \boldsymbol{P}^{\mathrm{T}}\boldsymbol{A}\boldsymbol{P} = \boldsymbol{\Lambda}$ 成立.

第三步，二次型 $f = \boldsymbol{X}^{\mathrm{T}}\boldsymbol{A}\boldsymbol{X}$ 在正交变换 $\boldsymbol{X} = \boldsymbol{P}\boldsymbol{Y}$ 下化为

$$f = \boldsymbol{Y}^{\mathrm{T}}\boldsymbol{\Lambda}\boldsymbol{Y} = \lambda_1 y_1^2 + \lambda_2 y_2^2 + \cdots + \lambda_n y_n^2$$

其中 $\lambda_1, \lambda_2, \cdots, \lambda_n$ 为矩阵 $\boldsymbol{A}$ 的 n 个特征值.

(2)二次型通过正交变换法化出的标准形，称为二次型 f 的正交标准形. 正交标准形有如下两个性质：

性质一：正交标准形平方项系数 $\lambda_1, \lambda_2, \cdots, \lambda_n$ 为二次型的矩阵 $\boldsymbol{A}$ 的 n 个特征值，在不考虑特征值的排列顺序时，正交标准形由原二次型 f 唯一确定.

性质二：原二次型 $f = c$ 与正交标准形 $\lambda_1 y_1^2 + \lambda_2 y_2^2 + \cdots + \lambda_n y_n^2 = c$ 所表示的几何图形(线、面或立体)具有相同的形状、大小、面积、体积、长度，其中 c 为常数.

(3)本题如果只问 $f=1$ 表示何种曲面,则只需求出 $\boldsymbol{A}$ 的特征值就可以确定正交标准形,从而确定 $f=1$ 为何种曲面.

例 7.10 求二次型 $f(x_1,x_2,x_3)=2x_1^2+4x_1x_2+2x_2^2-3x_3^2$ 的正、负惯性指数.

解 方法一

$$f(x_1,x_2,x_3)=2(x_1^2+2x_1x_2+x_2^2)-3x_3^2=2(x_1+x_2)^2-3x_3^2$$

由此可知 $f(x_1,x_2,x_3)$ 有标准形 $2y_1^2-3y_3^2$,从而 f 的正惯性指数为 1,负惯性指数也为 1.

方法二 f 的矩阵

$$\boldsymbol{A}=\begin{bmatrix}2&2&0\\2&2&0\\0&0&-3\end{bmatrix}$$

$$|\lambda\boldsymbol{E}-\boldsymbol{A}|=\begin{vmatrix}\lambda-2&-2&0\\-2&\lambda-2&0\\0&0&\lambda+3\end{vmatrix}=\lambda(\lambda-4)(\lambda+3)=0$$

则 $\lambda_1=0,\lambda_2=4,\lambda_3=-3$ 为 $\boldsymbol{A}$ 的特征值,所以 f 的正惯性指数为 1,负惯性指数也为 1.

总结 二次型的标准形中正系数的个数,就是此二次型的正惯性指数. 标准形中负系数的个数为负惯性指数.

二次型的矩阵的特征值中,正(负)特征值的个数,就是此二次型的正(负)惯性指数.

例 7.11 下式可以形成 $f(x_1,x_2,x_3)=x_1^2+2x_2^2+x_3^2+2x_1x_2$ 的标准形的为________.

A. $f=y_1^2+2y_2^2+3y_3^2$　　B. $f=y_1^2+y_2^2-y_3^2$

C. $f=y_1^2-y_2^2-y_3^2$　　D. $f=y_1^2+y_2^2$

解 选 A

分析 二次型 f 经不同的可逆替换可得无穷多个标准形,这无穷多个标准形继续经可逆替换可化为规范形,在不考虑系数排列顺序的情况下,规范形是唯一的. 本题用正交变换法或用配方法化出的标准形都不在 4 个选项中,这时我们可以计算出 f 的正、负惯性指数确定出 f 的规范形,再看哪个选项可化出 f 的规范形即可.

$$f(x_1,x_2,x_3)=x_1^2+2x_2^2+x_3^2+2x_1x_2=(x_1+x_2)^2+x_2^2+x_3^2$$

则 f 的正惯性指数为 3,负惯性指数为 0,A 选项与 f 具有相同的正、负惯性指数,则 A 选项可化出 f 的规范形,因此选 A.

例 7.12 设 $\boldsymbol{A}=\begin{bmatrix}2&0&0\\0&-1&0\\0&0&3\end{bmatrix}$,则与矩阵 $\boldsymbol{A}$ 合同的矩阵为________.

A. $\begin{bmatrix}-1&0&2\\0&2&0\\0&0&-5\end{bmatrix}$　　B. $\begin{bmatrix}5&0&0\\0&3&0\\0&0&7\end{bmatrix}$

C. $\begin{bmatrix} -4 & 0 & 0 \\ 0 & 3 & 0 \\ 0 & 0 & 2 \end{bmatrix}$　　D. $\begin{bmatrix} -1 & 0 & 0 \\ 0 & -2 & 0 \\ 0 & 0 & -3 \end{bmatrix}$

解　选 C

分析　对称阵合同的充要条件为对应二次型具有相同的正、负惯性指数. 本题只有 C 选项正、负惯性指数与矩阵 $\boldsymbol{A}$ 相同,故选 C.

例 7.13　设矩阵 $\boldsymbol{A}=\begin{bmatrix} 1 & 0 & 0 \\ 0 & 1 & 0 \\ 0 & 0 & 1 \end{bmatrix}$,$\boldsymbol{B}=\begin{bmatrix} 2 & -1 & -1 \\ -1 & 2 & -1 \\ -1 & -1 & 2 \end{bmatrix}$,则 $\boldsymbol{A}$ 与 $\boldsymbol{B}$ ________.

A. 相似且合同　　B. 相似但不合同

C. 合同但不相似　　D. 不相似也不合同

解　选 C

分析　矩阵 $\boldsymbol{A}$ 的特征值为 1,1,0,由 $|\lambda\boldsymbol{E}-\boldsymbol{B}|=\lambda(\lambda-3)^2=0$ 得矩阵 $\boldsymbol{B}$ 的特征值为 3,3,0. 由 $\boldsymbol{A}$ 与 $\boldsymbol{B}$ 特征值不同,则 $\boldsymbol{A}$ 与 $\boldsymbol{B}$ 不相似,矩阵 $\boldsymbol{A}$ 的正惯性指数为 2,负惯性指数为 0. 矩阵 $\boldsymbol{B}$ 的正惯性指数为 2,负惯性指数为 0;对称阵 $\boldsymbol{A}$ 与 $\boldsymbol{B}$ 的正、负惯性指数相同,则 $\boldsymbol{A}$ 与 $\boldsymbol{B}$ 合同.

例 7.14　设 $\boldsymbol{A}$ 为三阶对称阵,$\boldsymbol{A}$ 的特征值为 $\lambda_1=\lambda_2=1,\lambda_3=4$,已知 $\boldsymbol{\alpha}_1=(1,-1,0)^{\mathrm{T}}$,$\boldsymbol{\alpha}_2=(1,0,-1)^{\mathrm{T}}$ 为特征值 $\lambda=1$ 对应的特征向量.

(1)求矩阵 $\boldsymbol{A}$ 的属于特征值 $\lambda_3=4$ 的一个特征向量;

(2)求矩阵 A.

解　设 $\lambda_3=4$ 对应的特征向量为 $\boldsymbol{\eta}=(x_1,x_2,x_3)^{\mathrm{T}}$

由 $\boldsymbol{A}$ 为对称阵,则 $\boldsymbol{\eta}$ 与 $\boldsymbol{\alpha}_1$,$\boldsymbol{\eta}$ 与 $\boldsymbol{\alpha}_2$ 均正交,即

$$\begin{cases}[\boldsymbol{\eta},\boldsymbol{\alpha}_1]=x_1-x_2+0x_3=0\\ [\boldsymbol{\eta},\boldsymbol{\alpha}_2]=x_1+0x_2-x_3=0\end{cases}$$

解此方程组得基础解系 $\boldsymbol{\eta}=(1,1,1)^{\mathrm{T}}$,它是 $\lambda_3=4$ 对应的特征向量;

令

$$\boldsymbol{P}=[\boldsymbol{\alpha}_1\ \ \boldsymbol{\alpha}_2\ \ \boldsymbol{\eta}]=\begin{bmatrix} 1 & 1 & 1 \\ -1 & 0 & 1 \\ 0 & -1 & 1 \end{bmatrix}$$

$$\boldsymbol{\Lambda}=\begin{bmatrix} \lambda_1 & & \\ & \lambda_2 & \\ & & \lambda_3 \end{bmatrix}=\begin{bmatrix} 1 & & \\ & 1 & \\ & & 4 \end{bmatrix}$$

则有 $\boldsymbol{P}^{-1}\boldsymbol{A}\boldsymbol{P}=\boldsymbol{\Lambda}$ 成立,即

$$A = P\Lambda P^{-1} = \begin{bmatrix} 1 & 1 & 1 \\ -1 & 0 & 1 \\ 0 & -1 & 1 \end{bmatrix}\begin{bmatrix} 1 & & \\ & 1 & \\ & & 4 \end{bmatrix}\begin{bmatrix} 1 & 1 & 1 \\ -1 & 0 & 1 \\ 0 & -1 & 1 \end{bmatrix}^{-1} = \begin{bmatrix} 2 & 1 & 1 \\ 1 & 2 & 1 \\ 1 & 1 & 2 \end{bmatrix}$$

总结 若已知对称阵只有两个不同特征值,已知其中一个特征值的特征向量,可利用对称阵不同特征值对应的特征向量正交,列出方程组解出另一个特征值对应的特征向量.

例 7.15 设 $A = \begin{bmatrix} a_1 & & \\ & a_2 & \\ & & a_3 \end{bmatrix}$,$B = \begin{bmatrix} a_3 & & \\ & 4a_1 & \\ & & a_2 \end{bmatrix}$,求可逆阵 P,使 $P^{\mathrm{T}}AP = B$ 成立.

分析 将矩阵 A 看成 $f_1 = a_1x_1^2 + a_2x_2^2 + a_3x_3^2$ 对应的矩阵,将矩阵 B 看成 $f_2 = a_3y_1^2 + 4a_1y_2^2 + a_2y_3^2$ 对应的矩阵.

若 f_1 经可逆变换 $X = PY$ 可化为 f_2,则 A 与 B 合同,且合同变换阵 P 为所用替换 $X = PY$ 的替换阵 P.

解 经可逆替换 $\begin{cases} x_1 = 2y_2 \\ x_2 = y_3 \\ x_3 = y_1 \end{cases}$,即 $P = \begin{bmatrix} 0 & 2 & 0 \\ 0 & 0 & 1 \\ 1 & 0 & 0 \end{bmatrix}$ 可将二次型 $f_1 = a_1x_1^2 + a_2x_2^2 + a_3x_3^2$ 化为 $f_2 = a_3y_1^2 + 4a_1y_2^2 + a_2y_3^2$,则 f_1 的矩阵 A 与 f_2 的矩阵 B 满足 $B = P^{\mathrm{T}}AP$,其中替换阵为

$$P = \begin{bmatrix} 0 & 2 & 0 \\ 0 & 0 & 1 \\ 1 & 0 & 0 \end{bmatrix}$$

例 7.16 求证:两个正定阵之和仍为正定阵.

设 A,B 均为 n 阶正定阵,求证:$A + B$ 为正定阵.

证明 由 A,B 均正定,则

$$A^{\mathrm{T}} = A, B^{\mathrm{T}} = B$$
$$(A + B)^{\mathrm{T}} = A^{\mathrm{T}} + B^{\mathrm{T}} = A + B$$

则 $A + B$ 为对称阵.

由 A,B 正定,则对任意非零向量 X 有 $X^{\mathrm{T}}AX > 0$,$X^{\mathrm{T}}BX > 0$,则 $X^{\mathrm{T}}(A + B)X = X^{\mathrm{T}}AX + X^{\mathrm{T}}BX > 0$ 成立,由正定二次型定义,二次型 $X^{\mathrm{T}}(A + B)X$ 正定,所以 $A + B$ 为正定阵.

总结 验证一个矩阵为正定阵,必须先验证它是对称阵,再说明它对应的二次型正定即可.

例 7.17 已知 $f(x_1, x_2, x_3) = x_1^2 + x_2^2 + tx_3^2 + 2tx_1x_2$,问 t 满足什么条件时,f 正定.

解 f 的矩阵为

$$A = \begin{bmatrix} 1 & t & 0 \\ t & 1 & 0 \\ 0 & 0 & t \end{bmatrix}$$

则

$$f\text{正定} \Leftrightarrow \boldsymbol{A}\text{的顺序主子式均正} \Leftrightarrow \begin{cases} |1| = 1 > 0 \\ \begin{vmatrix} 1 & t \\ t & 1 \end{vmatrix} = 1 - t^2 > 0 \\ \begin{vmatrix} 1 & t & 0 \\ t & 1 & 0 \\ 0 & 0 & t \end{vmatrix} = t(1 - t^2) > 0 \end{cases}$$

因此,当 $0<t<1$ 时,f 正定.

例 7.18 已知 $\boldsymbol{A}$ 为正定阵,求证:$\boldsymbol{A}$ 可逆,且 $\boldsymbol{A}^{-1}$ 仍为正定阵.

证明 由 $\boldsymbol{A}$ 正定,则 $|\boldsymbol{A}|>0$,从而 $\boldsymbol{A}$ 可逆. 设 $\boldsymbol{A}$ 的特征值为 $\lambda_1,\lambda_2,\cdots,\lambda_n$,则有

$$\lambda_1 > 0,\lambda_2 > 0,\cdots,\lambda_n > 0$$

则 $\boldsymbol{A}^{-1}$ 的特征值

$$\frac{1}{\lambda_1} > 0,\frac{1}{\lambda_2} > 0,\cdots,\frac{1}{\lambda_n} > 0$$

由 $\boldsymbol{A}$ 正定,则 $\boldsymbol{A}^{\mathrm{T}}=\boldsymbol{A}$,$(\boldsymbol{A}^{-1})^{\mathrm{T}}=(\boldsymbol{A}^{\mathrm{T}})^{-1}=\boldsymbol{A}^{-1}$,即 $\boldsymbol{A}^{-1}$ 为对称阵.
因此对称阵 $\boldsymbol{A}^{-1}$ 特征值均正,从而 $\boldsymbol{A}^{-1}$ 为正定阵.

例 7.19 设 A,B 均为正定阵,求证:分块阵 $\begin{bmatrix} \boldsymbol{A} & \boldsymbol{O} \\ \boldsymbol{O} & \boldsymbol{B} \end{bmatrix}$ 为正定阵.

证明 证法一:由于 $\boldsymbol{A}$ 正定,则存在可逆阵 $\boldsymbol{P}$ 使 $\boldsymbol{A}=\boldsymbol{P}^{\mathrm{T}}\boldsymbol{P}$.

由 $\boldsymbol{B}$ 正定,则存在可逆阵 $\boldsymbol{Q}$ 使 $\boldsymbol{B}=\boldsymbol{Q}^{\mathrm{T}}\boldsymbol{Q}$,令 $\boldsymbol{M}=\begin{bmatrix} \boldsymbol{P} & \boldsymbol{O} \\ \boldsymbol{O} & \boldsymbol{Q} \end{bmatrix}$,有

$$|\boldsymbol{M}| = \begin{vmatrix} \boldsymbol{P} & \boldsymbol{O} \\ \boldsymbol{O} & \boldsymbol{Q} \end{vmatrix} = |\boldsymbol{P}|\,|\boldsymbol{Q}| \neq 0$$

$\boldsymbol{M}$ 可逆,且

$$\begin{bmatrix} \boldsymbol{A} & \boldsymbol{O} \\ \boldsymbol{O} & \boldsymbol{B} \end{bmatrix} = \begin{bmatrix} \boldsymbol{P}^{\mathrm{T}}\boldsymbol{P} & \boldsymbol{O} \\ \boldsymbol{O} & \boldsymbol{Q}^{\mathrm{T}}\boldsymbol{Q} \end{bmatrix} = \begin{bmatrix} \boldsymbol{P}^{\mathrm{T}} & \boldsymbol{O} \\ \boldsymbol{O} & \boldsymbol{Q}^{\mathrm{T}} \end{bmatrix}\begin{bmatrix} \boldsymbol{P} & \boldsymbol{O} \\ \boldsymbol{O} & \boldsymbol{Q} \end{bmatrix} = \boldsymbol{M}^{\mathrm{T}}\boldsymbol{M}$$

则 $\begin{bmatrix} \boldsymbol{A} & \boldsymbol{O} \\ \boldsymbol{O} & \boldsymbol{B} \end{bmatrix}$ 为正定阵

证法二:由 $\boldsymbol{A}$ 正定,则 $\boldsymbol{A}^{\mathrm{T}}=\boldsymbol{A}$;由 $\boldsymbol{B}$ 正定,则 $\boldsymbol{B}^{\mathrm{T}}=\boldsymbol{B}$. 因此

$$\begin{bmatrix} \boldsymbol{A} & \boldsymbol{O} \\ \boldsymbol{O} & \boldsymbol{B} \end{bmatrix}^{\mathrm{T}} = \begin{bmatrix} \boldsymbol{A}^{\mathrm{T}} & \boldsymbol{O} \\ \boldsymbol{O} & \boldsymbol{B}^{\mathrm{T}} \end{bmatrix} = \begin{bmatrix} \boldsymbol{A} & \boldsymbol{O} \\ \boldsymbol{O} & \boldsymbol{B} \end{bmatrix}$$

则 $\begin{bmatrix} \boldsymbol{A} & \boldsymbol{O} \\ \boldsymbol{O} & \boldsymbol{B} \end{bmatrix}$ 为对称阵.

又由 $\boldsymbol{A},\boldsymbol{B}$ 均正定，则 $\boldsymbol{A}$ 与 $\boldsymbol{B}$ 的各阶顺序主子式均为正数，从而 $\begin{bmatrix}\boldsymbol{A} & \boldsymbol{O}\\ \boldsymbol{O} & \boldsymbol{B}\end{bmatrix}$ 的各阶顺序主子式也均为正数，所以 $\begin{bmatrix}\boldsymbol{A} & \boldsymbol{O}\\ \boldsymbol{O} & \boldsymbol{B}\end{bmatrix}$ 为正定阵.

例 7.20 求证 $f(x_1,x_2,\cdots,x_n)=x_1^2+x_2^2+\cdots+x_n^2+x_1x_2+x_2x_3+\cdots+x_{n-1}x_n$ 为正定二次型.

证明

$$\begin{aligned}f(x_1,x_2,\cdots,x_n)&=\frac{1}{2}(2x_1^2+2x_2^2+\cdots+2x_n^2+2x_1x_2+2x_2x_3+\cdots+2x_{n-1}x_n)\\&=\frac{1}{2}[x_1^2+(x_1+x_2)^2+(x_2+x_3)^2+\cdots+(x_{n-1}+x_n)^2+x_n^2]\end{aligned}$$

对任意不全为零的 $x_1,x_2,\cdots,x_n$，有 $f>0$，则 f 为正定二次型.

例 7.21 (1)判断矩阵 $\boldsymbol{A}=\begin{bmatrix}\frac{\sqrt{3}}{3} & \frac{\sqrt{3}}{3} & \frac{\sqrt{3}}{3}\\ \frac{\sqrt{2}}{2} & -\frac{\sqrt{2}}{2} & 0\\ \frac{\sqrt{6}}{6} & \frac{\sqrt{6}}{6} & -\frac{\sqrt{6}}{3}\end{bmatrix}$ 是否为正交阵.

(2)已知 $\boldsymbol{B}=\begin{bmatrix}a & \frac{\sqrt{2}}{2} & \frac{\sqrt{6}}{6}\\ \frac{\sqrt{3}}{3} & -\frac{\sqrt{2}}{2} & c\\ \frac{\sqrt{3}}{3} & b & -\frac{\sqrt{6}}{3}\end{bmatrix}$ 为正交阵，求 a,b,c 的值.

解 (1)设 $\boldsymbol{A}$ 的 3 个行向量为 $\boldsymbol{\alpha}_1,\boldsymbol{\alpha}_2,\boldsymbol{\alpha}_3$，则 $\|\boldsymbol{\alpha}_1\|=1$，$\|\boldsymbol{\alpha}_2\|=1$，$\|\boldsymbol{\alpha}_3\|=1$，$[\boldsymbol{\alpha}_1,\boldsymbol{\alpha}_2]=[\boldsymbol{\alpha}_2,\boldsymbol{\alpha}_3]=[\boldsymbol{\alpha}_1,\boldsymbol{\alpha}_3]=0$，因此 $\boldsymbol{A}$ 的各行是标准正交的，所以 $\boldsymbol{A}$ 为正交阵.

(2)设 $\boldsymbol{B}$ 的 3 个列向量为 $\boldsymbol{\beta}_1,\boldsymbol{\beta}_2,\boldsymbol{\beta}_3$，由 $\boldsymbol{B}$ 为正交阵，则 $\|\boldsymbol{\beta}_1\|=\|\boldsymbol{\beta}_2\|=\|\boldsymbol{\beta}_3\|=1$，$[\boldsymbol{\beta}_1,\boldsymbol{\beta}_2]=[\boldsymbol{\beta}_2,\boldsymbol{\beta}_3]=[\boldsymbol{\beta}_1,\boldsymbol{\beta}_3]=0$.

由 $\|\boldsymbol{\beta}_2\|=1$ 得 $b=0$，将 $b=0$ 代入 $[\boldsymbol{\beta}_1,\boldsymbol{\beta}_2]=0$ 中解出 $a=\frac{\sqrt{3}}{3}$，将 $b=0$ 代入 $[\boldsymbol{\beta}_2,\boldsymbol{\beta}_3]=0$ 中解出 $c=\frac{\sqrt{6}}{6}$，因此 $a=\frac{\sqrt{3}}{3}$，$b=0$，$c=\frac{\sqrt{6}}{6}$ 为所求.

7.3 综合与提高

例 7.22 设$\boldsymbol{\alpha}_1,\boldsymbol{\alpha}_2,\cdots,\boldsymbol{\alpha}_{n-1}$为$n$维线性无关列向量,$\boldsymbol{\beta}_1,\boldsymbol{\beta}_2$是与$\boldsymbol{\alpha}_1,\boldsymbol{\alpha}_2,\cdots,\boldsymbol{\alpha}_{n-1}$均正交的列向量,求证$\boldsymbol{\beta}_1,\boldsymbol{\beta}_2$线性相关.

证明 由$\boldsymbol{\beta}_1,\boldsymbol{\beta}_2$与$\boldsymbol{\alpha}_1,\boldsymbol{\alpha}_2,\cdots,\boldsymbol{\alpha}_{n-1}$均正交,则$\boldsymbol{\beta}_1,\boldsymbol{\beta}_2$为方程组

$$\begin{cases}\boldsymbol{\alpha}_1^{\mathrm{T}}\boldsymbol{X}=0\\ \boldsymbol{\alpha}_2^{\mathrm{T}}\boldsymbol{X}=0\\ \quad\vdots\\ \boldsymbol{\alpha}_{n-1}^{\mathrm{T}}\boldsymbol{X}=0\end{cases}$$

的解. 由$\boldsymbol{\alpha}_1,\boldsymbol{\alpha}_2,\cdots,\boldsymbol{\alpha}_{n-1}$线性无关,则向量组$\boldsymbol{\alpha}_1,\boldsymbol{\alpha}_2,\cdots,\boldsymbol{\alpha}_{n-1}$的秩为$n-1$,从而此方程组的基础解系中含1个线性无关解.

因此方程组的任意两个解均线性相关,从而$\boldsymbol{\beta}_1,\boldsymbol{\beta}_2$线性相关.

例 7.23 设$\boldsymbol{\alpha}_1,\boldsymbol{\alpha}_2,\cdots,\boldsymbol{\alpha}_m$为空间$\mathbb{R}^n$的一组标准正交基,$\boldsymbol{A}$为正交阵,求证$\boldsymbol{A}\boldsymbol{\alpha}_1,\boldsymbol{A}\boldsymbol{\alpha}_2,\cdots,\boldsymbol{A}\boldsymbol{\alpha}_m$仍为空间$\mathbb{R}^n$的标准正交基.

证明 由$\boldsymbol{\alpha}_1,\boldsymbol{\alpha}_2,\cdots,\boldsymbol{\alpha}_m$为标准正交基,则

$$[\boldsymbol{\alpha}_i,\boldsymbol{\alpha}_j]=\begin{cases}1,当\ \boldsymbol{i}=\boldsymbol{j}\ 时\\0,当\ \boldsymbol{i}\neq\boldsymbol{j}\ 时\end{cases}$$

$$[\boldsymbol{A}\boldsymbol{\alpha}_i,\boldsymbol{A}\boldsymbol{\alpha}_j]=(\boldsymbol{A}\boldsymbol{\alpha}_i)^{\mathrm{T}}\boldsymbol{A}\boldsymbol{\alpha}_j=\boldsymbol{\alpha}_i^{\mathrm{T}}\boldsymbol{A}^{\mathrm{T}}\boldsymbol{A}\boldsymbol{\alpha}_j=\boldsymbol{\alpha}_i^{\mathrm{T}}\boldsymbol{\alpha}_j=[\boldsymbol{\alpha}_i,\boldsymbol{\alpha}_j]=\begin{cases}1,当\ i=j\ 时\\0,当\ i\neq j\ 时\end{cases}$$

因此$\boldsymbol{A}\boldsymbol{\alpha}_1,\boldsymbol{A}\boldsymbol{\alpha}_2,\cdots,\boldsymbol{A}\boldsymbol{\alpha}_m$仍为空间$\mathbb{R}^n$的标准正交基.

例 7.24 设λ_1为矩阵$\boldsymbol{A}$的特征值,对应的特征向量为$\boldsymbol{X}$,λ_2为矩阵$\boldsymbol{A}^{\mathrm{T}}$的特征值,对应的特征向量为$\boldsymbol{Y}$,若$\lambda_1\neq\lambda_2$,求证:$\boldsymbol{X}$与$\boldsymbol{Y}$正交.

证明 由已知$\boldsymbol{AX}=\lambda_1\boldsymbol{X},\boldsymbol{A}^{\mathrm{T}}\boldsymbol{Y}=\lambda_2\boldsymbol{Y}$,对$\boldsymbol{AX}=\lambda_1\boldsymbol{X}$作转置有$\lambda_1\boldsymbol{X}^{\mathrm{T}}=(\boldsymbol{AX})^{\mathrm{T}}=\boldsymbol{X}^{\mathrm{T}}\boldsymbol{A}^{\mathrm{T}}$. 右乘$\boldsymbol{Y}$得$\lambda_1\boldsymbol{X}^{\mathrm{T}}\boldsymbol{Y}=\boldsymbol{X}^{\mathrm{T}}\boldsymbol{A}^{\mathrm{T}}\boldsymbol{Y}=\boldsymbol{X}^{\mathrm{T}}(\lambda_2\boldsymbol{Y})=\lambda_2\boldsymbol{X}^{\mathrm{T}}\boldsymbol{Y}$,即$(\lambda_1-\lambda_2)\boldsymbol{X}^{\mathrm{T}}\boldsymbol{Y}=0$. 再由$\lambda_1\neq\lambda_2$得$\boldsymbol{X}^{\mathrm{T}}\boldsymbol{Y}=0$. 所以$(\boldsymbol{X},\boldsymbol{Y})=\boldsymbol{X}^{\mathrm{T}}\boldsymbol{Y}=0$,$\boldsymbol{X}$与$\boldsymbol{Y}$正交.

例 7.25 设$\boldsymbol{A}=\begin{bmatrix}a\\b\\c\end{bmatrix}[a\quad b\quad c]$,$a\neq0$,求可逆阵$\boldsymbol{P}$、对角阵$\boldsymbol{\Lambda}$,使$\boldsymbol{P}^{-1}\boldsymbol{AP}=\boldsymbol{\Lambda}$成立.

解 由

$$\boldsymbol{A}=\begin{bmatrix}a\\b\\c\end{bmatrix}[a\quad b\quad c]=\begin{bmatrix}a^2&ab&ac\\ab&b^2&bc\\ac&bc&c^2\end{bmatrix}\quad(\boldsymbol{A}\ 为对称阵)$$

由 $\mathrm{r}(\boldsymbol{A})\leqslant$ 秩$\begin{bmatrix}a\\b\\c\end{bmatrix}=1$,又 $a\neq0$,则 $\mathrm{r}(\boldsymbol{A})=1$.

由 $\boldsymbol{A}$ 对称,则 $\boldsymbol{A}$ 可相似于对角阵 $\boldsymbol{\Lambda}=\mathrm{diag}(\lambda_1,\lambda_2,\lambda_3)$,则 $\mathrm{r}(\boldsymbol{\Lambda})=\mathrm{r}(\boldsymbol{A})=1$,因此 $\lambda_1=\lambda_2=0$. 又由 $\lambda_1+\lambda_2+\lambda_3=\mathrm{tr}(\boldsymbol{A})=a^2+b^2+c^2$,则 $\lambda_3=a^2+b^2+c^2$.

对 $\lambda=0$,解方程组 $(0\boldsymbol{E}-\boldsymbol{A})\boldsymbol{X}=\boldsymbol{0}$,即

$$\begin{cases}-a(ax_1+bx_2+cx_3)=0\\-b(ax_1+bx_2+cx_3)=0\\-c(ax_1+bx_2+cx_3)=0\end{cases}$$

解得基础解系为 $\boldsymbol{\alpha}_1=(b,-a,0)^{\mathrm{T}},\boldsymbol{\alpha}_2=(c,0,-a)^{\mathrm{T}}$.

设 $\lambda_3=a^2+b^2+c^2$ 对应的特征向量为 $\boldsymbol{\eta}=(y_1,y_2,y_3)^{\mathrm{T}}$. 由 $\boldsymbol{A}$ 对称,则 $\boldsymbol{\eta}$ 与 $\boldsymbol{\alpha}_1,\boldsymbol{\alpha}_2$ 均正交,则

$$\begin{cases}[\boldsymbol{\eta},\boldsymbol{\alpha}_1]=by_1+(-a)y_2+0y_3=0\\[\boldsymbol{\eta},\boldsymbol{\alpha}_2]=cy_1+0y_2+(-a)y_3=0\end{cases}$$

解此方程组得基础解系 $\boldsymbol{\eta}=(a,b,c)^{\mathrm{T}}$.

令 $\boldsymbol{P}=[\boldsymbol{\alpha}_1\quad\boldsymbol{\alpha}_2\quad\boldsymbol{\eta}]=\begin{bmatrix}b&c&a\\-a&0&b\\0&-a&c\end{bmatrix},\boldsymbol{\Lambda}=\begin{bmatrix}\lambda_1&&\\&\lambda_2&\\&&\lambda_3\end{bmatrix}=\begin{bmatrix}0&&\\&0&\\&&a^2+b^2+c^2\end{bmatrix}$

则有 $\boldsymbol{P}^{-1}\boldsymbol{AP}=\boldsymbol{\Lambda}$ 成立.

例 7.26 设矩阵 $\boldsymbol{A}=\begin{bmatrix}0&1&0&0\\1&0&0&0\\0&0&y&1\\0&0&1&2\end{bmatrix}$,已知 $\lambda=3$ 为 $\boldsymbol{A}$ 的一个特征值.

(1)求 y 值.

(2)求正交阵 $\boldsymbol{P}$,使 $(\boldsymbol{AP})^{\mathrm{T}}\boldsymbol{AP}$ 为对角阵.

分析 将 $\lambda=3$ 代入 $|\lambda\boldsymbol{E}-\boldsymbol{A}|=0$ 中即可解出 y 值.

$(\boldsymbol{AP})^{\mathrm{T}}\boldsymbol{AP}=\boldsymbol{P}^{\mathrm{T}}\boldsymbol{A}^{\mathrm{T}}\boldsymbol{AP}$,令 $\boldsymbol{B}=\boldsymbol{A}^{\mathrm{T}}\boldsymbol{A}$,本题变为对对称阵 $\boldsymbol{B}$ 求正交阵 $\boldsymbol{P}$,使 $\boldsymbol{P}^{-1}\boldsymbol{BP}=\boldsymbol{P}^{\mathrm{T}}\boldsymbol{BP}$ 为对角阵,即将 $\boldsymbol{B}$ 正交对角化即可.

解 由 $\lambda=3$ 为 $\boldsymbol{A}$ 的特征值,则

$$0=|3\boldsymbol{E}-\boldsymbol{A}|=\begin{vmatrix}3&-1&0&0\\-1&3&0&0\\0&0&3-y&-1\\0&0&-1&1\end{vmatrix}$$

则 $y=2$,此时

$$A=\begin{bmatrix}0&1&0&0\\1&0&0&0\\0&0&2&1\\0&0&1&2\end{bmatrix}$$

令

$$B=A^{T}A=\begin{bmatrix}0&1&0&0\\1&0&0&0\\0&0&2&1\\0&0&1&2\end{bmatrix}\begin{bmatrix}0&1&0&0\\1&0&0&0\\0&0&2&1\\0&0&1&2\end{bmatrix}=\begin{bmatrix}1&0&0&0\\0&1&0&0\\0&0&5&4\\0&0&4&5\end{bmatrix}$$

$$|\lambda E-B|=\begin{vmatrix}\lambda-1&0&0&0\\0&\lambda-1&0&0\\0&0&\lambda-5&-4\\0&0&-4&\lambda-5\end{vmatrix}=(\lambda-1)^3(\lambda-9)=0$$

解出 B 的特征值为 $\lambda_1=\lambda_2=\lambda_3=1,\lambda_4=9$.

对 $\lambda=1$,解方程组 $(E-B)X=0$,得基础解系 $\alpha_1=(1,0,0,0)^T,\alpha_2=(0,1,0,0)^T$, $\alpha_3=(0,0,1,-1)^T$. 对 $\lambda=9$ 解方程组 $(9E-B)X=0$ 得基础解系 $\alpha_4=(0,0,1,1)^T$. 用施密特方法将 $\alpha_1,\alpha_2,\alpha_3,\alpha_4$ 正交规范化,得

$$P_1=(1,0,0,0)^T,P_2=(0,1,0,0)^T,P_3=(0,0,\frac{\sqrt2}{2},-\frac{\sqrt2}{2})^T,P_4=(0,0,\frac{\sqrt2}{2},\frac{\sqrt2}{2})^T$$

令

$$P=[P_1\quad P_2\quad P_3\quad P_4]=\begin{bmatrix}1&0&0&0\\0&1&0&0\\0&0&\frac{\sqrt2}{2}&\frac{\sqrt2}{2}\\0&0&-\frac{\sqrt2}{2}&\frac{\sqrt2}{2}\end{bmatrix},\Lambda=\begin{bmatrix}\lambda_1&&&\\&\lambda_2&&\\&&\lambda_3&\\&&&\lambda_4\end{bmatrix}=\begin{bmatrix}1&&&\\&1&&\\&&1&\\&&&9\end{bmatrix}$$

则有 $P^{-1}BP=P^TBP=\Lambda$ 成立.

此时 $(AP)^TAP=P^TA^TAP=P^TBP=\Lambda$ 成立.

例 7.27 设 A 为 n 阶正定阵,求证: $|A+2E|>2^n$.

证明 由 A 正定,则 A 的特征值 $\lambda_1>0,\lambda_2>0,\cdots,\lambda_n>0$,而 $A+2E$ 的特征值 $\lambda_1+2>0$, $\lambda_2+2>0,\cdots,\lambda_n+2>0$,故 $|A+2E|=(\lambda_1+2)(\lambda_2+2)\cdots(\lambda_n+2)>2^n$.

例 7.28 设 A 为 m 阶正定阵, B 为 $m\times n$ 矩阵,求证 B^TAB 正定的充分必要条件为 $r(B)=n$.

证明 必要性 由 $\boldsymbol{B}^{\mathrm{T}}\boldsymbol{A}\boldsymbol{B}$ 正定,则 $|\boldsymbol{B}^{\mathrm{T}}\boldsymbol{A}\boldsymbol{B}|>0$,即 $\mathrm{r}(\boldsymbol{B}^{\mathrm{T}}\boldsymbol{A}\boldsymbol{B})=n$. 又 $\mathrm{r}(\boldsymbol{B})\geqslant\mathrm{r}(\boldsymbol{B}^{\mathrm{T}}\boldsymbol{A}\boldsymbol{B})=n$,则 $\mathrm{r}(\boldsymbol{B})=n$.

充分性 由 $\boldsymbol{A}$ 正定,则 $\boldsymbol{A}^{\mathrm{T}}=\boldsymbol{A}$,$(\boldsymbol{B}^{\mathrm{T}}\boldsymbol{A}\boldsymbol{B})^{\mathrm{T}}=\boldsymbol{B}^{\mathrm{T}}\boldsymbol{A}^{\mathrm{T}}\boldsymbol{B}=\boldsymbol{B}^{\mathrm{T}}\boldsymbol{A}\boldsymbol{B}$,即 $\boldsymbol{B}^{\mathrm{T}}\boldsymbol{A}\boldsymbol{B}$ 为对称阵. 由 $\mathrm{r}(\boldsymbol{B})=n$,则方程组 $\boldsymbol{B}\boldsymbol{X}=\boldsymbol{0}$ 只有零解. 对任意非零向量 $\boldsymbol{X}$,有 $\boldsymbol{B}\boldsymbol{X}\neq\boldsymbol{0}$. 又由 $\boldsymbol{A}$ 正定,知 $\boldsymbol{X}^{\mathrm{T}}(\boldsymbol{B}^{\mathrm{T}}\boldsymbol{A}\boldsymbol{B})\boldsymbol{X}=(\boldsymbol{B}\boldsymbol{X})^{\mathrm{T}}\boldsymbol{A}(\boldsymbol{B}\boldsymbol{X})>0$,故 $\boldsymbol{B}^{\mathrm{T}}\boldsymbol{A}\boldsymbol{B}$ 为正定阵.

例 7.29 设 n 阶对称阵 $\boldsymbol{A}$ 的特征值 $\lambda_1,\lambda_2,\cdots,\lambda_n$,满足 $a<\lambda_i<b$,$i=1,2,\cdots,n$,求证:对任意非零向量 $\boldsymbol{X}$ 均有 $a\boldsymbol{X}^{\mathrm{T}}\boldsymbol{X}<\boldsymbol{X}^{\mathrm{T}}\boldsymbol{A}\boldsymbol{X}<b\boldsymbol{X}^{\mathrm{T}}\boldsymbol{X}$.

证明 由 $\boldsymbol{A}$ 对称,知 $\boldsymbol{A}-a\boldsymbol{E}$ 对称.

$\boldsymbol{A}-a\boldsymbol{E}$ 的特征值 $\lambda_1-a>0,\lambda_2-a>0,\cdots,\lambda_n-a>0$,从而 $\boldsymbol{A}-a\boldsymbol{E}$ 为正定阵. 对 $\forall\boldsymbol{X}\neq\boldsymbol{0}$,有 $\boldsymbol{X}^{\mathrm{T}}(\boldsymbol{A}-a\boldsymbol{E})\boldsymbol{X}>0$,即 $\boldsymbol{X}^{\mathrm{T}}\boldsymbol{A}\boldsymbol{X}>a\boldsymbol{X}^{\mathrm{T}}\boldsymbol{X}$,从而 $a\boldsymbol{X}^{\mathrm{T}}\boldsymbol{X}<\boldsymbol{X}^{\mathrm{T}}\boldsymbol{A}\boldsymbol{X}$.

由 $\boldsymbol{A}$ 对称,知 $b\boldsymbol{E}-\boldsymbol{A}$ 对称. $b\boldsymbol{E}-\boldsymbol{A}$ 的特征值 $b-\lambda_1>0,b-\lambda_2>0,\cdots,b-\lambda_n>0$,从而 $b\boldsymbol{E}-\boldsymbol{A}$ 为正定阵. 对 $\forall\boldsymbol{X}\neq\boldsymbol{0}$,有 $\boldsymbol{X}^{\mathrm{T}}(b\boldsymbol{E}-\boldsymbol{A})\boldsymbol{X}>0$,即 $\boldsymbol{X}^{\mathrm{T}}\boldsymbol{A}\boldsymbol{X}<b\boldsymbol{X}^{\mathrm{T}}\boldsymbol{X}$.

综上,$\forall\boldsymbol{X}\neq\boldsymbol{0}$,有 $a\boldsymbol{X}^{\mathrm{T}}\boldsymbol{X}<\boldsymbol{X}^{\mathrm{T}}\boldsymbol{A}\boldsymbol{X}<b\boldsymbol{X}^{\mathrm{T}}\boldsymbol{X}$.

例 7.30 已知二次型

$$f(x_1,x_2,\cdots,x_n)=(x_1+a_1x_2)^2+(x_2+a_2x_3)^2+\cdots+(x_n+a_nx_1)^2$$

问 $a_1,a_2,\cdots,a_n$ 满足什么条件时,f 正定?

解 f 正定 $\Leftrightarrow\forall\boldsymbol{X}\neq\boldsymbol{0}$,有 $f=(x_1+a_1x_2)^2+(x_2+a_2x_3)^2+\cdots+(x_n+a_nx_1)^2>0$

$$\Leftrightarrow\forall\boldsymbol{X}\neq\boldsymbol{0},\text{方程组}\begin{cases}x_1+a_1x_2=0\\x_2+a_2x_3=0\\\quad\vdots\\x_n+a_nx_1=0\end{cases}\text{均不成立}$$

$$\Leftrightarrow\text{方程组}\begin{cases}x_1+a_1x_2=0\\x_2+a_2x_3=0\\\quad\vdots\\x_n+a_nx_1=0\end{cases}\text{只有零解}$$

$$\Leftrightarrow\begin{vmatrix}1&a_1&&&\\&1&a_2&&\\&&1&\ddots&\\&&&\ddots&a_{n-1}\\a_n&&&&1\end{vmatrix}=1+(-1)^{n+1}a_1a_2\cdots a_n\neq0$$

例 7.31 设二次型 $f=x_1^2+x_2^2+x_3^2+2ax_1x_2+2bx_2x_3+2x_1x_3$ 经正交变换 $\boldsymbol{X}=\boldsymbol{P}\boldsymbol{Y}$ 化为 $f=y_2^2+2y_3^2$,求 a,b 的值.

解 二次型 f 的矩阵 $\boldsymbol{A}=\begin{bmatrix}1 & a & 1\\ a & 1 & b\\ 1 & b & 1\end{bmatrix}$，标准形的矩阵 $\boldsymbol{\Lambda}=\begin{bmatrix}0 & & \\ & 1 & \\ & & 2\end{bmatrix}$

由 $f=\boldsymbol{X}^{\mathrm{T}}\boldsymbol{AX}$ 经正交变换 $\boldsymbol{X}=\boldsymbol{PY}$ 化为 $\boldsymbol{Y}^{\mathrm{T}}\boldsymbol{\Lambda Y}$，知 $\boldsymbol{P}^{\mathrm{T}}\boldsymbol{AP}=\boldsymbol{\Lambda}$ 成立.

又由 $\boldsymbol{P}$ 为正交阵，$\boldsymbol{P}^{\mathrm{T}}=\boldsymbol{P}^{-1}$，则 $\boldsymbol{P}^{\mathrm{T}}\boldsymbol{AP}=\boldsymbol{\Lambda}$，$\boldsymbol{A}$ 与 $\boldsymbol{\Lambda}$ 相似. 因此 $\lambda_1=0,\lambda_2=1,\lambda_3=2$ 为矩阵 $\boldsymbol{A}$ 的特征值.

由 $|0\boldsymbol{E}-\boldsymbol{A}|=0$，即 $\begin{vmatrix}1 & a & 1\\ a & 1 & b\\ 1 & b & 1\end{vmatrix}=0$，解出 $a=b$，代入 $|\boldsymbol{E}-\boldsymbol{A}|=0$ 中，有

$$\begin{vmatrix}0 & -a & -1\\ -a & 0 & -b\\ -1 & -b & 0\end{vmatrix}=0$$

解出 $a=b=0$.

例 7.32 设 n 阶对称阵 $\boldsymbol{A}$ 满足 $\boldsymbol{A}^3-4\boldsymbol{A}^2+5\boldsymbol{A}-2\boldsymbol{E}=0$，求证：$\boldsymbol{A}$ 正定.

证明
$$\boldsymbol{A}^3-4\boldsymbol{A}^2+5\boldsymbol{A}-2\boldsymbol{E}=(\boldsymbol{A}-\boldsymbol{E})^2(\boldsymbol{A}-2\boldsymbol{E})=\boldsymbol{0}$$

设 $\boldsymbol{A}$ 的特征值为 $\lambda_1,\lambda_2,\cdots,\lambda_n$，则 $\boldsymbol{A}^3-4\boldsymbol{A}^2+5\boldsymbol{A}-2\boldsymbol{E}$ 的特征值为

$$(\lambda_1-1)^2(\lambda_1-2),(\lambda_2-1)^2(\lambda_2-2),\cdots,(\lambda_n-1)^2(\lambda_n-2)$$

由 $(\boldsymbol{A}-\boldsymbol{E})^2(\boldsymbol{A}-2\boldsymbol{E})=\boldsymbol{0}$，则

$$(\lambda_i-1)^2(\lambda_i-2)=0\quad(i=1,2,\cdots,n)$$

因此 $\lambda_i=1$ 或 2，即 $\boldsymbol{A}$ 的特征值均为正数，又 $\boldsymbol{A}$ 对称，所以 $\boldsymbol{A}$ 为正定阵.

例 7.33 设 $\boldsymbol{A}$ 为 3 阶对称阵，如果二次曲面方程

$$[x\quad y\quad z]\boldsymbol{A}\begin{bmatrix}x\\ y\\ z\end{bmatrix}=1$$

在正交变换下，图形如图 7.1 所示，则 $\boldsymbol{A}$ 的正特征值的个数为________.

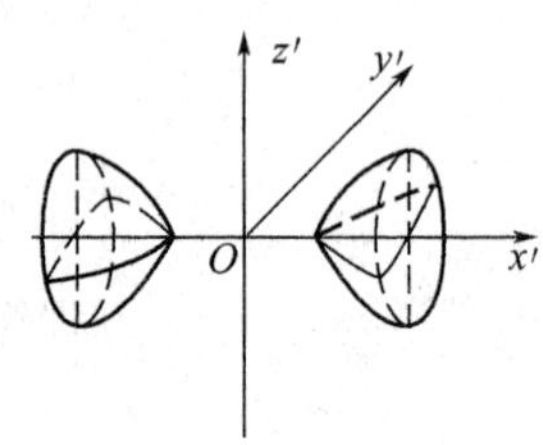

图 7.1

A. 0　　　B. 1　　　C. 2　　　D. 3

解 选 B

解 **分析** 二次型 $[x\quad y\quad z]\boldsymbol{A}\begin{bmatrix}x\\ y\\ z\end{bmatrix}$ 经过正交变换化为标准形 $\lambda_1(x')^2+\lambda_2(y')^2+\lambda_3(z')^2$，其中 $\lambda_1,\lambda_2,\lambda_3$ 为矩阵 $\boldsymbol{A}$ 的特征值，则 $[x\quad y\quad z]\boldsymbol{A}\begin{bmatrix}x\\ y\\ z\end{bmatrix}=1$ 与 $\lambda_1(x')^2+\lambda_2(y')^2+\lambda_3$

$(z')^2=1$ 表示图形形状相同，由该图形为双叶双曲面，标准方程为$\frac{(x')^2}{a^2}-\frac{(y')^2}{b^2}-\frac{(z')^2}{c^2}=1$，因此矩阵 $\boldsymbol{A}$ 的正特征值为 1 个，应选 B.

7.4 同步训练题

1. 选择题

(1) 下列矩阵中，与矩阵$\begin{bmatrix}2&-1&-1\\-1&2&-1\\-1&-1&2\end{bmatrix}$合同的矩阵为________.

A. $\begin{bmatrix}1&&\\&5&\\&&-4\end{bmatrix}$　　B. $\begin{bmatrix}-3&&\\&-1&\\&&-2\end{bmatrix}$

C. $\begin{bmatrix}-2&&\\&-1&\\&&5\end{bmatrix}$　　D. $\begin{bmatrix}4&&\\&1&\\&&0\end{bmatrix}$

(2) 二次型 $f(x_1,x_2,x_3)=x_1^2+x_2^2+x_3^2+x_1x_2$ 的矩阵为________.

A. $\begin{bmatrix}1&1&0\\0&1&0\\0&0&1\end{bmatrix}$　　B. $\begin{bmatrix}1&1&0\\1&1&0\\0&0&1\end{bmatrix}$

C. $\begin{bmatrix}1&\frac{1}{2}&0\\\frac{1}{2}&1&0\\0&0&1\end{bmatrix}$　　D. $\begin{bmatrix}1&0&0\\1&1&0\\0&0&1\end{bmatrix}$

(3) 下列矩阵中，正交矩阵为________.

A. $\begin{bmatrix}1&0&0\\0&1&1\\0&1&-1\end{bmatrix}$　　B. $\begin{bmatrix}1&0&0\\0&0&0\\0&0&1\end{bmatrix}$

C. $\begin{bmatrix} \frac{\sqrt{2}}{2} & 0 & -\frac{\sqrt{2}}{2} \\ 0 & 1 & 0 \\ \frac{\sqrt{2}}{2} & 0 & \frac{\sqrt{2}}{2} \end{bmatrix}$　　D. $\begin{bmatrix} 2 & 0 & 0 \\ 0 & 1 & 0 \\ 0 & 0 & 1 \end{bmatrix}$

(4)可作为$f(x_1,x_2,x_3)=x_1^2+4x_1x_2+x_2^2-x_3^2$的标准形的为________.

A. $f=5y_1^2+8y_2^2-y_3^2$　　B. $f=3y_1^2+2y_2^2+y_3^2$

C. $f=-y_1^2-y_2^2+3y_3^2$　　D. $f=y_1^2+y_2^2$

(5)设$\boldsymbol{A}$为对称阵,二次型$f(x_1,x_2,\cdots,x_n)=\boldsymbol{X}^{\mathrm{T}}\boldsymbol{AX}$,则以下正确的为________.

A. 若$\boldsymbol{A}$的特征值均为正数,则f正定

B. 若$\boldsymbol{A}$的全部元素均为正数,则f正定

C. 若f的负惯性指数为零,正惯性指数等于f的解,则f正定

D. 若对任意全非零的$x_1,x_2,\cdots,x_n$,都有$f(x_1,x_2,\cdots,x_n)>0$,则f正定

(6)设$\boldsymbol{A}$为n阶实矩阵,若________,则$\boldsymbol{A}$为正定阵.

A. $\forall \boldsymbol{X}\neq 0$,有$\boldsymbol{X}^{\mathrm{T}}\boldsymbol{AX}>0$　　B. $\boldsymbol{A}$的特征值全为正数

C. $\boldsymbol{A}$的各阶顺序主子式均为正数　　D. 存在可逆阵$\boldsymbol{P}$使$\boldsymbol{A}=\boldsymbol{P}^{\mathrm{T}}\boldsymbol{P}$

(7)设$\boldsymbol{A},\boldsymbol{B}$为$n$阶对称阵,则下列说法中不正确的为________.

A. 若$\boldsymbol{A}$与$\boldsymbol{B}$相似,则$\boldsymbol{A}$与$\boldsymbol{B}$合同

B. 若$\boldsymbol{A}$与$\boldsymbol{B}$合同,则$\boldsymbol{A}$与$\boldsymbol{B}$等价

C. 若$\boldsymbol{A}$与$\boldsymbol{B}$合同,则$\boldsymbol{A}$与$\boldsymbol{B}$相似

D. 若$\boldsymbol{A}$与$\boldsymbol{B}$特征值相同,则$\boldsymbol{A}$与$\boldsymbol{B}$相似

(8)设$\boldsymbol{A},\boldsymbol{B}$为$n$阶正定阵,则________不一定为正定阵.

A. $\boldsymbol{A}+\boldsymbol{B}$　　B. $\boldsymbol{A}^k+\boldsymbol{B}^k$　　C. $\boldsymbol{AB}$　　D. $\boldsymbol{A}^{-1}+\boldsymbol{B}^{-1}$

2. 填空题

(1)设$\boldsymbol{\alpha},\boldsymbol{\beta},\boldsymbol{\gamma}$均为单位向量,且$[\boldsymbol{\alpha},\boldsymbol{\beta}]=[\boldsymbol{\beta},\boldsymbol{\gamma}]=[\boldsymbol{\gamma},\boldsymbol{\alpha}]=\frac{1}{2}$,则$\|\boldsymbol{\alpha}+\boldsymbol{\beta}+\boldsymbol{\gamma}\|=$________.

(2)设三阶对称阵$\boldsymbol{A}$的特征值为$1,-2,3$,则当t________时,$\boldsymbol{A}+t\boldsymbol{E}$为正定阵.

(3)当$t\in$________时,$f(x_1,x_2,x_3)=x_1^2+tx_2^2+x_3^2+2tx_1x_3$正定.

(4)设$f=\boldsymbol{X}^{\mathrm{T}}\begin{bmatrix} 1 & 2 \\ 4 & 9 \end{bmatrix}\boldsymbol{X}$,则$f$的秩为________.

(5)二次型$f=\boldsymbol{X}^{\mathrm{T}}\begin{bmatrix} 1 & 2 & 3 \\ 4 & 5 & 6 \\ 7 & 8 & 9 \end{bmatrix}\boldsymbol{X}$的矩阵为________.

(6)$f(x_1,x_2,x_3)=(x_1-x_2)^2+(x_2-x_3)^2+(x_3-x_1)^2$的正惯性指数为________.

3. 设 $A=\begin{bmatrix}4&2&2\\2&4&2\\2&2&4\end{bmatrix}$,求正交阵 P,对角阵 Λ,使 $P^{-1}AP=\Lambda$ 成立.

4. 用配方法化下列二次型为标准形,并求所有变换 $X=PY$ 中的变换阵 P.

(1)$f(x_1,x_2,x_3)=x_1^2+x_2^2+3x_3^2+4x_1x_2+2x_1x_3+2x_2x_3$

(2)$f(x_1,x_2,x_3,x_4)=2x_1x_2-6x_1x_3-6x_2x_4+2x_3x_4$

5. 用正交变换法将 $f(x_1,x_2,x_3)=5x_1^2+5x_2^2+2x_3^2-8x_1x_2-4x_1x_3+4x_2x_3$ 化为标准形,并求 $f=1$ 所围成立体的体积.

6. 已知二次型 $f(x_1,x_2,x_3)=2x_1^2+3x_2^2+3x_3^2+2ax_2x_3(a>0)$,通过正交变换 $X=PY$ 可化为标准形 $f=y_1^2+2y_2^2+5y_3^2$,求参数 a 及变换阵 P.

7. 设 A 为 n 阶对称阵,$|A|<0$,求证存在 n 维向量 X,使 $X^TAX<0$.

8. 设 A 为正定阵,求证:$A+A^{-1}-2E$ 为半正定矩阵.

9. 设 A 为 $m\times n$ 矩阵,$B=A^TA$,求证:B 正定的充分必要条件为 $r(A)=n$.

10. 设 A 为正定阵,求证:A 的伴随阵 A^* 仍为正定阵.

11. 设 A 为正定阵,求证:存在正定阵 B 使 $A=B^2$ 成立.

12. 设 A,B 为正定阵,$AB=BA$,求证:AB 为正定阵.

7.5 同步训练题答案与提示

1. (1)D (2)C (3)C (4)C (5)A (6)D (7)C (8)C

2. (1)$\sqrt{6}$ (2)$t>2$ (3)$t\in(0,1)$ (4)1 (5)$\begin{bmatrix}1&3&5\\3&5&7\\5&7&9\end{bmatrix}$ (6)2

3. $P=\begin{bmatrix}\frac{\sqrt{3}}{3}&\frac{\sqrt{2}}{2}&\frac{\sqrt{6}}{6}\\\frac{\sqrt{3}}{3}&-\frac{\sqrt{2}}{2}&\frac{\sqrt{6}}{6}\\\frac{\sqrt{3}}{3}&0&-\frac{\sqrt{6}}{3}\end{bmatrix}$,$\Lambda=\begin{bmatrix}8&&\\&2&\\&&2\end{bmatrix}$.

4. (1)$f=y_1^2-3y_2^2+\frac{7}{3}y_3^2$,$P=\begin{bmatrix}1&-2&-\frac{1}{3}\\0&1&-\frac{1}{3}\\0&0&1\end{bmatrix}$

(2)$f=2y_1^2-2y_2^2+16y_3^2+16y_4^2$,$\boldsymbol{P}=\begin{bmatrix}1 & 1 & 3 & -3\\ 1 & -1 & 3 & 3\\ 0 & 0 & 1 & 1\\ 0 & 0 & 1 & -1\end{bmatrix}$

5. 在变换 $\boldsymbol{X}=\begin{bmatrix}\frac{\sqrt{2}}{2} & \frac{\sqrt{2}}{6} & -\frac{2}{3}\\ \frac{\sqrt{2}}{2} & -\frac{\sqrt{2}}{6} & \frac{2}{3}\\ 0 & \frac{2\sqrt{2}}{3} & \frac{1}{3}\end{bmatrix}\boldsymbol{Y}$ 下,将 f 化为 $f=y_1^2+y_2^2+10y_3^2$. 其体积为 $\frac{2}{15}\sqrt{10}\pi$.

6. $a=2$,$\boldsymbol{P}=\begin{bmatrix}0 & 1 & 0\\ \frac{\sqrt{2}}{2} & 0 & \frac{\sqrt{2}}{2}\\ -\frac{\sqrt{2}}{2} & 0 & \frac{\sqrt{2}}{2}\end{bmatrix}$.

7. **证明** 设 $\boldsymbol{A}$ 的特征值为 $\lambda_1,\lambda_2,\cdots,\lambda_n$,由 $|\boldsymbol{A}|=\lambda_1\lambda_2\cdots\lambda_n<0$ 知至少有一个特征值小于零. 不妨设 $\lambda_1<0$,设对应的特征向量为 $\boldsymbol{\alpha}$,则 $\boldsymbol{\alpha}\neq\boldsymbol{0}$,且 $\boldsymbol{\alpha}^{\mathrm{T}}\boldsymbol{A}\boldsymbol{\alpha}=\boldsymbol{\alpha}^{\mathrm{T}}(\lambda_1\boldsymbol{\alpha})=\lambda_1\boldsymbol{\alpha}^{\mathrm{T}}\boldsymbol{\alpha}=\lambda_1\|\boldsymbol{\alpha}\|^2<0$,取 $\boldsymbol{X}=\boldsymbol{\alpha}$ 知结论成立.

8. 提示:设 $\boldsymbol{A}$ 的特征值 $\lambda>0$,再说明 $\boldsymbol{A}+\boldsymbol{A}^{-1}-2\boldsymbol{E}$ 的特征值均非负.

9. 提示:参考例 7.28.

10. 提示:说明 $\boldsymbol{A}^*$ 的特征值均正.

11. 证明:由 $\boldsymbol{A}$ 正定,则特征值 $\lambda_1>0,\lambda_2>0,\cdots,\lambda_n>0$;由 $\boldsymbol{A}$ 对称,则 $\boldsymbol{A}$ 必正交相似于对角阵 $\boldsymbol{\Lambda}=\mathrm{diag}(\lambda_1,\lambda_2,\cdots,\lambda_n)$,即存在正交阵 $\boldsymbol{P}$,使

$$\boldsymbol{A}=\boldsymbol{P}\begin{bmatrix}\lambda_1 & & & \\ & \lambda_2 & & \\ & & \ddots & \\ & & & \lambda_n\end{bmatrix}\boldsymbol{P}^{\mathrm{T}}=\boldsymbol{P}\begin{bmatrix}\sqrt{\lambda_1} & & & \\ & \sqrt{\lambda_2} & & \\ & & \ddots & \\ & & & \sqrt{\lambda_n}\end{bmatrix}\begin{bmatrix}\sqrt{\lambda_1} & & & \\ & \sqrt{\lambda_2} & & \\ & & \ddots & \\ & & & \sqrt{\lambda_n}\end{bmatrix}\boldsymbol{P}^{\mathrm{T}}$$

$$=\boldsymbol{P}\begin{bmatrix}\sqrt{\lambda_1} & & & \\ & \sqrt{\lambda_2} & & \\ & & \ddots & \\ & & & \sqrt{\lambda_n}\end{bmatrix}\boldsymbol{P}^{\mathrm{T}}\boldsymbol{P}\begin{bmatrix}\sqrt{\lambda_1} & & & \\ & \sqrt{\lambda_2} & & \\ & & \ddots & \\ & & & \sqrt{\lambda_n}\end{bmatrix}\boldsymbol{P}^{\mathrm{T}}$$

令 $\boldsymbol{B}=\boldsymbol{P}\begin{bmatrix}\sqrt{\lambda_1} & & & \\ & \sqrt{\lambda_2} & & \\ & & \ddots & \\ & & & \sqrt{\lambda_n}\end{bmatrix}\boldsymbol{P}^{\mathrm{T}}$,则有 $\boldsymbol{B}^2=\boldsymbol{A}$,且 $\boldsymbol{B}$ 为正定阵.

12. 证明:由 $(\boldsymbol{AB})^{\mathrm{T}}=\boldsymbol{B}^{\mathrm{T}}\boldsymbol{A}^{\mathrm{T}}=\boldsymbol{BA}=\boldsymbol{AB}$,则 $\boldsymbol{AB}$ 为对称阵.

由 $\boldsymbol{A}$ 正定,则存在可逆阵 $\boldsymbol{P}$,使 $\boldsymbol{A}=\boldsymbol{P}^{\mathrm{T}}\boldsymbol{P}$. 由 $\boldsymbol{B}$ 正定,则存在可逆阵 $\boldsymbol{Q}$ 使 $\boldsymbol{B}=\boldsymbol{Q}^{\mathrm{T}}\boldsymbol{Q}$

$$\boldsymbol{AB}=\boldsymbol{P}^{\mathrm{T}}\boldsymbol{P}\boldsymbol{Q}^{\mathrm{T}}\boldsymbol{Q}=(\boldsymbol{Q}^{-1}\boldsymbol{Q})\boldsymbol{P}^{\mathrm{T}}\boldsymbol{P}\boldsymbol{Q}^{\mathrm{T}}\boldsymbol{Q}=\boldsymbol{Q}^{-1}(\boldsymbol{Q}\boldsymbol{P}^{\mathrm{T}}\boldsymbol{P}\boldsymbol{Q}^{\mathrm{T}})\boldsymbol{Q}$$

令 $\boldsymbol{M}=\boldsymbol{Q}\boldsymbol{P}^{\mathrm{T}}\boldsymbol{P}\boldsymbol{Q}^{\mathrm{T}}=(\boldsymbol{P}\boldsymbol{Q}^{\mathrm{T}})^{\mathrm{T}}(\boldsymbol{P}\boldsymbol{Q}^{\mathrm{T}})$ 为正定阵,则 $\boldsymbol{M}$ 的特征值均正. 又 $\boldsymbol{AB}$ 与 $\boldsymbol{M}$ 相似,则 $\boldsymbol{AB}$ 的特征值也均正. 又 $\boldsymbol{AB}$ 对称,从而 $\boldsymbol{AB}$ 为正定阵.

第 8 章　线性空间与线性映射

8.1　知 识 要 点

1. 掌握线性空间的定义,会用定义验证给定集合是否构成线性空间.

设 V 是一个非空集合,在 V 的元素之间可以定义一个运算称为加法运算,即对任意 $\boldsymbol{\alpha},\boldsymbol{\beta}\in V$,有唯一的 $\boldsymbol{\alpha}+\boldsymbol{\beta}\in V$;在$\mathbb{R}$ 与 V 之间可以定义一个运算称为数乘运算,即对任意 $k\in\mathbb{R}$, $\boldsymbol{\alpha}\in V$,有唯一的 $k\boldsymbol{\alpha}\in V$. 若以上两种运算满足以下 8 条运算规则($\boldsymbol{\alpha},\boldsymbol{\beta},\boldsymbol{\gamma}\in V;k,l\in\mathbb{R}$)

(1)$\boldsymbol{\alpha}+\boldsymbol{\beta}=\boldsymbol{\beta}+\boldsymbol{\alpha}$;

(2)$(\boldsymbol{\alpha}+\boldsymbol{\beta})+\boldsymbol{\gamma}=\boldsymbol{\alpha}+(\boldsymbol{\beta}+\boldsymbol{\gamma})$;

(3)V 中存在元素 $\mathbf{0}$,对任意 $\boldsymbol{\alpha}\in V$,都有 $\boldsymbol{\alpha}+\mathbf{0}=\boldsymbol{\alpha}$;

(4)对任意 $\boldsymbol{\alpha}\in V$,都存在 $\boldsymbol{\beta}\in V$ 满足 $\boldsymbol{\alpha}+\boldsymbol{\beta}=\mathbf{0}$;

(5)$1\boldsymbol{\alpha}=\boldsymbol{\alpha}$;

(6)$k(l\boldsymbol{\alpha})=(kl)\boldsymbol{\alpha}$;

(7)$k(\boldsymbol{\alpha}+\boldsymbol{\beta})=k\boldsymbol{\alpha}+k\boldsymbol{\beta}$;

(8)$(k+l)\boldsymbol{\alpha}=k\boldsymbol{\alpha}+l\boldsymbol{\alpha}$.

则称 V 为(实数域$\mathbb{R}$ 上的)线性空间,V 中的元素称为向量.

2. 掌握线性空间以下 4 条简单性质.

(1)零元素是唯一的;

(2)任意元素的负元素是唯一的,记 $\boldsymbol{\alpha}$ 的负元素为 $-\boldsymbol{\alpha}$;

(3)$0\ \boldsymbol{\alpha}=\mathbf{0}$,$k\mathbf{0}=\mathbf{0}$,$(-1)\boldsymbol{\alpha}=-\boldsymbol{\alpha}$;

(4)若 $k\boldsymbol{\alpha}=\mathbf{0}$ 则 $k=0$ 或 $\boldsymbol{\alpha}=\mathbf{0}$.

3. 掌握以下 5 种常用的线性空间.

(1)$\mathbb{R}^n$:全体 n 维数组向量,在通常的加法和数乘下构成线性空间;

(2)$\mathbb{R}^{m\times n}$:全体 $m\times n$ 矩阵,在通常的加法和数乘下构成线性空间;

(3)$\mathbb{R}[x]$:x 的所有实系数多项式,在通常的加法和数乘下构成线性空间;

(4)$\mathbb{R}_n[x]$:x 的次数不超过 n 的多项式及零多项式所构成的集合,在通常的加法和数乘下构成线性空间;

(5)$C[a,b]$:区间$[a,b]$上全体实连续函数构成的集合,在通常的加法和数乘下构成线性空间.

4. 掌握一般线性空间中线性相关、线性无关、线性组合、线性表示等概念.

设 $\boldsymbol{\alpha}_1,\boldsymbol{\alpha}_2,\cdots,\boldsymbol{\alpha}_m,\boldsymbol{\beta}$ 为线性空间 V 中的向量，

(1)若存在常数 $k_1,k_2,\cdots,k_m$，使 $\boldsymbol{\beta}=k_1\boldsymbol{\alpha}_1+k_2\boldsymbol{\alpha}_2+\cdots+k_m\boldsymbol{\alpha}_m$ 成立，则称向量 $\boldsymbol{\beta}$ 是向量组 $\boldsymbol{\alpha}_1,\boldsymbol{\alpha}_2,\cdots,\boldsymbol{\alpha}_m$ 的一个线性组合，或称向量 $\boldsymbol{\beta}$ 可由向量组 $\boldsymbol{\alpha}_1,\boldsymbol{\alpha}_2,\cdots,\boldsymbol{\alpha}_m$ 线性表示.

(2)若存在不全为零的数 $k_1,k_2,\cdots,k_m$ 使得 $k_1\boldsymbol{\alpha}_1+k_2\boldsymbol{\alpha}_2+\cdots+k_m\boldsymbol{\alpha}_m=\mathbf{0}$ 成立，则称向量组 $\boldsymbol{\alpha}_1,\boldsymbol{\alpha}_2,\cdots,\boldsymbol{\alpha}_m$ 线性相关.

(3)若使 $k_1\boldsymbol{\alpha}_1+k_2\boldsymbol{\alpha}_2+\cdots+k_m\boldsymbol{\alpha}_m=\mathbf{0}$ 成立，则必有 $k_1=k_2=\cdots=k_m=0$，则称向量组 $\boldsymbol{\alpha}_1,\boldsymbol{\alpha}_2,\cdots,\boldsymbol{\alpha}_m$ 线性无关.

5. 掌握相关性的 9 条结论.

(1)由一个向量构成的向量组线性相关的充分必要条件为该向量为零，线性无关的充分必要条件为该向量非零.

(2)由两个向量构成的向量组线性相关的充分必要条件为一个向量可写成另一个向量的 k 倍.

(3)含有零向量的向量组必线性相关.

(4)若 $\boldsymbol{\beta}$ 可由向量组 $\boldsymbol{\alpha}_1,\boldsymbol{\alpha}_2,\cdots,\boldsymbol{\alpha}_m$ 线性表示，则表示法唯一的充分必要条件为 $\boldsymbol{\alpha}_1,\boldsymbol{\alpha}_2,\cdots,\boldsymbol{\alpha}_m$ 线性无关；表示法不唯一的充分必要条件为 $\boldsymbol{\alpha}_1,\boldsymbol{\alpha}_2,\cdots,\boldsymbol{\alpha}_m$ 线性相关.

(5)若 $\boldsymbol{\alpha}_1,\boldsymbol{\alpha}_2,\cdots,\boldsymbol{\alpha}_m$ 线性无关，$\boldsymbol{\alpha}_1,\boldsymbol{\alpha}_2,\cdots,\boldsymbol{\alpha}_m,\boldsymbol{\beta}$ 线性相关，则 $\boldsymbol{\beta}$ 可由 $\boldsymbol{\alpha}_1,\boldsymbol{\alpha}_2,\cdots,\boldsymbol{\alpha}_m$ 唯一地线性表示.

(6)向量组 $\boldsymbol{\alpha}_1,\boldsymbol{\alpha}_2,\cdots,\boldsymbol{\alpha}_m$ 线性相关的充分必要条件为其中至少有一个向量可由其余 $m-1$ 个向量线性表示；$\boldsymbol{\alpha}_1,\boldsymbol{\alpha}_2,\cdots,\boldsymbol{\alpha}_m$ 线性无关的充分必要条件为其中每一个向量均不能由其余 $m-1$ 个向量线性表示.

(7)若大向量组的一个部分组线性相关，则整个大向量组必线性相关；若整个大向量组线性无关，则它的任何一个部分组均线性无关.

(8)若向量组 $\boldsymbol{\alpha}_1,\boldsymbol{\alpha}_2,\cdots,\boldsymbol{\alpha}_m$ 可由 $\boldsymbol{\beta}_1,\boldsymbol{\beta}_2,\cdots,\boldsymbol{\beta}_s$ 线性表示，且 $m>s$，则向量组 $\boldsymbol{\alpha}_1,\boldsymbol{\alpha}_2,\cdots,\boldsymbol{\alpha}_m$ 必线性相关.

(9)若向量组 $\boldsymbol{\alpha}_1,\boldsymbol{\alpha}_2,\cdots,\boldsymbol{\alpha}_m$ 线性无关，向量组 $\boldsymbol{\beta}_1,\boldsymbol{\beta}_2,\cdots,\boldsymbol{\beta}_m$ 可由向量组 $\boldsymbol{\alpha}_1,\boldsymbol{\alpha}_2,\cdots,\boldsymbol{\alpha}_m$ 线性表示为

$$[\boldsymbol{\beta}_1\quad\boldsymbol{\beta}_2\quad\cdots\quad\boldsymbol{\beta}_m]=[\boldsymbol{\alpha}_1\quad\boldsymbol{\alpha}_2\quad\cdots\quad\boldsymbol{\alpha}_m]\begin{bmatrix}c_{11}&c_{12}&\cdots&c_{1m}\\c_{21}&c_{22}&\cdots&c_{2m}\\\vdots&\vdots&&\vdots\\c_{m1}&c_{m2}&\cdots&c_{mm}\end{bmatrix}$$

则 $\boldsymbol{\beta}_1,\boldsymbol{\beta}_2,\cdots,\boldsymbol{\beta}_m$ 线性无关的充分必要条件为行列式

$$\begin{vmatrix}c_{11}&c_{12}&\cdots&c_{1m}\\c_{21}&c_{22}&\cdots&c_{2m}\\\vdots&\vdots&&\vdots\\c_{m1}&c_{m2}&\cdots&c_{mm}\end{vmatrix}\neq 0$$

$\boldsymbol{\beta}_1,\boldsymbol{\beta}_2,\cdots,\boldsymbol{\beta}_m$ 线性相关的充分必要条件为行列式

$$\begin{vmatrix} c_{11} & c_{12} & \cdots & c_{1m} \\ c_{21} & c_{22} & \cdots & c_{2m} \\ \vdots & \vdots & & \vdots \\ c_{m1} & c_{m2} & \cdots & c_{mm} \end{vmatrix} = 0$$

6. 掌握向量组的极大无关组与向量组的秩的定义.

定义方法 1:若向量组 A 与向量组 $\boldsymbol{\alpha}_1,\boldsymbol{\alpha}_2,\cdots,\boldsymbol{\alpha}_r$ 满足

(ⅰ)$\boldsymbol{\alpha}_1,\boldsymbol{\alpha}_2,\cdots,\boldsymbol{\alpha}_r \in A$;

(ⅱ)向量 $\boldsymbol{\alpha}_1,\boldsymbol{\alpha}_2,\cdots,\boldsymbol{\alpha}_r$ 线性无关;

(ⅲ)A 组中的每个向量均可由 $\boldsymbol{\alpha}_1,\boldsymbol{\alpha}_2,\cdots,\boldsymbol{\alpha}_r$ 线性表示.

则称 $\boldsymbol{\alpha}_1,\boldsymbol{\alpha}_2,\cdots,\boldsymbol{\alpha}_r$ 为向量组 A 的一个极大无关组,极大无关组中所含向量的个数为向量组 A 的秩.

定义方法 2:若向量组 A 与向量组 $\boldsymbol{\alpha}_1,\boldsymbol{\alpha}_2,\cdots,\boldsymbol{\alpha}_r$ 满足

(ⅰ)$\boldsymbol{\alpha}_1,\boldsymbol{\alpha}_2,\cdots,\boldsymbol{\alpha}_r \in A$;

(ⅱ)向量 $\boldsymbol{\alpha}_1,\boldsymbol{\alpha}_2,\cdots,\boldsymbol{\alpha}_r$ 线性无关;

(ⅲ)A 组中任意 $r+1$ 个向量(若存在)必线性相关.

则称 $\boldsymbol{\alpha}_1,\boldsymbol{\alpha}_2,\cdots,\boldsymbol{\alpha}_r$ 为向量组 A 的一个极大无关组,极大无关组中所含向量的个数为向量组 A 的秩.

7. 掌握向量组的极大无关组与向量组的秩的 6 条结论.

(1)只含零向量的向量组秩为 0,没有极大无关组.

(2)一个向量组的极大无关组不一定唯一,但各极大无关组中所含向量的个数相同.

(3)若向量组 A 的秩为 r,则 A 组中任意 r 个线性无关向量均可作为 A 组的极大无关组.

(4)向量组 $\boldsymbol{\alpha}_1,\boldsymbol{\alpha}_2,\cdots,\boldsymbol{\alpha}_m$ 线性无关的充分必要条件为秩$\{\boldsymbol{\alpha}_1,\boldsymbol{\alpha}_2,\cdots,\boldsymbol{\alpha}_m\}=m$.

(5)若 A 组可由 B 组线性表示,则 $\mathrm{r}(A\text{ 组})\leqslant\mathrm{r}(B\text{ 组})$.

(6)等价向量组的秩相等.

8. 了解有限维线性空间和无限维线性空间的定义,理解有限维线性空间的基和维数的概念.

(1)若线性空间 V 中存在任意多个线性无关的向量,则称 V 为无限维线性空间,否则称 V 为有限维线性空间.

(2)设 V 是一个有限维线性空间,元素 $\boldsymbol{\alpha}_1,\boldsymbol{\alpha}_2,\cdots,\boldsymbol{\alpha}_r$ 满足

(ⅰ)$\boldsymbol{\alpha}_1,\boldsymbol{\alpha}_2,\cdots,\boldsymbol{\alpha}_r \in V$;

(ⅱ)向量 $\boldsymbol{\alpha}_1,\boldsymbol{\alpha}_2,\cdots,\boldsymbol{\alpha}_r$ 线性无关;

(ⅲ)V 中任何一个向量均可由 $\boldsymbol{\alpha}_1,\boldsymbol{\alpha}_2,\cdots,\boldsymbol{\alpha}_r$ 线性表示.

则称 $\boldsymbol{\alpha}_1,\boldsymbol{\alpha}_2,\cdots,\boldsymbol{\alpha}_r$ 为空间 V 的一组基，基中所含向量的个数 r 称为空间 V 的维数，记为$\dim V=r$.

9. 理解有限维空间中，向量在基下的坐标的定义.

设 $\boldsymbol{\alpha}_1,\boldsymbol{\alpha}_2,\cdots,\boldsymbol{\alpha}_r$ 为空间 V 的一组基，对 $\forall\boldsymbol{\gamma}\in V$，$\exists x_1,x_2,\cdots,x_r\in\mathbb{R}$ 使

$$\boldsymbol{\gamma}=x_1\boldsymbol{\alpha}_1+x_2\boldsymbol{\alpha}_2+\cdots+x_r\boldsymbol{\alpha}_r=[\boldsymbol{\alpha}_1\quad\boldsymbol{\alpha}_2\quad\cdots\quad\boldsymbol{\alpha}_r]\begin{bmatrix}x_1\\x_2\\\vdots\\x_r\end{bmatrix}$$

成立.

此时称 $\boldsymbol{X}=\begin{bmatrix}x_1\\x_2\\\vdots\\x_r\end{bmatrix}$为向量 $\boldsymbol{\gamma}$ 在 $\boldsymbol{\alpha}_1,\boldsymbol{\alpha}_2,\cdots,\boldsymbol{\alpha}_r$ 下的坐标.

10. 理解过渡矩阵的概念和性质.

设 $\boldsymbol{\alpha}_1,\boldsymbol{\alpha}_2,\cdots,\boldsymbol{\alpha}_r$ 为空间 V 的一组基，$\boldsymbol{\beta}_1,\boldsymbol{\beta}_2,\cdots,\boldsymbol{\beta}_r$ 为空间 V 的另一组基，若有

$$\begin{cases}\boldsymbol{\beta}_1=p_{11}\boldsymbol{\alpha}_1+p_{21}\boldsymbol{\alpha}_2+\cdots+p_{r1}\boldsymbol{\alpha}_r\\\boldsymbol{\beta}_2=p_{12}\boldsymbol{\alpha}_1+p_{22}\boldsymbol{\alpha}_2+\cdots+p_{r2}\boldsymbol{\alpha}_r\\\qquad\vdots\\\boldsymbol{\beta}_r=p_{1r}\boldsymbol{\alpha}_1+p_{2r}\boldsymbol{\alpha}_2+\cdots+p_{rr}\boldsymbol{\alpha}_r\end{cases}$$

或写成

$$[\boldsymbol{\beta}_1\quad\boldsymbol{\beta}_2\quad\cdots\quad\boldsymbol{\beta}_r]=[\boldsymbol{\alpha}_1\quad\boldsymbol{\alpha}_2\quad\cdots\quad\boldsymbol{\alpha}_r]\begin{bmatrix}p_{11}&p_{12}&\cdots&p_{1r}\\p_{21}&p_{22}&\cdots&p_{2r}\\\vdots&\vdots&&\vdots\\p_{r1}&p_{r2}&\cdots&p_{rr}\end{bmatrix}$$

成立，则称 $\boldsymbol{P}=[p_{ij}]_{r\times r}$为基 $\boldsymbol{\alpha}_1,\boldsymbol{\alpha}_2,\cdots,\boldsymbol{\alpha}_r$ 到基 $\boldsymbol{\beta}_1,\boldsymbol{\beta}_2,\cdots,\boldsymbol{\beta}_r$ 的过渡矩阵.

性质：

(1)过渡矩阵都是可逆阵.

(2)若由 $\boldsymbol{\alpha}_1,\boldsymbol{\alpha}_2,\cdots,\boldsymbol{\alpha}_r$ 到 $\boldsymbol{\beta}_1,\boldsymbol{\beta}_2,\cdots,\boldsymbol{\beta}_r$ 的过渡矩阵为 $\boldsymbol{P}$，则 $\boldsymbol{\beta}_1,\boldsymbol{\beta}_2,\cdots,\boldsymbol{\beta}_r$ 到 $\boldsymbol{\alpha}_1,\boldsymbol{\alpha}_2,\cdots,\boldsymbol{\alpha}_r$ 的过渡矩阵为 $\boldsymbol{P}^{-1}$.

11. 理解坐标变换公式 $\boldsymbol{X}=\boldsymbol{PY}$(或 $\boldsymbol{Y}=\boldsymbol{P}^{-1}\boldsymbol{X}$)，会用坐标变换公式计算.

12. 了解子空间、平凡子空间、非平凡子空间的定义.

(1)设 V 是一个线性空间，若 $W\subset V$，且 W 对于 V 中的加法和数乘运算也构成线性空间，则称 W 是 V 的子空间.

(2)对任意线性空间 V，空间 V 本身和仅含零向量的集合$\{0\}$都是 V 的子空间，我们称这

两个子空间为空间 V 的平凡子空间，V 的其他子空间称为 V 的非平凡子空间.

(3)设 V 是一个线性空间，若 $W\subset V$，且 W 对于 V 中的加法和数乘运算封闭，则 W 一定构成 V 的子空间.

13. 掌握由向量组生成的子空间的概念及性质.

(1)定义：设 $\boldsymbol{\alpha}_1,\boldsymbol{\alpha}_2,\cdots,\boldsymbol{\alpha}_r$ 是线性空间 V 中的一组向量，则称

$$L(\boldsymbol{\alpha}_1,\boldsymbol{\alpha}_2,\cdots,\boldsymbol{\alpha}_r)=\{k_1\boldsymbol{\alpha}_1+k_2\boldsymbol{\alpha}_2+\cdots+k_r\boldsymbol{\alpha}_r \mid \forall k_1,k_2,\cdots,k_r\in\mathbb{R}\}$$

为向量组 $\boldsymbol{\alpha}_1,\boldsymbol{\alpha}_2,\cdots,\boldsymbol{\alpha}_r$ 生成的子空间.

(2)性质：$L(\boldsymbol{\alpha}_1,\boldsymbol{\alpha}_2,\cdots,\boldsymbol{\alpha}_r)$ 的基为向量组 $\boldsymbol{\alpha}_1,\boldsymbol{\alpha}_2,\cdots,\boldsymbol{\alpha}_r$ 的极大无关组；$L(\boldsymbol{\alpha}_1,\boldsymbol{\alpha}_2,\cdots,\boldsymbol{\alpha}_r)$ 的维数为向量组 $\boldsymbol{\alpha}_1,\boldsymbol{\alpha}_2,\cdots,\boldsymbol{\alpha}_r$ 的秩.

14. 掌握基的扩充定理.

基的扩充定理：n 维线性空间 V 中，任意 r 个($r\leqslant n$)线性无关向量，均可扩充成 V 的一组基.

15. 理解子空间的交子空间与和子空间的定义及性质.

定义：设 W_1,W_2 为线性空间 V 的两个子空间，则 W_1 与 W_2 的交集 $W_1\cap W_2$ 构成空间 V 的子空间，称为 W_1 与 W_2 的交子空间；集合 $\{\boldsymbol{\alpha}+\boldsymbol{\beta}\mid \forall\boldsymbol{\alpha}\in W_1,\forall\boldsymbol{\beta}\in W_2\}$ 构成空间 V 的子空间，称为 W_1 与 W_2 的和子空间，记为 W_1+W_2.

性质：(1) $W_1\cup W_2\subset W_1+W_2$；

(2) $W_1\subset W_2\Leftrightarrow W_1\cap W_2=W_1\Leftrightarrow W_1+W_2=W_2$.

16. 掌握维数公式 $\dim W_1+\dim W_2=\dim(W_1\cap W_2)+\dim(W_1+W_2)$.

17. 理解子空间直和的定义，掌握直和的等价条件.

定义：设 W_1,W_2 为线性空间 V 的两个子空间，若 W_1+W_2 中每个向量 $\boldsymbol{w}$ 可唯一地表示为 $\boldsymbol{w}=\boldsymbol{w}_1+\boldsymbol{w}_2(\boldsymbol{w}_1\in W_1,\boldsymbol{w}_2\in W_2)$，则称 W_1+W_2 为直和，记为 $W_1\oplus W_2$.

等价条件：设 W_1,W_2 为线性空间 V 的两个有限维子空间，则以下4项等价：

(ⅰ) W_1+W_2 为直和；

(ⅱ)零向量分解唯一，即当 $\mathbf{0}=\boldsymbol{w}_1+\boldsymbol{w}_2(\boldsymbol{w}_1\in W_1,\boldsymbol{w}_2\in W_2)$ 时，有 $\boldsymbol{w}_1=\boldsymbol{w}_2=\mathbf{0}$；

(ⅲ) $W_1\cap W_2=\{\mathbf{0}\}$；

(ⅳ) $\dim W_1+\dim W_2=\dim(W_1+W_2)$.

18. 了解单射、满射和双射的概念；了解映射加法和乘法的概念；了解单位映射和可逆映射的概念；了解映射可逆的条件.

定义：设 $\boldsymbol{\sigma}$ 为集合 A 到集合 B 上的映射

(1)若对 $\forall\boldsymbol{\alpha}_1,\boldsymbol{\alpha}_2\in A,\boldsymbol{\alpha}_1\neq\boldsymbol{\alpha}_2$ 有 $\boldsymbol{\sigma}(\boldsymbol{\alpha}_1)\neq\boldsymbol{\sigma}(\boldsymbol{\alpha}_2)$，则称映射 $\boldsymbol{\sigma}$ 为单射；

(2)若对 $\forall\boldsymbol{\beta}\in B$，总存在 $\boldsymbol{\alpha}\in A$，使 $\boldsymbol{\sigma}(\boldsymbol{\alpha})=\boldsymbol{\beta}$ 成立，则称映射 $\boldsymbol{\sigma}$ 为满射；

(3)既是单射又是满射的映射称为双射.

定义：设 $\boldsymbol{\sigma}_1,\boldsymbol{\sigma}_2,\boldsymbol{\sigma}_3$ 均为集合 A 到集合 B 上的映射，若对 $\forall\boldsymbol{\alpha}\in A$ 有

$$\boldsymbol{\sigma}_3(\boldsymbol{\alpha}) = \boldsymbol{\sigma}_1(\boldsymbol{\alpha}) + \boldsymbol{\sigma}_2(\boldsymbol{\alpha})$$

则称映射 $\boldsymbol{\sigma}_3$ 为 $\boldsymbol{\sigma}_1$ 与 $\boldsymbol{\sigma}_2$ 的和,记为 $\boldsymbol{\sigma}_3 = \boldsymbol{\sigma}_1 + \boldsymbol{\sigma}_2$.

定义:设 $\boldsymbol{\sigma}_1$ 为集合 A 到 B 上的映射,$\boldsymbol{\sigma}_2$ 为集合 B 到 C 上的映射,$\boldsymbol{\sigma}_3$ 为集合 A 到集合 C 上的映射,若对 $\forall \boldsymbol{\alpha} \in A$,有

$$\boldsymbol{\sigma}_3(\boldsymbol{\alpha}) = \boldsymbol{\sigma}_2(\boldsymbol{\sigma}_1(\boldsymbol{\alpha}))$$

则称 $\boldsymbol{\sigma}_3$ 为 $\boldsymbol{\sigma}_2$ 与 $\boldsymbol{\sigma}_1$ 的乘积,记为 $\boldsymbol{\sigma}_3 = \boldsymbol{\sigma}_2\boldsymbol{\sigma}_1$.

定义:设 $\boldsymbol{\sigma}$ 为集合 M 到自身上的映射,若对 $\forall \boldsymbol{\alpha} \in M$ 有

$$\boldsymbol{\sigma}(\boldsymbol{\alpha}) = \boldsymbol{\alpha}$$

则称 $\boldsymbol{\sigma}$ 为单位映射,或称 $\boldsymbol{\sigma}$ 为恒等映射,记为 $\boldsymbol{\sigma} = 1_M$.

定义:设 $\boldsymbol{\sigma}$ 为集合 M 到 N 上的映射,若存在集合 N 到 M 上的映射 $\boldsymbol{\tau}$ 使

$$\boldsymbol{\sigma\tau} = 1_N, \boldsymbol{\tau\sigma} = 1_M$$

则称映射 $\boldsymbol{\sigma}$ 可逆,映射 $\boldsymbol{\tau}$ 称为 $\boldsymbol{\sigma}$ 的逆映射,记为 $\boldsymbol{\tau} = \boldsymbol{\sigma}^{-1}$.

结论:映射 $\boldsymbol{\sigma}$ 可逆的充分必要条件为映射 $\boldsymbol{\sigma}$ 是双射.

19. 了解线性映射、变换和线性变换的定义;理解线性映射和线性变换的性质.

定义:(1)若映射 $\boldsymbol{\sigma}$ 满足,对 $\forall k \in \mathbb{R}$, $\forall \boldsymbol{\alpha}, \boldsymbol{\beta}$ 有

$$\boldsymbol{\sigma}(\boldsymbol{\alpha} + \boldsymbol{\beta}) = \boldsymbol{\sigma}(\boldsymbol{\alpha}) + \boldsymbol{\sigma}(\boldsymbol{\beta}) \text{ 且 } \boldsymbol{\sigma}(k\boldsymbol{\alpha}) = k\boldsymbol{\sigma}(\boldsymbol{\alpha})$$

则称映射 $\boldsymbol{\sigma}$ 为线性映射;

(2)线性空间到自身上的映射,称为变换;

(3)线性空间到自身上的线性映射,称为线性变换.

性质:(1)两个线性映射(线性变换)的和仍为线性映射(线性变换);

(2)两个线性映射(线性变换)的乘积仍为线性映射(线性变换);

(3)可逆线性映射(线性变换)的逆映射仍为线性映射(线性变换);

(4)若 $\boldsymbol{\sigma}, \boldsymbol{\tau}, \boldsymbol{\delta}$ 均为线性变换,则 $(\boldsymbol{\sigma\tau})\boldsymbol{\delta} = \boldsymbol{\sigma}(\boldsymbol{\tau\delta})$(乘法结合律);

(5)若 $\boldsymbol{\sigma}, \boldsymbol{\tau}$ 为线性变换,$k \in R$,则 $(k\boldsymbol{\sigma})\boldsymbol{\tau} = k(\boldsymbol{\sigma\tau})$

(6)若 $\boldsymbol{\sigma}, \boldsymbol{\tau}, \boldsymbol{\delta}$ 均为线性变换,则 $(\boldsymbol{\sigma} + \boldsymbol{\tau})\boldsymbol{\delta} = \boldsymbol{\sigma\delta} + \boldsymbol{\tau\delta}$, $\boldsymbol{\delta}(\boldsymbol{\sigma} + \boldsymbol{\tau}) = \boldsymbol{\delta\sigma} + \boldsymbol{\delta\tau}$(左、右分配律);

(7)线性相关的向量组经过线性变换得到的像仍线性相关.

20. 了解同构线性映射与线性空间同构的概念,理解同构的性质.

定义:设 $\boldsymbol{\sigma}$ 为线性空间 V 到线性空间 W 上的映射,若 $\boldsymbol{\sigma}$ 既是双射,又是线性映射,则称 $\boldsymbol{\sigma}$ 为同构映射;若线性空间 V 到线性空间 W 上能建立起同构映射,则称线性空间 V 与线性空间 W 同构.

性质:(1)两个同构映射的乘积仍为同构映射;

(2)同构映射均可逆,且其逆映射仍为同构映射;

(3)线性相关的向量组经过同构映射得到的像仍线性相关;线性无关的向量组经过同构映射得到的像仍线性无关;

(4)线性空间同构具有反身性、对称性和传递性；

(5)实数域上任意 n 维线性空间均与$\mathbb{R}^n$同构；

(6)实数域上两个线性空间同构的充分必要条件是它们维数相等.

21. 了解线性映射(线性变换)的值域与核的概念,理解它们的性质.

定义:设 $\boldsymbol{\sigma}$ 为空间 V 到 W 上的线性映射(或 $\boldsymbol{\sigma}$ 为空间 V 上的线性变换),

集合$\{\boldsymbol{\sigma}(\boldsymbol{\alpha}) \mid \forall \boldsymbol{\alpha} \in V\}$称为 $\boldsymbol{\sigma}$ 的值域,记为 $\boldsymbol{\sigma}(V)$；

集合$\{\boldsymbol{\alpha} \mid \boldsymbol{\alpha} \in V \text{ 且 } \boldsymbol{\sigma}(\boldsymbol{\alpha}) = 0\}$称为 $\boldsymbol{\sigma}$ 的核,记为 $\ker\boldsymbol{\sigma}$.

性质:(1)$\ker\boldsymbol{\sigma}$ 为 V 的子空间；

(2)线性映射 $\boldsymbol{\sigma}$ 的值域 $\boldsymbol{\sigma}(V)$ 为 W 的子空间(线性变换 $\boldsymbol{\sigma}$ 的值域 $\boldsymbol{\sigma}(V)$ 为 V 的子空间)；

(3)$\dim V = \dim(\ker\boldsymbol{\sigma}) + \dim(\boldsymbol{\sigma}(V))$.

22. 了解以下两个线性空间.

(1)设 V,W 为实数域上的线性空间,集合$\{V$ 到 W 上的一切线性映射$\}$构成实数域上的线性空间,记为 $\mathrm{hom}(V,W)$；

(2)设 V 为实数域上的线性空间,集合$\{V$ 上的一切线性映射$\}$构成实数域上的线性空间,记为 $\mathrm{End}(V)$.

23. 理解线性变换在一组基下矩阵的定义,掌握线性变换对应矩阵的性质.

定义:设 n 维线性空间 V 的一组基为 $\boldsymbol{\alpha}_1,\boldsymbol{\alpha}_2,\cdots,\boldsymbol{\alpha}_n$,$\boldsymbol{\sigma}$ 为 V 上的一个线性变换,若

$$\begin{cases} \boldsymbol{\sigma}(\boldsymbol{\alpha}_1) = a_{11}\boldsymbol{\alpha}_1 + a_{21}\boldsymbol{\alpha}_2 + \cdots + a_{n1}\boldsymbol{\alpha}_n \\ \boldsymbol{\sigma}(\boldsymbol{\alpha}_2) = a_{12}\boldsymbol{\alpha}_1 + a_{22}\boldsymbol{\alpha}_2 + \cdots + a_{n2}\boldsymbol{\alpha}_n \\ \qquad\vdots \\ \boldsymbol{\sigma}(\boldsymbol{\alpha}_n) = a_{1n}\boldsymbol{\alpha}_1 + a_{2n}\boldsymbol{\alpha}_2 + \cdots + a_{nn}\boldsymbol{\alpha}_n \end{cases}$$

即

$$[\boldsymbol{\sigma}(\boldsymbol{\alpha}_1) \quad \boldsymbol{\sigma}(\boldsymbol{\alpha}_2) \quad \cdots \quad \boldsymbol{\sigma}(\boldsymbol{\alpha}_n)] = [\boldsymbol{\alpha}_1 \quad \boldsymbol{\alpha}_2 \quad \cdots \quad \boldsymbol{\alpha}_n]\begin{bmatrix} a_{11} & a_{12} & \cdots & a_{1n} \\ a_{21} & a_{22} & \cdots & a_{2n} \\ \vdots & \vdots & & \vdots \\ a_{n1} & a_{n2} & \cdots & a_{nn} \end{bmatrix}$$

则称矩阵 $\boldsymbol{A} = [a_{ij}]_{n\times n}$为线性变换 $\boldsymbol{\sigma}$ 在基 $\boldsymbol{\alpha}_1,\boldsymbol{\alpha}_2,\cdots,\boldsymbol{\alpha}_n$ 下的矩阵.

性质:设 $\boldsymbol{\sigma},\boldsymbol{\tau}$ 为空间 V 上的线性变换,在基 $\boldsymbol{\alpha}_1,\boldsymbol{\alpha}_2,\cdots,\boldsymbol{\alpha}_n$ 下的矩阵分别为 $\boldsymbol{A},\boldsymbol{B}$,则

(1)$\boldsymbol{\sigma}+\boldsymbol{\tau}$ 在基 $\boldsymbol{\alpha}_1,\boldsymbol{\alpha}_2,\cdots,\boldsymbol{\alpha}_n$ 下的矩阵为 $\boldsymbol{A}+\boldsymbol{B}$;

(2)$k\boldsymbol{\sigma}$ 在基 $\boldsymbol{\alpha}_1,\boldsymbol{\alpha}_2,\cdots,\boldsymbol{\alpha}_n$ 下的矩阵为 $k\boldsymbol{A}(k\in\mathbb{R})$；

(3)$\boldsymbol{\sigma\tau}$ 在基 $\boldsymbol{\alpha}_1,\boldsymbol{\alpha}_2,\cdots,\boldsymbol{\alpha}_n$ 下的矩阵为 $\boldsymbol{AB}$;

(4)$\boldsymbol{\sigma}$ 可逆的充分必要条件为 $\boldsymbol{A}$ 可逆,且 $\boldsymbol{\sigma}^{-1}$在基 $\boldsymbol{\alpha}_1,\boldsymbol{\alpha}_2,\cdots,\boldsymbol{\alpha}_n$ 下的矩阵为 $\boldsymbol{A}^{-1}$.

24. 理解线性变换与相似矩阵的关系.

(1)线性变换在不同基下的矩阵是相似的,且相似变换阵是两组基之间的过渡矩阵;

(2)若两个同阶方阵相似,则这两个矩阵可以看成是同一个线性变换在两组基下的矩阵.

25. 理解线性变换的特征值和特征向量的定义,掌握求线性变换特征值和特征向量的方法.

定义:设$\boldsymbol{\sigma}$为空间V上的线性变换,若存在$\lambda\in\mathbb{R}$,$\boldsymbol{\alpha}\in V$满足

$$\boldsymbol{\sigma}(\boldsymbol{\alpha}) = \lambda\boldsymbol{\alpha}(\boldsymbol{\alpha}\neq 0)$$

则称λ为线性变换$\boldsymbol{\sigma}$的特征值,称$\boldsymbol{\alpha}$为$\boldsymbol{\sigma}$属于特征值λ的特征向量.

求线性变换特征值和特征向量的步骤:

第一步　取V的一组基$\boldsymbol{\alpha}_1,\boldsymbol{\alpha}_2,\cdots,\boldsymbol{\alpha}_n$,求$\boldsymbol{\sigma}$在基下的矩阵$\boldsymbol{A}$;

第二步　求矩阵$\boldsymbol{A}$的特征值λ和特征向量$\boldsymbol{X}=[x_1\quad x_2\quad\cdots\quad x_n]^{\mathrm{T}}$;

第三步　矩阵$\boldsymbol{A}$的特征值λ就是$\boldsymbol{\sigma}$的特征值,而$\boldsymbol{\sigma}$属于特征值λ的特征向量为

$$\boldsymbol{\alpha} = x_1\boldsymbol{\alpha}_1 + x_2\boldsymbol{\alpha}_2 + \cdots + x_n\boldsymbol{\alpha}_n$$

26. 理解内积和欧几里得空间(欧式空间)的定义.

定义:设V为实数域上的线性空间,若V中任意两个元素$\boldsymbol{\alpha},\boldsymbol{\beta}$按某一法则都有唯一确定的实数$[\boldsymbol{\alpha},\boldsymbol{\beta}]$与之对应,且满足:

(ⅰ)$[\boldsymbol{\alpha},\boldsymbol{\beta}]=[\boldsymbol{\beta},\boldsymbol{\alpha}]$;

(ⅱ)$[k\boldsymbol{\alpha},\boldsymbol{\beta}]=k[\boldsymbol{\alpha},\boldsymbol{\beta}]$;

(ⅲ)$[\boldsymbol{\alpha}+\boldsymbol{\beta},\boldsymbol{\gamma}]=[\boldsymbol{\alpha},\boldsymbol{\lambda}]+[\boldsymbol{\beta},\boldsymbol{\gamma}]$;

(ⅳ)$[\boldsymbol{\alpha},\boldsymbol{\alpha}]\geqslant 0$,当且仅当$\boldsymbol{\alpha}=0$时有$[\boldsymbol{\alpha},\boldsymbol{\alpha}]=0$;

则称$[\boldsymbol{\alpha},\boldsymbol{\beta}]$为$\boldsymbol{\alpha}$与$\boldsymbol{\beta}$的内积,定义了内积的线性空间称为欧几里得空间,简称欧式空间.

27. 了解长度、单位向量、向量夹角和正交的定义,掌握内积的以下条性质.

定义:设V为欧式空间,$\boldsymbol{\alpha},\boldsymbol{\beta}$为$V$中向量

(1)则称$\|\boldsymbol{\alpha}\|=\sqrt{[\boldsymbol{\alpha},\boldsymbol{\alpha}]}$为向量$\boldsymbol{\alpha}$的长度(或范数);

(2)长度为1的向量称为单位向量;

(3)称$<\boldsymbol{\alpha},\boldsymbol{\beta}>=\dfrac{[\boldsymbol{\alpha},\boldsymbol{\beta}]}{\|\boldsymbol{\alpha}\|\cdot\|\boldsymbol{\beta}\|}$为向量$\boldsymbol{\alpha}$与$\boldsymbol{\beta}$的夹角;

(4)当$[\boldsymbol{\alpha},\boldsymbol{\beta}]=0$时(即$<\boldsymbol{\alpha},\boldsymbol{\beta}>=\dfrac{\pi}{2}$时)称向量$\boldsymbol{\alpha}$与$\boldsymbol{\beta}$正交,记为$\boldsymbol{\alpha}\perp\boldsymbol{\beta}$.

性质:(1)$[\boldsymbol{\alpha},k\boldsymbol{\beta}]=k[\boldsymbol{\alpha},\boldsymbol{\beta}]$;

(2)$[\boldsymbol{\alpha},0]=0$;

(3)$[\boldsymbol{\gamma},\boldsymbol{\alpha}+\boldsymbol{\beta}]=[\boldsymbol{\gamma},\boldsymbol{\alpha}]+[\boldsymbol{\gamma},\boldsymbol{\beta}]$;

(4)$[\boldsymbol{\alpha},\boldsymbol{\beta}]^2\leqslant\|\boldsymbol{\alpha}\|^2\cdot\|\boldsymbol{\beta}\|^2$(柯西不等式);

(5)$\|\boldsymbol{\alpha}+\boldsymbol{\beta}\|\leqslant\|\boldsymbol{\alpha}\|+\|\boldsymbol{\beta}\|$(三角不等式).

28. 理解度量矩阵的定义和性质.

定义：设欧式空间 V 的一组基为 $\boldsymbol{\alpha}_1,\boldsymbol{\alpha}_2,\cdots,\boldsymbol{\alpha}_n$，且 $a_{ij}=[\boldsymbol{\alpha}_i,\boldsymbol{\alpha}_j](i=1,2,\cdots,n;j=1,2,\cdots,n)$，则称矩阵 $\boldsymbol{A}=[a_{ij}]_{n\times n}$ 为内积运算在基 $\boldsymbol{\alpha}_1,\boldsymbol{\alpha}_2,\cdots,\boldsymbol{\alpha}_n$ 下的度量矩阵.

性质：设欧式空间 V 中，内积在基 $\boldsymbol{\alpha}_1,\boldsymbol{\alpha}_2,\cdots,\boldsymbol{\alpha}_n$ 下的度量矩阵为 $\boldsymbol{A}$，V 中向量 $\boldsymbol{\alpha},\boldsymbol{\beta}$ 在基 $\boldsymbol{\alpha}_1,\boldsymbol{\alpha}_2,\cdots,\boldsymbol{\alpha}_n$ 下的坐标分别为 $\boldsymbol{X}$ 和 $\boldsymbol{Y}$；则有 $[\boldsymbol{\alpha},\boldsymbol{\beta}]=\boldsymbol{X}^{\mathrm{T}}\boldsymbol{A}\boldsymbol{Y}$.

29. 了解正交基和标准正交基的概念，会用 Schmidt 方法将欧式空间中线性无关向量组化成标准正交向量组.

30. 了解子空间正交的概念及子空间的正交补空间的概念.

31. 理解正交变换的定义，掌握正交变换的等价条件.

定义：设 $\boldsymbol{\sigma}$ 是欧式空间 V 上的线性变换，若对 $\forall\boldsymbol{\alpha},\boldsymbol{\beta}\in V$ 有

$$[\boldsymbol{\sigma}(\boldsymbol{\alpha}),\boldsymbol{\sigma}(\boldsymbol{\beta})]=[\boldsymbol{\alpha},\boldsymbol{\beta}]$$

则称 $\boldsymbol{\sigma}$ 为 V 上的正交变换.

结论：设 $\boldsymbol{\sigma}$ 是欧式空间 V 上的线性变换，则以下 4 项等价：

(1) $\boldsymbol{\sigma}$ 为 V 上的正交变换；

(2) 对 $\forall\boldsymbol{\alpha}\in V$ 有 $\|\boldsymbol{\sigma}(\boldsymbol{\alpha})\|=\|\boldsymbol{\alpha}\|$；

(3) 若 $\boldsymbol{\alpha}_1,\boldsymbol{\alpha}_2,\cdots,\boldsymbol{\alpha}_n$ 为 V 的标准正交基，则 $\boldsymbol{\sigma}(\boldsymbol{\alpha}_1),\boldsymbol{\sigma}(\boldsymbol{\alpha}_2),\cdots,\boldsymbol{\sigma}(\boldsymbol{\alpha}_n)$ 也是 V 上的标准正交基；

(4) $\boldsymbol{\sigma}$ 在标准正交基下的矩阵为正交阵.

8.2 典型题解析

例 8.1 检验以下集合对于指定的运算是否构成实数域上的线性空间：

(1) $V_1=\{$全体 n 阶反对称阵$\}$ 按照矩阵的加法和数乘运算；

(2) $V_2=\{$全体正实数$\}$ 加法和数乘定义为

$$a\oplus b=ab(a,b\in V_2),k\circ a=a^k(k\in\mathbb{R},a\in V_2)$$

(3) $V_3=\{$全体 n 阶正交阵$\}$ 按照矩阵的加法和数乘运算.

解 (1) 由于 $V_1\subset\mathbb{R}^{n\times n}$，而 $\mathbb{R}^{n\times n}$ 矩阵的加法和数乘运算构成线性空间；

对 $\forall\boldsymbol{A},\boldsymbol{B}\in V_1$，有 $\boldsymbol{A}^{\mathrm{T}}=-\boldsymbol{A},\boldsymbol{B}^{\mathrm{T}}=-\boldsymbol{B}$，从而 $(\boldsymbol{A}+\boldsymbol{B})^{\mathrm{T}}=-(\boldsymbol{A}+\boldsymbol{B})$，即 $\boldsymbol{A}+\boldsymbol{B}\in V_1$；

对 $\forall\boldsymbol{A}\in V_1,k\in\mathbb{R}$，有 $\boldsymbol{A}^{\mathrm{T}}=-\boldsymbol{A}$，从而 $(k\boldsymbol{A})^{\mathrm{T}}=-(k\boldsymbol{A})$，即 $k\boldsymbol{A}\in V_1$；

因此 V_1 对 $\mathbb{R}^{n\times n}$ 中的加法和数乘封闭，从而 V_1 构成线性空间.

(2) 对 $\forall a,b\in V_2,\forall k,l\in\mathbb{R}$，有

① $a\oplus b=ab=b\oplus a$；

② $(a\oplus b)\oplus c=abc=a\oplus(b\oplus c)$；

③ 对 $1\in V_2$ 有 $a\oplus 1=a$，则 1 为 V_2 中的零元素；

④ 对 $\forall a \in V_2$，取 $b=\dfrac{1}{a}$，有 $a \oplus b=1$，则 $b=\dfrac{1}{a}$ 为 a 的负元素；

⑤ $1 \circ a = a^1 = a$；

⑥ $k \circ (l \circ a) = a^{kl} = (kl) \circ a$；

⑦ $(k+l) \circ a = a^{k+l} = a^k a^l = k \circ a \oplus l \circ a$；

⑧ $k \circ (a \oplus b) = (ab)^k = a^k b^k = k \circ a \oplus k \circ b$.

综上，V_2 构成线性空间.

(3) 由于 V_3 对矩阵的加法不封闭，则 V_3 不构成线性空间.

总结 验证集合 V 是否构成空间时，若 V 是常用空间的子集，对于常用空间的加法和数乘运算，只需要验证 V 对加法和数乘运算是否封闭即可.

若 V 不是常用空间的子集，或者对 V 定义的加法和数乘运算，不是常用的加法和数乘，则要按照线性空间的定义验证 8 条成立.

例 8.2 在 $\mathbb{R}^{2\times 2}$ 中讨论 $\boldsymbol{\alpha}_1=\begin{bmatrix} a & 1 \\ 1 & 1 \end{bmatrix}$，$\boldsymbol{\alpha}_2=\begin{bmatrix} 1 & a \\ 1 & 1 \end{bmatrix}$，$\boldsymbol{\alpha}_3=\begin{bmatrix} 1 & 1 \\ a & 1 \end{bmatrix}$，$\boldsymbol{\alpha}_4=\begin{bmatrix} 1 & 1 \\ 1 & a \end{bmatrix}$ 的相关性.

解 若有 $x_1\boldsymbol{\alpha}_1+x_2\boldsymbol{\alpha}_2+x_3\boldsymbol{\alpha}_3+x_4\boldsymbol{\alpha}_4=\boldsymbol{O}$，比较分量得

$$\begin{cases} ax_1+x_2+x_3+x_4=0 \\ x_1+ax_2+x_3+x_4=0 \\ x_1+x_2+ax_3+x_4=0 \\ x_1+x_2+x_3+ax_4=0 \end{cases}$$

系数行列式

$$D=\begin{vmatrix} a & 1 & 1 & 1 \\ 1 & a & 1 & 1 \\ 1 & 1 & a & 1 \\ 1 & 1 & 1 & a \end{vmatrix}=(a+3)(a-1)^3$$

当 $a=-3$ 或 $a=1$ 时，$D=0$，方程组有非零解，$\boldsymbol{\alpha}_1,\boldsymbol{\alpha}_2,\boldsymbol{\alpha}_3,\boldsymbol{\alpha}_4$ 线性相关；

当 $a\neq -3$ 且 $a\neq 1$ 时，$D\neq 0$，方程组只有零解，$\boldsymbol{\alpha}_1,\boldsymbol{\alpha}_2,\boldsymbol{\alpha}_3,\boldsymbol{\alpha}_4$ 线性无关.

例 8.3 在 $\mathbb{R}_2[x]$ 中，求基 $\boldsymbol{\alpha}_1=1,\boldsymbol{\alpha}_2=x,\boldsymbol{\alpha}_3=x^2$，到基 $\boldsymbol{\beta}_1=1,\boldsymbol{\beta}_2=x-1,\boldsymbol{\beta}_3=(x-1)^2$ 的过渡矩阵，并求 $f(x)=x^2$ 在 $\boldsymbol{\beta}_1,\boldsymbol{\beta}_2,\boldsymbol{\beta}_3$ 下的坐标.

解 由已知得

$$\begin{cases} \boldsymbol{\beta}_1=\boldsymbol{\alpha}_1 \\ \boldsymbol{\beta}_2=-\boldsymbol{\alpha}_1+\boldsymbol{\alpha}_2 \\ \boldsymbol{\beta}_3=\boldsymbol{\alpha}_1-2\boldsymbol{\alpha}_2+\boldsymbol{\alpha}_3 \end{cases}$$

即

$$[\boldsymbol{\beta}_1 \quad \boldsymbol{\beta}_2 \quad \boldsymbol{\beta}_3]=[\boldsymbol{\alpha}_1 \quad \boldsymbol{\alpha}_2 \quad \boldsymbol{\alpha}_3]\begin{bmatrix} 1 & -1 & 1 \\ 0 & 1 & -2 \\ 0 & 0 & 1 \end{bmatrix}$$

因此基 $\boldsymbol{\alpha}_1,\boldsymbol{\alpha}_2,\boldsymbol{\alpha}_3$ 到基 $\boldsymbol{\beta}_1,\boldsymbol{\beta}_2,\boldsymbol{\beta}_3$ 的过渡矩阵为$\begin{bmatrix}1 & -1 & 1\\0 & 1 & -2\\0 & 0 & 1\end{bmatrix}$;

由 $f(x)=x^2=1+2(x-1)+(x-1)^2=\boldsymbol{\beta}_1+2\boldsymbol{\beta}_2+\boldsymbol{\beta}_3$,因此 $f(x)$ 在 $\boldsymbol{\beta}_1,\boldsymbol{\beta}_2,\boldsymbol{\beta}_3$ 下的坐标为 $[1\ \ 2\ \ 1]^{\mathrm{T}}$.

例 8.4 已知 V_1,V_2,V_{11},V_{12} 为线性空间 V 的子空间,若 $V=V_1\oplus V_2$,$V_1=V_{11}\oplus V_{12}$,求证:$V=V_{11}\oplus V_{12}\oplus V_2$.

证 显然 $V=V_{11}+V_{12}+V_2$,由 $V=V_1\oplus V_2$ 知

$$\dim V=\dim V_1+\dim V_2$$

同理

$$\dim V_1=\dim V_{11}+\dim V_{12}$$

因此

$$\dim V=\dim V_{11}+\dim V_{12}+\dim V_2$$

所以

$$V=V_{11}\oplus V_{12}\oplus V_2$$

例 8.5 已知$\mathbb{R}^{2\times 2}$的线性变换 $\boldsymbol{\sigma}$:

$$\boldsymbol{\sigma}(\boldsymbol{X})=\boldsymbol{M}\boldsymbol{X}-\boldsymbol{X}\boldsymbol{M}\quad\left(\forall\boldsymbol{X}\in\mathbb{R}^{2\times 2},\boldsymbol{M}=\begin{bmatrix}1 & 2\\3 & 0\end{bmatrix}\right)$$

求 $\boldsymbol{\sigma}$ 在基 $\boldsymbol{E}_{11},\boldsymbol{E}_{12},\boldsymbol{E}_{21},\boldsymbol{E}_{22}$ 下的矩阵.

解

$$\boldsymbol{\sigma}(\boldsymbol{E}_{11})=\boldsymbol{M}\boldsymbol{E}_{11}-\boldsymbol{E}_{11}\boldsymbol{M}=\begin{bmatrix}0 & -2\\3 & 0\end{bmatrix}=-2\boldsymbol{E}_{12}+3\boldsymbol{E}_{21}$$

$$\boldsymbol{\sigma}(\boldsymbol{E}_{12})=\boldsymbol{M}\boldsymbol{E}_{12}-\boldsymbol{E}_{12}\boldsymbol{M}=\begin{bmatrix}-3 & 1\\0 & 3\end{bmatrix}=-3\boldsymbol{E}_{11}+\boldsymbol{E}_{12}+3\boldsymbol{E}_{22}$$

$$\boldsymbol{\sigma}(\boldsymbol{E}_{21})=\boldsymbol{M}\boldsymbol{E}_{21}-\boldsymbol{E}_{21}\boldsymbol{M}=\begin{bmatrix}2 & 0\\-1 & -2\end{bmatrix}=2\boldsymbol{E}_{11}-\boldsymbol{E}_{21}-2\boldsymbol{E}_{22}$$

$$\boldsymbol{\sigma}(\boldsymbol{E}_{22})=\boldsymbol{M}\boldsymbol{E}_{22}-\boldsymbol{E}_{22}\boldsymbol{M}=\begin{bmatrix}0 & 2\\-3 & 0\end{bmatrix}=2\boldsymbol{E}_{12}-3\boldsymbol{E}_{21}$$

即

$$\boldsymbol{\sigma}(\boldsymbol{E}_{11}\ \ \boldsymbol{E}_{12}\ \ \boldsymbol{E}_{21}\ \ \boldsymbol{E}_{22})=(\boldsymbol{E}_{11}\ \ \boldsymbol{E}_{12}\ \ \boldsymbol{E}_{21}\ \ \boldsymbol{E}_{22})\begin{bmatrix}0 & -3 & 2 & 0\\-2 & 1 & 0 & 2\\3 & 0 & -1 & -3\\0 & 3 & -2 & 0\end{bmatrix}$$

因此 $\boldsymbol{\sigma}$ 在基 $\boldsymbol{E}_{11},\boldsymbol{E}_{12},\boldsymbol{E}_{21},\boldsymbol{E}_{22}$下的矩阵为$\begin{bmatrix}0 & -3 & 2 & 0\\-2 & 1 & 0 & 2\\3 & 0 & -1 & -3\\0 & 3 & -2 & 0\end{bmatrix}$.

例 8.6 设 $\boldsymbol{\sigma}$ 是 4 维线性空间 V 的线性变换,$\boldsymbol{\sigma}$ 在基 $\boldsymbol{\alpha}_1,\boldsymbol{\alpha}_2,\boldsymbol{\alpha}_3,\boldsymbol{\alpha}_4$ 下的矩阵为

$$A=\begin{bmatrix}-1&-2&-2&-2\\2&6&5&2\\0&0&-1&-2\\0&0&2&6\end{bmatrix}$$

已知$\boldsymbol{\beta}_1=\boldsymbol{\alpha}_1,\boldsymbol{\beta}_2=\boldsymbol{\alpha}_1+\boldsymbol{\alpha}_2,\boldsymbol{\beta}_3=\boldsymbol{\alpha}_1+\boldsymbol{\alpha}_2+\boldsymbol{\alpha}_3$,求$\boldsymbol{\sigma}$在基$\boldsymbol{\beta}_1,\boldsymbol{\beta}_2,\boldsymbol{\beta}_3,\boldsymbol{\beta}_4$下的矩阵.

解 由已知$[\boldsymbol{\beta}_1\quad\boldsymbol{\beta}_2\quad\boldsymbol{\beta}_3\quad\boldsymbol{\beta}_4]=[\boldsymbol{\alpha}_1\quad\boldsymbol{\alpha}_2\quad\boldsymbol{\alpha}_3\quad\boldsymbol{\alpha}_4]\begin{bmatrix}1&-1&0&0\\0&1&-1&0\\0&0&1&-1\\0&0&0&1\end{bmatrix}$

则基$\boldsymbol{\alpha}_1,\boldsymbol{\alpha}_2,\boldsymbol{\alpha}_3,\boldsymbol{\alpha}_4$到基$\boldsymbol{\beta}_1,\boldsymbol{\beta}_2,\boldsymbol{\beta}_3,\boldsymbol{\beta}_4$的过渡阵为$\boldsymbol{P}=\begin{bmatrix}1&-1&0&0\\0&1&-1&0\\0&0&1&-1\\0&0&0&1\end{bmatrix}$

经计算得
$$\boldsymbol{P}^{-1}=\begin{bmatrix}1&1&1&1\\0&1&1&1\\0&0&1&1\\0&0&0&1\end{bmatrix}$$

从而$\boldsymbol{\sigma}$在基$\boldsymbol{\beta}_1,\boldsymbol{\beta}_2,\boldsymbol{\beta}_3,\boldsymbol{\beta}_4$下的矩阵为$\boldsymbol{B}=\boldsymbol{P}^{-1}\boldsymbol{AP}=\begin{bmatrix}1&3&0&0\\2&4&0&0\\0&0&1&3\\0&0&2&4\end{bmatrix}$.

8.3 综合与提高

例 8.7 设$\boldsymbol{\eta}$为欧式空间V中的一个单位向量,定义变换$\boldsymbol{\sigma}$:对$\forall\boldsymbol{\alpha}\in V$,
$$\boldsymbol{\sigma}(\boldsymbol{\alpha})=\boldsymbol{\alpha}-2[\boldsymbol{\eta},\boldsymbol{\alpha}]\boldsymbol{\eta}$$

(1)求证:$\boldsymbol{\sigma}$为正交变换;

(2)求证:$\boldsymbol{\sigma}$在某组标准正交基下的矩阵为$\mathrm{diag}(-1,1,1,\cdots,1)$.

证 (1)对$\forall\boldsymbol{\alpha},\boldsymbol{\beta}\in V$,对$\forall k,l\in\mathbb{R}$有
$$\boldsymbol{\sigma}(k\boldsymbol{\alpha}+l\boldsymbol{\beta})=k\boldsymbol{\alpha}+l\boldsymbol{\beta}-2[\boldsymbol{\eta},k\boldsymbol{\alpha}+l\boldsymbol{\beta}]\boldsymbol{\eta}=k\boldsymbol{\sigma}(\boldsymbol{\alpha})+l\boldsymbol{\sigma}(\boldsymbol{\beta})$$
因此变换$\boldsymbol{\sigma}$为线性变换.

由已知$[\boldsymbol{\eta},\boldsymbol{\eta}]=1$,则

$$\begin{aligned}[\boldsymbol{\sigma}(\boldsymbol{\alpha}),\boldsymbol{\sigma}(\boldsymbol{\beta})]&=[\boldsymbol{\alpha}-2[\boldsymbol{\eta},\boldsymbol{\alpha}]\boldsymbol{\eta},\boldsymbol{\beta}-2[\boldsymbol{\eta},\boldsymbol{\beta}]\boldsymbol{\eta}]\\&=[\boldsymbol{\alpha},\boldsymbol{\beta}]-2[\boldsymbol{\eta},\boldsymbol{\beta}][\boldsymbol{\eta},\boldsymbol{\alpha}]-2[\boldsymbol{\eta},\boldsymbol{\alpha}][\boldsymbol{\eta},\boldsymbol{\beta}]+4[\boldsymbol{\eta},\boldsymbol{\alpha}][\boldsymbol{\eta},\boldsymbol{\beta}][\boldsymbol{\eta},\boldsymbol{\eta}]=[\boldsymbol{\alpha},\boldsymbol{\beta}]\end{aligned}$$

因此 $\boldsymbol{\sigma}$ 为正交变换.

(2)由 $\boldsymbol{\eta}$ 为单位向量,将它扩充成空间 V 的一组标准正交基 $\boldsymbol{\eta},\boldsymbol{\varepsilon}_2,\boldsymbol{\varepsilon}_3,\cdots,\boldsymbol{\varepsilon}_n$,则有

$$\boldsymbol{\sigma}(\boldsymbol{\eta})=\boldsymbol{\eta}-2[\boldsymbol{\eta},\boldsymbol{\eta}]\boldsymbol{\eta}=-\boldsymbol{\eta},\boldsymbol{\sigma}(\boldsymbol{\varepsilon}_i)=\boldsymbol{\varepsilon}_i-2[\boldsymbol{\eta},\boldsymbol{\varepsilon}_i]\boldsymbol{\eta}=\boldsymbol{\varepsilon}_i(i=2,3,\cdots,n)$$

即
$$\boldsymbol{\sigma}(\boldsymbol{\eta},\boldsymbol{\varepsilon}_2,\boldsymbol{\varepsilon}_3,\cdots,\boldsymbol{\varepsilon}_n)=(\boldsymbol{\eta},\boldsymbol{\varepsilon}_2,\boldsymbol{\varepsilon}_3,\cdots,\boldsymbol{\varepsilon}_n)\begin{bmatrix}-1&&&\\&1&&\\&&\ddots&\\&&&1\end{bmatrix}$$

因此 $\boldsymbol{\sigma}$ 在标准正交基 $\boldsymbol{\eta},\boldsymbol{\varepsilon}_2,\boldsymbol{\varepsilon}_3,\cdots,\boldsymbol{\varepsilon}_n$ 下的矩阵为 $\mathrm{diag}(-1,1,1,\cdots,1)$.

8.4 同步训练题

1. 检验以下集合对于指定的运算是否构成实数域上的线性空间:

(1) $V_1=\{$全体 n 次$(n\geqslant1)$实系数多项式$\}$按照多项式的加法和数乘运算;

(2) $V_2=\{$全体实二元数组$(a,b)\}$加法和数乘定义为

$$(a_1,b_1)\oplus(a_2,b_2)=(a_1+a_2,b_1+b_2+a_1a_2)$$
$$k\circ(a_1,b_1)=\left(ka_1,kb_1+\frac{k(k-1)}{2}a_1^2\right)$$

(3) $V_3=\{$全体 n 阶上三角阵$\}$按照矩阵的加法和数乘运算;

(4) $V_4=\{$平面上全体向量$\}$对通常的向量加法,数乘定义如下:

$$k\circ\boldsymbol{\alpha}=\boldsymbol{\alpha}$$

2. 判断下面定义的变换是否为线性变换.

(1)线性空间 V 中,$\boldsymbol{\sigma}(\boldsymbol{\alpha})=\boldsymbol{\eta}+\boldsymbol{\alpha}(\forall\boldsymbol{\alpha}\in V)$,其中 $\boldsymbol{\eta}$ 为 V 中一固定非零向量;

(2)线性空间 V 中,$\boldsymbol{\sigma}(\boldsymbol{\alpha})=\boldsymbol{\eta}(\forall\boldsymbol{\alpha}\in V)$,其中 $\boldsymbol{\eta}$ 为 V 中一固定非零向量;

(3) $\mathbb{R}^3$ 中,$\boldsymbol{\sigma}(x_1,x_2,x_3)=(2x_1-x_2,x_2+x_3,x_1)$;

(4) $\mathbb{R}[x]$中,$\boldsymbol{\sigma}(f(x))=f(x+1)$.

3. 求下列线性变换在指定基下的矩阵:

(1)在$\mathbb{R}_n[x]$中,$\boldsymbol{\sigma}(f(x))=f(x+1)-f(x)$,在基 $\boldsymbol{\varepsilon}_0=1,\boldsymbol{\varepsilon}_i=\dfrac{x(x-1)\cdots(x-i+1)}{i!}(i=1,2,\cdots,n)$下的矩阵;

(2)在$\mathbb{R}^3$ 中,$\boldsymbol{\sigma}(x_1,x_2,x_3)=(2x_1-x_2,x_2+x_3,x_1)$,在基 $\boldsymbol{\varepsilon}_1=(1,0,0),\boldsymbol{\varepsilon}_2=(0,1,0),\boldsymbol{\varepsilon}_3=(0,0,1)$下的矩阵.

(3)在$\mathbb{R}^{2\times2}$中,$\boldsymbol{\sigma}(\boldsymbol{X})=\begin{bmatrix}a&b\\c&d\end{bmatrix}\boldsymbol{X},(\forall\boldsymbol{X}\in\mathbb{R}^{2\times2})$在基 $\boldsymbol{E}_{11},\boldsymbol{E}_{12},\boldsymbol{E}_{21},\boldsymbol{E}_{22}$下的矩阵.

8.5 同步训练题答案与提示

1. (1)否； (2)是； (3)是； (4)否.

2. (1)否； (2)否； (3)是； (4)是.

3. (1)$\begin{bmatrix} 0 & 1 & & & \\ & 0 & 1 & & \\ & & \ddots & \ddots & \\ & & & \ddots & 1 \\ & & & & 0 \end{bmatrix}$；(2)$\begin{bmatrix} 2 & -1 & 0 \\ 0 & 1 & 1 \\ 1 & 0 & 0 \end{bmatrix}$；(3)$\begin{bmatrix} a & 0 & b & 0 \\ 0 & a & 0 & b \\ c & 0 & d & 0 \\ 0 & c & 0 & d \end{bmatrix}$；

《线性代数与空间解析几何》习题精解

习题 1.1

1. (1)1　(2)ab^2-a^2b　(3)0　(4)6　(5)$3abc-a^3-b^3-c^3$　(6)$a_1x^2+a_2x+a_3$

2. (1)$x=\frac{D_1}{D}=2, y=\frac{D_2}{D}=-\frac{7}{2}$　(2)$x=\frac{D_1}{D}=-\frac{11}{8}, y=\frac{D_2}{D}=-\frac{9}{8}, z=\frac{D_3}{D}=-\frac{3}{4}$

4. (1)D　(2)0

习题 1.2

1. (1)$\tau(4132)=4$,偶排列.

(2)$\tau(14325)=3$,奇排列.

(3)$\tau(n(n-1)\cdots 21)=\frac{n(n-1)}{2}$,当 $n=4k,4k+1$ 时是偶排列,当 $n=4k+2,4k+3$ 时是奇排列.

(4)$\tau(13\cdots(2n-1)24\cdots(2n))=\frac{n(n-1)}{2}$,当 $n=4k,4k+1$ 时是偶排列,当 $n=4k+2$,$4k+3$时是奇排列.

2. (1)$i=8,j=1$　(2)$i=5,j=8$

习题 1.3

1. (1)负,$\tau(23154)=3$

(2)正,$\tau(45231)=8$

2. $-a_{11}a_{23}a_{32}a_{44}a_{55}$, $-a_{11}a_{23}a_{34}a_{45}a_{52}$, $-a_{11}a_{23}a_{35}a_{42}a_{54}$

3. (1) $\begin{vmatrix} 0 & & a_{1n} \\ & \iddots & \vdots \\ a_{n1} & \cdots & a_{nn} \end{vmatrix} = (-1)^{\tau(n(n-1)\cdots 21)} a_{1n}a_{2(n-1)}\cdots a_{n1} = (-1)^{\frac{n(n-1)}{2}} a_{1n}a_{2(n-1)}\cdots a_{n1}$

(2) $\begin{vmatrix} a_{11} & 0 & 0 & a_{14} \\ 0 & a_{22} & a_{23} & 0 \\ 0 & a_{32} & a_{33} & 0 \\ a_{41} & 0 & 0 & a_{44} \end{vmatrix} = a_{11}a_{22}a_{33}a_{44} - a_{11}a_{23}a_{32}a_{44} - a_{14}a_{22}a_{33}a_{41} + a_{14}a_{23}a_{32}a_{41}$;

(3) $\begin{vmatrix} 0 & 1 & 0 & 0 & 0 \\ 0 & 0 & 2 & 0 & 0 \\ 0 & 0 & 0 & 3 & 0 \\ 0 & 0 & 0 & 0 & 4 \\ 5 & 0 & 0 & 0 & 0 \end{vmatrix} = (-1)^{\tau(23451)} a_{12}a_{23}a_{34}a_{45}a_{51} = 5! = 120$

(4) $\begin{vmatrix} a_1 & a_2 & a_3 & a_4 & a_5 \\ b_1 & b_2 & b_3 & b_4 & b_5 \\ c_1 & c_2 & 0 & 0 & 0 \\ d_1 & d_2 & 0 & 0 & 0 \\ e_1 & e_2 & 0 & 0 & 0 \end{vmatrix} = \sum_{p_1p_2\cdots p_n \in A_n} (-1)^{\tau(p_1p_2\cdots p_n)} a_{1p_1}a_{2p_2}\cdots a_{np_n} = 0$

4. x^4 的系数是 10，x^3 的系数是 -5.

习题 1.4

1. (1) $\begin{vmatrix} 0 & 1 & 1 & 1 \\ 1 & 0 & 1 & 1 \\ 1 & 1 & 0 & 1 \\ 1 & 1 & 1 & 0 \end{vmatrix} = \begin{vmatrix} 3 & 3 & 3 & 3 \\ 1 & 0 & 1 & 1 \\ 1 & 1 & 0 & 1 \\ 1 & 1 & 1 & 0 \end{vmatrix} = 3\begin{vmatrix} 1 & 1 & 1 & 1 \\ 1 & 0 & 1 & 1 \\ 1 & 1 & 0 & 1 \\ 1 & 1 & 1 & 0 \end{vmatrix} = 3\begin{vmatrix} 1 & 1 & 1 & 1 \\ 0 & -1 & 0 & 0 \\ 0 & 0 & -1 & 0 \\ 0 & 0 & 0 & -1 \end{vmatrix} = -3$

(2) $\begin{vmatrix} 1 & 2 & -1 & 2 \\ 3 & 0 & 1 & 5 \\ 1 & -2 & 0 & 3 \\ -2 & -4 & 1 & 6 \end{vmatrix} = \begin{vmatrix} 1 & 2 & -1 & 2 \\ 0 & -6 & 4 & -1 \\ 0 & -4 & 1 & 1 \\ 0 & 0 & -1 & 10 \end{vmatrix} = \begin{vmatrix} -6 & 4 & -1 \\ -4 & 1 & 1 \\ 0 & -1 & 10 \end{vmatrix}$

$= \begin{vmatrix} -6 & 4 & 39 \\ -4 & 1 & 11 \\ 0 & -1 & 0 \end{vmatrix} = 90$

(3) $\begin{vmatrix} 9 & -9 & 7 & 6 \\ -3 & 6 & 8 & -5 \\ -6 & 9 & -3 & -7 \\ 12 & -8 & 6 & 4 \end{vmatrix} = 3\begin{vmatrix} 3 & -9 & 7 & 6 \\ -1 & 6 & 8 & -5 \\ -2 & 9 & -3 & -7 \\ 4 & -8 & 6 & 4 \end{vmatrix} = 6\begin{vmatrix} 3 & -9 & 7 & 6 \\ -1 & 6 & 8 & -5 \\ -2 & 9 & -3 & -7 \\ 2 & -4 & 3 & 2 \end{vmatrix}$

$= 6\begin{vmatrix} 1 & 0 & 4 & -1 \\ -1 & 6 & 8 & -5 \\ -2 & 9 & -3 & -7 \\ 0 & 5 & 0 & -5 \end{vmatrix} = 30\begin{vmatrix} 1 & 0 & 4 & -1 \\ 0 & 6 & 12 & -6 \\ 0 & 9 & 5 & -9 \\ 0 & 1 & 0 & -1 \end{vmatrix} = 0$

(4) $\begin{vmatrix} -1 & 1 & 1 & 1 \\ 1 & -1 & 1 & 1 \\ 1 & 1 & -1 & 1 \\ 1 & 1 & 1 & -1 \end{vmatrix} = 2\begin{vmatrix} 1 & 1 & 1 & 1 \\ 1 & -1 & 1 & 1 \\ 1 & 1 & -1 & 1 \\ 1 & 1 & 1 & -1 \end{vmatrix} = 2\begin{vmatrix} 1 & 1 & 1 & 1 \\ 0 & -2 & 0 & 0 \\ 0 & 0 & -2 & 0 \\ 0 & 0 & 0 & -2 \end{vmatrix} = -16$

(5) $\begin{vmatrix} 1 & 2 & 3 & 6 \\ 3 & 4 & 9 & 8 \\ 0 & 0 & -1 & 3 \\ 0 & 0 & 5 & 1 \end{vmatrix} = \begin{vmatrix} 1 & 2 \\ 3 & 4 \end{vmatrix} \cdot \begin{vmatrix} -1 & 3 \\ 5 & 1 \end{vmatrix} = (-2)\times(-16) = 32$

(6) $\begin{vmatrix} 0 & 0 & 1 & -1 & 2 \\ 0 & 0 & 3 & 0 & 2 \\ 0 & 0 & 2 & 4 & 0 \\ 1 & 2 & 0 & 0 & 0 \\ 3 & 1 & 0 & 0 & 0 \end{vmatrix} = (-1)^{2\times 3}\begin{vmatrix} 1 & -1 & 2 & 0 & 0 \\ 3 & 0 & 2 & 0 & 0 \\ 2 & 4 & 0 & 0 & 0 \\ 0 & 0 & 0 & 1 & 2 \\ 0 & 0 & 0 & 3 & 1 \end{vmatrix} = \begin{vmatrix} 1 & -1 & 2 \\ 3 & 0 & 2 \\ 2 & 4 & 0 \end{vmatrix} \cdot \begin{vmatrix} 1 & 2 \\ 3 & 1 \end{vmatrix}$

$= 12 \times (-5) = -60$

(7) $\begin{vmatrix} 2 & 1 & 4 & 1 \\ 3 & -1 & 2 & 1 \\ 1 & 2 & 3 & 2 \\ 5 & 0 & 6 & 2 \end{vmatrix} = \begin{vmatrix} 0 & -3 & -2 & -3 \\ 0 & -7 & -7 & -5 \\ 1 & 2 & 3 & 2 \\ 0 & -10 & -9 & -8 \end{vmatrix} = -\begin{vmatrix} 3 & 2 & 3 \\ 7 & 7 & 5 \\ 10 & 9 & 8 \end{vmatrix} = 0$

(8) $\begin{vmatrix} 0 & 1 & 1 & a \\ 1 & 0 & 1 & b \\ 1 & 1 & 0 & c \\ a & b & c & d \end{vmatrix} = \begin{vmatrix} 0 & 1 & 1 & a \\ 0 & -1 & 1 & b-c \\ 1 & 1 & 0 & c \\ 0 & b-a & c & d-ac \end{vmatrix} = \begin{vmatrix} 1 & 1 & a \\ -1 & 1 & b-c \\ b-a & c & d-ac \end{vmatrix}$

$= a^2 + b^2 + c^2 - 2(ab + bc + ac - d)$

(9) $\begin{vmatrix} 0 & x & y & z \\ x & 0 & z & y \\ y & z & 0 & x \\ z & y & x & 0 \end{vmatrix} = (x+y+z)\begin{vmatrix} 1 & 1 & 1 & 1 \\ x & 0 & z & y \\ y & z & 0 & x \\ z & y & x & 0 \end{vmatrix}$

$= (x+y+z)(x-y-z)(-x+y-z)(-x-y+z)$

(10) $\begin{vmatrix} 1 & 1 & 2 & 3 \\ 1 & 2-x^2 & 2 & 3 \\ 2 & 3 & 1 & 5 \\ 2 & 3 & 1 & 9-x^2 \end{vmatrix} = \begin{vmatrix} 1 & 0 & 0 & 0 \\ 1 & 1-x^2 & 0 & 0 \\ 2 & 1 & -3 & -1 \\ 2 & 1 & -3 & 3-x^2 \end{vmatrix}$

$= \begin{vmatrix} 1 & 0 \\ 1 & 1-x^2 \end{vmatrix} \cdot \begin{vmatrix} -3 & -1 \\ -3 & 3-x^2 \end{vmatrix} = 3(1-x^2)(x^2-4)$

3. $D=0$(提示:将行列式的第二列到第 n 列的 1 倍加到第 1 列上)

4. 证明:由 $a_{ij}=-a_{ji}$,知 $a_{ii}=0,i=1,2,\cdots,n$,故

$$D'=\begin{vmatrix} a_{11} & \cdots & a_{n1} \\ \vdots & & \vdots \\ a_{1n} & \cdots & a_{nn} \end{vmatrix}=\begin{vmatrix} 0 & \cdots & -a_{1n} \\ \vdots & & \vdots \\ -a_{n1} & \cdots & 0 \end{vmatrix}=(-1)^n\begin{vmatrix} 0 & \cdots & a_{1n} \\ \vdots & & \vdots \\ a_{n1} & \cdots & 0 \end{vmatrix}=-D,\text{所以 } D=0.$$

习题 1.5

1. (1)$A_{11}=d,A_{12}=-c,A_{21}=-b,A_{22}=a$

(2)$A_{11}=-4,A_{12}=-3,A_{13}=3,A_{21}=5,A_{22}=2,A_{23}=-2,A_{31}=-9,A_{32}=2,A_{33}=5$

2. $$A_{14}+A_{24}+A_{34}+A_{44}=\begin{vmatrix} 1 & -5 & 1 & 1 \\ 1 & 1 & 3 & 1 \\ 1 & 1 & 2 & 1 \\ 2 & 2 & 3 & 1 \end{vmatrix}=\begin{vmatrix} 0 & -5 & 1 & 1 \\ 0 & 1 & 3 & 1 \\ 0 & 1 & 2 & 1 \\ 1 & 2 & 3 & 1 \end{vmatrix}=6$$

3. 令 $D_n'=\begin{vmatrix} 1 & 1 & 1 & \cdots & 1 \\ a & x & a & \cdots & a \\ a & a & x & \cdots & a \\ \vdots & \vdots & \vdots & & \vdots \\ a & a & a & \cdots & x \end{vmatrix}$,设 D_n' 第一行元素的代数余子式分别为 $B_{11},B_{12},\cdots,$ B_{1n},由代数余子式定义知 $B_{11}=A_{11},B_{12}=A_{12},\cdots,B_{1n}=A_{1n}$,则

$$A_{11}+A_{12}+\cdots+A_{1n}=B_{11}+B_{12}+\cdots+B_{1n}=D_n'$$

$$=\begin{vmatrix} 1 & 1 & 1 & \cdots & 1 \\ a & x & a & \cdots & a \\ a & a & x & \cdots & a \\ \vdots & \vdots & \vdots & & \vdots \\ a & a & a & \cdots & x \end{vmatrix}=\begin{vmatrix} 1 & 1 & 1 & \cdots & 1 \\ 0 & x-a & 0 & \cdots & 0 \\ 0 & 0 & x-a & \cdots & 0 \\ \vdots & \vdots & \vdots & & \vdots \\ 0 & 0 & 0 & \cdots & x-a \end{vmatrix}=(x-a)^{n-1}$$

4. (1) $$\begin{vmatrix} 1 & 1 & 1 & 1 \\ 1 & 2 & 3 & 4 \\ 1 & 3 & 5 & 6 \\ 1 & 4 & 6 & 7 \end{vmatrix}=\begin{vmatrix} 1 & 1 & 1 & 1 \\ 0 & 1 & 2 & 3 \\ 0 & 2 & 4 & 5 \\ 0 & 3 & 5 & 6 \end{vmatrix}=-1$$

(2) $$\begin{vmatrix} 1 & 2 & 3 & 4 \\ 4 & 1 & 2 & 3 \\ 3 & 4 & 1 & 2 \\ 2 & 3 & 4 & 1 \end{vmatrix}=\begin{vmatrix} 10 & 10 & 10 & 10 \\ 4 & 1 & 2 & 3 \\ 3 & 4 & 1 & 2 \\ 2 & 3 & 4 & 1 \end{vmatrix}=10\begin{vmatrix} 1 & 1 & 1 & 1 \\ 0 & -3 & -2 & -1 \\ 0 & 1 & -2 & -1 \\ 0 & 1 & 2 & -1 \end{vmatrix}=-160$$

(3) $\begin{vmatrix} 2 & 1 & -1 & 4 \\ -2 & 3 & 2 & -5 \\ 1 & -2 & -3 & 2 \\ -4 & -3 & 2 & -2 \end{vmatrix} = \begin{vmatrix} 2 & 1 & -1 & 4 \\ 0 & 4 & 1 & -1 \\ 1 & -2 & -3 & 2 \\ 0 & -1 & 0 & 6 \end{vmatrix} = \begin{vmatrix} 0 & 5 & 5 & 0 \\ 0 & 4 & 1 & -1 \\ 1 & -2 & -3 & 2 \\ 0 & -1 & 0 & 6 \end{vmatrix} = -85$

(4) $\begin{vmatrix} 3 & 1 & 1 & 1 \\ 1 & 3 & 1 & 1 \\ 1 & 1 & 3 & 1 \\ 1 & 1 & 1 & 3 \end{vmatrix} = \begin{vmatrix} 6 & 6 & 6 & 6 \\ 1 & 3 & 1 & 1 \\ 1 & 1 & 3 & 1 \\ 1 & 1 & 1 & 3 \end{vmatrix} = 6\begin{vmatrix} 1 & 1 & 1 & 1 \\ 0 & 2 & 0 & 0 \\ 0 & 0 & 2 & 0 \\ 0 & 0 & 0 & 2 \end{vmatrix} = 48$

(5) $\begin{vmatrix} a & b & b & b \\ a & b & a & a \\ a & a & b & a \\ b & b & b & a \end{vmatrix} \xlongequal[-r_1 \to r_4]{-r_1 \to r_2,\ -r_1 \to r_3} \begin{vmatrix} a & b & b & b \\ 0 & 0 & a-b & a-b \\ 0 & a-b & 0 & a-b \\ b-a & 0 & 0 & a-b \end{vmatrix} = (a-b)^3 \begin{vmatrix} a & b & b & b \\ 0 & 0 & 1 & 1 \\ 0 & 1 & 0 & 1 \\ -1 & 0 & 0 & 1 \end{vmatrix}$

$= (a-b)^3 \left[a\begin{vmatrix} 0 & 1 & 1 \\ 1 & 0 & 1 \\ 0 & 0 & 1 \end{vmatrix} + \begin{vmatrix} b & b & b \\ 0 & 1 & 1 \\ 1 & 0 & 1 \end{vmatrix} \right] = (a-b)^3(b-a)$

(6) $\begin{vmatrix} 1+x & 1 & 1 & 1 \\ 1 & 1-x & 1 & 1 \\ 1 & 1 & 1+y & 1 \\ 1 & 1 & 1 & 1-y \end{vmatrix} = \begin{vmatrix} 1 & 1 & 1 & 1 \\ 1 & 1-x & 1 & 1 \\ 1 & 1 & 1+y & 1 \\ 1 & 1 & 1 & 1-y \end{vmatrix} + \begin{vmatrix} x & 1 & 1 & 1 \\ 0 & 1-x & 1 & 1 \\ 0 & 1 & 1+y & 1 \\ 0 & 1 & 1 & 1-y \end{vmatrix}$

$= \begin{vmatrix} 1 & 0 & 0 & 0 \\ 1 & -x & 0 & 0 \\ 1 & 0 & y & 0 \\ 1 & 0 & 0 & -y \end{vmatrix} + x\begin{vmatrix} 1-x & 1 & 1 \\ 1 & 1+y & 1 \\ 1 & 1 & 1-y \end{vmatrix}$

$= xy^2 + x\left[\begin{vmatrix} 1 & 1 & 1 \\ 1 & 1+y & 1 \\ 1 & 1 & 1-y \end{vmatrix} + \begin{vmatrix} -x & 1 & 1 \\ 0 & 1+y & 1 \\ 0 & 1 & 1-y \end{vmatrix} \right] = x^2y^2$

(7) $\begin{vmatrix} a & 1 & 0 & 0 \\ -1 & b & 1 & 0 \\ 0 & -1 & c & 1 \\ 0 & 0 & -1 & d \end{vmatrix} = \begin{vmatrix} 0 & ab+1 & a & 0 \\ -1 & b & 1 & 0 \\ 0 & -1 & c & 1 \\ 0 & 0 & -1 & d \end{vmatrix} = \begin{vmatrix} ab+1 & a & 0 \\ -1 & c & 1 \\ 0 & -1 & d \end{vmatrix}$

$= abcd + ab + cd + ad + 1$

(8) $\begin{vmatrix} \frac{3}{4} & 2 & -\frac{1}{2} & -5 \\ 1 & -2 & \frac{3}{2} & 8 \\ \frac{5}{6} & -\frac{4}{3} & \frac{4}{3} & \frac{14}{3} \\ \frac{2}{5} & -\frac{4}{5} & \frac{1}{2} & \frac{12}{5} \end{vmatrix} = \frac{1}{4}\times\frac{1}{2}\times\frac{1}{6}\times\frac{1}{10}\begin{vmatrix} 3 & 8 & -2 & -20 \\ 2 & -4 & 3 & 16 \\ 5 & -8 & 8 & 28 \\ 4 & -8 & 5 & 24 \end{vmatrix}$

$= \frac{1}{30}\begin{vmatrix} 3 & 2 & -2 & -5 \\ 2 & -1 & 3 & 4 \\ 5 & -2 & 8 & 7 \\ 4 & -2 & 5 & 6 \end{vmatrix} = \frac{1}{30}\begin{vmatrix} 7 & 0 & 4 & 3 \\ 2 & -1 & 3 & 4 \\ 1 & 0 & 2 & -1 \\ 0 & 0 & -1 & -2 \end{vmatrix} = -\frac{1}{30}\begin{vmatrix} 7 & 4 & 3 \\ 1 & 2 & -1 \\ 0 & -1 & -2 \end{vmatrix} = 1$

5. (1) $D_n = \begin{vmatrix} 1 & 1 & 1 & \cdots & 1 \\ 1 & 0 & 1 & \cdots & 1 \\ 1 & 1 & 0 & \cdots & 1 \\ \vdots & \vdots & \vdots & & \vdots \\ 1 & 1 & 1 & \cdots & 0 \end{vmatrix} = \begin{vmatrix} 1 & 1 & 1 & \cdots & 1 \\ 0 & -1 & 0 & \cdots & 0 \\ 0 & 0 & -1 & \cdots & 0 \\ \vdots & \vdots & \vdots & & \vdots \\ 0 & 0 & 0 & \cdots & -1 \end{vmatrix} = (-1)^{n-1}$

(2) $D_n = \begin{vmatrix} a & 0 & \cdots & 0 & 1 \\ 0 & a & \cdots & 0 & 0 \\ \vdots & \vdots & & \vdots & \vdots \\ 0 & 0 & \cdots & a & 0 \\ 1 & 0 & \cdots & 0 & a \end{vmatrix} = a\begin{vmatrix} a & \cdots & 0 & 0 \\ \vdots & & \vdots & \vdots \\ 0 & \cdots & a & 0 \\ 0 & \cdots & 0 & a \end{vmatrix} + (-1)^{n+1}\begin{vmatrix} 0 & \cdots & 0 & 1 \\ a & \cdots & 0 & 0 \\ \vdots & & \vdots & \vdots \\ 0 & \cdots & a & 0 \end{vmatrix}$

$= a^n + (-1)^{n+1}(-1)^n a^{n-2} = a^n - a^{n-2}$

(3) $D_n = \begin{vmatrix} x & a & \cdots & a \\ a & x & \cdots & a \\ \vdots & \vdots & & \vdots \\ a & a & \cdots & x \end{vmatrix} = [x+(n-1)a]\begin{vmatrix} 1 & 1 & \cdots & 1 \\ a & x & \cdots & a \\ \vdots & \vdots & & \vdots \\ a & a & \cdots & x \end{vmatrix}$

$= [x+(n-1)a]\begin{vmatrix} 1 & 1 & \cdots & 1 \\ 0 & x-a & \cdots & 0 \\ \vdots & \vdots & & \vdots \\ 0 & 0 & \cdots & x-a \end{vmatrix} = [x+(n-1)a](x-a)^{n-1}$

习题 1.6

1. (1) $D=6, D_1=6, D_2=-6, D_3=6, x_1=\frac{D_1}{D}=1, x_2=\frac{D_2}{D}=-1, x_3=\frac{D_3}{D}=1$

(2) $D=-7, D_1=-7, D_2=7, D_3=7, D_4=-7$

$x_1=\frac{D_1}{D}=1, x_2=\frac{D_2}{D}=-1, x_3=\frac{D_3}{D}=-1, x_4=\frac{D_4}{D}=1$

2. 齐次线性方程组有非零解的充分必要条件是其对应的行列式为零,即

$$\begin{vmatrix} \lambda & 1 & 1 \\ 1 & \mu & 1 \\ 1 & 2\mu & 1 \end{vmatrix}=0,\text{此时 } \lambda=1 \text{ 或 } \mu=0.$$

3. 证明:反证法,假设 $ax^3+bx^2+cx+d=0(a\neq0)$ 有四个不同根,分别记做 x_1, x_2, x_3, x_4,则

$$\begin{cases} ax_1^3+bx_1^2+cx_1+d=0 \\ ax_2^3+bx_2^2+cx_2+d=0 \\ ax_3^3+bx_3^2+cx_3+d=0 \\ ax_4^3+bx_4^2+cx_4+d=0 \end{cases}$$

将 x_1, x_2, x_3, x_4 看成已知数,将 a, b, c, d 看成未知数,则此方程组系数行列式

$$\begin{vmatrix} x_1^3 & x_1^2 & x_1 & 1 \\ x_2^3 & x_2^2 & x_2 & 1 \\ x_3^3 & x_3^2 & x_3 & 1 \\ x_4^3 & x_4^2 & x_4 & 1 \end{vmatrix}\neq0$$

故此方程组只能有零解,即 $a=b=c=d=0$,与 $a\neq0$ 矛盾.

习题 2.1

1. 解:点 A 在第一卦限,点 B 在第七卦限,点 C 在第四卦限.

2. 解:各顶点坐标为

$$\left(\frac{\sqrt{2}}{2}a, \frac{\sqrt{2}}{2}a, a\right), \left(-\frac{\sqrt{2}}{2}a, \frac{\sqrt{2}}{2}a, a\right), \left(\frac{\sqrt{2}}{2}a, -\frac{\sqrt{2}}{2}a, a\right), \left(-\frac{\sqrt{2}}{2}a, -\frac{\sqrt{2}}{2}a, a\right),$$

$$\left(\frac{\sqrt{2}}{2}a, \frac{\sqrt{2}}{2}a, 0\right), \left(-\frac{\sqrt{2}}{2}a, \frac{\sqrt{2}}{2}a, 0\right), \left(\frac{\sqrt{2}}{2}a, -\frac{\sqrt{2}}{2}a, 0\right), \left(-\frac{\sqrt{2}}{2}a, -\frac{\sqrt{2}}{2}a, 0\right)$$

3. 解：M_0 到 x,y,z 轴的距离分别为 $\sqrt{y_0^2+z_0^2}$，$\sqrt{x_0^2+z_0^2}$，$\sqrt{x_0^2+y_0^2}$；

M_0 到 xOy,xOz,yOz 面的距离分别为 $|z_0|$，$|y_0|$，$|x_0|$.

4. 解：因 $|AB|=7$，$|AC|=7$，$|BC|=7\sqrt{2}$，故 $|AB|^2+|AC|^2=|BC|^2$，即此三角形为直角三角形. 所以，$S_{\triangle ABC}=\frac{1}{2}|AB|\cdot|AC|=\frac{49}{2}$.

习题 2.2

1. 解：$\overrightarrow{AB}=(-3,-4,-8)$.

2. 解：

$$\begin{aligned}3\boldsymbol{u}-2\boldsymbol{v}&=3(\boldsymbol{a}+\boldsymbol{b}-2\boldsymbol{c})-2(3\boldsymbol{a}-2\boldsymbol{b}+\boldsymbol{c})\\&=(3\boldsymbol{a}+3\boldsymbol{b}-6\boldsymbol{c})-(6\boldsymbol{a}-4\boldsymbol{b}+2\boldsymbol{c})\\&=-3\boldsymbol{a}+7\boldsymbol{b}-8\boldsymbol{c}\end{aligned}$$

3. 解：$2\boldsymbol{a}+3\boldsymbol{b}+4\boldsymbol{c}=2(3\boldsymbol{i}+5\boldsymbol{j}+4\boldsymbol{k})+3(-6\boldsymbol{i}+\boldsymbol{j}+2\boldsymbol{k})+4(-3\boldsymbol{i}-4\boldsymbol{k})=-24\boldsymbol{i}+13\boldsymbol{j}-2\boldsymbol{k}$.

4. 解：$|\boldsymbol{a}|=\sqrt{6^2+7^2+(-6)^2}=11$，$\boldsymbol{a}^0=\frac{\boldsymbol{a}}{|\boldsymbol{a}|}=\left(\frac{6}{11},\frac{7}{11},\frac{-6}{11}\right)$.

5. 解：$|\boldsymbol{a}|=3$，$\cos\alpha=\frac{1}{3}$，$\cos\beta=\frac{2}{3}$，$\cos\gamma=\frac{-2}{3}$.

6. 解：$\frac{1}{|\boldsymbol{c}|}\boldsymbol{c}$，$\boldsymbol{c}=\frac{1}{|\boldsymbol{a}|}\boldsymbol{a}+\frac{1}{|\boldsymbol{b}|}\boldsymbol{b}$.

7. 证明：因 M 是线段 AB 的中点，故 $\overrightarrow{AM}=\overrightarrow{MB}=-\overrightarrow{BM}$，

又 $\overrightarrow{OM}=\overrightarrow{OA}+\overrightarrow{AM}$，$\overrightarrow{OM}=\overrightarrow{OB}+\overrightarrow{BM}$，从而 $2\overrightarrow{OM}=(\overrightarrow{OA}+\overrightarrow{AM})+(\overrightarrow{OB}+\overrightarrow{BM})=\overrightarrow{OA}+\overrightarrow{OB}$，

即 $\overrightarrow{OM}=\frac{1}{2}(\overrightarrow{OA}+\overrightarrow{OB})$.

习题 2.3

1. 解：-2，π.

2. 解：$-\boldsymbol{k}$，$-\boldsymbol{i}-\boldsymbol{j}+\boldsymbol{k}$，$-\boldsymbol{i}-\boldsymbol{j}$，$2\boldsymbol{i}+\boldsymbol{j}$.

3. 解：因 $|\boldsymbol{a}|=|\boldsymbol{b}|=|\boldsymbol{c}|=1$，且 $\boldsymbol{a}\perp\boldsymbol{b}$，$\boldsymbol{b}\perp\boldsymbol{c}$，$\boldsymbol{a}\perp\boldsymbol{c}$，故

$$\begin{aligned}|\boldsymbol{a}+\boldsymbol{b}+\boldsymbol{c}|^2&=|\boldsymbol{a}|^2+|\boldsymbol{b}|^2+|\boldsymbol{c}|^2+2\boldsymbol{a}\cdot\boldsymbol{b}+2\boldsymbol{b}\cdot\boldsymbol{c}+2\boldsymbol{a}\cdot\boldsymbol{c}\\&=|\boldsymbol{a}|^2+|\boldsymbol{b}|^2+|\boldsymbol{c}|^2\\&=3\end{aligned}$$

所以，$|\boldsymbol{a}+\boldsymbol{b}+\boldsymbol{c}|=\sqrt{3}$.

4. 解:因$|\boldsymbol{a}|=|\boldsymbol{b}|=|\boldsymbol{c}|=1$,故

$$\begin{aligned}0&=|\boldsymbol{a}+\boldsymbol{b}+\boldsymbol{c}|^2=|\boldsymbol{a}|^2+|\boldsymbol{b}|^2+|\boldsymbol{c}|^2+2(\boldsymbol{a}\cdot\boldsymbol{b}+\boldsymbol{b}\cdot\boldsymbol{c}+\boldsymbol{a}\cdot\boldsymbol{c})\\&=3+2(\boldsymbol{a}\cdot\boldsymbol{b}+\boldsymbol{b}\cdot\boldsymbol{c}+\boldsymbol{a}\cdot\boldsymbol{c}),\end{aligned}$$

所以

$$\boldsymbol{a}\cdot\boldsymbol{b}+\boldsymbol{b}\cdot\boldsymbol{c}+\boldsymbol{a}\cdot\boldsymbol{c}=-\frac{3}{2}$$

5. 解:

(1) $$\begin{aligned}(\boldsymbol{a}+\boldsymbol{b})\times(\boldsymbol{a}-\boldsymbol{b})&=(\boldsymbol{a}+\boldsymbol{b})\times\boldsymbol{a}-(\boldsymbol{a}+\boldsymbol{b})\times\boldsymbol{b}\\&=(\boldsymbol{a}\times\boldsymbol{a}+\boldsymbol{b}\times\boldsymbol{a})-(\boldsymbol{a}\times\boldsymbol{b}+\boldsymbol{b}\times\boldsymbol{b})\\&=\boldsymbol{b}\times\boldsymbol{a}-\boldsymbol{a}\times\boldsymbol{b}=2\boldsymbol{b}\times\boldsymbol{a}\end{aligned}$$

(2) $$\begin{aligned}(\boldsymbol{a}+\boldsymbol{b}-\boldsymbol{c})\times(\boldsymbol{a}-\boldsymbol{b}+\boldsymbol{c})&=(\boldsymbol{a}+\boldsymbol{b}-\boldsymbol{c})\times\boldsymbol{a}-(\boldsymbol{a}+\boldsymbol{b}-\boldsymbol{c})\times(\boldsymbol{b}-\boldsymbol{c})\\&=(\boldsymbol{b}-\boldsymbol{c})\times\boldsymbol{a}-\boldsymbol{a}\times(\boldsymbol{b}-\boldsymbol{c})\\&=2(\boldsymbol{b}-\boldsymbol{c})\times\boldsymbol{a}\\&=2\boldsymbol{a}\times\boldsymbol{c}+2\boldsymbol{b}\times\boldsymbol{a}\end{aligned}$$

(3) $(2\boldsymbol{a}+\boldsymbol{b})\times(3\boldsymbol{a}-\boldsymbol{b})=3(2\boldsymbol{a}+\boldsymbol{b})\times\boldsymbol{a}-(2\boldsymbol{a}+\boldsymbol{b})\times\boldsymbol{b}=3\boldsymbol{b}\times\boldsymbol{a}-2\boldsymbol{a}\times\boldsymbol{b}=5\boldsymbol{b}\times\boldsymbol{a}$

6. 解:$[\boldsymbol{a},\boldsymbol{b},\boldsymbol{c}]=\begin{vmatrix}1&-1&2\\1&1&0\\1&2&1\end{vmatrix}=4$

7. 解:$[\boldsymbol{a}+\boldsymbol{b},\boldsymbol{b}+\boldsymbol{c},\boldsymbol{c}+\boldsymbol{a}]=2[\boldsymbol{a}+\boldsymbol{b}+\boldsymbol{c},-\boldsymbol{a},-\boldsymbol{b}]=2[\boldsymbol{c},-\boldsymbol{a},-\boldsymbol{b}]=2[\boldsymbol{a},\boldsymbol{b},\boldsymbol{c}]=4.$

8. 证明:$\boldsymbol{a}\times\boldsymbol{b}+\boldsymbol{b}\times\boldsymbol{c}+\boldsymbol{c}\times\boldsymbol{a}=0$ 与 $\boldsymbol{c}$ 作内积,得

$0=(\boldsymbol{a}\times\boldsymbol{b}+\boldsymbol{b}\times\boldsymbol{c}+\boldsymbol{c}\times\boldsymbol{a})\cdot\boldsymbol{c}=(\boldsymbol{a}\times\boldsymbol{b})\cdot\boldsymbol{c}+(\boldsymbol{b}\times\boldsymbol{c})\cdot\boldsymbol{c}+(\boldsymbol{c}\times\boldsymbol{a})\cdot\boldsymbol{c}=(\boldsymbol{a}\times\boldsymbol{b})\cdot\boldsymbol{c}$

从而,$(\boldsymbol{a}\times\boldsymbol{b})\cdot\boldsymbol{c}=0$,所以,$\boldsymbol{a},\boldsymbol{b},\boldsymbol{c}$ 共面.

习题　2.4

1. 解:由于所求平面 $2x+3y-2z-5=0$ 平行,设平面方程为 $2x+3y-2z+D=0$.

由平面过点 $(2,1,1)$,故 $2\times2+3\times1-2\times1+D=0$,即 $D=-5$.

所以,所求平面方程为

$$2x+3y-2z-5=0$$

2. 解:设 $M(x,y,z)$ 为平面上任意一点,记已知点分别为 A,B,C,则向量 $\overrightarrow{AM},\overrightarrow{AB},\overrightarrow{AC}$ 共面,于是,混合积

$$[\overrightarrow{AM},\overrightarrow{AB},\overrightarrow{AC}]=\begin{vmatrix}x-1&y-3&z-2\\1&-2&1\\-2&-4&0\end{vmatrix}=0$$

即平面方程为

$$2x - y - 4z + 9 = 0$$

3. 解:(1)过原点,(2)平行于 x 轴,(3)平行于 xOy 平面,(4)过 x 轴.

4. 解:设平面的法向为 $\boldsymbol{n}$,该平面与 xOy 平面的夹角等于 $\boldsymbol{n}$ 与 $\boldsymbol{k}$ 的夹角;与 yOz 平面的夹角等于 $\boldsymbol{n}$ 与 $\boldsymbol{i}$ 的夹角;与 zOx 平面的夹角等于 $\boldsymbol{n}$ 与 $\boldsymbol{j}$ 的夹角. 故 $\cos\alpha=\frac{1}{\sqrt{6}},\cos\beta=\frac{1}{\sqrt{6}},\cos\gamma=\frac{2}{\sqrt{6}}$.

5. 解:交点为$(1,-1,3)$.

6. 解:(1) $z=3$;(2) $y-z=0$;(3) $x-y-4=0$.

7. 解:$\frac{|D_2-D_1|}{\sqrt{A^2+B^2+C^2}}$.

习题 2.5

1. 解:向量 $\overrightarrow{AB}=\{-1,-1,1\}$,故直线方程为$\frac{x-3}{-1}=\frac{y-2}{-1}=\frac{z+1}{1}$.

2. 解:$\frac{x}{-2}=\frac{y-\frac{3}{2}}{1}=\frac{z-\frac{5}{2}}{3}$.

3. 解:设投影点为 $H(x,y,z)$,记平面法向为 $\boldsymbol{n}=\{1,2,-1\}$,则 $\boldsymbol{HP}\parallel\boldsymbol{n}$,即

$$\frac{x-2}{1}=\frac{y-1}{2}=\frac{z+1}{-1}$$

又 H 在平面 $x+2y-z=0$ 上,故 $x+2y-z=0$. 联立方程组,得 $x=\frac{7}{6},y=-\frac{2}{3},z=-\frac{1}{6}$.

故投影点为$\left(\frac{7}{6},-\frac{2}{3},-\frac{1}{6}\right)$.

4. 解:直线 l_1 的方向向量为 $\boldsymbol{n}_1=\begin{vmatrix}\boldsymbol{i} & \boldsymbol{j} & \boldsymbol{k}\\ 1 & -1 & 2\\ 2 & 1 & 1\end{vmatrix}=\{-3,3,3\}$,直线 l_2 的方向向量为 $\boldsymbol{n}_2=\{1,1,2\}$,故两直线的夹角的余弦值为 $\cos<\boldsymbol{n}_1,\boldsymbol{n}_2>=\frac{\boldsymbol{n}_1\cdot\boldsymbol{n}_2}{|\boldsymbol{n}_1||\boldsymbol{n}_2|}=\frac{6}{3\sqrt{3}\cdot\sqrt{6}}=\frac{\sqrt{2}}{3}$.

5. 解:设直线的方向向量为 $\boldsymbol{d}=\{m,n,p\}$,则 $\boldsymbol{d}\perp\boldsymbol{n}_1,\boldsymbol{d}\perp\boldsymbol{n}_2$.

由 $\boldsymbol{n}_1=\{1,-1,0\},\boldsymbol{n}_2=\{0,1,-1\}$,得 $m=n=p$. 取 $m=n=p=1$,又由平面过点$(-1,2,1)$,故平面方程为

$$\frac{x+1}{1}=\frac{y-2}{1}=\frac{z-1}{1}.$$

6. 解:直线的方向向量为 $\boldsymbol{d}=\{2,1,0\}$,平面的法向量为 $\boldsymbol{n}=\{3,2,1\}$,故直线与平面的夹角为 $\theta=\frac{\pi}{2}-\arccos\frac{\boldsymbol{d}\cdot\boldsymbol{n}}{|\boldsymbol{d}||\boldsymbol{n}|}=\frac{\pi}{2}-\arccos\frac{8}{\sqrt{70}}=\arcsin\frac{8}{\sqrt{70}}$.

7. 证明:设直线与线段 $\overrightarrow{M_0M}$ 夹角为 θ,则 $d=|\overrightarrow{M_0M}|\cdot\sin\theta$. 又由于

$$|\overrightarrow{M_0M}\times\boldsymbol{s}|=|\overrightarrow{M_0M}|\cdot|\boldsymbol{s}|\cdot\sin\theta$$

故

$$d=\frac{|\overrightarrow{M_0M}\times\boldsymbol{s}|}{|\boldsymbol{s}|}.$$

8. 解:过点 $P(1,1,2)$ 作已知直线的垂线,设垂足为 $H(x_0,y_0,z_0)$,记直线的方向向量为 $\boldsymbol{d}$,则点 P 到直线的距离等于 $|\overrightarrow{PH}|$.

由 $\overrightarrow{PH}\perp\boldsymbol{d},\boldsymbol{d}=(1,-1,2)$,得

$$(x_0-1)-(y_0-1)+2(z_0-2)=0$$

由 H 在直线上,得

$$\frac{x_0}{1}=\frac{y_0-1}{-1}=\frac{z_0+1}{2}$$

解得 $x_0=\frac{7}{6},y_0=-\frac{1}{6},z_0=\frac{4}{3}$,故点 $P(1,1,2)$ 到直线的距离为

$$|\overrightarrow{PH}|=\frac{\sqrt{66}}{6}$$

9. 解:(1)平行;(2) 垂直;(3) 直线在平面内.

10. 解:取直线上一点 $M(1,0,0)$,记已知点为 $P(0,1,2)$,直线的方向向量为 $\boldsymbol{d}$,设平面的法向量为 $\boldsymbol{n}$,则由题意,$\boldsymbol{n}\perp\boldsymbol{d},\boldsymbol{n}\perp\overrightarrow{PM}$,故 $\boldsymbol{n}=\overrightarrow{PM}\times\boldsymbol{d}=5(1,-1,1)$. 又平面过点 $M(1,0,0)$,所以所求平面方程为 $(x-1)-y+z=0$,即 $x-y+z-1=0$.

11. 解:过直线 l 作与已知平面 Π_0 垂直的平面 Π,则平面 Π 与 Π_0 的交点即为所求的投影直线.

设平面 Π 的法向为 $\boldsymbol{n}$,记 $\boldsymbol{d}=(1,2,3),\boldsymbol{n}_0=(4,-1,1)$,则 $\boldsymbol{n}\perp\boldsymbol{d},\boldsymbol{n}\perp\boldsymbol{n}_0$.

取 $\boldsymbol{n}=\boldsymbol{d}\times\boldsymbol{n}_0=(5,11,-9)$,又平面 Π 过点 $(1,0,0)$,则平面 Π 的方程为 $5(x-1)+11(y-0)-9(z-0)=0$,即 $5x+11y-9z-5=0$.

联立两个平面方程,得

$$\begin{cases}4x-y+z-1=0\\5x+11y-9z-5=0\end{cases}$$

即为所求直线方程.

习题 2.6

1. 解:球面半径等于球心到原点的距离为$\sqrt{1^2+3^2+(-2)^2}=\sqrt{14}$,故球面方程为

$$\sqrt{(x-1)^2+(y-3)^2+(z+2)^2}=14$$

2. 解:方程可化为$x^2+(y+1)^2+(z+2)^2=5$,故该方程表示以$(0,-1,-2)$为心,以$\sqrt{5}$为半径的球面.

3. 解:(1)$y^2+z^2=x$

(2)$\dfrac{x^2+y^2}{a^2}+\dfrac{z^2}{c^2}=1$

(3)绕 x 轴旋转 $x^2-4(y^2+z^2)=16$,绕 z 轴旋转 $x^2+z^2-4y^2=16$

4. 解:(1) $\dfrac{x^2}{4}+\dfrac{y^2}{9}=1$ 绕 x 轴旋转;

(2)$x^2-y^2=1$ 绕 y 轴旋转;

(3)$x^2=(1-z)^2$ 绕 z 轴旋转.

习题 2.7

2. 解:

(1) $$\begin{cases}x=\sqrt{\dfrac{2}{3}}\cos\theta\\ y=-\dfrac{1}{\sqrt{6}}(\cos\theta+\sqrt{3}\sin\theta)\\ z=-\dfrac{1}{\sqrt{6}}(\cos\theta-\sqrt{3}\sin\theta)\end{cases}\ (0\leqslant\theta\leqslant2\pi);$$

(2) $$\begin{cases}x=\sqrt{3}\cos\theta+1\\ y=\sqrt{3}\sin\theta\\ z=0\end{cases}\quad(0\leqslant\theta\leqslant2\pi).$$

3. 解:

在 xOy 坐标面的投影为$\begin{cases}x^2+y^2-x-y=0\\ z=0\end{cases}$;

在 yOz 坐标面的投影为$\begin{cases}2y^2+z^2-3z-4y+2zy+2=0\\ x=0\end{cases}$;

在 zOx 坐标面的投影为$\begin{cases}2x^2+z^2-3z-4x+2zx+2=0\\y=0\end{cases}$.

4. 解:

在 xOy 坐标面的投影为$\begin{cases}(x-1)^2+y^2\leqslant 1\\z=0\end{cases}$;

在 yOz 坐标面的投影为$\begin{cases}(\frac{1}{2}z^2-1)^2+y^2\leqslant 1\\z\geqslant 0\\x=0\end{cases}$;

在 zOx 坐标面的投影为$\begin{cases}x\leqslant z\leqslant \sqrt{2x}\\y=0\end{cases}$.

习题 3.1

1. (1)$\begin{bmatrix}0&0&0\end{bmatrix}$ (2)$\begin{bmatrix}0\\0\\0\end{bmatrix}$ (3)$\begin{bmatrix}2&3&4\\3&4&5\end{bmatrix}$ (4)$\begin{bmatrix}1&2&3\\2&4&6\\3&6&9\end{bmatrix}$

2. (1)否 (2)是 (3)否 (4)否

习题 3.2

1. (1)真.

(2)真.

(3)假. 例如矩阵$\begin{bmatrix}1&2&3\\1&4&7\end{bmatrix}$秩为 2,$\begin{bmatrix}1&2\\1&4\end{bmatrix}$,$\begin{bmatrix}1&3\\1&7\end{bmatrix}$,$\begin{bmatrix}2&3\\4&7\end{bmatrix}$均为其二阶非零子式.

(4)假. 例如矩阵$\begin{bmatrix}1&2\\0&0\end{bmatrix}$秩为 1,但有一阶为零的子式.

(5)真. 事实上,若矩阵 $\boldsymbol{A}$ 的所有 r 阶子式都等于 0,则 $\boldsymbol{A}$ 的任意高于 r 的子式也均为零(由行列式展开定理易见).

(6)真. 此时,增广阵的秩也等于 m.

(7)假. 反例：$\boldsymbol{A}=\begin{bmatrix}1&0\\0&1\\0&0\end{bmatrix},\boldsymbol{B}=\begin{bmatrix}1&0\\0&1\end{bmatrix}$.

2. (1)$\begin{bmatrix}1&0&2&-1\\2&0&3&1\\3&0&4&-3\end{bmatrix}\to\begin{bmatrix}1&0&2&-1\\0&0&-1&3\\0&0&-2&0\end{bmatrix}\to\begin{bmatrix}1&0&2&-1\\0&0&1&-3\\0&0&1&0\end{bmatrix}\to\begin{bmatrix}1&0&2&-1\\0&0&1&-3\\0&0&0&3\end{bmatrix}$

$\to\begin{bmatrix}1&0&2&-1\\0&0&1&-3\\0&0&0&1\end{bmatrix}\to\begin{bmatrix}1&0&2&-1\\0&0&1&0\\0&0&0&1\end{bmatrix}\to\begin{bmatrix}1&0&0&0\\0&0&1&0\\0&0&0&1\end{bmatrix}$

(2)$\begin{bmatrix}0&2&-3&1\\0&3&-4&3\\0&4&-7&-1\end{bmatrix}\to\begin{bmatrix}0&2&-3&1\\0&0&1&3\\0&0&-1&-3\end{bmatrix}\to\begin{bmatrix}0&2&0&10\\0&0&1&3\\0&0&0&0\end{bmatrix}\to\begin{bmatrix}0&1&0&5\\0&0&1&3\\0&0&0&0\end{bmatrix}$

(3)$\begin{bmatrix}1&-1&3&-4&3\\3&-3&5&-4&1\\2&-2&3&-2&0\\3&-3&4&-2&-1\end{bmatrix}\to\begin{bmatrix}1&-1&3&-4&3\\0&0&-4&8&-8\\0&0&-3&6&-6\\0&0&-5&10&-10\end{bmatrix}\to\begin{bmatrix}1&-1&3&-4&3\\0&0&1&-2&2\\0&0&1&-2&2\\0&0&1&-2&2\end{bmatrix}$

$\to\begin{bmatrix}1&-1&0&2&-3\\0&0&1&-2&2\\0&0&0&0&0\\0&0&0&0&0\end{bmatrix}$

(4)$\begin{bmatrix}2&3&1&-3&-7\\1&2&0&-2&-4\\3&-2&8&3&0\\2&-3&7&4&3\end{bmatrix}\to\begin{bmatrix}0&-1&1&1&1\\1&2&0&-2&-4\\0&-8&8&9&12\\0&-7&7&8&11\end{bmatrix}\to\begin{bmatrix}0&-1&1&1&1\\1&0&2&0&-2\\0&0&0&1&4\\0&0&0&1&4\end{bmatrix}$

$\to\begin{bmatrix}1&0&2&0&-2\\0&1&-1&-1&-1\\0&0&0&1&4\\0&0&0&0&0\end{bmatrix}\to\begin{bmatrix}1&0&2&0&-2\\0&1&-1&0&3\\0&0&0&1&4\\0&0&0&0&0\end{bmatrix}$

3. 设 $\boldsymbol{\alpha}_1,\boldsymbol{\alpha}_2,\boldsymbol{\alpha}_3,\boldsymbol{\alpha}_4,\boldsymbol{\alpha}_5$ 为五维行向量，且 $\boldsymbol{\alpha}_1=(1,0,1,0,0)$，$\boldsymbol{\alpha}_2=(1,-1,0,0,0)$，则所求方阵可为

$$A=\begin{bmatrix}\boldsymbol{\alpha}_1\\ \boldsymbol{\alpha}_2\\ \boldsymbol{\alpha}_3\\ \boldsymbol{\alpha}_4\\ \boldsymbol{\alpha}_5\end{bmatrix}$$,秩为4，不妨设 $\begin{cases}\boldsymbol{\alpha}_3=(0,0,0,x_4,0)\\ \boldsymbol{\alpha}_4=(0,0,0,0,x_5)\\ \boldsymbol{\alpha}_5=(0,0,0,0,0)\end{cases}$,取 $x_4=x_5=1$

故满足条件的一个方阵为 $\begin{bmatrix}1&0&1&0&0\\1&-1&0&0&0\\0&0&0&1&0\\0&0&0&0&1\\0&0&0&0&0\end{bmatrix}$.

4. (1) $\begin{bmatrix}3&1&0&2\\1&-1&2&-1\\1&3&-4&4\end{bmatrix}\to\begin{bmatrix}1&-1&2&-1\\3&1&0&2\\1&3&-4&4\end{bmatrix}\to\begin{bmatrix}1&-1&2&-1\\0&4&-6&5\\0&4&-6&5\end{bmatrix}$

$\to\begin{bmatrix}1&-1&2&-1\\0&4&-6&5\\0&0&0&0\end{bmatrix}$

秩为2,二阶子式 $\begin{vmatrix}3&1\\1&-1\end{vmatrix}=-4$.

(2) $\begin{bmatrix}3&2&-1&-3&-1\\2&-1&3&1&-3\\7&0&5&-1&-8\end{bmatrix}\to\begin{bmatrix}1&3&-4&-4&2\\0&-7&11&9&-7\\0&-21&33&27&-22\end{bmatrix}\to\begin{bmatrix}1&3&-4&-4&2\\0&-7&11&9&-5\\0&0&0&0&1\end{bmatrix}$

秩为3,三阶子式 $\begin{vmatrix}3&2&-1\\2&-1&-3\\7&0&-8\end{vmatrix}=7$.

(3) $\begin{bmatrix}2&1&8&3&7\\2&-3&0&7&-5\\3&-2&5&8&0\\1&0&3&2&0\end{bmatrix}\to\begin{bmatrix}0&1&2&-1&7\\0&-3&-6&3&-5\\0&-2&-4&2&0\\1&0&3&2&0\end{bmatrix}\to\begin{bmatrix}1&0&3&2&0\\0&1&2&-1&7\\0&0&0&0&1\\0&0&0&0&0\end{bmatrix}$

秩为3,三阶子式 $\begin{vmatrix}0&7&-5\\5&8&0\\3&2&0\end{vmatrix}=-5\begin{vmatrix}5&8\\3&2\end{vmatrix}=70\neq0$.

5. 证明:必要性即定理3,故需证明充分性,设 $r(\boldsymbol{A})=r(\boldsymbol{B})=r$,由矩阵的等价标准形理论知矩阵 $\boldsymbol{A},\boldsymbol{B}$ 具有相同的标准形,$\boldsymbol{F}=\begin{bmatrix}\boldsymbol{E}_r&\boldsymbol{O}\\\boldsymbol{O}&\boldsymbol{O}\end{bmatrix}_{m\times n}$,于是 $\boldsymbol{A}\sim\boldsymbol{F},\boldsymbol{B}\sim\boldsymbol{F}$,从而由等价关系的对称

性和传递性,知 $\boldsymbol{A}\sim\boldsymbol{B}$.

6. 对 $\boldsymbol{A}$ 作初等变换,

$$\boldsymbol{A}=\begin{bmatrix}1&-2&3k\\-1&2k&-3\\k&-2&3\end{bmatrix}\to\begin{bmatrix}1&-2&3k\\0&2(k-1)&3(k-1)\\0&0&-3(k-1)(k+2)\end{bmatrix}$$

于是,由定理3,(1) 当 $k=1$ 时,$\mathrm{r}(\boldsymbol{A})=1$;(2) 当 $k=-2$ 时,$\mathrm{r}(\boldsymbol{A})=2$;(3) 当 $k\neq1$ 且 $k\neq-2$ 时,$\mathrm{r}(\boldsymbol{A})=3$.

习题 3.3

1. (1)对系数矩阵实施行变换:

$$\begin{bmatrix}1&1&2&-1\\2&1&1&-1\\2&2&1&2\end{bmatrix}\to\begin{bmatrix}1&0&-1&0\\0&1&3&-1\\0&0&1&-\frac{4}{3}\end{bmatrix},\text{即得}\begin{cases}x_1=\frac{4}{3}x_4\\x_2=-3x_4\\x_3=\frac{4}{3}x_4\\x_4=x_4\end{cases}$$

故方程组的解为

$$\begin{bmatrix}x_1\\x_2\\x_3\\x_4\end{bmatrix}=k\begin{bmatrix}\frac{4}{3}\\-3\\\frac{4}{3}\\1\end{bmatrix}$$

(2)对系数矩阵实施行变换:

$$\begin{bmatrix}1&2&1&-1\\3&6&-1&-3\\5&10&1&-5\end{bmatrix}\to\begin{bmatrix}1&2&0&-1\\0&0&1&0\\0&0&0&0\end{bmatrix},\text{即得}\begin{cases}x_1=-2x_2+x_4\\x_2=x_2\\x_3=0\\x_4=x_4\end{cases}$$

故方程组的解为

$$\begin{bmatrix}x_1\\x_2\\x_3\\x_4\end{bmatrix}=k_1\begin{bmatrix}-2\\1\\0\\0\end{bmatrix}+k_2\begin{bmatrix}1\\0\\0\\1\end{bmatrix}$$

(3)对系数矩阵实施行变换：

$$\begin{bmatrix}2&3&-1&5\\3&1&2&-7\\4&1&-3&6\\1&-2&4&-7\end{bmatrix}\to\begin{bmatrix}1&0&0&0\\0&1&0&0\\0&0&1&0\\0&0&0&1\end{bmatrix},\text{即得}\begin{cases}x_1=0\\x_2=0\\x_3=0\\x_4=0\end{cases}.$$

故方程组的解为

$$\begin{cases}x_1=0\\x_2=0\\x_3=0\\x_4=0\end{cases}.$$

(4)对系数矩阵实施行变换：

$$\begin{bmatrix}3&4&-5&7\\2&-3&3&-2\\4&11&-13&16\\7&-2&1&3\end{bmatrix}\to\begin{bmatrix}1&0&-\frac{3}{17}&\frac{13}{17}\\0&1&-\frac{19}{17}&\frac{20}{17}\\0&0&0&0\\0&0&0&0\end{bmatrix},\text{即得}\begin{cases}x_1=\frac{3}{17}x_3-\frac{13}{17}x_4\\x_2=\frac{19}{17}x_3-\frac{20}{17}x_4\\x_3=x_3\\x_4=x_4\end{cases}$$

故方程组的解为

$$\begin{bmatrix}x_1\\x_2\\x_3\\x_4\end{bmatrix}=k_1\begin{bmatrix}\frac{3}{17}\\\frac{19}{17}\\1\\0\end{bmatrix}+k_2\begin{bmatrix}-\frac{13}{17}\\-\frac{20}{17}\\0\\1\end{bmatrix}$$

2.(1)对系数的增广矩阵施行行变换，有

$$\begin{bmatrix}4&2&-1&2\\3&-1&2&10\\11&3&0&8\end{bmatrix}\to\begin{bmatrix}1&3&-3&-8\\0&-10&11&34\\0&0&0&-6\end{bmatrix}$$

$\mathrm{r}(\boldsymbol{A})=2$ 而 $\mathrm{r}(\boldsymbol{B})=3$，故方程组无解.

(2)对系数的增广矩阵施行行变换：

$$\begin{bmatrix}2 & 3 & 1 & 4\\ 1 & -2 & 4 & -5\\ 3 & 8 & -2 & 13\\ 4 & -1 & 9 & -6\end{bmatrix}\to\begin{bmatrix}1 & 0 & 2 & -1\\ 0 & 1 & -1 & 2\\ 0 & 0 & 0 & 0\\ 0 & 0 & 0 & 0\end{bmatrix}，即得\begin{cases}x=-2z-1\\ y=z+2\\ z=z\end{cases}.$$

亦即

$$\begin{bmatrix}x\\ y\\ z\end{bmatrix}=k\begin{bmatrix}-2\\ 1\\ 1\end{bmatrix}+\begin{bmatrix}-1\\ 2\\ 0\end{bmatrix}$$

（3）对系数的增广矩阵施行行变换：

$$\begin{bmatrix}2 & 1 & -1 & 1 & 1\\ 4 & 2 & -2 & 1 & 2\\ 2 & 1 & -1 & -1 & 1\end{bmatrix}\to\begin{bmatrix}2 & 1 & -1 & 1 & 1\\ 0 & 0 & 0 & 1 & 0\\ 0 & 0 & 0 & 0 & 0\end{bmatrix}，即得\begin{cases}x=-\frac{1}{2}y+\frac{1}{2}z+\frac{1}{2}\\ y=y\\ z=z\\ w=0\end{cases}$$

即

$$\begin{bmatrix}x\\ y\\ z\\ w\end{bmatrix}=k_1\begin{bmatrix}-\frac{1}{2}\\ 1\\ 0\\ 0\end{bmatrix}+k_2\begin{bmatrix}\frac{1}{2}\\ 0\\ 1\\ 0\end{bmatrix}+\begin{bmatrix}\frac{1}{2}\\ 0\\ 0\\ 0\end{bmatrix}$$

（4）对系数的增广矩阵施行行变换：

$$\begin{bmatrix}2 & 1 & -1 & 1 & 1\\ 3 & -2 & 1 & -3 & 4\\ 1 & 4 & -3 & 5 & -2\end{bmatrix}\to\begin{bmatrix}1 & 4 & -3 & 5 & -2\\ 0 & 1 & -\frac{5}{7} & \frac{9}{7} & -\frac{5}{7}\\ 0 & 0 & 0 & 0 & 0\end{bmatrix}\to\begin{bmatrix}1 & 0 & -\frac{1}{7} & -\frac{1}{7} & \frac{6}{7}\\ 0 & 1 & -\frac{5}{7} & \frac{9}{7} & -\frac{5}{7}\\ 0 & 0 & 0 & 0 & 0\end{bmatrix}$$

即得

$$\begin{cases}x=\frac{1}{7}z+\frac{1}{7}w+\frac{6}{7}\\ y=\frac{5}{7}z-\frac{9}{7}w-\frac{5}{7}\\ z=z\\ w=w\end{cases}$$

即
$$\begin{bmatrix} x \\ y \\ z \\ w \end{bmatrix} = k_1 \begin{bmatrix} \frac{1}{7} \\ \frac{5}{7} \\ 1 \\ 0 \end{bmatrix} + k_2 \begin{bmatrix} \frac{1}{7} \\ -\frac{9}{7} \\ 0 \\ 1 \end{bmatrix} + \begin{bmatrix} \frac{6}{7} \\ -\frac{5}{7} \\ 0 \\ 0 \end{bmatrix}$$

3. (1) $\begin{vmatrix} \lambda & 1 & 1 \\ 1 & \lambda & 1 \\ 1 & 1 & \lambda \end{vmatrix} \neq 0$,即 $\lambda \neq 1, -2$ 时方程组有唯一解.

(2) $r(\boldsymbol{A}) < r(\boldsymbol{B})$

$$\boldsymbol{B} = \begin{bmatrix} \lambda & 1 & 1 & 1 \\ 1 & \lambda & 1 & \lambda \\ 1 & 1 & \lambda & \lambda^2 \end{bmatrix} \to \begin{bmatrix} 1 & 1 & \lambda & \lambda^2 \\ 0 & \lambda-1 & 1-\lambda & \lambda(1-\lambda) \\ 0 & 0 & (1-\lambda)(2+\lambda) & (1-\lambda)(\lambda+1)^2 \end{bmatrix}$$

由 $(1-\lambda)(2+\lambda)=0$, $(1-\lambda)(1+\lambda)^2 \neq 0$, 得 $\lambda=-2$ 时,方程组无解.

(3) $r(\boldsymbol{A}) = r(\boldsymbol{B}) < 3$,由 $(1-\lambda)(2+\lambda) = (1-\lambda)(1+\lambda)^2 = 0$, 得 $\lambda = 1$ 时,方程组有无穷多个解.

4. $$\boldsymbol{B} = \begin{bmatrix} -2 & 1 & 1 & -2 \\ 1 & -2 & 1 & \lambda \\ 1 & 1 & -2 & \lambda^2 \end{bmatrix} \to \begin{bmatrix} 1 & -2 & 1 & \lambda \\ 0 & 1 & -1 & -\frac{2}{3}(\lambda-1) \\ 0 & 0 & 0 & (\lambda-1)(\lambda+2) \end{bmatrix}$$

方程组有解,须 $(1-\lambda)(\lambda+2)=0$ 得 $\lambda=1, \lambda=-2$.

当 $\lambda=1$ 时,方程组解为 $\begin{bmatrix} x_1 \\ x_2 \\ x_3 \end{bmatrix} = k\begin{bmatrix} 1 \\ 1 \\ 1 \end{bmatrix} + \begin{bmatrix} 1 \\ 0 \\ 0 \end{bmatrix}$

当 $\lambda=-2$ 时,方程组解为 $\begin{bmatrix} x_1 \\ x_2 \\ x_3 \end{bmatrix} = k\begin{bmatrix} 1 \\ 1 \\ 1 \end{bmatrix} + \begin{bmatrix} 2 \\ 2 \\ 0 \end{bmatrix}$.

5. $$\begin{bmatrix} 2-\lambda & 2 & -2 & 1 \\ 2 & 5-\lambda & -4 & 2 \\ -2 & -4 & 5-\lambda & -\lambda-1 \end{bmatrix} \to \begin{bmatrix} 1 & \frac{5-\lambda}{2} & -2 & 1 \\ 0 & 1-\lambda & 1-\lambda & 1-\lambda \\ 0 & 0 & \frac{(1-\lambda)(10-\lambda)}{2} & \frac{(1-\lambda)(4-\lambda)}{2} \end{bmatrix}$$

当 $1-\lambda \neq 0$ 且 $\frac{(\lambda-1)(\lambda-10)}{2} \neq 0$,即 $\lambda \neq 1$ 且 $\lambda \neq 10$ 时, $r(\boldsymbol{A}) = r(\tilde{\boldsymbol{A}}) = 3$,方程组有唯

一解.

当 $1-\lambda=0$ 或 $\dfrac{(1-\lambda)(10-\lambda)}{2}=\dfrac{(1-\lambda)(4-\lambda)}{2}=0$,即 $\lambda=1$ 时,$\mathrm{r}(\boldsymbol{A})=\mathrm{r}(\tilde{\boldsymbol{A}})<3$,方程组有无穷多组解.

此时,增广矩阵为$\begin{bmatrix}1&2&-2&1\\0&0&0&0\\0&0&0&0\end{bmatrix}$,

原方程组的解为

$$\begin{bmatrix}x_1\\x_2\\x_3\end{bmatrix}=k_1\begin{bmatrix}-2\\1\\0\end{bmatrix}+k_2\begin{bmatrix}2\\0\\1\end{bmatrix}+\begin{bmatrix}1\\0\\0\end{bmatrix}\quad(k_1,k_2\in\mathbb{R})$$

当 $\dfrac{(1-\lambda)(10-\lambda)}{2}=0$ 且 $\dfrac{(1-\lambda)(4-\lambda)}{2}\neq0$,即 $\lambda=10$ 时,$\mathrm{r}(\boldsymbol{A})=2<\mathrm{r}(\tilde{\boldsymbol{A}})=3$,方程组无解.

6. 证明:方程组有解等价于系数阵的秩与增广阵的秩相等,其增广阵

$$\begin{bmatrix}1&-1&0&0&0&a_1\\0&1&-1&0&0&a_2\\0&0&1&-1&0&a_3\\0&0&0&1&-1&a_4\\-1&0&0&0&1&a_5\end{bmatrix}\to\begin{bmatrix}1&-1&0&0&0&a_1\\0&1&-1&0&0&a_2\\0&0&1&-1&0&a_3\\0&0&0&1&-1&a_4\\0&0&0&0&0&a_1+\cdots+a_5\end{bmatrix}$$

故方程组有解的充分必要条件是 $\sum\limits_{i=1}^{5}a_i=0$

7. 增广阵经行初等变换化为

$$\begin{pmatrix}1&1&1&1&0\\0&1&2&2&1\\0&1&a-3&-2&b\\3&2&1&a&-1\\1&2&3&3&1\end{pmatrix}\to\begin{pmatrix}1&1&1&1&0\\0&1&2&2&1\\0&0&a-5&-4&b-1\\0&0&0&a-1&0\\0&0&0&0&0\end{pmatrix}$$

当 $a\neq1,a\neq5$ 时有唯一解;

当 $a=5,b\neq1$ 时无解;

当 $a=5, b=1$ 时有无穷解，其解为 $\begin{cases} x_1 = -1+k \\ x_2 = 1-2k \\ x_3 = k \\ x_4 = 0 \end{cases}$；

当 $a=1$ 时有无穷解，其解为 $\begin{cases} x_1 = -\frac{1}{4}(b+3) \\ x_2 = \frac{1}{2}(b+1) \\ x_3 = -\frac{1}{4}(b-1)-k \\ x_4 = k \end{cases}$.

习题 4.1

1. (1) $(0,1,2)$ (2) $\begin{bmatrix} 3 & 0 \\ -1 & 1 \end{bmatrix}$ (3) $\begin{bmatrix} 3 & 6 & 9 \\ 2 & 4 & 6 \\ 1 & 2 & 3 \end{bmatrix}$ (4) 10

(5) $a_{11}x_1^2+(a_{12}+a_{21})x_1x_2+a_{22}x_2^2$ (6) $[35 \quad 6 \quad 49]^{\mathrm{T}}$ (7) 0 (8) $\begin{bmatrix} 0 & 1 \\ 0 & 3 \\ 0 & 5 \end{bmatrix}$

(9) $\begin{bmatrix} -4 & 0 & 0 \\ 0 & 4 & 0 \\ 0 & 0 & 1 \end{bmatrix}$ (10) $\begin{bmatrix} 1 & 0 & 0 \\ 0 & 2 & 0 \\ 0 & 0 & 3 \end{bmatrix}$

2. (1) $\boldsymbol{AB}=\begin{bmatrix} 1 & 0 \\ 0 & 1 \end{bmatrix}, \boldsymbol{BA}=\begin{bmatrix} 1 & 0 \\ 0 & 1 \end{bmatrix}$

(2) $\boldsymbol{AB}=\begin{bmatrix} 1 & 0 & 0 \\ 0 & 1 & 0 \\ 0 & 0 & 1 \end{bmatrix}, \boldsymbol{BA}=\begin{bmatrix} 1 & 0 & 0 \\ 0 & 1 & 0 \\ 0 & 0 & 1 \end{bmatrix}$

3. $\boldsymbol{A}^{10}=\left(\begin{bmatrix} 2 & 3 \\ 5 & 7 \end{bmatrix}\begin{bmatrix} a & 0 \\ 0 & b \end{bmatrix}\begin{bmatrix} -7 & 3 \\ 5 & -2 \end{bmatrix}\right)^{10}=\begin{bmatrix} 2 & 3 \\ 5 & 7 \end{bmatrix}\begin{bmatrix} a^{10} & 0 \\ 0 & b^{10} \end{bmatrix}\begin{bmatrix} -7 & 3 \\ 5 & -2 \end{bmatrix}$

$$=\begin{bmatrix}15b^{10}-14a^{10} & 6a^{10}-6b^{10}\\ 35b^{10}-35a^{10} & 15a^{10}-14b^{10}\end{bmatrix}$$

4. $A^{100}=[(1,2,3)^{\mathrm T}(1,2,3)]^{100}=(1,2,3)^{\mathrm T}[(1,2,3)(1,2,3)^{\mathrm T}]^{99}(1,2,3)$

$$=14^{99}\begin{bmatrix}1&2&3\\2&4&6\\3&6&9\end{bmatrix}$$

5. $A^n=\begin{bmatrix}1&nk\\0&1\end{bmatrix}$

6. $A^2=\begin{bmatrix}0&0&1&0\\0&0&0&1\\0&0&0&0\\0&0&0&0\end{bmatrix},A^3=\begin{bmatrix}0&0&0&1\\0&0&0&0\\0&0&0&0\\0&0&0&0\end{bmatrix},A^4=\boldsymbol{O}$

8. 证明：由 $A+B=(A+B)^2=A^2+AB+BA+B^2=A+AB+BA+B$，所以 $AB+BA=O$. 又 $A(AB+BA)=AB+ABA=O,(AB+BA)A=ABA+BA=O$，所以 $AB=BA$，故 $AB=O$.

9. 证明：令 $A=[a_{ij}]_{n\times n},B=[b_{ij}]_{n\times n},C=AB-BA=[c_{ij}]_{n\times n}$，则

$$\sum_{i=1}^n c_{ii}=\sum_{i=1}^n(\sum_{k=1}^n(a_{ik}b_{ki}-b_{ik}a_{ki}))=\sum_{i=1}^n\sum_{k=1}^n a_{ik}b_{ki}-\sum_{i=1}^n\sum_{k=1}^n b_{ik}a_{ki}=\sum_{i=1}^n\sum_{k=1}^n a_{ik}b_{ki}-\sum_{k=1}^n\sum_{i=1}^n a_{ki}b_{ik}=0$$

10. 证明：设 $A=[a_{ij}]_{n\times n}$，记 $C=AA^{\mathrm T}=[c_{ij}]_{n\times n}=O$，则 $c_{ii}=\sum\limits_{k=1}^n a_{ik}^2=0,1\leqslant i\leqslant n$，由 A 是实方阵，$a_{ik}=0,1\leqslant i\leqslant n,1\leqslant k\leqslant n$，即 $A=O$.

若 A 为复方阵，结论不成立，例如 $A=\begin{bmatrix}1&i\\0&0\end{bmatrix}$.

11. 证明：$(BAB^{\mathrm T})^{\mathrm T}=BA^{\mathrm T}B^{\mathrm T}=BAB^{\mathrm T}$.

12. $(X^{\mathrm T}AX)^{\mathrm T}=X^{\mathrm T}A^{\mathrm T}X=-X^{\mathrm T}AX$，由 $X^{\mathrm T}AX$ 是一个数，故 $X^{\mathrm T}AX=0$.

13. 提示：数学归纳法.

14. $A=A_1+A_2=\begin{bmatrix}\lambda&0&0\\0&\lambda&0\\0&0&\lambda\end{bmatrix}+\begin{bmatrix}0&1&0\\0&0&1\\0&0&0\end{bmatrix}$，其中 $A_2^2=\begin{bmatrix}0&0&1\\0&0&0\\0&0&0\end{bmatrix},A_2^3=O$.

由上题，

$$A^n=(A_1+A_2)^n=\mathrm C_n^0A_1^nA_2^0+\mathrm C_n^1A_1^{n-1}A_2^1+\mathrm C_n^2A_1^{n-2}A_2^2$$

$$=\begin{bmatrix}\lambda^n&0&0\\0&\lambda^n&0\\0&0&\lambda^n\end{bmatrix}+n\begin{bmatrix}\lambda^{n-1}&0&0\\0&\lambda^{n-1}&0\\0&0&\lambda^{n-1}\end{bmatrix}\begin{bmatrix}0&1&0\\0&0&1\\0&0&0\end{bmatrix}+$$

$$\frac{n(n-1)}{2}\begin{bmatrix}\lambda^{n-2} & 0 & 0\\ 0 & \lambda^{n-2} & 0\\ 0 & 0 & \lambda^{n-2}\end{bmatrix}\begin{bmatrix}0&0&1\\0&0&0\\0&0&0\end{bmatrix}=\begin{bmatrix}\lambda^n & n\lambda^{n-1} & \frac{n(n-1)}{2}\lambda^{n-2}\\ 0 & \lambda^n & n\lambda^{n-1}\\ 0 & 0 & \lambda^n\end{bmatrix}$$

习题　4.2

1. $\boldsymbol{X}=\boldsymbol{A}^{-1}\boldsymbol{B}$

2. 证明：在等式 $\boldsymbol{XA}=\boldsymbol{YA}$ 的两端同时右乘 $\boldsymbol{A}^{-1}$ 得 $\boldsymbol{X}=\boldsymbol{Y}$.

3. $(\boldsymbol{A}-2\boldsymbol{E})\boldsymbol{B}=\boldsymbol{A}$，由 $\boldsymbol{A}-2\boldsymbol{E}=\begin{bmatrix}2&2&3\\1&-1&0\\-1&2&1\end{bmatrix}$，$|\boldsymbol{A}-2\boldsymbol{E}|\neq 0$，故 $\boldsymbol{A}-2\boldsymbol{E}$ 可逆，

$(\boldsymbol{A}-2\boldsymbol{E})^{-1}=\begin{bmatrix}1&-4&-3\\1&-5&-3\\-1&6&4\end{bmatrix}$，所以 $\boldsymbol{B}=(\boldsymbol{A}-2\boldsymbol{E})^{-1}\boldsymbol{A}=\begin{bmatrix}3&-8&-6\\2&-9&-6\\-2&12&9\end{bmatrix}$.

4. $\boldsymbol{A}^{11}=\boldsymbol{PB}^{11}\boldsymbol{P}^{-1}=\begin{bmatrix}-1&-2^{11}-1\\0&2^{11}\end{bmatrix}$.

5. 证明：由 $\boldsymbol{A}\dfrac{\boldsymbol{A}-\boldsymbol{E}}{2}=\boldsymbol{E}$ 知 $\boldsymbol{A}$ 可逆；由 $(\boldsymbol{A}+2\boldsymbol{E})(\dfrac{\boldsymbol{A}-3\boldsymbol{E}}{-4})=\boldsymbol{E}$ 知 $\boldsymbol{A}+2\boldsymbol{E}$ 可逆.

6. 证明：由 $(\boldsymbol{E}-\boldsymbol{A})(\boldsymbol{E}+\boldsymbol{A}+\cdots+\boldsymbol{A}^{k-1})=\boldsymbol{E}-\boldsymbol{A}^k=\boldsymbol{E}$ 知 $\boldsymbol{E}-\boldsymbol{A}$ 可逆，并且 $(\boldsymbol{E}-\boldsymbol{A})^{-1}=\boldsymbol{E}+\boldsymbol{A}+\cdots\boldsymbol{A}^{k-1}$.

7. 答：由题意，$\boldsymbol{A}=[\boldsymbol{a}_{ij}]_{n\times n}=[\boldsymbol{A}_{ij}]_{n\times n}=(\boldsymbol{A}^*)^{\mathrm{T}}$，故有 $|\boldsymbol{A}|=|(\boldsymbol{A}^*)^{\mathrm{T}}|=|\boldsymbol{A}^*|=|\boldsymbol{A}|^{n-1}$，且 $|\boldsymbol{A}|(|\boldsymbol{A}|^{n-2}-1)=0$，而 $|\boldsymbol{A}|\neq 0$，事实上，如果 $|\boldsymbol{A}|=0$，则由 $\boldsymbol{A}=(\boldsymbol{A}^*)^{\mathrm{T}}$，$\boldsymbol{AA}^*=\boldsymbol{AA}^{\mathrm{T}}=\boldsymbol{O}$，由上节习题 10 知此时 $\boldsymbol{A}=\boldsymbol{O}$，与 $\boldsymbol{A}$ 为非零实方阵矛盾；所以 $|\boldsymbol{A}|^{n-2}=1$. 又 $n=2k+1\geqslant 3$，故 $|\boldsymbol{A}|=1$.

8. $|\boldsymbol{A}^*-\boldsymbol{A}^{-1}|=\left|\boldsymbol{A}^*-\dfrac{1}{|\boldsymbol{A}|}\boldsymbol{A}^*\right|=\left|\dfrac{1}{2}\boldsymbol{A}^*\right|=(\dfrac{1}{2})^4|\boldsymbol{A}^*|=\dfrac{1}{16}|\boldsymbol{A}|^3=\dfrac{1}{2}$.

9. $|\boldsymbol{A}|=-1$，$|\boldsymbol{E}+\boldsymbol{A}|=|\boldsymbol{AA}^{\mathrm{T}}+\boldsymbol{A}|=|\boldsymbol{A}(\boldsymbol{A}^{\mathrm{T}}+\boldsymbol{E})|=|\boldsymbol{A}||(\boldsymbol{A}+\boldsymbol{E})^{\mathrm{T}}|=-|\boldsymbol{E}+\boldsymbol{A}|$，故 $|\boldsymbol{E}+\boldsymbol{A}|=0$.

10. 证明：当 $|\boldsymbol{A}|\neq 0$ 时，由 $\boldsymbol{AA}^*=|\boldsymbol{A}|\boldsymbol{E}$，$|\boldsymbol{A}||\boldsymbol{A}^*|=|\boldsymbol{A}|^n$，所以 $|\boldsymbol{A}^*|=|\boldsymbol{A}|^{n-1}$；

当 $|\boldsymbol{A}|=0$ 时，反证：若 $|\boldsymbol{A}^*|\neq 0$ 时，则 $\boldsymbol{A}^*$ 可逆，于是 $\boldsymbol{A}=\boldsymbol{AE}=\boldsymbol{A}(\boldsymbol{A}^*)(\boldsymbol{A}^*)^{-1}=|\boldsymbol{A}|(\boldsymbol{A}^*)^{-1}=\boldsymbol{O}$，故 $\boldsymbol{A}^*=\boldsymbol{O}$，这与 $|\boldsymbol{A}^*|\neq 0$ 矛盾.

11. 证明：(1) 由 $(\boldsymbol{A}-\boldsymbol{E})(\boldsymbol{B}-\boldsymbol{E})=\boldsymbol{AB}-\boldsymbol{A}-\boldsymbol{B}+\boldsymbol{E}=\boldsymbol{E}$ 知 $\boldsymbol{A}-\boldsymbol{E}$ 和 $\boldsymbol{B}-\boldsymbol{E}$ 都可逆.

(2) $(\boldsymbol{B}-\boldsymbol{E})(\boldsymbol{A}-\boldsymbol{E})=\boldsymbol{BA}-\boldsymbol{B}-\boldsymbol{A}+\boldsymbol{E}=\boldsymbol{E}=(\boldsymbol{A}-\boldsymbol{E})(\boldsymbol{B}-\boldsymbol{E})=\boldsymbol{AB}-\boldsymbol{A}-\boldsymbol{B}+\boldsymbol{E}$，所以

$\boldsymbol{AB}=\boldsymbol{BA}$.

12. 证明:$\boldsymbol{A}^{-1}+\boldsymbol{B}^{-1}=\boldsymbol{A}^{-1}\boldsymbol{E}+\boldsymbol{E}\boldsymbol{B}^{-1}=\boldsymbol{A}^{-1}\boldsymbol{B}\boldsymbol{B}^{-1}+\boldsymbol{A}^{-1}\boldsymbol{A}\boldsymbol{B}^{-1}=\boldsymbol{A}^{-1}(\boldsymbol{B}+\boldsymbol{A})\boldsymbol{B}^{-1}$,由 $\boldsymbol{A},\boldsymbol{B}$,$\boldsymbol{A}+\boldsymbol{B}$ 都可逆,$|\boldsymbol{A}^{-1}+\boldsymbol{B}^{-1}|=|\boldsymbol{A}^{-1}(\boldsymbol{B}+\boldsymbol{A})\boldsymbol{B}^{-1}|\neq 0$,故 $\boldsymbol{A}^{-1}+\boldsymbol{B}^{-1}$ 可逆.

13. 证明:由 $(\boldsymbol{A}-\boldsymbol{E})^{-1}=(\boldsymbol{B}-\boldsymbol{E})^{\mathrm{T}}$,$(\boldsymbol{A}-\boldsymbol{E})(\boldsymbol{B}-\boldsymbol{E})^{\mathrm{T}}=\boldsymbol{A}\boldsymbol{B}^{\mathrm{T}}-\boldsymbol{A}-\boldsymbol{B}^{\mathrm{T}}+\boldsymbol{E}=\boldsymbol{E}$,即 $\boldsymbol{A}\boldsymbol{B}^{\mathrm{T}}-\boldsymbol{A}-\boldsymbol{B}^{\mathrm{T}}=\boldsymbol{O}$,$\boldsymbol{A}(\boldsymbol{B}^{\mathrm{T}}-\boldsymbol{E})=\boldsymbol{B}^{\mathrm{T}}$,$|\boldsymbol{A}||\boldsymbol{B}^{\mathrm{T}}-\boldsymbol{E}|=|\boldsymbol{B}^{\mathrm{T}}|=|\boldsymbol{B}|\neq 0$,所以 $|\boldsymbol{A}|\neq 0$,$\boldsymbol{A}$ 可逆.

14. 证明:设 $\boldsymbol{A}=[a_{ij}]_{n\times n}$,$a_{ij}=0(i>j)$. 只需说明 $\boldsymbol{A}^*$ 是三角阵即可. $\boldsymbol{A}^*=[A_{ij}]_{n\times n}^{\mathrm{T}}$,当 $i<j$ 时,$A_{ij}=0$.

15. 证明:当 $|\boldsymbol{A}|\neq 0$ 时,$\boldsymbol{A}$ 可逆. 由 $\boldsymbol{A}$ 可逆,有 $\boldsymbol{A}^{-1}=\dfrac{\boldsymbol{A}^*}{|\boldsymbol{A}|}$,从而方程组 $\boldsymbol{Ax}=\boldsymbol{b}$ 的解为 $\boldsymbol{x}=\boldsymbol{A}^{-1}\boldsymbol{b}=\dfrac{\boldsymbol{A}^*\boldsymbol{b}}{|\boldsymbol{A}|}$.

记

$$\boldsymbol{A}^*=\begin{bmatrix} A_{11} & A_{21} & \cdots & A_{n1} \\ A_{12} & A_{22} & \cdots & A_{n2} \\ \vdots & \vdots & & \vdots \\ A_{1n} & A_{2n} & \cdots & A_{nn} \end{bmatrix},\boldsymbol{b}=\begin{bmatrix} b_1 \\ b_2 \\ \vdots \\ b_n \end{bmatrix}$$

则

$$\boldsymbol{x}=\frac{\boldsymbol{A}^*\boldsymbol{b}}{|\boldsymbol{A}|}=\frac{1}{D}\begin{bmatrix} b_1A_{11}+b_2A_{21}+\cdots+b_nA_{n1} \\ b_1A_{12}+b_2A_{22}+\cdots+b_nA_{n2} \\ \vdots \qquad \vdots \qquad \vdots \\ b_1A_{1n}+b_2A_{2n}+\cdots+b_nA_{nn} \end{bmatrix}=\begin{bmatrix} \dfrac{D_1}{D} \\ \dfrac{D_2}{D} \\ \vdots \\ \dfrac{D_n}{D} \end{bmatrix}$$

习题 4.3

1. (1) $\begin{bmatrix} 5 & -2 \\ -2 & 1 \end{bmatrix}$ (2) $\begin{bmatrix} \cos\alpha & \sin\alpha \\ -\sin\alpha & \cos\alpha \end{bmatrix}$ (3) $\begin{bmatrix} -2 & 1 & 0 \\ -\dfrac{13}{2} & 3 & -\dfrac{1}{2} \\ -16 & 7 & -1 \end{bmatrix}$ (4) $\begin{bmatrix} 1 & -2 & 7 \\ 0 & 1 & -2 \\ 0 & 0 & 1 \end{bmatrix}$

(5)$\begin{bmatrix}1&-2&4&-8\\0&1&-2&4\\0&0&1&-2\\0&0&0&1\end{bmatrix}$ (6)$\begin{bmatrix}1&1&-2&-4\\0&1&0&-1\\-1&-1&3&6\\2&1&-6&-10\end{bmatrix}$

2. (1)$\begin{bmatrix}1&2\\1&3\end{bmatrix}$ (2)$\begin{bmatrix}-6&-11&8\\0&1&1\\-11&-21&15\end{bmatrix}$ (3)$\begin{bmatrix}1&1\\\frac{1}{4}&0\end{bmatrix}$ (4)$\begin{bmatrix}-2&1&0\\1&3&4\\1&0&2\end{bmatrix}$.

3. 证明:(1)$r(\boldsymbol{A})=1$,存在 n 阶可逆阵 $\boldsymbol{P},\boldsymbol{Q}$,使得 $\boldsymbol{P}\begin{bmatrix}1&0&\cdots&0\\0&0&\cdots&0\\\vdots&\vdots&&\vdots\\0&0&\cdots&0\end{bmatrix}\boldsymbol{Q}=\boldsymbol{A}$,则

$$\boldsymbol{A}=\boldsymbol{P}\begin{bmatrix}1&0&\cdots&0\\0&0&\cdots&0\\\vdots&\vdots&&\vdots\\0&0&\cdots&0\end{bmatrix}\boldsymbol{Q}=\left(\boldsymbol{P}\begin{bmatrix}1\\0\\\vdots\\0\end{bmatrix}\right)\left(\begin{bmatrix}1&0&\cdots&0\end{bmatrix}\boldsymbol{Q}\right)=(a_1,a_2,\cdots,a_n)^{\mathrm{T}}(b_1,b_2,\cdots,b_n)$$

(2) $$\begin{aligned}\boldsymbol{A}^2&=(a_1,a_2,\cdots,a_n)^{\mathrm{T}}(b_1,b_2,\cdots,b_n)(a_1,a_2,\cdots,a_n)^{\mathrm{T}}(b_1,b_2,\cdots,b_n)\\&=\sum_{i=1}^{n}a_ib_i(a_1,a_2,\cdots,a_n)^{\mathrm{T}}(b_1,b_2,\cdots,b_n)=\sum_{i=1}^{n}a_ib_iA.\end{aligned}$$

4. 证明:设 $\boldsymbol{A}$ 与 $\boldsymbol{B}$ 均为 n 阶方阵,$\boldsymbol{A}$ 与 $\boldsymbol{B}$ 等价 $\Leftrightarrow r(\boldsymbol{A})=r(\boldsymbol{B})=r\Leftrightarrow$ 存在 n 阶可逆阵 $\boldsymbol{P}_i$,$\boldsymbol{Q}_i(i=1,2)$ 使得 $\boldsymbol{A}=\boldsymbol{P}_1\begin{bmatrix}\boldsymbol{E}_r&\boldsymbol{O}\\\boldsymbol{O}&\boldsymbol{O}\end{bmatrix}\boldsymbol{Q}_1$,$\boldsymbol{B}=\boldsymbol{P}_2\begin{bmatrix}\boldsymbol{E}_r&\boldsymbol{O}\\\boldsymbol{O}&\boldsymbol{O}\end{bmatrix}\boldsymbol{Q}_2$,即 $\begin{bmatrix}\boldsymbol{E}_r&\boldsymbol{O}\\\boldsymbol{O}&\boldsymbol{O}\end{bmatrix}=\boldsymbol{P}_2^{-1}\boldsymbol{B}\boldsymbol{Q}_2^{-1}$,$\boldsymbol{A}=\boldsymbol{P}_1\begin{bmatrix}\boldsymbol{E}_r&\boldsymbol{O}\\\boldsymbol{O}&\boldsymbol{O}\end{bmatrix}\boldsymbol{Q}_1=(\boldsymbol{P}_1\boldsymbol{P}_2^{-1})\boldsymbol{B}(\boldsymbol{Q}_2^{-1}\boldsymbol{Q}_1)=\boldsymbol{PBQ}$.

习题 4.4

1. (1)$\begin{bmatrix}1&7&-1&1\\2&-1&0&0\\0&0&5&7\\0&0&5&3\end{bmatrix}$ (2)$\begin{bmatrix}1&2&5&2\\0&1&2&-4\\0&0&-4&3\\0&0&0&-9\end{bmatrix}$

2. (1)$\begin{bmatrix}1&-2&0&0\\-2&5&0&0\\0&0&2&-3\\0&0&-5&8\end{bmatrix}$ (2)$\begin{bmatrix}0&0&2&-3\\0&0&-5&8\\1&-2&0&0\\-2&5&0&0\end{bmatrix}$

3. $\begin{bmatrix} O & B^{-1} \\ A^{-1} & O \end{bmatrix}$

4. $(-1)^{mn}ab$

5. 证明：由 $\begin{bmatrix} E_n & E_n \\ O & E_n \end{bmatrix}\begin{bmatrix} A & B \\ B & A \end{bmatrix}\begin{bmatrix} E_n & -E_n \\ O & E_n \end{bmatrix} = \begin{bmatrix} A+B & O \\ B & A-B \end{bmatrix}$，在等式两端取行列式得

$$\begin{vmatrix} E_n & E_n \\ O & E_n \end{vmatrix}\begin{vmatrix} A & B \\ B & A \end{vmatrix}\begin{vmatrix} E_n & -E_n \\ O & E_n \end{vmatrix} = \begin{vmatrix} A & B \\ B & A \end{vmatrix} = \begin{vmatrix} A+B & O \\ B & A-B \end{vmatrix}.$$

6. 证明：由 $\begin{bmatrix} E_n & O \\ -CA^{-1} & E_n \end{bmatrix}\begin{bmatrix} A & B \\ C & D \end{bmatrix} = \begin{bmatrix} A & B \\ O & D-CA^{-1}B \end{bmatrix}$，等式两端取行列式得

$$\begin{vmatrix} E_n & O \\ -CA^{-1} & E_n \end{vmatrix}\begin{vmatrix} A & B \\ C & D \end{vmatrix} = \begin{vmatrix} A & B \\ C & D \end{vmatrix} = \begin{vmatrix} A & B \\ O & D-CA^{-1}B \end{vmatrix} = |A|\,|D-CA^{-1}B|$$
$$= |AD-ACA^{-1}B| = |AD-CB|$$

7. 证明：(1) 由 $\begin{bmatrix} E_n & O \\ A & E_n \end{bmatrix}\begin{bmatrix} -E_n & B \\ A & O \end{bmatrix} = \begin{bmatrix} -E_n & B \\ O & AB \end{bmatrix}$，$\begin{bmatrix} E_n & O \\ A & E_n \end{bmatrix}$ 是可逆阵，故 $\mathrm{r}\left(\begin{bmatrix} -E_n & B \\ A & O \end{bmatrix}\right) = \mathrm{r}\left(\begin{bmatrix} -E_n & B \\ O & AB \end{bmatrix}\right) = n + \mathrm{r}(AB)$；又 $\mathrm{r}\left(\begin{bmatrix} -E_n & B \\ A & O \end{bmatrix}\right) \geqslant \mathrm{r}\left(\begin{bmatrix} O & B \\ A & O \end{bmatrix}\right) = \mathrm{r}(A) + \mathrm{r}(B)$，所以 $\mathrm{r}(AB) \geqslant \mathrm{r}(A) + \mathrm{r}(B) - n$.

(2) 当 $AB = O$ 时 $\mathrm{r}(AB) = 0$，由 (1) 得 $\mathrm{r}(A) + \mathrm{r}(B) \leqslant n$.

习题 5.1

1. 解：$\alpha + \beta = (1,2) + (3,-1) = (4,1)$

$2\alpha = 2(1,2) = (2,4)$

$-\beta = -(3,-1) = (-3,1)$

$2\alpha - \beta = (2,4) - (3,-1) = (-1,5)$

2. 解：$\alpha + \beta + \gamma = (1,2,1)^{\mathrm{T}} + (-1,2,1)^{\mathrm{T}} + (2,3,4)^{\mathrm{T}} = (2,7,6)^{\mathrm{T}}$

$$\begin{aligned} 2\alpha + \beta - \gamma &= 2(1,2,1)^{\mathrm{T}} + (-1,2,1)^{\mathrm{T}} - (2,3,4)^{\mathrm{T}} \\ &= (2,4,2)^{\mathrm{T}} + (-1,2,1)^{\mathrm{T}} + (-2,-3,-4)^{\mathrm{T}} \\ &= (-1,3,-1)^{\mathrm{T}} \end{aligned}$$

3. 解：由已知得

$$2x = \begin{bmatrix} 0 \\ 1 \\ 1 \\ 1 \end{bmatrix} - \begin{bmatrix} 2 \\ 1 \\ 0 \\ 1 \end{bmatrix} = \begin{bmatrix} -2 \\ 0 \\ 1 \\ 0 \end{bmatrix}$$

故

$$x=\begin{bmatrix}-1\\0\\\dfrac{1}{2}\\0\end{bmatrix}$$

4. 解:由题意,

$$\mathbf{0}=\boldsymbol{\alpha}+\boldsymbol{\beta}+\boldsymbol{\gamma}=(2,k,0)+(-1,0,\lambda)+(\mu,-5,4)$$

即

$$\mathbf{0}=(1+\mu,k-5,\lambda+4)$$

故

$$1+\mu=k-5=\lambda+4=0$$

从而

$$\mu=-1,k=5,\lambda=-4$$

习题 5.2

1. 解:(1)设 $\boldsymbol{\beta}=x_1\boldsymbol{\alpha}_1+x_2\boldsymbol{\alpha}_2+x_3\boldsymbol{\alpha}_3+x_4\boldsymbol{\alpha}_4$

即

$$\begin{bmatrix}1&1&1&1\\1&1&-1&-1\\1&-1&1&-1\\1&-1&-1&1\end{bmatrix}\begin{bmatrix}x_1\\x_2\\x_3\\x_4\end{bmatrix}=\begin{bmatrix}1\\2\\1\\1\end{bmatrix}$$

该方程组的增广阵

$$\tilde{\boldsymbol{A}}=\begin{bmatrix}1&1&1&1&1\\1&1&-1&-1&2\\1&-1&1&-1&1\\1&-1&-1&1&1\end{bmatrix}\xrightarrow{\text{行变换}}\begin{bmatrix}1&0&0&0&\dfrac{5}{4}\\0&1&0&0&\dfrac{1}{4}\\0&0&1&0&-\dfrac{1}{4}\\0&0&0&1&-\dfrac{1}{4}\end{bmatrix}$$

故

$$x_1=\frac{5}{4},x_2=\frac{1}{4},x_3=-\frac{1}{4},x_4=-\frac{1}{4}$$

即 $\boldsymbol{\beta}=\frac{5}{4}\boldsymbol{\alpha}_1+\frac{1}{4}\boldsymbol{\alpha}_2-\frac{1}{4}\boldsymbol{\alpha}_3-\frac{1}{4}\boldsymbol{\alpha}_4$.

(2)设 $\boldsymbol{\beta}=x_1\boldsymbol{\alpha}_1+x_2\boldsymbol{\alpha}_2+x_3\boldsymbol{\alpha}_3+x_4\boldsymbol{\alpha}_4$

则
$$\boldsymbol{\beta}^{\mathrm{T}}=x_1\boldsymbol{\alpha}_1^{\mathrm{T}}+x_2\boldsymbol{\alpha}_2^{\mathrm{T}}+x_3\boldsymbol{\alpha}_3^{\mathrm{T}}+x_4\boldsymbol{\alpha}_4^{\mathrm{T}}$$
即
$$\begin{bmatrix}1&2&1&0\\1&1&1&1\\0&3&0&-1\\1&1&0&-1\end{bmatrix}\begin{bmatrix}x_1\\x_2\\x_3\\x_4\end{bmatrix}=\begin{bmatrix}1\\1\\1\\1\end{bmatrix}$$
其增广阵
$$\tilde{\boldsymbol{A}}=\begin{bmatrix}1&2&1&0&1\\1&1&1&1&1\\0&3&0&-1&1\\1&1&0&-1&1\end{bmatrix}\xrightarrow{\text{行变换}}\begin{bmatrix}1&0&0&0&1\\0&1&0&0&\frac{1}{2}\\0&0&1&0&-1\\0&0&0&1&\frac{1}{2}\end{bmatrix}$$
故
$$x_1=1,x_2=\frac{1}{2},x_3=-1,x_4=\frac{1}{2}$$
即$\boldsymbol{\beta}=\boldsymbol{\alpha}_1+\frac{1}{2}\boldsymbol{\alpha}_2-\boldsymbol{\alpha}_3+\frac{1}{2}\boldsymbol{\alpha}_4$.

2. 解:(1)设$\boldsymbol{\beta}$可表示为$\boldsymbol{\beta}=x_1\boldsymbol{\alpha}_1+x_2\boldsymbol{\alpha}_2+x_3\boldsymbol{\alpha}_3$

即
$$[\boldsymbol{\alpha}_1\quad\boldsymbol{\alpha}_2\quad\boldsymbol{\alpha}_3]\begin{bmatrix}x_1\\x_2\\x_3\end{bmatrix}=\boldsymbol{\beta}$$
该方程组的增广阵
$$\begin{aligned}\tilde{\boldsymbol{A}}&=[\alpha_1\quad\alpha_2\quad\alpha_3]\\&=\begin{bmatrix}2&3&1&7\\3&4&-7&-9\\5&2&-1&\lambda-14\end{bmatrix}\xrightarrow{\text{行变换}}\begin{bmatrix}1&4&-7&-9\\0&1&-3&-5\\0&0&0&\lambda-15\end{bmatrix}\end{aligned}$$
由于$\boldsymbol{\beta}$可由$\boldsymbol{\alpha}_1,\boldsymbol{\alpha}_2,\boldsymbol{\alpha}_3$的线性表示,故$\mathrm{r}(\tilde{\boldsymbol{A}})=\mathrm{r}(\boldsymbol{A})=2$,从而$\lambda-15=0$,即$\lambda=15$.

(2)设$\boldsymbol{\beta}$可表示为$\boldsymbol{\beta}=x_1\boldsymbol{\alpha}_1+x_2\boldsymbol{\alpha}_2+x_3\boldsymbol{\alpha}_3$

即
$$[\boldsymbol{\alpha}_1^{\mathrm{T}}\quad\boldsymbol{\alpha}_2^{\mathrm{T}}\quad\boldsymbol{\alpha}_3^{\mathrm{T}}]\begin{bmatrix}x_1\\x_2\\x_3\end{bmatrix}=\boldsymbol{\beta}^{\mathrm{T}}$$

由于 $\boldsymbol{\beta}$ 可由 $\boldsymbol{\alpha}_1,\boldsymbol{\alpha}_2,\boldsymbol{\alpha}_3$ 线性表示，故此方程组有解，从而 $r(\tilde{\boldsymbol{A}})=r(\boldsymbol{A})$.

由 $|\boldsymbol{\alpha}_1^{\mathrm{T}},\boldsymbol{\alpha}_2^{\mathrm{T}},\boldsymbol{\alpha}_3^{\mathrm{T}}|=111\neq0$，可知 $r(\boldsymbol{A})=3$.

因 $r(\boldsymbol{A})\leqslant r(\tilde{\boldsymbol{A}})\leqslant\min\{3,4\}$，故 $r(\tilde{\boldsymbol{A}})=r(\boldsymbol{A})=3$ 对任意的 λ 成立. 所以，对任意的 λ，$\boldsymbol{\beta}$ 均可由 $\boldsymbol{\alpha}_1,\boldsymbol{\alpha}_2,\boldsymbol{\alpha}_3$ 线性表示.

3. 解：令 $\boldsymbol{\beta}=x_1\boldsymbol{\alpha}_1+x_2\boldsymbol{\alpha}_2+x_3\boldsymbol{\alpha}_3+x_4\boldsymbol{\alpha}_4$

即

$$[\boldsymbol{\alpha}_1\quad\boldsymbol{\alpha}_2\quad\boldsymbol{\alpha}_3\quad\boldsymbol{\alpha}_4]\begin{bmatrix}x_1\\x_2\\x_3\\x_4\end{bmatrix}=\boldsymbol{\beta}$$

其增广阵

$$\tilde{\boldsymbol{A}}=[\boldsymbol{\alpha}_1\quad\boldsymbol{\alpha}_2\quad\boldsymbol{\alpha}_3\quad\boldsymbol{\alpha}_4\quad\boldsymbol{\beta}]=\begin{bmatrix}1&1&1&1&1\\0&1&-1&2&1\\2&3&a+2&4&b+3\\3&5&1&a+8&5\end{bmatrix}\xrightarrow{\text{行变换}}\begin{bmatrix}1&1&1&1&1\\0&1&-1&2&1\\0&0&a+1&0&b\\0&0&0&a+1&0\end{bmatrix}$$

要使 $\boldsymbol{\beta}$ 可由 $\boldsymbol{\alpha}_1,\boldsymbol{\alpha}_2,\boldsymbol{\alpha}_3,\boldsymbol{\alpha}_4$ 线性表示，则该方程组有解，故有 $r(\tilde{\boldsymbol{A}})=r(\boldsymbol{A})$.

所以，当 $a\neq-1$，b 任意取值时，$r(\tilde{\boldsymbol{A}})=r(\boldsymbol{A})=4$，此时方程组有唯一解. 此时

$$\tilde{\boldsymbol{A}}\to\begin{bmatrix}1&0&0&0&-\dfrac{2b}{a+1}\\0&1&0&0&1+\dfrac{b}{a+1}\\0&0&1&0&\dfrac{b}{a+1}\\0&0&0&1&0\end{bmatrix}$$

$\boldsymbol{\beta}$ 可唯一地表示为 $\boldsymbol{\beta}=-\dfrac{2b}{a+1}\boldsymbol{\alpha}_1+(1+\dfrac{b}{a+1})\boldsymbol{\alpha}_2+\dfrac{b}{a+1}\boldsymbol{\alpha}_3$.

当 $a=-1$，$b=0$ 时，$r(\tilde{\boldsymbol{A}})=r(\boldsymbol{A})=2$. 此时方程组有无穷多组解. $\boldsymbol{\beta}$ 可由 $\boldsymbol{\alpha}_1,\boldsymbol{\alpha}_2,\boldsymbol{\alpha}_3,\boldsymbol{\alpha}_4$ 线性表示，但表示方法不唯一.

$$\tilde{\boldsymbol{A}}\to\begin{bmatrix}1&0&-2&-1&0\\0&1&-1&2&1\\0&0&0&0&0\\0&0&0&0&0\end{bmatrix}$$

此时方程组的解为

$$\begin{bmatrix} x_1 \\ x_2 \\ x_3 \\ x_4 \end{bmatrix} = \begin{bmatrix} 0 \\ 1 \\ 0 \\ 0 \end{bmatrix} + C_1 \begin{bmatrix} 2 \\ 1 \\ 1 \\ 0 \end{bmatrix} + C_2 \begin{bmatrix} 1 \\ -2 \\ 0 \\ 1 \end{bmatrix},(C_1,C_2 \text{ 为任意常数})$$

故 $\boldsymbol{\beta}$ 可表示为 $\boldsymbol{\beta}=(2C_1+C_2)\boldsymbol{\alpha}_1+(1+C_1-2C_2)\boldsymbol{\alpha}_2+C_1\boldsymbol{\alpha}_3+C_2\boldsymbol{\alpha}_4$,($C_1,C_2$ 为任意常数).

4. 证明:$\boldsymbol{\alpha}_1,\boldsymbol{\alpha}_2,\boldsymbol{\alpha}_3$ 共面

$\Leftrightarrow$ $\boldsymbol{\alpha}_1,\boldsymbol{\alpha}_2,\boldsymbol{\alpha}_3$ 中至少有一个向量可由其余两个向量线性表示

$\Leftrightarrow$ 存在不全为零的数 x_1,x_2,x_3 使得 $x_1\boldsymbol{\alpha}_1+x_2\boldsymbol{\alpha}_2+x_3\boldsymbol{\alpha}_3=0$ 成立

$\Leftrightarrow$ 齐次方程组 $[\boldsymbol{\alpha}_1 \quad \boldsymbol{\alpha}_2 \quad \boldsymbol{\alpha}_3]\begin{bmatrix} x_1 \\ x_2 \\ x_3 \end{bmatrix}=0$ 有非零解

$\Leftrightarrow$ 系数矩阵 $[\boldsymbol{\alpha}_1 \quad \boldsymbol{\alpha}_2 \quad \boldsymbol{\alpha}_3]$ 的秩 $\mathrm{r}([\boldsymbol{\alpha}_1 \quad \boldsymbol{\alpha}_2 \quad \boldsymbol{\alpha}_3])<3$

$\Leftrightarrow$ $|a_{ij}|_3=0$

5. 证明:设向量组 A,B,C 对应的矩阵分别为 $\boldsymbol{A},\boldsymbol{B},\boldsymbol{C}$

由于向量组 A 可由向量组 B 线性表示,故存在矩阵 $\boldsymbol{P}$ 使 $\boldsymbol{A}=\boldsymbol{BP}$ 成立.

由于向量组 B 可由向量组 C 线性表示,故存在矩阵 $\boldsymbol{Q}$ 使 $\boldsymbol{B}=\boldsymbol{CQ}$ 成立.

所以,$\boldsymbol{A}=\boldsymbol{BP}=\boldsymbol{CQP}=\boldsymbol{C}(\boldsymbol{QP})$,即向量组 A 可由向量组 C 线性表示.

6. 证明:由向量组 $\boldsymbol{e}_1,\boldsymbol{e}_2,\cdots,\boldsymbol{e}_n$ 可由 $\boldsymbol{\alpha}_1,\boldsymbol{\alpha}_2,\cdots,\boldsymbol{\alpha}_n$ 线性表示,知

$$n=\mathrm{r}([\boldsymbol{e}_1 \quad \boldsymbol{e}_2 \quad \cdots \quad \boldsymbol{e}_n]) \leqslant \mathrm{r}([\boldsymbol{\alpha}_1 \quad \boldsymbol{\alpha}_2 \quad \cdots \quad \boldsymbol{\alpha}_n])$$

而 n 阶矩阵 $[\boldsymbol{\alpha}_1 \quad \boldsymbol{\alpha}_2 \quad \cdots \quad \boldsymbol{\alpha}_n]$ 的秩 $\mathrm{r}([\boldsymbol{\alpha}_1 \quad \boldsymbol{\alpha}_2 \quad \cdots \quad \boldsymbol{\alpha}_n])\leqslant n$,从而

$$\mathrm{r}([\boldsymbol{\alpha}_1 \quad \boldsymbol{\alpha}_2 \quad \cdots \quad \boldsymbol{\alpha}_n])=n$$

即矩阵 $[\boldsymbol{\alpha}_1 \quad \boldsymbol{\alpha}_2 \quad \cdots \quad \boldsymbol{\alpha}_n]$ 可逆.

7. 证明:记矩阵 $\boldsymbol{A}=[\boldsymbol{\alpha}_1 \quad \boldsymbol{\alpha}_2 \quad \cdots \quad \boldsymbol{\alpha}_n]$

($\Rightarrow$) 由矩阵 $\boldsymbol{A}$ 可逆,则 $\boldsymbol{E}=\boldsymbol{AA}^{-1}$,即向量组 $\boldsymbol{e}_1,\boldsymbol{e}_2,\cdots,\boldsymbol{e}_n$ 可由向量组 $\boldsymbol{\alpha}_1,\boldsymbol{\alpha}_2,\cdots,\boldsymbol{\alpha}_n$ 线性表示,而 $\mathbb{R}^n$ 中任何一个向量可由向量组 $\boldsymbol{e}_1,\boldsymbol{e}_2,\cdots,\boldsymbol{e}_n$ 线性表示. 由线性表示的传递性(习题 5)知,$\mathbb{R}^n$ 中任何一个向量可由向量组 $\boldsymbol{\alpha}_1,\boldsymbol{\alpha}_2,\cdots,\boldsymbol{\alpha}_n$ 线性表示.

($\Leftarrow$) $\mathbb{R}^n$ 中任何一个向量可由向量组 $\boldsymbol{\alpha}_1,\boldsymbol{\alpha}_2,\cdots,\boldsymbol{\alpha}_n$ 线性表示,故 $\boldsymbol{e}_1,\boldsymbol{e}_2,\cdots,\boldsymbol{e}_n$ 可由 $\boldsymbol{\alpha}_1,\boldsymbol{\alpha}_2,\cdots,\boldsymbol{\alpha}_n$ 线性表示,从而存在矩阵 $\boldsymbol{K}$ 使得 $\boldsymbol{E}=\boldsymbol{AK}$ 成立,进而 $n=\mathrm{r}(\boldsymbol{E})=\mathrm{r}(\boldsymbol{AK})\leqslant\mathrm{r}(\boldsymbol{A})$,而 n 阶矩阵 $\boldsymbol{A}$ 的秩 $\mathrm{r}(\boldsymbol{A})\leqslant n$. 所以 $\mathrm{r}([\boldsymbol{\alpha}_1 \quad \boldsymbol{\alpha}_2 \quad \cdots \quad \boldsymbol{\alpha}_n])=n$,矩阵 $[\boldsymbol{\alpha}_1 \quad \boldsymbol{\alpha}_2 \quad \cdots \quad \boldsymbol{\alpha}_n]$ 可逆.

习题 5.3

1. 解:(1)真. 不妨设 $\boldsymbol{\alpha}_1=0$,则 $1\cdot\boldsymbol{\alpha}_1+0\cdot\boldsymbol{\alpha}_2,+\cdots+0\cdot\boldsymbol{\alpha}_n=\mathbf{0}$. 由定义,此向量组线性

相关.

(2)真. 设$\boldsymbol{\alpha}_1,\boldsymbol{\alpha}_2,\cdots,\boldsymbol{\alpha}_n$ 线性相关,则存在不全为零的数$k_1,k_2,\cdots,k_n$ 使得$k_1\boldsymbol{\alpha}_1+k_2\boldsymbol{\alpha}_2+\cdots+k_n\boldsymbol{\alpha}_n=\mathbf{0}$成立. 不妨设$k_1\neq0$,添加向量$\boldsymbol{\alpha}_{n+1}$后,有$k_1\boldsymbol{\alpha}_1+k_2\boldsymbol{\alpha}_2+\cdots+k_n\boldsymbol{\alpha}_n+0\boldsymbol{\alpha}_{n+1}=\mathbf{0}$,因$k_1\neq0$,故$k_1,k_2,\cdots,k_n,k_{n+1}$不全为零. 由定义,$\boldsymbol{\alpha}_1,\boldsymbol{\alpha}_2,\cdots,\boldsymbol{\alpha}_n,\boldsymbol{\alpha}_{n+1}$线性相关.

(3)真. 反证法证明:设$\boldsymbol{\alpha}_1,\boldsymbol{\alpha}_2,\cdots,\boldsymbol{\alpha}_n$ 线性无关,不妨去掉$\boldsymbol{\alpha}_n$,证明向量组$\boldsymbol{\alpha}_1,\boldsymbol{\alpha}_2,\cdots,\boldsymbol{\alpha}_{n-1}$线性无关. 假设$\boldsymbol{\alpha}_1,\boldsymbol{\alpha}_2,\cdots,\boldsymbol{\alpha}_{n-1}$线性相关,则存在不全为零的数$k_1,k_2,\cdots,k_{n-1}$使$k_1\boldsymbol{\alpha}_1+k_2\boldsymbol{\alpha}_2+\cdots+k_{n-1}\boldsymbol{\alpha}_{n-1}=\mathbf{0}$成立. 从而存在不全为零的数$k_1,k_2,\cdots,k_{n-1},k_n(k_n=0)$使$k_1\boldsymbol{\alpha}_1+k_2\boldsymbol{\alpha}_2+\cdots+k_{n-1}\boldsymbol{\alpha}_{n-1}+0\boldsymbol{\alpha}_n=\mathbf{0}$成立. 由定义,$\boldsymbol{\alpha}_1,\boldsymbol{\alpha}_2,\cdots,\boldsymbol{\alpha}_n$ 线性相关,矛盾.

(4)真. 改变向量组中向量的次序不改变向量组的秩.

(5)假. 当$k=0$时,向量组$\mathbf{0},\boldsymbol{\alpha}_2,\cdots,\boldsymbol{\alpha}_m$ 线性相关.

(6)真. 因为$\mathrm{r}([\boldsymbol{\alpha}_1\quad\boldsymbol{\alpha}_2\quad\cdots\quad\boldsymbol{\alpha}_m])=\mathrm{r}([\boldsymbol{\alpha}_1+k\boldsymbol{\alpha}_2\quad\boldsymbol{\alpha}_2\quad\cdots\quad\boldsymbol{\alpha}_n])$.

(7)真. 对换矩阵的两行(或两列)不改变其秩.

(8)真. 不防设$\boldsymbol{\alpha}_1,\boldsymbol{\alpha}_2,\cdots,\boldsymbol{\alpha}_m$ 为列向量组,则矩阵$[\boldsymbol{\alpha}_1\quad\boldsymbol{\alpha}_2\quad\cdots\quad\boldsymbol{\alpha}_m]$的秩等于其列数$m$. 向量组$\boldsymbol{\alpha}_1,\boldsymbol{\alpha}_2,\cdots,\boldsymbol{\alpha}_m$ 增加第$n+1$个坐标相当于矩阵$[\boldsymbol{\alpha}_1\quad\boldsymbol{\alpha}_2\quad\cdots\quad\boldsymbol{\alpha}_m]$增加一行,而矩阵增加一行其秩不变,所以对应的新向量组秩仍为m,故$\boldsymbol{\beta}_1,\boldsymbol{\beta}_2,\cdots,\boldsymbol{\beta}_m$ 线性无关.

2. 解:

(1)向量组对应的矩阵

$$\boldsymbol{A}=[\boldsymbol{\alpha}_1\quad\boldsymbol{\alpha}_2\quad\boldsymbol{\alpha}_3\quad\boldsymbol{\alpha}_4]=\begin{bmatrix}1&0&1&0\\-2&1&3&-7\\3&-1&0&3\\-4&-1&1&1\end{bmatrix}$$

对$\boldsymbol{A}$进行初等行变换,得

$$\boldsymbol{A}\xrightarrow{\text{行变换}}\begin{bmatrix}1&0&1&0\\0&1&5&-7\\0&0&1&-2\\0&0&5&-3\end{bmatrix}$$

故$\mathrm{r}(\boldsymbol{A})=4$,所以向量组$\boldsymbol{\alpha}_1,\boldsymbol{\alpha}_2,\boldsymbol{\alpha}_3,\boldsymbol{\alpha}_4$ 线性无关.

(2)将向量组转置后形成矩阵

$$\boldsymbol{A}=[\boldsymbol{\alpha}_1^{\mathrm{T}}\quad\boldsymbol{\alpha}_2^{\mathrm{T}}\quad\boldsymbol{\alpha}_3^{\mathrm{T}}\quad\boldsymbol{\alpha}_4^{\mathrm{T}}]=\begin{bmatrix}1&1&1&1\\3&3&-2&-4\\5&2&1&1\\-4&-2&-1&1\\0&1&-1&-1\end{bmatrix}$$

对$\boldsymbol{A}$进行初等行变换,得

$$A \xrightarrow{\text{行变换}} \begin{bmatrix} 1 & 1 & 1 & 1 \\ 0 & 1 & -1 & -1 \\ 0 & 0 & 1 & 1 \\ 0 & 0 & 0 & 2 \\ 0 & 0 & 0 & 0 \end{bmatrix}$$

故 $r(A)=4$,所以向量组 $\alpha_1,\alpha_2,\alpha_3,\alpha_4$ 线性无关.

(3)向量组对应的矩阵

$$A=[\alpha_1 \quad \alpha_2 \quad \alpha_3 \quad \alpha_4]=\begin{bmatrix} 3 & 2 & 2 & 5 \\ 2 & 3 & 2 & 5 \\ 1 & 1 & 2 & 2 \\ -1 & 1 & -1 & 0 \end{bmatrix}$$

对 A 进行初等行变换,

$$A \xrightarrow{\text{行变换}} \begin{bmatrix} 1 & -1 & 0 & 0 \\ 0 & 1 & 1 & 1 \\ 0 & 0 & 1 & 0 \\ 0 & 0 & 0 & 0 \end{bmatrix}$$

故 $r(A)=3$,$\alpha_1,\alpha_2,\alpha_3,\alpha_4$ 线性相关.

(4)向量组转置形成矩阵,

$$A=[\alpha_1^T \quad \alpha_2^T \quad \alpha_3^T \quad \alpha_4^T]=\begin{bmatrix} 1 & 0 & 0 & -1 \\ -1 & 1 & 0 & 0 \\ 0 & -1 & 1 & 0 \\ 0 & 0 & -1 & 0 \\ 0 & 0 & 0 & 1 \end{bmatrix}$$

经初等行变换化成行阶梯形

$$A \xrightarrow{\text{行变换}} \begin{bmatrix} 1 & 0 & 0 & -1 \\ 0 & 1 & 0 & 0 \\ 0 & 0 & 1 & 0 \\ 0 & 0 & 0 & 1 \\ 0 & 0 & 0 & 0 \end{bmatrix}$$

故 $r(A)=4$,所以向量组 $\alpha_1,\alpha_2,\alpha_3,\alpha_4$ 线性无关.

3. 证明:由于

$$[\boldsymbol{\beta}_1 \quad \boldsymbol{\beta}_2 \quad \cdots \quad \boldsymbol{\beta}_m] = [\boldsymbol{\alpha}_1 \quad \boldsymbol{\alpha}_2 \quad \cdots \quad \boldsymbol{\alpha}_m]\begin{bmatrix} 1 & 1 & 1 & \cdots & 1 \\ 0 & 1 & 1 & \cdots & 1 \\ 0 & 0 & 1 & \cdots & 1 \\ \vdots & \vdots & \vdots & & \vdots \\ 0 & 0 & 0 & \cdots & 1 \end{bmatrix}$$

而 $\begin{vmatrix} 1 & 1 & 1 & \cdots & 1 \\ 0 & 1 & 1 & \cdots & 1 \\ 0 & 0 & 1 & \cdots & 1 \\ \vdots & \vdots & \vdots & & \vdots \\ 0 & 0 & 0 & \cdots & 1 \end{vmatrix} = 1 \neq 0$,故 $\mathrm{r}([\boldsymbol{\beta}_1 \quad \boldsymbol{\beta}_2 \quad \cdots \quad \boldsymbol{\beta}_m]) = \mathrm{r}([\boldsymbol{\alpha}_1 \quad \boldsymbol{\alpha}_2 \quad \cdots \quad \boldsymbol{\alpha}_m])$. 由 $\boldsymbol{\alpha}_1$, $\boldsymbol{\alpha}_2, \cdots, \boldsymbol{\alpha}_m$ 线性无关,知 $\mathrm{r}([\boldsymbol{\alpha}_1 \quad \boldsymbol{\alpha}_2 \quad \cdots \quad \boldsymbol{\alpha}_m]) = m$,即 $\mathrm{r}([\boldsymbol{\beta}_1 \quad \boldsymbol{\beta}_2 \quad \cdots \quad \boldsymbol{\beta}_m]) = m$,从而 $\boldsymbol{\beta}_1$, $\boldsymbol{\beta}_2, \cdots, \boldsymbol{\beta}_m$ 线性无关.

4. 证明:

考察矩阵 $[\boldsymbol{\beta}_1 \quad \boldsymbol{\beta}_2 \quad \boldsymbol{\beta}_3 \quad \boldsymbol{\beta}_4]$ 的秩.

由于

$$[\boldsymbol{\beta}_1 \quad \boldsymbol{\beta}_2 \quad \boldsymbol{\beta}_3 \quad \boldsymbol{\beta}_4] = [\boldsymbol{\alpha}_1 \quad \boldsymbol{\alpha}_2 \quad \boldsymbol{\alpha}_3 \quad \boldsymbol{\alpha}_4]\begin{bmatrix} 1 & 0 & 0 & 1 \\ 1 & 1 & 0 & 0 \\ 0 & 1 & 1 & 0 \\ 0 & 0 & 1 & 1 \end{bmatrix}$$

记

$$\boldsymbol{C} = \begin{bmatrix} 1 & 0 & 0 & 1 \\ 1 & 1 & 0 & 0 \\ 0 & 1 & 1 & 0 \\ 0 & 0 & 1 & 1 \end{bmatrix}$$

由 $|\boldsymbol{C}| = 0$,知 $r(\boldsymbol{C}) < 4$,故,$\mathrm{r}([\boldsymbol{\beta}_1 \quad \boldsymbol{\beta}_2 \quad \boldsymbol{\beta}_3 \quad \boldsymbol{\beta}_4]) = \mathrm{r}([\boldsymbol{\alpha}_1 \quad \boldsymbol{\alpha}_2 \quad \boldsymbol{\alpha}_3 \quad \boldsymbol{\alpha}_4]\boldsymbol{C}) \leqslant \mathrm{r}(\boldsymbol{C}) < 4$. 从而向量组 $\boldsymbol{\beta}_1, \boldsymbol{\beta}_2, \boldsymbol{\beta}_3, \boldsymbol{\beta}_4$ 线性相关.

5. 由已知,得

$$[\boldsymbol{\alpha}_1 \quad \boldsymbol{\alpha}_2 \quad \boldsymbol{\alpha}_3 \quad \boldsymbol{\alpha}_4] = [\boldsymbol{\beta}_1 \quad \boldsymbol{\beta}_2 \quad \boldsymbol{\beta}_3 \quad \boldsymbol{\beta}_4]\begin{bmatrix} 1 & -1 & -1 & -1 \\ -1 & 1 & -1 & -1 \\ -1 & -1 & 1 & -1 \\ -1 & -1 & -1 & 1 \end{bmatrix}$$

记为 $\boldsymbol{A} = \boldsymbol{BK}$.

由 $|\boldsymbol{K}| = -16 \neq 0$,故 $\boldsymbol{K}$ 可逆. 从而 $\mathrm{r}(\boldsymbol{A}) = \mathrm{r}(\boldsymbol{BK}) = \mathrm{r}(\boldsymbol{B})$.

由向量组 $\boldsymbol{\alpha}_1, \boldsymbol{\alpha}_2, \boldsymbol{\alpha}_3, \boldsymbol{\alpha}_4$ 线性无关,得 $4 = \mathrm{r}(\boldsymbol{A}) = \mathrm{r}(\boldsymbol{B})$,所以,$\boldsymbol{\beta}_1, \boldsymbol{\beta}_2, \boldsymbol{\beta}_3, \boldsymbol{\beta}_4$ 线性无关.

6. 证明：由于$[P\boldsymbol{\beta}_1 \quad P\boldsymbol{\beta}_2 \quad \cdots \quad P\boldsymbol{\beta}_m]=\boldsymbol{P}[\boldsymbol{\beta}_1 \quad \boldsymbol{\beta}_2 \quad \cdots \quad \boldsymbol{\beta}_m]$，且$P$可逆

故 $\mathrm{r}([P\boldsymbol{\beta}_1 \quad P\boldsymbol{\beta}_2 \quad \cdots \quad P\boldsymbol{\beta}_m])=\mathrm{r}(\boldsymbol{P}[\boldsymbol{\beta}_1 \quad \boldsymbol{\beta}_2 \quad \cdots \quad \boldsymbol{\beta}_m])=\mathrm{r}([\boldsymbol{\beta}_1 \quad \boldsymbol{\beta}_2 \quad \cdots \quad \boldsymbol{\beta}_m])$

而$\boldsymbol{\beta}_1,\boldsymbol{\beta}_2,\cdots,\boldsymbol{\beta}_m$线性无关，故$\mathrm{r}([\boldsymbol{\beta}_1 \quad \boldsymbol{\beta}_2 \quad \cdots \quad \boldsymbol{\beta}_m])=m$，从而$\mathrm{r}([P\boldsymbol{\beta}_1 \quad P\boldsymbol{\beta}_2 \quad \cdots \quad P\boldsymbol{\beta}_m])=m$，即向量组$P\boldsymbol{\beta}_1,P\boldsymbol{\beta}_2,\cdots,P\boldsymbol{\beta}_m$线性无关.

7. 证明：设$x_0\boldsymbol{\beta}+x_1\boldsymbol{A}\boldsymbol{\beta}+\cdots+x_k\boldsymbol{A}^k\boldsymbol{\beta}=\boldsymbol{0}$，两边左乘$\boldsymbol{A}^k$，因$\boldsymbol{A}^{k+1}\boldsymbol{\beta}=\boldsymbol{0}$，知$x_0\boldsymbol{A}^k\boldsymbol{\beta}=\boldsymbol{0}$.

由$\boldsymbol{A}^k\boldsymbol{\beta}\neq\boldsymbol{0}$，得$x_0=0$.

对$x_1\boldsymbol{A}\boldsymbol{\beta}+\cdots+x_k\boldsymbol{A}^k\boldsymbol{\beta}=\boldsymbol{0}$两边左乘$\boldsymbol{A}^{k-1}$，得$x_1\boldsymbol{A}^k\boldsymbol{\beta}=\boldsymbol{0}$. 由$\boldsymbol{A}^k\boldsymbol{\beta}\neq\boldsymbol{0}$，得$x_1=0$.

依次进行下去，可得$x_0=x_1=\cdots=x_k=0$.

由定义，向量组$\boldsymbol{\beta},\boldsymbol{A}\boldsymbol{\beta},\cdots,\boldsymbol{A}^k\boldsymbol{\beta}$线性无关.

8. 证明：设$k_1\boldsymbol{\alpha}_1+k_2\boldsymbol{\alpha}_2+\cdots+k_m\boldsymbol{\alpha}_m+k_{m+1}\boldsymbol{\beta}=\boldsymbol{0}$，则$k_{m+1}\neq0$. 否则$k_1\boldsymbol{\alpha}_1+k_2\boldsymbol{\alpha}_2+\cdots+k_m\boldsymbol{\alpha}_m=\boldsymbol{0}$，由$\boldsymbol{\alpha}_1,\boldsymbol{\alpha}_2,\cdots,\boldsymbol{\alpha}_m$线性无关，得$k_1=k_2=\cdots=k_m=0$. 这与$\boldsymbol{\beta},\boldsymbol{\alpha}_1,\boldsymbol{\alpha}_2,\cdots,\boldsymbol{\alpha}_m$线性相关矛盾.

从而，$\boldsymbol{\beta}=-\dfrac{k_1}{k_{m+1}}\boldsymbol{\alpha}_1-\dfrac{k_2}{k_{m+1}}\boldsymbol{\alpha}_2-\cdots-\dfrac{k_m}{k_{m+1}}\boldsymbol{\alpha}_m$，故$\boldsymbol{\beta}$可由$\boldsymbol{\alpha}_1,\boldsymbol{\alpha}_2,\cdots,\boldsymbol{\alpha}_m$线性表示.

设
$$\boldsymbol{\beta}=x_1\boldsymbol{\alpha}_1+x_2\boldsymbol{\alpha}_2+\cdots+x_m\boldsymbol{\alpha}_m=x'_1\boldsymbol{\alpha}_1+x'_2\boldsymbol{\alpha}_2+\cdots+x'_m\boldsymbol{\alpha}_m$$
则$\boldsymbol{0}=(x_1-x'_1)\boldsymbol{\alpha}_1+(x_2-x'_2)\boldsymbol{\alpha}_2+\cdots+(x_m-x'_m)\boldsymbol{\alpha}_m$. 由$\boldsymbol{\alpha}_1,\boldsymbol{\alpha}_2,\cdots,\boldsymbol{\alpha}_m$线性无关，可知$x_1-x'_1=x_2-x'_2=\cdots=x_m-x'_m=0$，即$x_1=x'_1,x_2=x'_2,\cdots,x_m=x'_m$.

所以$\boldsymbol{\beta}$可由$\boldsymbol{\alpha}_1,\boldsymbol{\alpha}_2,\cdots,\boldsymbol{\alpha}_m$线性表示的表示法唯一.

9. 证明：反证

若$\boldsymbol{\alpha}_1,\boldsymbol{\alpha}_2,\cdots,\boldsymbol{\alpha}_m$线性相关，则存在不全为零的数$k_1,k_2,\cdots,k_m$使得
$$k_1\boldsymbol{\alpha}_1+k_2\boldsymbol{\alpha}_2+\cdots+k_m\boldsymbol{\alpha}_m=\boldsymbol{0}$$
设$k_1,k_2,\cdots,k_m$中指标最大的非零数为k_i，即$k_i\neq0,k_{i+1}=k_{i+2}=\cdots=k_m=0$.

由$\boldsymbol{\alpha}_1\neq\boldsymbol{0}$知$i\neq1$. 否则存在数$k_1\neq0,k_2=k_3=\cdots=k_m=0$使得$k_1\boldsymbol{\alpha}_1+k_2\boldsymbol{\alpha}_2+\cdots+k_m\boldsymbol{\alpha}_m=k_1\boldsymbol{\alpha}_1=0$成立，从而$\boldsymbol{\alpha}_1=\boldsymbol{0}$这与$\boldsymbol{\alpha}_1\neq\boldsymbol{0}$矛盾.

于是$\boldsymbol{0}=k_1\boldsymbol{\alpha}_1+k_2\boldsymbol{\alpha}_2+\cdots+k_m\boldsymbol{\alpha}_m=k_1\boldsymbol{\alpha}_1+\cdots+k_i\boldsymbol{\alpha}_i(i>1,k_i\neq0)$

故$\boldsymbol{\alpha}_i=-\dfrac{k_1}{k_i}\boldsymbol{\alpha}_1-\cdots-\dfrac{k_{i-1}}{k_i}\boldsymbol{\alpha}_{i-1}$，即$\boldsymbol{\alpha}_i$可由前面的向量线性表示，矛盾.

习题 5.4

1. 解：(1)最大是n，因$n+1$个n维向量必线性相关.

(2)最大是$r-1$，因该向量组中至多有$r-1$个向量线性无关.

(3)最小是r. 因该向量组中线性无关的向量个数大于等于n

(4)将所给的向量组转置，按列向量组构造矩阵$\boldsymbol{A}$，然后对$\boldsymbol{A}$进行初等行变换，化成行阶梯形：行向量组的秩等于矩阵行阶梯形中非零行的行数，一般可取每一阶第一个非零行对应的

矩阵 $\boldsymbol{A}$ 的列向量,转置后可得原行向量组的一个极大无关组(可能不唯一).

2. 解:

$$(1)\boldsymbol{A}=[\boldsymbol{\alpha}_1\quad\boldsymbol{\alpha}_2\quad\boldsymbol{\alpha}_3]=\begin{bmatrix}1&9&2\\2&10&4\\-1&10&-2\\4&4&8\end{bmatrix}\xrightarrow{\text{行变换}}\begin{bmatrix}1&9&2\\0&0&1\\0&0&0\\0&0&0\end{bmatrix}$$

因 $\mathrm{r}(\boldsymbol{A})=2$,故向量组 $\boldsymbol{\alpha}_1,\boldsymbol{\alpha}_2,\boldsymbol{\alpha}_3$ 的秩为 2,$\boldsymbol{\alpha}_1,\boldsymbol{\alpha}_3$ 为其一个极大无关组(不唯一).

(2)

$$\boldsymbol{A}=[\boldsymbol{\alpha}_1\quad\boldsymbol{\alpha}_2\quad\boldsymbol{\alpha}_3]=\begin{bmatrix}1&0&0\\1&2&0\\0&0&3\end{bmatrix}\xrightarrow{\text{行变换}}\begin{bmatrix}1&0&0\\0&2&0\\0&0&3\end{bmatrix}$$

因 $\mathrm{r}(\boldsymbol{A})=3$,故向量组 $\boldsymbol{\alpha}_1,\boldsymbol{\alpha}_2,\boldsymbol{\alpha}_3$ 的秩为 3,$\boldsymbol{\alpha}_1,\boldsymbol{\alpha}_2,\boldsymbol{\alpha}_3$ 为其极大无关组.

(3)将向量组转置后形成矩阵 $\boldsymbol{A}$,经初等行变换为阶梯形

$$\boldsymbol{A}=[\boldsymbol{\alpha}_1^{\mathrm{T}}\quad\boldsymbol{\alpha}_2^{\mathrm{T}}\quad\boldsymbol{\alpha}_3^{\mathrm{T}}]=\begin{bmatrix}1&4&-1\\2&-1&3\\1&-5&4\\3&-6&7\end{bmatrix}\xrightarrow{\text{行变换}}\begin{bmatrix}1&4&-1\\0&-9&5\\0&-9&5\\0&-18&10\end{bmatrix}\to\begin{bmatrix}1&4&-1\\0&9&-5\\0&0&0\\0&0&0\end{bmatrix}$$

因 $\mathrm{r}(\boldsymbol{A})=2$,故向量组 $\boldsymbol{\alpha}_1,\boldsymbol{\alpha}_2,\boldsymbol{\alpha}_3$ 的秩为 2,$\boldsymbol{\alpha}_1,\boldsymbol{\alpha}_2$ 为它的一个极大无关组.

3. 解:向量组 A 对应的矩阵 $\boldsymbol{A}$,经初等行变换化为阶梯形

$$\boldsymbol{A}=\begin{bmatrix}5&4&1&3\\2&1&1&4\\-3&-2&-1&-1\\1&3&-2&2\end{bmatrix}\xrightarrow{\text{行变换}}\begin{bmatrix}1&3&-2&2\\0&1&-1&0\\0&0&0&1\\0&0&0&0\end{bmatrix}\xrightarrow{\text{行变换}}\begin{bmatrix}1&0&1&0\\0&1&-1&0\\0&0&0&1\\0&0&0&0\end{bmatrix}$$

因 $\mathrm{r}(\boldsymbol{A})=3$,故 $\boldsymbol{\alpha}_1,\boldsymbol{\alpha}_2,\boldsymbol{\alpha}_3,\boldsymbol{\alpha}_4$ 的秩为 3. $\boldsymbol{\alpha}_1,\boldsymbol{\alpha}_2,\boldsymbol{\alpha}_4$ 为它的一个极大无关组,且 $\alpha_3=\alpha_1-\alpha_2$.

4. 证明:由于向量组 A,B 均可由 C 线性表示,故 $r_1\leqslant r_3,r_2\leqslant r_3$. 又因为 A 的每一个向量可由其极大无关组线性表示,且 B 的每一个向量可由其极大无关组线性表示,所以,A 的极大无关组和 B 的极大无关组联合起来(共 r_1+r_2 个向量)可以表示向量组 C 的极大无关组,故 $r_3\leqslant r_1+r_2$.

5. 证明:考察方程组 $\begin{bmatrix}\boldsymbol{A}\\\boldsymbol{B}\end{bmatrix}\boldsymbol{X}=\boldsymbol{0}$ 的解.

由于 $\mathrm{r}(\begin{bmatrix}\boldsymbol{A}\\\boldsymbol{B}\end{bmatrix})\leqslant\mathrm{r}(\boldsymbol{A})+\mathrm{r}(\boldsymbol{B})<n$,故 $\begin{bmatrix}\boldsymbol{A}\\\boldsymbol{B}\end{bmatrix}\boldsymbol{X}=\boldsymbol{0}$ 有非零解.

而 $\begin{bmatrix}\boldsymbol{A}\\\boldsymbol{B}\end{bmatrix}\boldsymbol{X}=\begin{bmatrix}\boldsymbol{AX}\\\boldsymbol{BX}\end{bmatrix}=\boldsymbol{0}$,即 $\begin{bmatrix}\boldsymbol{A}\\\boldsymbol{B}\end{bmatrix}\boldsymbol{X}=\boldsymbol{0}$ 的解又是 $\boldsymbol{AX}=\boldsymbol{0}$ 和 $\boldsymbol{BX}=\boldsymbol{0}$ 的共同解.

所以,方程组 $\boldsymbol{AX}=\mathbf{0}$ 和 $\boldsymbol{BX}=\mathbf{0}$ 至少有一组非零解.

6. 解:(1)记

$$[\boldsymbol{\alpha}_1\quad\boldsymbol{\alpha}_2\quad\boldsymbol{\alpha}_3\quad\boldsymbol{\alpha}_4]=\begin{bmatrix}25&31&17&43\\75&94&53&132\\75&94&54&134\\25&32&20&48\end{bmatrix}$$

则对其进行初等行变换化为行最简形

$$[\boldsymbol{\alpha}_1\quad\boldsymbol{\alpha}_2\quad\boldsymbol{\alpha}_3\quad\boldsymbol{\alpha}_4]\xrightarrow{\text{行变换}}\begin{bmatrix}25&31&17&43\\0&1&2&3\\0&0&1&2\\0&0&0&0\end{bmatrix}\rightarrow\begin{bmatrix}1&0&0&\frac{8}{5}\\0&1&0&-1\\0&0&1&2\\0&0&0&0\end{bmatrix}$$

故 $\boldsymbol{\alpha}_1,\boldsymbol{\alpha}_2,\boldsymbol{\alpha}_3$ 是 $\boldsymbol{\alpha}_1,\boldsymbol{\alpha}_2,\boldsymbol{\alpha}_3,\boldsymbol{\alpha}_4$ 的一个极大无关组,且 $\boldsymbol{\alpha}_4=\frac{8}{5}\boldsymbol{\alpha}_1-\boldsymbol{\alpha}_2+2\boldsymbol{\alpha}_3$.

(2)记

$$[\boldsymbol{\alpha}_1\quad\boldsymbol{\alpha}_2\quad\boldsymbol{\alpha}_3\quad\boldsymbol{\alpha}_4\quad\boldsymbol{\alpha}_5]=\begin{bmatrix}1&1&2&2&1\\0&2&1&5&-1\\2&0&3&-1&3\\1&1&0&4&-1\end{bmatrix}$$

则对其进行初等行变换化为行最简形

$$[\boldsymbol{\alpha}_1\quad\boldsymbol{\alpha}_2\quad\boldsymbol{\alpha}_3\quad\boldsymbol{\alpha}_4\quad\boldsymbol{\alpha}_5]\xrightarrow{\text{行变换}}\begin{bmatrix}1&1&2&2&1\\0&2&1&5&-1\\0&0&1&-1&1\\0&0&0&0&0\end{bmatrix}\xrightarrow{\text{行变换}}\begin{bmatrix}1&0&0&1&0\\0&1&0&3&-1\\0&0&1&-1&1\\0&0&0&0&0\end{bmatrix}$$

故 $\boldsymbol{\alpha}_1,\boldsymbol{\alpha}_2,\boldsymbol{\alpha}_3$ 是 $\boldsymbol{\alpha}_1,\boldsymbol{\alpha}_2,\boldsymbol{\alpha}_3,\boldsymbol{\alpha}_4,\boldsymbol{\alpha}_5$ 的一个极大无关组(不唯一),且 $\boldsymbol{\alpha}_4=\boldsymbol{\alpha}_1+3\boldsymbol{\alpha}_2-\boldsymbol{\alpha}_3,\boldsymbol{\alpha}_5=\boldsymbol{\alpha}_2-\boldsymbol{\alpha}_3$.

习题 5.5

1. 解:(1)当系数矩阵的秩小于未知数的个数时齐次线性方程组存在基础解系.

(2)等价关系.

2. 解:(1)系数矩阵

$$\begin{bmatrix}0&1&-1&1\\0&-7&3&1\\1&3&0&-3\\1&-2&3&-4\end{bmatrix}\xrightarrow{\text{行变换}}\begin{bmatrix}1&0&0&0\\0&1&0&-1\\0&0&1&-2\\0&0&0&0\end{bmatrix}$$

故 $\boldsymbol{X}=(0,1,2,1)^{\mathrm{T}}$ 为该方程组的一个基础解系.

(2)系数矩阵

$$\begin{bmatrix}1&1&1&4&-3\\2&1&3&5&-5\\1&-1&3&-2&-1\\3&1&5&6&-7\end{bmatrix}\xrightarrow{\text{行变换}}\begin{bmatrix}1&0&2&1&-2\\0&1&-1&3&-1\\0&0&0&0&0\\0&0&0&0&0\end{bmatrix}$$

故 $\boldsymbol{X}_1=(-2,1,1,0,0)^{\mathrm{T}},\boldsymbol{X}_2=(-1,-3,0,1,0)^{\mathrm{T}},\boldsymbol{X}_3=(2,1,0,0,1)^{\mathrm{T}}$ 为该方程组的一个基础解系.

3. 解:(1)对增广阵进行初等行变换

$$\tilde{\boldsymbol{A}}=\begin{bmatrix}2&3&1&4\\1&-2&4&-5\\3&8&-2&13\\4&-1&9&-6\end{bmatrix}\xrightarrow{\text{行变换}}\begin{bmatrix}1&0&2&-1\\0&1&-1&2\\0&0&0&0\\0&0&0&0\end{bmatrix}$$

故原方程组的通解为

$$\begin{bmatrix}x_1\\x_2\\x_3\\x_4\end{bmatrix}=k\begin{bmatrix}-2\\1\\1\\0\end{bmatrix}+\begin{bmatrix}-1\\2\\0\\0\end{bmatrix}\quad(k\text{ 为任意常数})$$

(2)对增广阵进行初等行变换

$$\tilde{\boldsymbol{A}}=\begin{bmatrix}2&1&-1&1&1\\4&2&-2&1&2\\2&1&-1&-1&1\end{bmatrix}\xrightarrow{\text{行变换}}\begin{bmatrix}1&\frac{1}{2}&-\frac{1}{2}&0&\frac{1}{2}\\0&0&0&1&0\\0&0&0&0&0\end{bmatrix}$$

故原方程组的通解为

$$\begin{bmatrix}x\\y\\z\\w\end{bmatrix}=\begin{bmatrix}\frac{1}{2}\\0\\0\\0\end{bmatrix}+C_1\begin{bmatrix}-\frac{1}{2}\\1\\0\\0\end{bmatrix}+C_2\begin{bmatrix}\frac{1}{2}\\0\\1\\0\end{bmatrix}\quad(C_1,C_2\text{ 为任意常数})$$

4. 解:令 $\boldsymbol{X}_1=(1,1,\cdots,1)^{\mathrm{T}}\neq\boldsymbol{0}$. 由 $\boldsymbol{A}$ 的每行之和为 0,得

$$AX_1 = A\begin{bmatrix}1\\1\\\vdots\\1\end{bmatrix} = \mathbf{0}$$

故 X_1 是 $AX=\mathbf{0}$ 的非零解.

而由 $\mathrm{r}(A)=n-1$ 知,$AX=\mathbf{0}$ 的基础解系中仅含有 $n-\mathrm{r}(A)=1$ 个向量. 所以,方程组 $AX=\mathbf{0}$ 的通解为 kX_1(k 为任意常数).

5. 解:$AX=\mathbf{0}$ 的基础解系只含有 $4-3=1$ 个向量,而 $2X_1-(X_2+X_3)=(3,4,5,6)^{\mathrm{T}}$ 为 $AX=\mathbf{0}$ 的解,故方程组 $AX=b$ 的通解为 $(2,3,4,5)^{\mathrm{T}}+k(3,4,5,6)^{\mathrm{T}}$.

6. 解:记该方程组为 $AX=u$,由 X_1,X_2 是该方程组的两个解,得 $AX_1=u,AX_2=u$.

故
$$A(X_1-X_2)=AX_1-AX_2=u-u=\mathbf{0}$$

即 X_1-X_2 是齐次方程组 $AX=\mathbf{0}$ 的解,且 $X_1-X_2=(3,-1,-2)^{\mathrm{T}}\neq\mathbf{0}$.

由此可知 $AX=\mathbf{0}$ 的基础解系含向量个数 $\geqslant 1$.

另一方面,

$A=\begin{bmatrix}1&-1&2\\3&1&4\\a&b&c\end{bmatrix}$ 中有一个子式 $\begin{vmatrix}1&-1\\3&1\end{vmatrix}\neq 0$,故 $\mathrm{r}(A)\geqslant 2$,从而 3 阶齐次方程组基础解系中含向量的个数为 $3-\mathrm{r}(A)\leqslant 1$.

所以 $AX=\mathbf{0}$ 的基础解系仅含 1 个向量,且 X_1-X_2 是齐次方程组 $AX=\mathbf{0}$ 的一个基础解系. 进而,$AX=u$ 的通解为 $X=k(X_1-X_2)+X_1=k(3,-1,-2)^{\mathrm{T}}+(0,1,0)^{\mathrm{T}}$($k$ 为任意常数).

7. 证明:设 $k_0X_0+k_1X_1+\cdots+k_{n-r}X_{n-r}=\mathbf{0}$.

对上式左乘 A,得 $A(k_0X_0+k_1X_1+\cdots+k_{n-r}X_{n-r})=k_0AX_0=k_0b=\mathbf{0}$.

由 $b\neq\mathbf{0}$ 得 $k_0=0$. 于是,$k_1X_1+\cdots+k_{n-r}X_{n-r}=\mathbf{0}$.

又由于 $X_1,\cdots,X_{n-r}$ 是 $AX=\mathbf{0}$ 的基础解系,故 $X_1,\cdots,X_{n-r}$ 线性无关,从而 $k_1=\cdots=k_{n-r}=0$,所以,$k_0=k_1=\cdots=k_{n-r}=0$,即 $X_0,X_1,\cdots,X_{n-r}$ 线性无关.

8. 证明:由已知 $AX_0=b,A(X_0+X_i)=AX_0+AX_i=b,i=1,2,\cdots,n-r$,故 $X_0,X_0+X_1,\cdots,X_0+X_{n-r}$ 都是 $AX=b$ 的解向量.

设 $k_0X_0+k_1(X_0+X_1)+\cdots+k_{n-r}(X_0+X_{n-r})=\mathbf{0}$,则

$$(k_0+k_1+\cdots+k_{n-r})X_0+k_1X_1+\cdots+k_{n-r}X_{n-r}=\mathbf{0}$$

上式左乘 A,得
$$k_0+k_1+\cdots+k_{n-r}=0$$

于是,$k_1X_1+\cdots+k_{n-r}X_{n-r}=\mathbf{0}$. 由 $X_1,\cdots,X_{n-r}$ 是 $AX=\mathbf{0}$ 的基础解系,知 $X_1,\cdots,X_{n-r}$ 线性无关,故 $k_1=\cdots=k_{n-r}=0$. 从而 $k_0=0$.

即 $X_0,X_0+X_1,\cdots,X_0+X_{n-r}$ 线性无关.

所以,$X_0,X_0+X_1,\cdots,X_0+X_{n-r}$ 是 $AX=b$ 的线性无关的解向量.

9. 证明：

(1)当 $r(\boldsymbol{A})=n$ 时，有 $|\boldsymbol{A}|\neq 0$，$\boldsymbol{A}$ 可逆，故由 $\boldsymbol{A}\boldsymbol{A}^*=|\boldsymbol{A}|\boldsymbol{E}$，得 $\boldsymbol{A}^*=|\boldsymbol{A}|\boldsymbol{A}^{-1}$，所以，$r(\boldsymbol{A}^*)=r(|\boldsymbol{A}|\boldsymbol{A}^{-1})=r(\boldsymbol{A}^{-1})=n$；

(2)当 $r(\boldsymbol{A})=n-1$ 时，至少存在 $\boldsymbol{A}$ 的一个 $n-1$ 阶子式不为零，从而 $\boldsymbol{A}^*$ 有非零元，即 $r(\boldsymbol{A}^*)\geqslant 1$. 而此时 $\boldsymbol{A}\boldsymbol{A}^*=|\boldsymbol{A}|\boldsymbol{E}=\boldsymbol{0}$，即 $\boldsymbol{A}^*$ 的列向量是 $\boldsymbol{AX}=\boldsymbol{0}$ 的解，从而 $r(\boldsymbol{A}^*)\leqslant n-r(\boldsymbol{A})=1$. 于是，$r(\boldsymbol{A}^*)=1$.

(3)当 $r(\boldsymbol{A}^*)<n-1$ 时，$\boldsymbol{A}$ 的任何 $n-1$ 阶子式均为零，由 $\boldsymbol{A}^*$ 的定义，知 $\boldsymbol{A}^*=\boldsymbol{0}$. 所以 $r(\boldsymbol{A}^*)=0$. 证毕.

10. 证明：设 $k_1\boldsymbol{AX}_1+k_2\boldsymbol{AX}_2+\cdots+k_s\boldsymbol{AX}_s=\boldsymbol{0}$，则

$$k_1\boldsymbol{AX}_1+k_2\boldsymbol{AX}_2+\cdots+k_s\boldsymbol{AX}_s=[\boldsymbol{AX}_1\ \ \boldsymbol{AX}_2\ \ \cdots\ \ \boldsymbol{AX}_s]\begin{bmatrix}k_1\\k_2\\\vdots\\k_s\end{bmatrix}=\boldsymbol{0}$$

即 $(k_1,k_2,\cdots,k_s)^{\mathrm{T}}$ 是上述齐次线性方程组的解.

由于 $r([\boldsymbol{AX}_1\ \ \boldsymbol{AX}_2\ \ \cdots\ \ \boldsymbol{AX}_s])=r(\boldsymbol{A}[\boldsymbol{X}_1\ \ \boldsymbol{X}_2\ \ \cdots\ \ \boldsymbol{X}_s])\leqslant r(\boldsymbol{A})<s$，则齐次线性方程组有非零解，从而存在不全为零的数 $k_1,k_2,\cdots,k_s$，使得 $k_1\boldsymbol{AX}_1+k_2\boldsymbol{AX}_2+\cdots+k_s\boldsymbol{AX}_s=0$ 成立.

由定义，$\boldsymbol{AX}_1,\boldsymbol{AX}_2,\cdots,\boldsymbol{AX}_s$ 线性相关.

11. 证明：

因 $\boldsymbol{BX}=\boldsymbol{0}\Rightarrow\boldsymbol{ABX}=\boldsymbol{0}$，故 $\boldsymbol{BX}=\boldsymbol{0}$ 的解必是 $\boldsymbol{ABX}=\boldsymbol{0}$ 的解. 即 $\boldsymbol{BX}=\boldsymbol{0}$ 的基础解系可由 $\boldsymbol{ABX}=\boldsymbol{0}$ 的基础解系线性表示. 从而 $\boldsymbol{BX}=\boldsymbol{0}$ 的基础解系所含向量个数小于等于 $\boldsymbol{ABX}=\boldsymbol{0}$ 的基础解系所含向量的个数，即 $n-r(\boldsymbol{B})\leqslant n-r(\boldsymbol{AB})$，所以，$r(\boldsymbol{AB})\leqslant r(\boldsymbol{B})$.

12. 证明：(反证法)记 A,B,C 分别表示点 (a_1,b_1,c_1)，(a_2,b_2,c_2)，(a_3,b_3,c_3)，由题意，直线 L_1 过 C 点与直线 AB 平行，直线 L_2 过 A 点与直线 BC 平行. 显然 A,B,C 三点共面，直线 L_1 和 L_2 在该平面内. 如果直线 L_1 与 L_2 不相交，则直线 L_1 与 L_2 必共线，于是 $\dfrac{a_1-a_2}{a_2-a_3}=\dfrac{b_1-b_2}{b_2-b_3}=\dfrac{c_1-c_2}{c_2-c_3}$ 成立，从而行列式 $\begin{vmatrix}a_1&b_1&c_1\\a_2&b_2&c_2\\a_3&b_3&c_3\end{vmatrix}=0$，这与矩阵 $\boldsymbol{A}$ 可逆矛盾.

13. 解：设三平面 π_1,π_2,π_3 分别为

$$\begin{cases}\pi_1: A_1x+b_1y+C_1z=D_1\\\pi_2: A_2x+B_2y+C_2z=D_2,\\\pi_3: A_3x+B_3y+C_3z=D_3\end{cases}$$

$A_i,B_i,C_i(i=1,2,3)$ 不全为零.

记由三个平面方程组成的系数矩阵和增广矩阵分别为 $\boldsymbol{A}$ 和 $\widetilde{\boldsymbol{A}}$，则三个不同平面的位置关系有以下四种情况：

(1) $r(\boldsymbol{A})=1, r(\widetilde{\boldsymbol{A}})=2$，三平面平行，方程组无解；

(2) $r(\boldsymbol{A})=1, r(\widetilde{\boldsymbol{A}})=2$，三个法向量共面，方程组无解；

(3) $r(\boldsymbol{A})=r(\widetilde{\boldsymbol{A}})=2$，三平面交于一条直线，方程组有无穷多解；

(4) $r(\boldsymbol{A})=r(\widetilde{\boldsymbol{A}})=3$，三平面交于一点，方程组有唯一解.

习题 5.6

1. 解：(1)零向量. 由向量空间定义，(加法和数乘封闭)，设 $\boldsymbol{\alpha}\in V$，则有 $-\boldsymbol{\alpha}\in V, \boldsymbol{0}=\boldsymbol{\alpha}+(-\boldsymbol{\alpha})\in V$.

(2)不是有限的. 若维数不是零的向量空间一定含有非零元，设 $\boldsymbol{0}\neq\boldsymbol{\alpha}\in V$，由于对乘法封闭，则 $\pm\boldsymbol{\alpha}, \pm 2\boldsymbol{\alpha}, \pm 3\boldsymbol{\alpha}, \cdots$ 是 V 中无限多个不同的向量.

(3)包含. 因为零空间是任何非零向量空间的子空间，非零向量空间的维数大于等于 1，而零空间的维数为 0.

(4)等价关系. 同一个向量空间的两组基可以相互线性表示，故这两组基是等价关系.

(5)向量组 $\boldsymbol{\alpha}_1,\boldsymbol{\alpha}_2,\cdots,\boldsymbol{\alpha}_m$ 的秩是向量空间 $L(\boldsymbol{\alpha}_1,\boldsymbol{\alpha}_2,\cdots,\boldsymbol{\alpha}_m)$ 的维数.

向量组的极大无关组是向量空间 $L(\boldsymbol{\alpha}_1,\boldsymbol{\alpha}_2,\cdots,\boldsymbol{\alpha}_m)$ 的基.

2. 解：(1)是. $\dim V_1=2$，$(-1,1,0)^{\mathrm{T}}$，$(-1,0,1)^{\mathrm{T}}$ 是 V_1 的一组基.

(2)不是. 因为 $\boldsymbol{0}\notin V_2$.

(3)是. $\dim V_3=1$，$(-1,\frac{1}{2},1)^{\mathrm{T}}$ 是 V_3 的一组基.

(4)是. $\dim V_4=2$，$(2,1)^{\mathrm{T}}$，$(-1,1)^{\mathrm{T}}$ 是 V_4 的一组基.

3. 解：将矩阵 $\boldsymbol{A}$ 化为行最简形

$$\boldsymbol{A}=\begin{bmatrix}1&1&2&2&1\\0&2&1&5&-1\\2&0&3&-1&3\\1&1&0&4&-1\end{bmatrix}\xrightarrow{\text{行变换}}\begin{bmatrix}1&0&0&1&0\\0&1&0&3&-1\\0&0&1&-1&1\\0&0&0&0&0\end{bmatrix}$$

$r(\boldsymbol{A})=3$，$(-1,-3,1,1,0)^{\mathrm{T}}$，$(0,1,-1,0,1)^{\mathrm{T}}$ 为方程组 $\boldsymbol{AX}=\boldsymbol{0}$ 的一个基础解系.

故，$\dim R(\boldsymbol{A})=3$，$\boldsymbol{A}$ 的前 3 列为 $R(\boldsymbol{A})$ 的一组基.

$\dim N(\boldsymbol{A})=5-3=2$，$(-1,-3,1,1,0)^{\mathrm{T}}$，$(0,1,-1,0,1)^{\mathrm{T}}$ 为 $N(\boldsymbol{A})$ 的一组基.

4. 证明：因为 $\boldsymbol{\beta}_1=\boldsymbol{\alpha}_1+\boldsymbol{\alpha}_2, \boldsymbol{\beta}_2=\boldsymbol{\alpha}_2-\boldsymbol{\alpha}_1$；$\boldsymbol{\alpha}_1=\frac{1}{2}(\boldsymbol{\beta}_1-\boldsymbol{\beta}_2), \boldsymbol{\alpha}_2=\frac{1}{2}(\boldsymbol{\beta}_1+\boldsymbol{\beta}_2)$. 故 $\boldsymbol{\alpha}_1,\boldsymbol{\alpha}_2$ 与 $\boldsymbol{\beta}_1,\boldsymbol{\beta}_2$ 等价，从而 $L(\boldsymbol{\alpha}_1,\boldsymbol{\alpha}_2)=L(\boldsymbol{\beta}_1,\boldsymbol{\beta}_2)$.

5. 解:由题意得

$$A[\boldsymbol{\beta}_1 \quad \boldsymbol{\beta}_2 \quad \boldsymbol{\beta}_3] = [\boldsymbol{\beta}_1 \quad \boldsymbol{\beta}_2 \quad \boldsymbol{\beta}_3]\boldsymbol{B}$$

令 $\boldsymbol{P} = [\boldsymbol{\beta}_1 \quad \boldsymbol{\beta}_2 \quad \boldsymbol{\beta}_3]$,则 $\boldsymbol{AP} = \boldsymbol{PB}$.

故

$$\boldsymbol{B} = \boldsymbol{P}^{-1}\boldsymbol{AP} = \begin{bmatrix} 1 & 0 & 1 \\ 0 & 1 & 1 \\ -1 & -1 & 1 \end{bmatrix}^{-1}\begin{bmatrix} 2 & 1 & 1 \\ 1 & 2 & 1 \\ 1 & 1 & 2 \end{bmatrix}\begin{bmatrix} 1 & 0 & 1 \\ 0 & 1 & 1 \\ -1 & -1 & 1 \end{bmatrix}$$

$$= \frac{1}{3}\begin{bmatrix} 2 & -1 & -1 \\ -1 & 2 & -1 \\ 1 & 1 & 1 \end{bmatrix}\begin{bmatrix} 2 & 1 & 1 \\ 1 & 2 & 1 \\ 1 & 1 & 2 \end{bmatrix}\begin{bmatrix} 1 & 0 & 1 \\ 0 & 1 & 1 \\ -1 & -1 & 1 \end{bmatrix}$$

$$= \begin{bmatrix} 1 & 0 & 0 \\ 0 & 1 & 0 \\ 0 & 0 & 4 \end{bmatrix}$$

6. 解:由过渡矩阵的定义,$[\boldsymbol{\beta}_1 \quad \boldsymbol{\beta}_2 \quad \boldsymbol{\beta}_3] = [\boldsymbol{\alpha}_1 \quad \boldsymbol{\alpha}_2 \quad \boldsymbol{\alpha}_3]\boldsymbol{K}$

$$\boldsymbol{K} = [\boldsymbol{\alpha}_1 \quad \boldsymbol{\alpha}_2 \quad \boldsymbol{\alpha}_3]^{-1}[\boldsymbol{\beta}_1 \quad \boldsymbol{\beta}_2 \quad \boldsymbol{\beta}_3]$$

$$= \begin{bmatrix} 1 & 0 & 0 \\ 1 & 1 & 0 \\ 1 & 1 & 1 \end{bmatrix}^{-1}\begin{bmatrix} 3 & 5 & 1 \\ 1 & 2 & 1 \\ 4 & 1 & 0 \end{bmatrix} = \begin{bmatrix} 3 & 5 & 1 \\ -2 & -3 & 0 \\ 3 & -1 & -1 \end{bmatrix}$$

7. 证明:对任意的 $\boldsymbol{\alpha},\boldsymbol{\beta} \in V_1 \cap V_2$,有 $\boldsymbol{\alpha},\boldsymbol{\beta} \in V_1$,$\boldsymbol{\alpha},\boldsymbol{\beta} \in V_2$.

因 V_1,V_2 是向量空间,则对任意的数 $k,l \in \mathbb{R}$,有 $\mathrm{k}\boldsymbol{\alpha} + l\boldsymbol{\beta} \in V_1$,$k\boldsymbol{\alpha} + l\boldsymbol{\beta} \in V_2$.

故 $k\boldsymbol{\alpha} + l\boldsymbol{\beta} \in V_1 \cap V_2$,所以,$V_1 \cap V_2$ 是向量空间.

8. 证明:对任意的 $\boldsymbol{u},\boldsymbol{v} \in V_1 + V_2$,由 $V_1 + V_2$ 定义知,存在 $\boldsymbol{u}_1,\boldsymbol{v}_1 \in V_1$,$\boldsymbol{u}_2,\boldsymbol{v}_2 \in V_2$ 使得 $\boldsymbol{u} = \boldsymbol{u}_1 + \boldsymbol{u}_2$,$\boldsymbol{v} = \boldsymbol{v}_1 + \boldsymbol{v}_2$ 成立.

由于 V_1,V_2 是向量空间,则对任意的数 $k,l \in \mathbb{R}$,有

$$k\boldsymbol{u}_1 + l\boldsymbol{v}_1 \in V_1, k\boldsymbol{u}_2 + l\boldsymbol{v}_2 \in V_2$$

故 $$k\boldsymbol{u} + l\boldsymbol{v} = k(\boldsymbol{u}_1 + \boldsymbol{u}_2) + l(\boldsymbol{v}_1 + \boldsymbol{v}_2) = (k\boldsymbol{u}_1 + l\boldsymbol{v}_1) + (k\boldsymbol{u}_2 + l\boldsymbol{v}_2) \in V_1 \cap V_2$$

即 $V_1 + V_2$ 是向量空间.

9. 证明:(1)设 $\boldsymbol{AX} = \boldsymbol{0}$ 的解空间为 W_1,$\boldsymbol{A}^2\boldsymbol{X} = \boldsymbol{0}$ 的解空间为 W_2. 显然 $\boldsymbol{AX} = \boldsymbol{0}$ 的解是 $\boldsymbol{A}^2\boldsymbol{X} = \boldsymbol{0}$ 的解,因此 $W_1 \subseteq W_2$.

又 $\dim W_1 = n - \mathrm{r}(\boldsymbol{A}) = n - \mathrm{r}(\boldsymbol{A}^2) = \dim(W_2)$.

若 $\mathrm{r}(\boldsymbol{A}) = n$,则 $\dim W_1 = \dim(W_2) = 0$,故 $W_1 = W_2 = \{0\}$.

若 $\mathrm{r}(\boldsymbol{A}) = r < n$,设 $\boldsymbol{\alpha}_1,\boldsymbol{\alpha}_2,\cdots,\boldsymbol{\alpha}_{n-r}$ 为 W_1 的一组基,则由 $W_1 \subseteq W_2$ 可知,$\boldsymbol{\alpha}_1,\boldsymbol{\alpha}_2,\cdots,\boldsymbol{\alpha}_{n-r}$ 是 W_2 中的 $n-r$ 个线性无关的向量. 而 $\dim(W_2) = n - r$,故 $\boldsymbol{\alpha}_1,\boldsymbol{\alpha}_2,\cdots,\boldsymbol{\alpha}_{n-r}$ 也是 W_2 的一组基.

所以,$W_1 = W_2$,即 $\boldsymbol{AX} = \boldsymbol{0}$ 与 $\boldsymbol{A}^2\boldsymbol{X} = \boldsymbol{0}$ 同解.

(2)任取 $\boldsymbol{x}\in R(\boldsymbol{A})\cap N(\boldsymbol{A})$,则 $x\in R(\boldsymbol{A})$,$x\in N(\boldsymbol{A})$即存在 $\boldsymbol{y}$ 使得 $\boldsymbol{Ay}=\boldsymbol{x}$ 且 $\boldsymbol{Ax}=\boldsymbol{0}$ 成立. 于是,$\boldsymbol{A}^2y=\boldsymbol{A}(\boldsymbol{A}y)=\boldsymbol{A}x=\boldsymbol{0}$. 故 y 是 $\boldsymbol{A}^2\boldsymbol{X}=\boldsymbol{0}$ 的解. 又由 $\boldsymbol{AX}=\boldsymbol{0}$ 与 $\boldsymbol{A}^2\boldsymbol{X}=\boldsymbol{0}$ 同解,所以,$\boldsymbol{y}$ 是 $\boldsymbol{AX}=\boldsymbol{0}$ 的解,即 $\boldsymbol{Ay}=\boldsymbol{x}=\boldsymbol{0}$.

从而 $R(\boldsymbol{A})\cap N(\boldsymbol{A})=\{\boldsymbol{0}\}$.

习题 6.1

1. (1)假. 如 $\boldsymbol{A}=\begin{bmatrix}0 & -1\\1 & 0\end{bmatrix}$的特征值为 $\lambda_1=i,\lambda_2=-i$.

(2)假. 若 $\boldsymbol{\xi}$ 是矩阵的特征向量,则 $k\boldsymbol{\xi}(k\neq0)$都是该矩阵的特征向量.

(3)假. 设矩阵 $\boldsymbol{A}=\begin{bmatrix}1 & 0\\0 & 1\end{bmatrix}$,则 $\boldsymbol{\xi}_1=(1,0)^{\mathrm{T}},\boldsymbol{\xi}_2=(0,1)^{\mathrm{T}}$ 都是特征值 $\lambda=1$ 对应的特征向量.

(4)假. 设 $\boldsymbol{A}=\begin{bmatrix}0 & 0\\0 & 0\end{bmatrix},\boldsymbol{B}=\begin{bmatrix}0 & 1\\0 & 0\end{bmatrix}$,这两个矩阵的特征多项式相同

$$|\lambda\boldsymbol{E}-\boldsymbol{A}|=|\lambda\boldsymbol{E}-\boldsymbol{B}|=\lambda^2$$

2. 解:(1)$\boldsymbol{A}$ 的特征多项式为$|\lambda\boldsymbol{E}-\boldsymbol{A}|=\lambda^2$,解得特征值为 $\lambda_1=\lambda_2=0$.

求解方程组$(\lambda_1\boldsymbol{E}-\boldsymbol{A})\boldsymbol{x}=\boldsymbol{0}$,对系数矩阵初等行变换

$$0\boldsymbol{E}-\boldsymbol{A}=\begin{bmatrix}0 & -1\\0 & 0\end{bmatrix}\to\begin{bmatrix}0 & 1\\0 & 0\end{bmatrix}$$

得基础解系 $\boldsymbol{x}=(1,0)^{\mathrm{T}}$,所以 $\lambda_1=\lambda_2=0$ 对应的特征向量为 $k\boldsymbol{x}(k\neq0)$

(2)$\boldsymbol{A}$ 的特征多项式为$|\lambda\boldsymbol{E}-\boldsymbol{A}|=\begin{vmatrix}\lambda-2 & -1\\-1 & \lambda-2\end{vmatrix}=(\lambda-2)^2-1$,特征值为 $\lambda_1=1,\lambda_2=3$.

解方程组$(\lambda_1\boldsymbol{E}-\boldsymbol{A})\boldsymbol{x}=\boldsymbol{0}$ 得基础解系 $\boldsymbol{x}_1=(1,-1)^{\mathrm{T}}$,故 $\lambda_1=1$ 对应的特征向量为$k_1\boldsymbol{x}_1(k_1\neq0)$.

解方程组$(\lambda_2\boldsymbol{E}-\boldsymbol{A})\boldsymbol{x}=\boldsymbol{0}$ 得基础解系 $\boldsymbol{x}_2=(1,1)^{\mathrm{T}}$,故 $\lambda_2=3$ 对应的特征向量为 $k_2\boldsymbol{x}_2\ (k_2\neq0)$.

(3)$\boldsymbol{A}$ 的特征多项式为$|\lambda\boldsymbol{E}-\boldsymbol{A}|=(\lambda-2)^3$,特征值为 $\lambda_1=\lambda_2=\lambda_3=2$.

解方程组$(\lambda_1\boldsymbol{E}-\boldsymbol{A})\boldsymbol{x}=\boldsymbol{0}$ 得基础解系 $\boldsymbol{x}=(1,0,0)^{\mathrm{T}}$,故 $\lambda=2$ 对应的特征向量为 $k\boldsymbol{x}\ (k\neq0)$.

(4)$\boldsymbol{A}$ 的特征多项式为$|\lambda\boldsymbol{E}-\boldsymbol{A}|=(\lambda-1)^3$,特征值为 $\lambda_1=\lambda_2=\lambda_3=1$.

解方程组$(\lambda_1\boldsymbol{E}-\boldsymbol{A})\boldsymbol{x}=\boldsymbol{0}$,得基础解系 $\boldsymbol{x}_1=(1,0,0)^{\mathrm{T}},\boldsymbol{x}_2=(0,0,1)^{\mathrm{T}}$,故 $\lambda_1=1$ 对应的特征向量为 $k_1\boldsymbol{x}_1+k_2\boldsymbol{x}_2(k_1,k_2$ 不全为零).

(5)$\boldsymbol{A}$ 的特征多项式为$|\lambda\boldsymbol{E}-\boldsymbol{A}|=(\lambda-1)^2(\lambda-10)$,特征值为 $\lambda_1=\lambda_2=1,\lambda_3=10$.

解方程组$(\lambda_1\boldsymbol{E}-\boldsymbol{A})\boldsymbol{x}=\boldsymbol{0}$,得基础解系$\boldsymbol{x}_1=(-1,1,0)^{\mathrm{T}},\boldsymbol{x}_2=\left(-\frac{1}{2},0,1\right)^{\mathrm{T}}$,故$\lambda_1=1$对应的特征向量为$k_1\boldsymbol{x}_1+k_2\boldsymbol{x}_2$($k_1,k_2$不全为零).

解方程组$(\lambda_3\boldsymbol{E}-\boldsymbol{A})\boldsymbol{x}=\boldsymbol{0}$得基础解系$\boldsymbol{x}_3=(2,2,1)^{\mathrm{T}}$,故$\lambda_3=10$对应的特征向量为$k_3\boldsymbol{x}_3(k_3\neq0)$.

(6)$\boldsymbol{A}$的特征多项式为$|\lambda\boldsymbol{E}-\boldsymbol{A}|=(\lambda-2)^2(\lambda+1)$,特征值为$\lambda_1=\lambda_2=2,\lambda_3=-1$.

解方程组$(\lambda_1\boldsymbol{E}-\boldsymbol{A})\boldsymbol{x}=\boldsymbol{0}$,得基础解系$\boldsymbol{x}_1=(1,4,0)^{\mathrm{T}},\boldsymbol{x}_2=(1,0,4)^{\mathrm{T}}$,故$\lambda_1=2$对应的特征向量为$k_1\boldsymbol{x}_1+k_2\boldsymbol{x}_2$($k_1,k_2$不全为零).

解方程组$(\lambda_3\boldsymbol{E}-\boldsymbol{A})\boldsymbol{x}=0$得基础解系$\boldsymbol{x}_3=(1,0,1)^{\mathrm{T}}$,故$\lambda_3=-1$对应的特征向量为$k_3\boldsymbol{x}_3(k_3\neq0)$.

3. 证明:设$\boldsymbol{x}\neq\boldsymbol{0}$是$\boldsymbol{A}$的对应于特征值$\lambda$的特征向量

(1)由$\boldsymbol{Ax}=\lambda\boldsymbol{x}$,知$(k\boldsymbol{A})\boldsymbol{x}=k(\boldsymbol{Ax})=k(\lambda\boldsymbol{x})=(k\lambda)\boldsymbol{x}$. 故$k\lambda$是矩阵$k\boldsymbol{A}$的特征值.

(2)由$\boldsymbol{Ax}=\lambda\boldsymbol{x}$,知$(k\boldsymbol{E}+\boldsymbol{A})\boldsymbol{x}=k\boldsymbol{Ex}+\boldsymbol{Ax}=k\boldsymbol{x}+\lambda\boldsymbol{x}=(k+\lambda)\boldsymbol{x}$. 故$k+\lambda$是$k\boldsymbol{E}+\boldsymbol{A}$的特征值.

(3)由$\boldsymbol{A}$可逆,知$\lambda\neq0$,$\boldsymbol{A}^{-1}$的特征值为λ^{-1}.

又由$\boldsymbol{A}^*=|\boldsymbol{A}|\boldsymbol{A}^{-1}$,知$\boldsymbol{A}^*\boldsymbol{x}=(|\boldsymbol{A}|\boldsymbol{A}^{-1})\boldsymbol{x}=|\boldsymbol{A}|(\boldsymbol{A}^{-1}\boldsymbol{x})=|\boldsymbol{A}|(\lambda^{-1}\boldsymbol{x})=(\lambda^{-1}|\boldsymbol{A}|)\boldsymbol{x}$ 所以,$\lambda^{-1}|\boldsymbol{A}|$是$\boldsymbol{A}^*$的特征值.

(4)因$\boldsymbol{Ax}=\lambda\boldsymbol{x}$,故

$$\begin{aligned}\boldsymbol{A}^2\boldsymbol{x}&=\boldsymbol{A}(\boldsymbol{Ax})=\boldsymbol{A}(\lambda\boldsymbol{x})=\lambda\boldsymbol{Ax}=\lambda^2\boldsymbol{x}\\ \boldsymbol{A}^3\boldsymbol{x}&=\boldsymbol{A}(\boldsymbol{A}^2\boldsymbol{x})=\boldsymbol{A}(\lambda^2\boldsymbol{x})=\lambda^2\boldsymbol{Ax}=\lambda^3\boldsymbol{x}\\ &\vdots\\ \boldsymbol{A}^m\boldsymbol{x}&=\boldsymbol{A}(\boldsymbol{A}^{m-1}\boldsymbol{x})=\boldsymbol{A}(\lambda^{m-1}\boldsymbol{x})=\lambda^{m-1}\boldsymbol{Ax}=\lambda^m\boldsymbol{x}\end{aligned}$$

从而

$$\begin{aligned}&(a_0\boldsymbol{E}+a_1\boldsymbol{A}+\cdots+a_m\boldsymbol{A}^m)\boldsymbol{x}\\ &=a_0\boldsymbol{E}x+a_1\boldsymbol{Ax}+\cdots+a_m\boldsymbol{A}^m\boldsymbol{x}\\ &=a_0\boldsymbol{x}+a_1\lambda\boldsymbol{x}+\cdots+a_m\lambda^m\boldsymbol{x}\\ &=(a_0+a_1\lambda+\cdots+a_m\lambda^m)\boldsymbol{x}\end{aligned}$$

即$a_0\boldsymbol{E}+a_1\boldsymbol{A}+\cdots+a_m\boldsymbol{A}^m$的特征值为$a_0+a_1\lambda+\cdots+a_m\lambda^m$.

4. 解:由特征值的性质,$\boldsymbol{A}$的特征多项式为

$$|\lambda\boldsymbol{E}-\boldsymbol{A}|=(\lambda-\lambda_1)(\lambda-\lambda_2)(\lambda-\lambda_3)=(\lambda-1)(\lambda-2)(\lambda-3)$$

上式中令$\lambda=4$,有

$$|4\boldsymbol{E}-\boldsymbol{A}|=(4-1)(4-2)(4-3)=6$$

上式中令$\lambda=-4$,有

$$|-4\boldsymbol{E}-\boldsymbol{A}|=(-4-1)(-4-2)(-4-3)=-210$$

而
$$|-4\boldsymbol{E}-\boldsymbol{A}|=(-1)^3|4\boldsymbol{E}+\boldsymbol{A}|=-|4\boldsymbol{E}+\boldsymbol{A}|$$

故
$$|4\boldsymbol{E}+\boldsymbol{A}|=210$$

5. 证明:设 $\boldsymbol{A}$ 的特征值为 $\lambda_1,\lambda_2,\cdots,\lambda_m$,则 $\boldsymbol{A}^2-\boldsymbol{E}$ 的特征值为 $\lambda_1^2-1,\lambda_2^2-1,\cdots,\lambda_m^2-1$. 而 $\boldsymbol{A}^2-\boldsymbol{E}=\boldsymbol{0}$ 的特征值只能为零,故 $\lambda_1^2-1=\lambda_2^2-1=\cdots=\lambda_m^2-1=0$,因此,$\lambda_1=\pm1$, $\lambda_2=\pm1,\cdots,\lambda_m=\pm1$. 即 $\boldsymbol{A}$ 的特征值均为 1 或 -1.

6. 解:设 $\boldsymbol{Ax}=\lambda\boldsymbol{x}(\boldsymbol{x}\neq\boldsymbol{0})$,则 $\boldsymbol{0}=\boldsymbol{A}^m\boldsymbol{x}=\lambda^m\boldsymbol{x}$,从而 $\lambda^m=0$,即 $\lambda=0$. 于是,$\boldsymbol{A}$ 的特征多项式为

$$|\lambda\boldsymbol{E}-\boldsymbol{A}|=\lambda^n$$

令 $\lambda=-1$,有

$$|-\boldsymbol{E}-\boldsymbol{A}|=|-(\boldsymbol{E}+\boldsymbol{A})|=(-1)^n|\boldsymbol{E}+\boldsymbol{A}|=(-1)^n$$

故 $|\boldsymbol{E}+\boldsymbol{A}|=1$.

7. 解:因 $\boldsymbol{Ap}_1=\lambda_1\boldsymbol{p}_1,\boldsymbol{Ap}_2=\lambda_2\boldsymbol{p}_2$,故

$$\boldsymbol{A}[\boldsymbol{p}_1\quad\boldsymbol{p}_2]=[\lambda_1\boldsymbol{p}_1\quad\lambda_2\boldsymbol{p}_2]=[\boldsymbol{p}_1\quad\boldsymbol{p}_2]\begin{bmatrix}\lambda_1&0\\0&\lambda_2\end{bmatrix}$$

令 $\boldsymbol{P}=[\boldsymbol{p}_1\quad\boldsymbol{p}_2]=\begin{bmatrix}1&2\\2&5\end{bmatrix}$,则 $\boldsymbol{P}$ 可逆,且 $\boldsymbol{AP}=\boldsymbol{P}\begin{bmatrix}-1&0\\0&2\end{bmatrix}$.

于是

$$\boldsymbol{A}=\boldsymbol{P}\begin{bmatrix}-1&0\\0&2\end{bmatrix}\boldsymbol{P}^{-1}=\begin{bmatrix}1&2\\2&5\end{bmatrix}\begin{bmatrix}-1&0\\0&2\end{bmatrix}\begin{bmatrix}1&2\\2&5\end{bmatrix}^{-1}=\begin{bmatrix}-13&6\\-30&14\end{bmatrix}$$

8. 解:$\boldsymbol{A}$ 的特征多项式为

$$|\lambda\boldsymbol{E}-\boldsymbol{A}|=\begin{vmatrix}\lambda&0&-1\\-x&\lambda-1&-y\\-1&0&\lambda\end{vmatrix}=(\lambda-1)^2(\lambda+1)$$

从而 $\boldsymbol{A}$ 的特征值为 $\lambda_1=-1,\lambda_2=\lambda_3=1$.

因为不同特征值对应的特征向量必线性无关,所以由 $\boldsymbol{A}$ 有 3 个线性无关的特征向量可知对应于 $\lambda_2=\lambda_3=1$ 的线性无关的特征向量个数为 2. 从而方程组 $(\boldsymbol{E}-\boldsymbol{A})\boldsymbol{x}=0$ 的基础解系中所含向量个数为 $3-\mathrm{r}(\boldsymbol{A})=2$,即 $\mathrm{r}(\boldsymbol{A})=1$.

对 $\boldsymbol{E}-\boldsymbol{A}$ 进行初等行变换化为行阶梯形

$$\boldsymbol{E}-\boldsymbol{A}=\begin{bmatrix}1&0&-1\\-x&0&-y\\-1&0&1\end{bmatrix}\xrightarrow{\text{行变换}}\begin{bmatrix}1&0&-1\\0&0&-x-y\\0&0&0\end{bmatrix}$$

要使 $\mathrm{r}(\boldsymbol{A})=1$,则有 $-x-y=0$ 成立,即 $x+y=0$.

9. 解:由于 $\boldsymbol{A}$ 的特征多项式为

$$|\lambda E-A|=\begin{vmatrix}\lambda-1 & 0 & -1\\ 0 & \lambda-x & 0\\ -1 & 0 & \lambda-y\end{vmatrix}=(\lambda-x)(\lambda-1)(\lambda-y)-(\lambda-x)$$

又因为 A 的特征值为 $\lambda_1=0,\lambda_2=2,\lambda_3=2$，则

$$|\lambda E-A|=\lambda(\lambda-2)^2$$

从而有 $x=2,y=1$.

10. 证明：由 $Ax_0=\lambda_1x_0,Ax_0=\lambda_2x_0$，则 $\lambda_1x_0=\lambda_2x_0$，于是 $(\lambda_1-\lambda_2)x_0=\mathbf{0}$. 因 x_0 是 A 的特征向量，故 $x_0\neq\mathbf{0}$，因此，$\lambda_1-\lambda_2=0$，即 $\lambda_1=\lambda_2$.

11. 证明：反证

若 x_1+x_2 是 A 的特征向量，则存在 λ_3 使得 $A(x_1+x_2)=\lambda_3(x_1+x_2)$ 成立.

由 $Ax_1=\lambda_1x_1,Ax_2=\lambda_2x_2$ 得

$$A(x_1+x_2)=Ax_1+Ax_2=\lambda_1x_1+\lambda_2x_2=\lambda_3(x_1+x_2)$$

即有 $(\lambda_1-\lambda_3)x_1+(\lambda_2-\lambda_3)x_2=\mathbf{0}$

而 x_1,x_2 是 A 的对应不同特征值的特征向量，则 x_1,x_2 必线性无关.

于是 $\lambda_1-\lambda_3=\lambda_2-\lambda_3=0$，即 $\lambda_1=\lambda_2=\lambda_3$，矛盾. 证毕.

12. 解：

$$A=\alpha^{\mathrm{T}}\alpha=\begin{bmatrix}a^2 & ab & ac\\ ab & b^2 & bc\\ ac & bc & c^2\end{bmatrix}$$

A 的特征多项式为 $|\lambda E-A|=\lambda^2(\lambda-a^2-b^2-c^2)$，故其特征值为 $\lambda_1=a^2+b^2+c^2,\lambda_2=\lambda_3=0$.

由于 $A\alpha^{\mathrm{T}}=(\alpha^{\mathrm{T}}\alpha)\alpha^{\mathrm{T}}=\alpha^{\mathrm{T}}(\alpha\alpha^{\mathrm{T}})=(a^2+b^2+c^2)\alpha^{\mathrm{T}}$，所以对应特征值 λ_1 的特征向量为 $k\alpha^{\mathrm{T}}$（$k\neq0$ 为任意常数）.

求解 $(\lambda_2E-A)x=Ax=\mathbf{0}$，得基础解系 $x_1=(-b,a,0)^{\mathrm{T}},x_2=(-c,0,a)^{\mathrm{T}}$. 所以对应特征值 $\lambda_2=\lambda_3=0$ 的特征向量为 $k_1x_1+k_2x_2$（k_1,k_2 不全为零）.

13. 证：（ⅰ）若 $\lambda=0$，由 λ 是 AB 的特征值，有

$0=|0E-AB|=(-1)^n|AB|=|-AB|=(-1)^n|A||B|=(-1)^n|BA|=|-BA|=|0E-BA|$

即 $\lambda=0$ 也是 BA 的特征值.

（ⅱ）若 $\lambda\neq0$，由 $ABx=\lambda x(x\neq\mathbf{0})$，可知 $Bx\neq\mathbf{0}$（否则 $\mathbf{0}=ABx=\lambda x\neq\mathbf{0}$，矛盾）. 从而 $BA(Bx)=B(ABx)=B(\lambda x)=\lambda Bx$，而 $Bx\neq\mathbf{0}$，所以 λ 也是 BA 的特征值.

14. 解：设 λ 是 A 的特征值，α 是对应的非零特征向量，即 $A\alpha=\lambda\alpha$.

由于 A 是可逆矩阵，则 $\lambda\neq\mathbf{0}$ 且 $A^*=|A|A^{-1}$. 由 $A\alpha=\lambda\alpha$ 两边同时左乘 A^*，得 $A^*A\alpha=\lambda A^*\alpha$，从而 $A^*\alpha=\lambda^{-1}|A|\alpha$. 显然，$\alpha$ 也是 A^* 的特征向量，$\lambda^{-1}|A|$ 是 A^* 的特征值. 因此，A 与

A^*有相同的特征向量;并且,λ 是 $\boldsymbol{A}$ 的特征值当且仅当 $\lambda^{-1}|\boldsymbol{A}|$是 $\boldsymbol{A}^*$ 的特征值.

习题 6.2

1. 解:(**1**)假. 如单位阵 $\boldsymbol{E}$ 是对角阵,可对角化,且特征值相同.

(**2**)假. 如 $\boldsymbol{A}=\begin{bmatrix}\mathbf{0} & \mathbf{1}\\ \mathbf{0} & \mathbf{0}\end{bmatrix}$只有一个线性无关的特征向量 $\boldsymbol{x}=(\mathbf{1},\mathbf{0})^{\mathrm{T}}$,故不能对角化.

2. 解:由 $\boldsymbol{P}^{-1}\boldsymbol{AP}=\begin{bmatrix}\mathbf{1} & \mathbf{0}\\ \mathbf{0} & \mathbf{2}\end{bmatrix}$知,$\boldsymbol{A}$ 的特征值为 $\lambda_1=\mathbf{1},\lambda_2=\mathbf{2}$.

解方程组$(\lambda_1\boldsymbol{E}-\boldsymbol{A})\boldsymbol{x}=\mathbf{0}$ 得基础解系 $\boldsymbol{x}_1=(1,-1)^{\mathrm{T}}$.

解方程组$(\lambda_2\boldsymbol{E}-\boldsymbol{A})\boldsymbol{x}=\mathbf{0}$ 得基础解系 $\boldsymbol{x}_2=(0,1)^{\mathrm{T}}$.

令 $\boldsymbol{P}=\begin{bmatrix}1 & 0\\ -1 & 1\end{bmatrix}$,则 $\boldsymbol{A}=\boldsymbol{P}\begin{bmatrix}1 & 0\\ 0 & 2\end{bmatrix}\boldsymbol{P}^{-1}$.

从而

$$\begin{aligned}\boldsymbol{A}^{10} &= \boldsymbol{P}\begin{bmatrix}1 & 0\\ 0 & 2\end{bmatrix}\boldsymbol{P}^{-1}\cdot\boldsymbol{P}\begin{bmatrix}1 & 0\\ 0 & 2\end{bmatrix}\boldsymbol{P}^{-1}\cdot\cdots\cdot\boldsymbol{P}\begin{bmatrix}1 & 0\\ 0 & 2\end{bmatrix}\boldsymbol{P}^{-1}\\ &= \boldsymbol{P}\begin{bmatrix}1 & 0\\ 0 & 2\end{bmatrix}^{10}\boldsymbol{P}^{-1} = \begin{bmatrix}1 & 0\\ 1-2^{10} & 2^{10}\end{bmatrix}\end{aligned}$$

3. 解:由相似矩阵性质,有

$$\begin{cases}2+0+x=2+y-1\\ -2=|\boldsymbol{A}|=|\boldsymbol{B}|=-2y\end{cases}$$

得 $x=0,y=1$.

故 $\boldsymbol{A}$ 的特征值为 $\lambda_1=2,\lambda_2=1,\lambda_3=-1$.

解方程组$(\lambda_1\boldsymbol{E}-\boldsymbol{A})\boldsymbol{x}=\mathbf{0}$ 得基础解系 $\boldsymbol{p}_1=(1,0,0)^{\mathrm{T}}$.

解方程组$(\lambda_2\boldsymbol{E}-\boldsymbol{A})\boldsymbol{x}=\mathbf{0}$ 得基础解系 $\boldsymbol{p}_2=(0,1,1)^{\mathrm{T}}$.

解方程组$(\lambda_3\boldsymbol{E}-\boldsymbol{A})\boldsymbol{x}=\mathbf{0}$ 得基础解系 $\boldsymbol{p}_3=(0,-1,1)^{\mathrm{T}}$.

故,可取

$$P=[\boldsymbol{p}_1\quad \boldsymbol{p}_2\quad \boldsymbol{p}_3]=\begin{bmatrix}1 & 0 & 0\\ 0 & 1 & -1\\ 0 & 1 & 1\end{bmatrix}\text{ (注:答案不唯一)}$$

4. 证明:由 $\boldsymbol{A}$ 可逆,则 $\boldsymbol{BA}=\boldsymbol{EBA}=(\boldsymbol{A}^{-1}\boldsymbol{A})\boldsymbol{BA}=\boldsymbol{A}^{-1}(\boldsymbol{AB})\boldsymbol{A}$,即存在可逆阵 $\boldsymbol{P}=\boldsymbol{A}$ 使得 $\boldsymbol{BA}=\boldsymbol{P}^{-1}(\boldsymbol{AB})\boldsymbol{P}$ 成立,故 $\boldsymbol{AB}$ 与 $\boldsymbol{BA}$ 相似.

5. 证明:由 $\boldsymbol{A}_1$ 与 $\boldsymbol{B}_1$ 相似,则存在可逆阵 $\boldsymbol{P}_1$,使得 $\boldsymbol{P}_1^{-1}\boldsymbol{A}_1\boldsymbol{P}_1=\boldsymbol{B}_1$ 成立.

由 $\boldsymbol{A}_1$ 与 $\boldsymbol{B}_1$ 相似，则存在可逆阵 $\boldsymbol{P}_2$，使得 $\boldsymbol{P}_2^{-1}\boldsymbol{A}_2\boldsymbol{P}_2=\boldsymbol{B}_2$ 成立.

令 $\boldsymbol{P}=\begin{bmatrix}\boldsymbol{P}_1 & \boldsymbol{O}\\ \boldsymbol{O} & \boldsymbol{P}_2\end{bmatrix}$，则 $|\boldsymbol{P}|=|\boldsymbol{P}_1||\boldsymbol{P}_2|\neq 0$. 故 $\boldsymbol{P}$ 可逆，且 $\boldsymbol{P}^{-1}=\begin{bmatrix}\boldsymbol{P}_1^{-1} & \boldsymbol{0}\\ \boldsymbol{0} & \boldsymbol{P}_2^{-1}\end{bmatrix}$.

从而

$$\boldsymbol{P}^{-1}\begin{bmatrix}\boldsymbol{A}_1 & \boldsymbol{O}\\ \boldsymbol{O} & \boldsymbol{A}_2\end{bmatrix}\boldsymbol{P}=\begin{bmatrix}\boldsymbol{P}_1 & \boldsymbol{O}\\ \boldsymbol{O} & \boldsymbol{P}_2\end{bmatrix}^{-1}\begin{bmatrix}\boldsymbol{A}_1 & \boldsymbol{O}\\ \boldsymbol{O} & \boldsymbol{A}_2\end{bmatrix}\begin{bmatrix}\boldsymbol{P}_1 & \boldsymbol{O}\\ \boldsymbol{O} & \boldsymbol{P}_2\end{bmatrix}$$

$$=\begin{bmatrix}\boldsymbol{P}_1^{-1}\boldsymbol{A}_1\boldsymbol{P}_1 & \boldsymbol{O}\\ \boldsymbol{O} & \boldsymbol{P}_2^{-1}\boldsymbol{A}_2\boldsymbol{P}_2\end{bmatrix}=\begin{bmatrix}\boldsymbol{B}_1 & \boldsymbol{O}\\ \boldsymbol{O} & \boldsymbol{B}_2\end{bmatrix}$$

故 $\begin{bmatrix}\boldsymbol{A}_1 & \boldsymbol{O}\\ \boldsymbol{O} & \boldsymbol{A}_2\end{bmatrix}$ 与 $\begin{bmatrix}\boldsymbol{B}_1 & \boldsymbol{O}\\ \boldsymbol{O} & \boldsymbol{B}_2\end{bmatrix}$ 相似.

6. 证明：因为

$$\begin{bmatrix}0 & 1\\ 1 & 0\end{bmatrix}\begin{bmatrix}a & b\\ c & d\end{bmatrix}\begin{bmatrix}0 & 1\\ 1 & 0\end{bmatrix}=\begin{bmatrix}c & d\\ a & b\end{bmatrix}\begin{bmatrix}0 & 1\\ 1 & 0\end{bmatrix}=\begin{bmatrix}d & c\\ b & a\end{bmatrix}$$

初等矩阵 $\begin{bmatrix}0 & 1\\ 1 & 0\end{bmatrix}$ 可逆，其逆阵等于它本身，从而 $\begin{bmatrix}a & b\\ c & d\end{bmatrix}$ 与 $\begin{bmatrix}d & c\\ b & a\end{bmatrix}$ 可逆.

7. 证明：由 $\boldsymbol{A}$ 可对角化，故存在矩阵 $\boldsymbol{P}$ 使得 $\boldsymbol{P}^{-1}\boldsymbol{AP}=\boldsymbol{\Lambda}$（$\boldsymbol{\Lambda}$ 为对角阵）.

由 $\boldsymbol{B}$ 与 $\boldsymbol{A}$ 相似，故存在矩阵 $\boldsymbol{Q}$ 使得 $\boldsymbol{Q}^{-1}\boldsymbol{BQ}=\boldsymbol{A}$.

因 $\boldsymbol{P},\boldsymbol{Q}$ 可逆，故 $\boldsymbol{QP}$ 可逆（因 $|\boldsymbol{QP}|=|\boldsymbol{Q}||\boldsymbol{P}|\neq 0$）.

从而，$\boldsymbol{\Lambda}=\boldsymbol{P}^{-1}\boldsymbol{AP}=\boldsymbol{P}^{-1}(\boldsymbol{Q}^{-1}\boldsymbol{BQ})\boldsymbol{P}=(\boldsymbol{QP})^{-1}\boldsymbol{B}(\boldsymbol{QP})$

即 $\boldsymbol{B}$ 可对角化. 证毕.

8. 证明：设 $\boldsymbol{A}$ 的特征值为 λ_1,λ_2，则 $\lambda_1\lambda_2=|\boldsymbol{A}|<0$. 于是，$\lambda_1,\lambda_2\neq 0$，且 λ_1,λ_2 异号. 故，$\lambda_1\neq\lambda_2$，即 2 阶矩阵 $\boldsymbol{A}$ 有两个线性无关的特征值，从而 $\boldsymbol{A}$ 可对角化.

9. 解：$\boldsymbol{A}$ 的特征多项式为

$$|\lambda\boldsymbol{E}-\boldsymbol{A}|=\begin{vmatrix}\lambda-2 & 0 & -1\\ -3 & \lambda-1 & -x\\ -4 & 0 & \lambda-5\end{vmatrix}=(\lambda-1)^2(\lambda-6)$$

特征值为 $\lambda_1=\lambda_2=1,\lambda_3=6$.

因 $\boldsymbol{A}$ 可对角化，故对应于 $\lambda_1=\lambda_2=1$ 的线性无关的特征向量有 2 个，从而方程组 $(\lambda_1\boldsymbol{E}-\boldsymbol{A})\boldsymbol{x}=\boldsymbol{0}$ 的基础解系所含向量个数为 $3-\mathrm{r}(\lambda_1\boldsymbol{E}-\boldsymbol{A})=2$. 于是 $\mathrm{r}(\lambda_1\boldsymbol{E}-\boldsymbol{A})=1$.

而

$$\lambda_1\boldsymbol{E}-\boldsymbol{A}=\begin{bmatrix}-1 & 0 & -1\\ -3 & 0 & -x\\ -4 & 0 & -4\end{bmatrix}\to\begin{bmatrix}-1 & 0 & 0\\ 0 & 0 & -3+x\\ 0 & 0 & 0\end{bmatrix}$$

故 $x=3$.

10. 证明:(1)由 $\boldsymbol{E}=\boldsymbol{A}+(\boldsymbol{E}-\boldsymbol{A})$,故 $n=\mathrm{r}(\boldsymbol{E})=\mathrm{r}(\boldsymbol{A}+(\boldsymbol{E}-\boldsymbol{A}))\leqslant \mathrm{r}(\boldsymbol{A})+\mathrm{r}(\boldsymbol{E}-\boldsymbol{A})$;

由 $\boldsymbol{A}^2=\boldsymbol{A}$ 可得 $\boldsymbol{A}(\boldsymbol{E}-\boldsymbol{A})=\boldsymbol{0}$,从而 $\mathrm{r}(\boldsymbol{A})+\mathrm{r}(\boldsymbol{E}-\boldsymbol{A})\leqslant n$.

所以,$\mathrm{r}(\boldsymbol{A})+\mathrm{r}(\boldsymbol{E}-\boldsymbol{A})=n$.

(2)由 $\boldsymbol{A}^2=\boldsymbol{A}$ 知 $\boldsymbol{A}$ 的特征值为 $\lambda=0$ 或 $\lambda=1$. 因 $\mathrm{r}(\boldsymbol{A})+\mathrm{r}(\boldsymbol{E}-\boldsymbol{A})=n$,故对应 $\lambda=0$ 的线性无关的特征向量个数等于

$$n-\mathrm{r}(0\cdot\boldsymbol{E}-\boldsymbol{A})=n-\mathrm{r}(\boldsymbol{A})=n-r$$

对应 $\lambda=1$ 的线性无关的特征向量个数等于

$$n-\mathrm{r}(1\cdot\boldsymbol{E}-\boldsymbol{A})=n-\mathrm{r}(\boldsymbol{E}-\boldsymbol{A})=\mathrm{r}(\boldsymbol{A})=r$$

从而 $\boldsymbol{A}$ 的所有线性无关的特征向量个数为 $r+n-r=n$ 个,故 $\boldsymbol{A}$ 可对角化.

而 $\mathrm{r}(\boldsymbol{A})=r$,故 $\boldsymbol{A}$ 的非零特征值个数为 r,即 $\lambda=1$ 是 $\boldsymbol{A}$ 的 r 重根,且 $\lambda=0$ 是 $\boldsymbol{A}$ 的 $n-r$ 重根.

设 $\boldsymbol{A}$ 可化为对角阵 $\boldsymbol{\Lambda}$,即存在可逆阵 $\boldsymbol{P}$,使得 $\boldsymbol{P}^{-1}\boldsymbol{A}\boldsymbol{P}=\boldsymbol{\Lambda}$ 成立.

由于 $\boldsymbol{\Lambda}$ 的对角线上元素为 $\boldsymbol{A}$ 的 n 个特征值,故 $\boldsymbol{\Lambda}$ 的对角线上有 r 个 1 和 $n-r$ 个零. 选择合适的可逆阵 $\boldsymbol{P}$,使得 $\boldsymbol{\Lambda}$ 的对角线元素 $\boldsymbol{A}$ 的特征值以从大到小的顺序排序,则有 $\boldsymbol{\Lambda}=\begin{bmatrix}\boldsymbol{E}_r & \boldsymbol{O}\\ \boldsymbol{O} & \boldsymbol{O}\end{bmatrix}$,

所以,$\boldsymbol{A}$ 相似于 $\boldsymbol{\Lambda}=\begin{bmatrix}\boldsymbol{E}_r & \boldsymbol{O}\\ \boldsymbol{O} & \boldsymbol{O}\end{bmatrix}$.

习题　7.1

1. 解(1)$[\boldsymbol{x},\boldsymbol{y}]=1\times2+(-1)\times(-2)+0\times1+1\times(-3)=1$

(2)$[\boldsymbol{x},\boldsymbol{y}]=0\times1+1\times(-1)+4\times0+(-1)\times3+3\times(-1)=-7$

2. 解:(1)$\|\boldsymbol{x}\|=\sqrt{1^2+(-1)^2+0^2+1^2}=\sqrt{3}$

(2)$\|\boldsymbol{y}\|=\sqrt{2^2+(-2)^2+1^2+(-3)^2}=3\sqrt{2}$

3. 解:设 $\boldsymbol{\gamma}=(x_1,x_2,x_3,x_4)^{\mathrm{T}}$ 与三个向量同时正交,则

$$\begin{cases}x_1+x_2-x_3+x_4=0\\ x_1-x_2-x_3+x_4=0\\ 2x_1+x_2+x_3+3x_4=0\end{cases}$$

从而向量

$$\boldsymbol{\gamma}_0=\left(\begin{vmatrix}1&-1&1\\-1&-1&1\\1&1&3\end{vmatrix},-\begin{vmatrix}1&-1&1\\1&-1&1\\2&1&3\end{vmatrix},\begin{vmatrix}1&1&1\\1&-1&1\\2&1&3\end{vmatrix},-\begin{vmatrix}1&1&-1\\1&-1&-1\\2&1&1\end{vmatrix}\right)^{\mathrm{T}}=(-8,0,-2,6)^{\mathrm{T}}$$

知 $\boldsymbol{\gamma}=k\boldsymbol{\gamma}_0(k\in\mathbb{R})$ 为所求向量.

4. 证明:向量组$\boldsymbol{\alpha}_1,\boldsymbol{\alpha}_2,\cdots,\boldsymbol{\alpha}_m$相互正交,即$[\boldsymbol{\alpha}_i,\boldsymbol{\alpha}_j]=0,i\neq j,i,j=1,2,\cdots,n$,则存在一组实数$k_1,k_2,\cdots,k_n$,使得$k_1\boldsymbol{\alpha}_1+k_2\boldsymbol{\alpha}_2+\cdots+k_n\boldsymbol{\alpha}_n=0$,两边同时对$\boldsymbol{\alpha}_i$作内积,则$k_1[\boldsymbol{\alpha}_1,\boldsymbol{\alpha}_i]+k_2[\boldsymbol{\alpha}_2,\boldsymbol{\alpha}_i]+\cdots+k_i[\boldsymbol{\alpha}_i,\boldsymbol{\alpha}_i]+\cdots+k_n[\boldsymbol{\alpha}_n,\boldsymbol{\alpha}_n]=0\Rightarrow k_i\|\boldsymbol{\alpha}_i\|=0$,因此$k_1,k_2,\cdots,k_n=0$,即线性无关.

5. 证明:

$$\|\boldsymbol{x}+\boldsymbol{y}\|^2=[\boldsymbol{x}+\boldsymbol{y},\boldsymbol{x}+\boldsymbol{y}]=[\boldsymbol{x},\boldsymbol{x}]+[\boldsymbol{x},\boldsymbol{y}]+[\boldsymbol{y},\boldsymbol{x}]+[\boldsymbol{y},\boldsymbol{y}]=[\boldsymbol{x},\boldsymbol{y}]+[\boldsymbol{y},\boldsymbol{y}]=\|\boldsymbol{x}\|^2+\|\boldsymbol{y}\|^2$$

6. 证明:

$$\begin{aligned}\|\boldsymbol{x}+\boldsymbol{y}\|^2&=[\boldsymbol{x}+\boldsymbol{y},\boldsymbol{x}+\boldsymbol{y}]=[\boldsymbol{x},\boldsymbol{x}]+[\boldsymbol{x},\boldsymbol{y}]+[\boldsymbol{y},\boldsymbol{x}]+[\boldsymbol{y},\boldsymbol{y}]\\&=[\boldsymbol{x},\boldsymbol{y}]+[\boldsymbol{y},\boldsymbol{y}]=\|\boldsymbol{x}\|^2+\|\boldsymbol{y}\|^2+2[\boldsymbol{x},\boldsymbol{y}]\\&\leqslant\|\boldsymbol{x}\|^2+\|\boldsymbol{y}\|^2+2\|\boldsymbol{x}\|\|\boldsymbol{y}\|=(\|\boldsymbol{x}\|+\|\boldsymbol{y}\|)^2\end{aligned}$$

7. 证明:令$\boldsymbol{A}=[\boldsymbol{\alpha}_1\quad\boldsymbol{\alpha}_2\quad\cdots\quad\boldsymbol{\alpha}_m]$,则$|a_{ij}|_m=|[\boldsymbol{\alpha}_i,\boldsymbol{\alpha}_j]|=|\boldsymbol{A}^{\mathrm{T}}\boldsymbol{A}|$

首先证明方程组$\boldsymbol{Ax}=\boldsymbol{0}$与$\boldsymbol{A}^{\mathrm{T}}\boldsymbol{Ax}=\boldsymbol{0}$同解.

若$\boldsymbol{Ax}=\boldsymbol{0}$,(左乘$\boldsymbol{A}^{\mathrm{T}}$)则$\boldsymbol{A}^{\mathrm{T}}\boldsymbol{Ax}=\boldsymbol{0}$;

若$\boldsymbol{A}^{\mathrm{T}}\boldsymbol{Ax}=\boldsymbol{0}$,则(左乘$\boldsymbol{x}^{\mathrm{T}}$)$\boldsymbol{x}^{\mathrm{T}}\boldsymbol{A}^{\mathrm{T}}\boldsymbol{Ax}=\boldsymbol{0}$,即$\|\boldsymbol{Ax}\|=0$,即$\boldsymbol{Ax}=\boldsymbol{0}$.

所以方程组$\boldsymbol{Ax}=\boldsymbol{0}$与$\boldsymbol{A}^{\mathrm{T}}\boldsymbol{Ax}=\boldsymbol{0}$同解.

于是,向量组$\boldsymbol{\alpha}_1,\boldsymbol{\alpha}_2,\cdots,\boldsymbol{\alpha}_m$线性无关

$\Leftrightarrow \mathrm{r}(\boldsymbol{A})=m$

$\Leftrightarrow$ 方程组$\boldsymbol{Ax}=\boldsymbol{0}$只有零解

$\Leftrightarrow$ 方程组$\boldsymbol{A}^{\mathrm{T}}\boldsymbol{Ax}=\boldsymbol{0}$只有零解(由于$\boldsymbol{A}^{\mathrm{T}}\boldsymbol{Ax}=\boldsymbol{0}$与$\boldsymbol{Ax}=\boldsymbol{0}$同解)

$\Leftrightarrow \mathrm{r}(\boldsymbol{A}^{\mathrm{T}}\boldsymbol{A})=m$

$\Leftrightarrow m$阶行列式$|a_{ij}|_m\neq0$

证毕.

8. 证明:设$\boldsymbol{P}$为正交阵,则$\boldsymbol{P}^{\mathrm{T}}\boldsymbol{P}=\boldsymbol{E}$. 对上式取行列式有$|\boldsymbol{P}^{\mathrm{T}}||\boldsymbol{P}|=|\boldsymbol{P}|^2=|\boldsymbol{E}|=1$,从而$|\boldsymbol{P}|=\pm1$.

9. 证明:设$\boldsymbol{P},\boldsymbol{Q}$为正交阵,则$\boldsymbol{P}^{\mathrm{T}}\boldsymbol{P}=\boldsymbol{Q}^{\mathrm{T}}\boldsymbol{Q}=\boldsymbol{E}$,于是,$(\boldsymbol{PQ})^{\mathrm{T}}(\boldsymbol{PQ})=\boldsymbol{Q}^{\mathrm{T}}\boldsymbol{P}^{\mathrm{T}}\boldsymbol{PQ}=\boldsymbol{Q}^{\mathrm{T}}\boldsymbol{Q}=\boldsymbol{E}$.

所以,两个同阶正交阵的乘积还是正交阵.

10. 证明:设$\boldsymbol{P}$为正交阵,则$\boldsymbol{P}^{\mathrm{T}}\boldsymbol{P}=\boldsymbol{PP}^{\mathrm{T}}=\boldsymbol{E}$,从而

$$(\boldsymbol{P}^{-1})^{\mathrm{T}}\boldsymbol{P}^{-1}=(\boldsymbol{P}^{\mathrm{T}})^{-1}\boldsymbol{P}^{-1}=(\boldsymbol{PP}^{\mathrm{T}})^{-1}=\boldsymbol{E}$$

11. 证明: 由于$\boldsymbol{x}$为单位向量,故$\boldsymbol{x}^{\mathrm{T}}\boldsymbol{x}=1$.

从而

$$\begin{aligned}\boldsymbol{P}^{\mathrm{T}}\boldsymbol{P}&=(\boldsymbol{E}_n-2\boldsymbol{xx}^{\mathrm{T}})^{\mathrm{T}}(\boldsymbol{E}_n-2\boldsymbol{xx}^{\mathrm{T}})\\&=(\boldsymbol{E}_n-2\boldsymbol{xx}^{\mathrm{T}})(\boldsymbol{E}_n-2\boldsymbol{xx}^{\mathrm{T}})\\&=\boldsymbol{E}_n-4\boldsymbol{xx}^{\mathrm{T}}+4\boldsymbol{x}(\boldsymbol{x}^{\mathrm{T}}\boldsymbol{x})\boldsymbol{x}^{\mathrm{T}}\\&=\boldsymbol{E}_n-4\boldsymbol{xx}^{\mathrm{T}}+4\boldsymbol{xx}^{\mathrm{T}}=\boldsymbol{E}_n\end{aligned}$$

所以$\boldsymbol{P}$为正交阵.

12. 证明:由于 $\boldsymbol{P}$ 为正交阵,故 $\boldsymbol{P}^{-1}=\boldsymbol{P}^{\mathrm{T}}$.

由 λ 是 $\boldsymbol{P}$ 的特征值,知 λ^{-1}是 $\boldsymbol{P}^{-1}$的特征值,从而 λ^{-1}是 $\boldsymbol{P}^{\mathrm{T}}$ 的特征值.

而 $\boldsymbol{P}$ 与 $\boldsymbol{P}^{\mathrm{T}}$ 有相同的特征值,所以 λ^{-1}是 $\boldsymbol{P}$ 的特征值.

13. 证明:由于 $\boldsymbol{P}$ 为正交阵,则 $\boldsymbol{P}^{\mathrm{T}}\boldsymbol{P}=\boldsymbol{E}$,从而

$$|\boldsymbol{E}-\boldsymbol{P}|=|\boldsymbol{P}\boldsymbol{P}^{\mathrm{T}}-\boldsymbol{P}|=|\boldsymbol{P}||\boldsymbol{P}^{\mathrm{T}}-\boldsymbol{E}|=|\boldsymbol{P}||(\boldsymbol{P}-\boldsymbol{E})^{\mathrm{T}}|=|\boldsymbol{P}||\boldsymbol{P}-\boldsymbol{E}|=(-1)^3|\boldsymbol{P}||\boldsymbol{E}-\boldsymbol{P}|$$

又因 $|\boldsymbol{P}|=1$,故 $|\boldsymbol{E}-\boldsymbol{P}|=0$. 所以 1 是 $\boldsymbol{P}$ 的特征值.

14. 证明:由于 $\boldsymbol{P}^{\mathrm{T}}\boldsymbol{P}=\boldsymbol{E}$,则

$$[\boldsymbol{y}_1,\boldsymbol{y}_2]=[\boldsymbol{P}\boldsymbol{x}_1,\boldsymbol{P}\boldsymbol{x}_2]=(\boldsymbol{P}\boldsymbol{x}_1)^{\mathrm{T}}\boldsymbol{P}\boldsymbol{x}_2=\boldsymbol{x}_1^{\mathrm{T}}\boldsymbol{P}^{\mathrm{T}}\boldsymbol{P}\boldsymbol{x}_2=\boldsymbol{x}_1^{\mathrm{T}}\boldsymbol{x}_2=[\boldsymbol{x}_1,\boldsymbol{x}_2]$$

从而 $<\boldsymbol{y}_1,\boldsymbol{y}_2>=\arccos[\boldsymbol{y}_1,\boldsymbol{y}_2]=\arccos[\boldsymbol{x}_1,\boldsymbol{x}_2]=<\boldsymbol{x}_1,\boldsymbol{x}_2>$.

令 $\boldsymbol{x}_1=\boldsymbol{x}_2=\boldsymbol{x}$,有 $\|\boldsymbol{y}\|=\sqrt{[\boldsymbol{y},\boldsymbol{y}]}=\sqrt{[\boldsymbol{x},\boldsymbol{x}]}=\|\boldsymbol{x}\|$.

证毕.

习题 7.2

1. (1) $\begin{bmatrix}1&1&1\\1&2&3\\1&1&4\end{bmatrix}$ (2) $\begin{bmatrix}0&\frac{1}{2}&-1\\\frac{1}{2}&0&\frac{3}{2}\\-1&\frac{3}{2}&0\end{bmatrix}$

习题 7.3

1. 解:(1)配方法 f 可化为

$$\begin{aligned}f&=x_1^2+2x_2^2+4x_3^2+2x_1x_2+2x_1x_3+6x_2x_3\\&=(x_1+x_2+x_3)^2+x_2^2+3x_3^2+4x_2x_3\\&=(x_1+x_2+x_3)^2+(x_2+2x_3)^2-4x_3^2\end{aligned}$$

令

$$\begin{cases}y_1=x_1+x_2+x_3\\y_2=x_2+2x_3\\y_3=2x_3\end{cases}$$

则

$$\begin{bmatrix}y_1\\y_2\\y_3\end{bmatrix}=\begin{bmatrix}1&-1&\frac{1}{2}\\0&1&-1\\0&0&\frac{1}{2}\end{bmatrix}\begin{bmatrix}x_1\\x_2\\x_3\end{bmatrix}$$

在此变换下，有

$$f = y_1^2 + y_2^2 - y_3^2$$

(2)用可逆变换

$$\begin{cases} x_1 = z_1 + z_2 \\ x_2 = z_1 - z_2 \\ x_3 = z_3 \end{cases}$$

将二次型化为含平方项的二次型，再用配方法，二次型可化为

$$\begin{aligned} f &= x_1x_2 - 2x_1x_3 + 3x_2x_3 \\ &= z_1^2 - z_2^2 + z_1z_2 - 5z_2z_3 \\ &= \left(z_1 + \frac{1}{2}z_3\right)^2 - z_2^2 - \frac{1}{4}z_3^2 - 5z_2z_3 \\ &= (z_1 + \frac{1}{2}z_3)^2 - (z_2 + \frac{5}{2}z_3)^2 + \frac{25}{4}z_3^2 - \frac{1}{4}z_3^2 \\ &= \left(z_1 + \frac{1}{2}z_3\right)^2 - \left(z_2 + \frac{5}{2}z_3\right)^2 + 6z_3^2 \end{aligned}$$

令

$$\begin{cases} y_1 = z_1 + \frac{1}{2}z_3 \\ y_2 = z_2 + \frac{5}{2}z_3 \\ y_3 = z_3 \end{cases}$$

则有

$$\begin{bmatrix} x_1 \\ x_2 \\ x_3 \end{bmatrix} = \begin{bmatrix} 1 & 1 & 0 \\ 1 & -1 & 0 \\ 0 & 0 & 1 \end{bmatrix} \begin{bmatrix} z_1 \\ z_2 \\ z_3 \end{bmatrix} \quad \begin{bmatrix} z_1 \\ z_2 \\ z_3 \end{bmatrix} = \begin{bmatrix} 1 & 0 & \frac{1}{2} \\ 0 & 1 & -\frac{5}{2} \\ 0 & 0 & 1 \end{bmatrix} \begin{bmatrix} y_1 \\ y_2 \\ y_3 \end{bmatrix}$$

即在可逆变换

$$\begin{bmatrix} x_1 \\ x_2 \\ x_3 \end{bmatrix} = \begin{bmatrix} 1 & 1 & -3 \\ 1 & -1 & 2 \\ 0 & 0 & 1 \end{bmatrix} \begin{bmatrix} y_1 \\ y_2 \\ y_3 \end{bmatrix}$$

之下，二次型可化为$f = y_1^2 - y_2^2 + 6y_3^2$.

2. 解：设正交阵$\boldsymbol{P} = [\boldsymbol{p}_1 \quad \boldsymbol{p}_2]$可将$\boldsymbol{A}$化成对角阵，即$\boldsymbol{P}^{\mathrm{T}}\boldsymbol{A}\boldsymbol{P} = \begin{bmatrix} \lambda_1 & \boldsymbol{0} \\ \boldsymbol{0} & \lambda_2 \end{bmatrix}$.

由题意取$\boldsymbol{p}_1 = \frac{1}{\sqrt{5}}(1,2)^{\mathrm{T}}$，再利用正交性，有$\boldsymbol{p}_1 \cdot \boldsymbol{p}_2 = 0$，故可取$\boldsymbol{p}_2 = \frac{1}{\sqrt{5}}(2,-1)^{\mathrm{T}}$.

即$\boldsymbol{P} = [\boldsymbol{p}_1 \quad \boldsymbol{p}_2]$.

故

$$A = P\begin{bmatrix}\lambda_1 & 0\\0 & \lambda_2\end{bmatrix}P^{\mathrm{T}} = \frac{1}{\sqrt{5}}\begin{bmatrix}1 & 2\\2 & -1\end{bmatrix}\begin{bmatrix}1 & 0\\0 & 2\end{bmatrix}\frac{1}{\sqrt{5}}\begin{bmatrix}1 & 2\\2 & -1\end{bmatrix}^{\mathrm{T}} = \frac{1}{5}\begin{bmatrix}9 & -2\\-2 & 6\end{bmatrix}$$

3. 证明:设 $A^2=[c_{ij}]_n$,由于 $A^{\mathrm{T}}=A$,故 $A^{\mathrm{T}}A=[c_{ij}]_n=\mathbf{0}$.

于是
$$0=c_{ij}=\sum_{k=1}^{n}a_{ki}a_{kj},\ \forall i,j$$

从而
$$0=c_{ii}=\sum_{k=1}^{n}a_{ki}^2,\ \forall i$$

因此
$$a_{1i}=a_{2i}=\cdots=a_{ni}=0,i=1,2,\cdots,n$$

即 $A=\mathbf{0}$.

4. 解:由于 A 可对角化,故可找到两个对应 $\lambda_2=\lambda_3=1$ 的线性无关的特征向量,设为 x_2,x_3,由特征向量的性质 x_1,x_2,x_3 相互正交,故 $\begin{cases}x_2^{\mathrm{T}}\cdot x_1=0\\x_3^{\mathrm{T}}\cdot x_1=0\end{cases}$.

解方程组可得基础解系 $(1,0,0)^{\mathrm{T}},(0,-1,1)^{\mathrm{T}}$,(对基础解系正交化),取 $x_2=(1,0,0)^{\mathrm{T}}$,$x_3=(0,-1,1)^{\mathrm{T}}$.

则 $P=[x_1\quad x_2\quad x_3]$,且 $AP=P\begin{bmatrix}-1 & 0 & 0\\0 & 1 & 0\\0 & 0 & 1\end{bmatrix}$,从而

$$A=P^{-1}\begin{bmatrix}-1 & 0 & 0\\0 & 1 & 0\\0 & 0 & 1\end{bmatrix}P=\begin{bmatrix}1 & 0 & 0\\0 & 0 & -1\\0 & -1 & 0\end{bmatrix}$$

5. 解:(1)由 A 的特征多项式 $|\lambda E-A|=\lambda(\lambda-5)$,可得特征值 $\lambda_1=0,\lambda_2=5$.

求解特征值对应的特征向量:

解 $(\lambda_1E-A)x=\mathbf{0}$,得特征向量 $x_1=(2,1)^{\mathrm{T}}$;

解 $(\lambda_2E-A)x=\mathbf{0}$,得特征向量 $x_2=(1,-2)^{\mathrm{T}}$.

对 x_1,x_2 进行规范化,得正交阵为

$$P=\frac{1}{\sqrt{5}}\begin{bmatrix}2 & 1\\1 & -2\end{bmatrix}$$

(2)由 A 的特征多项式 $|\lambda E-A|=(\lambda+2)(\lambda-1)(\lambda-4)$,可得特征值 $\lambda_1=-2,\lambda_2=1$,$\lambda_3=4$.

求解特征值对应的特征向量:

解 $(\lambda_1E-A)x=0$,得特征向量 $x_1=(-1,-2,-2)^{\mathrm{T}}$.

解 $(\lambda_2E-A)x=0$,得特征向量 $x_2=(2,1,-2)^{\mathrm{T}}$.

解$(\lambda_3 E - A)x = 0$,得特征向量 $x_3 = (-2,2,-1)^T$.

对 x_1,x_2,x_3 进行规范化,得正交阵为

$$P = \frac{1}{3}\begin{bmatrix} -1 & 2 & -2 \\ -2 & 1 & 2 \\ -2 & -2 & -1 \end{bmatrix}$$

6. 解:(1)二次型的矩阵为 $A = \begin{bmatrix} 1 & -2 & -4 \\ -2 & 4 & -2 \\ -4 & -2 & 2 \end{bmatrix}$.

由 A 的特征多项式 $|\lambda E - A| = (\lambda - 1 - \sqrt{21})(\lambda - 5)(\lambda + 1 - \sqrt{21})$,求得特征值为

$$\lambda_1 = 1 + \sqrt{21}, \lambda_2 = 5, \lambda_3 = 1 - \sqrt{21}$$

从而二次型的标准形为 $f = (1 + \sqrt{21})y_1^2 + 5y_2^2 + (1 - \sqrt{21})y_3^2$.

(2)二次型的矩阵为 $A = \begin{bmatrix} 1 & 0 & 2\sqrt{2} \\ 0 & 5 & 0 \\ 2\sqrt{2} & 0 & -1 \end{bmatrix}$.

由 A 的特征多项式 $|\lambda E - A| = (\lambda + 3)(\lambda - 3)(\lambda - 5)$,求得特征值为

$$\lambda_1 = -3, \lambda_2 = 3, \lambda_3 = 5$$

从而二次型的标准形为

$$f = -3y_1^2 + 3y_2^2 + 5y_3^2$$

7. 解:(1)二次型的矩阵为 $A = \begin{bmatrix} 2 & 0 & 0 \\ 0 & 3 & 2 \\ 0 & 2 & 3 \end{bmatrix}$.

A 的特征多项式为

$$|\lambda E - A| = (\lambda - 1)(\lambda - 2)(\lambda - 5)$$

故其特征值为

$$\lambda_1 = 1, \lambda_2 = 2, \lambda_3 = 5$$

分别求解方程组$(\lambda_1 E - A)x = 0$,$(\lambda_2 E - A)x = 0$,$(\lambda_3 E - A)x = 0$ 得到对应特征值 λ_1,λ_2,λ_3 的特征向量 $p_1 = (0,-1,1)^T$,$p_2 = (1,0,0)^T$,$p_3 = (0,1,1)^T$.

由于 p_1,p_2,p_3 已经是正交的,对其进行单位化,得正交阵

$$P = \frac{\sqrt{2}}{2}\begin{bmatrix} 0 & \sqrt{2} & 0 \\ -1 & 0 & 1 \\ 1 & 0 & 1 \end{bmatrix}$$

即为所求.

(2)二次型的矩阵为 $A = \begin{bmatrix} 0 & 1 & 0 & 0 \\ 1 & 0 & 0 & 0 \\ 0 & 0 & 0 & -1 \\ 0 & 0 & -1 & 0 \end{bmatrix}$.

$\boldsymbol{A}$ 的特征多项式为 $\quad |\lambda\boldsymbol{E}-\boldsymbol{A}|=(\lambda-1)^2(\lambda+1)^2$

故其特征值为 $\lambda_1=\lambda_2=-1,\lambda_3=\lambda_4=1$.

分别求解各特征值对应的特征方程得特征向量,对这些特征向量进行正交化、规范化,得正交阵

$$\boldsymbol{P}=\frac{\sqrt{2}}{2}\begin{bmatrix}-1&0&0&1\\1&0&0&1\\0&-1&-1&0\\0&-1&1&0\end{bmatrix}$$

即为所求.

8. 证明:由于 $\boldsymbol{A}$ 为对称阵,故存在正交阵 $\boldsymbol{P}$ 使得 $\boldsymbol{\Lambda}=\boldsymbol{P}^{\mathrm{T}}\boldsymbol{A}\boldsymbol{P}$,其中 $\boldsymbol{\Lambda}=\mathrm{diag}(\lambda_1,\lambda_2,\cdots,\lambda_n)$. 令 $\boldsymbol{x}=\boldsymbol{P}\boldsymbol{y}$,由 $(\boldsymbol{P}\boldsymbol{x})^{\mathrm{T}}(\boldsymbol{P}\boldsymbol{x})=\boldsymbol{x}^{\mathrm{T}}\boldsymbol{x}$,得

$$\begin{aligned}\boldsymbol{x}^{\mathrm{T}}\boldsymbol{A}\boldsymbol{x}&=(\boldsymbol{P}\boldsymbol{y})^{\mathrm{T}}\boldsymbol{A}(\boldsymbol{P}\boldsymbol{y})=\boldsymbol{y}^{\mathrm{T}}(\boldsymbol{P}^{\mathrm{T}}\boldsymbol{A}\boldsymbol{P})\boldsymbol{y}\\&=\boldsymbol{y}^{\mathrm{T}}\boldsymbol{\Lambda}\boldsymbol{y}=\lambda_1y_1^2+\lambda_2y_2^2+\cdots+\lambda_ny_n^2\end{aligned}$$

又因 λ_m 和 λ_M 分别为 $\boldsymbol{A}$ 的最小特征值和最大特征值,故 $\lambda_m\leqslant\lambda_i\leqslant\lambda_M$,$(i=1,2,\cdots,n)$,于是,

$$\begin{aligned}\lambda_m\boldsymbol{y}^{\mathrm{T}}\boldsymbol{y}&=\lambda_m(y_1^2+y_2^2+\cdots+y_n^2)\\&\leqslant\lambda_1y_1^2+\lambda_2y_2^2+\cdots+\lambda_ny_n^2\\&\leqslant\lambda_M(y_1^2+y_2^2+\cdots+y_n^2)\\&=\lambda_M\boldsymbol{y}^{\mathrm{T}}\boldsymbol{y}\end{aligned}$$

而 $\boldsymbol{y}^{\mathrm{T}}\boldsymbol{y}=\boldsymbol{y}^{\mathrm{T}}\boldsymbol{P}^{\mathrm{T}}\boldsymbol{P}\boldsymbol{y}=(\boldsymbol{P}\boldsymbol{y})^{\mathrm{T}}(\boldsymbol{P}\boldsymbol{y})=\boldsymbol{x}^{\mathrm{T}}\boldsymbol{x}$,故有

$$\lambda_m\boldsymbol{x}^{\mathrm{T}}\boldsymbol{x}\leqslant\boldsymbol{x}^{\mathrm{T}}\boldsymbol{A}\boldsymbol{x}\leqslant\lambda_M\boldsymbol{x}^{\mathrm{T}}\boldsymbol{x}$$

9. 解:(1) 二次型 f 的矩阵为 $\boldsymbol{A}=\begin{bmatrix}5&-1&3\\-1&5&-3\\3&-3&c\end{bmatrix}$.

因为 $\boldsymbol{A}\to\begin{bmatrix}1&-5&3\\5&-1&3\\3&-3&c\end{bmatrix}\to\begin{bmatrix}1&-5&3\\0&24&-12\\0&0&c-3\end{bmatrix}$. 且 $\mathrm{r}(\boldsymbol{A})=2$. 所以 $c=3$.

(2)由

$$|\boldsymbol{A}-\lambda\boldsymbol{E}|=\begin{vmatrix}5-\lambda&-1&3\\-1&5-\lambda&-3\\3&-3&3-\lambda\end{vmatrix}=\lambda(4-\lambda)(\lambda-9)=0$$

得 $\boldsymbol{A}$ 的特征值为 0,4,9.

当 $\lambda=0$ 时,由 $(\boldsymbol{A}-\lambda\boldsymbol{E})\boldsymbol{X}=\boldsymbol{0}$, 得

$$\begin{bmatrix} 5 & -1 & 3 \\ -1 & 5 & -3 \\ 3 & -3 & c \end{bmatrix}\begin{bmatrix} x_1 \\ x_2 \\ x_3 \end{bmatrix} = \mathbf{0} \quad 等价于 \quad \begin{bmatrix} 1 & 0 & \frac{1}{2} \\ 0 & 1 & -\frac{1}{2} \\ 0 & 0 & 0 \end{bmatrix}\begin{bmatrix} x_1 \\ x_2 \\ x_3 \end{bmatrix} = \mathbf{0}$$

其基础解系为 $\boldsymbol{\xi}_1 = (1, -1, -2)^{\mathrm{T}}$. 单位化,有 $\boldsymbol{e}_1 = \frac{\boldsymbol{\xi}_1}{\|\boldsymbol{\xi}_1\|} = \frac{1}{\sqrt{6}}(1, -1, -2)^{\mathrm{T}}$.

当 $\lambda = 4$ 时,由 $(\boldsymbol{A} - \lambda\boldsymbol{E})\boldsymbol{X} = \mathbf{0}$, 得

$$\begin{bmatrix} 1 & -1 & 3 \\ -1 & 1 & -3 \\ 3 & -3 & -1 \end{bmatrix}\begin{bmatrix} x_1 \\ x_2 \\ x_3 \end{bmatrix} = \mathbf{0} \quad 等价于 \quad \begin{bmatrix} 1 & -1 & 0 \\ 0 & 0 & 1 \\ 0 & 0 & 0 \end{bmatrix}\begin{bmatrix} x_1 \\ x_2 \\ x_3 \end{bmatrix} = \mathbf{0}$$

其基础解系为 $\boldsymbol{\xi}_2 = (1,1,0)^{\mathrm{T}}$. 单位化,有 $\boldsymbol{e}_2 = \frac{\boldsymbol{\xi}_2}{\|\boldsymbol{\xi}_2\|} = \frac{1}{\sqrt{2}}(1,1,0)^{\mathrm{T}}$.

当 $\lambda = 9$ 时,由 $(\boldsymbol{A} - \lambda\boldsymbol{E})\boldsymbol{X} = \mathbf{0}$, 得

$$\begin{bmatrix} -4 & -1 & 3 \\ -1 & -4 & -3 \\ 3 & -3 & -6 \end{bmatrix}\begin{bmatrix} x_1 \\ x_2 \\ x_3 \end{bmatrix} = \mathbf{0} \quad 等价于 \quad \begin{bmatrix} 1 & 0 & -1 \\ 0 & 1 & 1 \\ 0 & 0 & 0 \end{bmatrix}\begin{bmatrix} x_1 \\ x_2 \\ x_3 \end{bmatrix} = \mathbf{0}$$

其基础解系为 $\boldsymbol{\xi}_3 = (1, -1,1)^{\mathrm{T}}$. 单位化,有 $\boldsymbol{e}_3 = \frac{\boldsymbol{\xi}_3}{\|\boldsymbol{\xi}_3\|} = \frac{1}{\sqrt{3}}(1, -1,1)^{\mathrm{T}}$.

构造 $\boldsymbol{P} = [\boldsymbol{e}_1 \quad \boldsymbol{e}_2 \quad \boldsymbol{e}_3]$. 故 $\boldsymbol{P}$ 为正交阵. 且有

$$\boldsymbol{P}^{-1}\boldsymbol{A}\boldsymbol{P} = \begin{bmatrix} 0 & & \\ & 4 & \\ & & 9 \end{bmatrix}$$

在变换 $[x_1 \quad x_2 \quad x_3]^{\mathrm{T}} = \boldsymbol{P}[y_1 \quad y_2 \quad y_3]^{\mathrm{T}}$ 下, 二次型 f 有标准形 $f = 4y_2^2 + 9y_3^2$.

(3) 此时, 方程 $f(x_1, x_2, x_3) = 1$ 变为 $4y_2^2 + 9y_3^2 = 1$. 由于正交变换不改变曲面的基本形状, 而曲面 $4y_2^2 + 9y_3^2 = 1$ 为椭圆柱面,故方程 $f(x_1, x_2, x_3) = 1$ 在 $Ox_1x_2x_3$ 坐标系中亦表示椭圆柱面.

习题 7.4

1. 解:10 个. 秩为 3 的 4 个,秩为 2 的 3 个,秩为 1 的 2 个,秩为零的 1 个.

2. 解:(1) 由于二次型可化为 $f = (x_1 + x_2 + x_3)^2 + (x_2 + 2x_3)^2 - 4x_3^2$(详见习题 7.3 第 1 题

(1)),故该二次型正惯性指数为 2,负惯性指数为 1;

(2)由于二次型可化为$f=(z_1+\frac{1}{2}z_3)^2-(z_2+\frac{5}{2}z_3)^2+6z_3^2$,故该二次型的正惯性指数为 2,负惯性指数为 1.

3. 解:15 类.

习题 7.5

1. 解:(1)假. 此二次型的正惯性指数为 2,而 3 元二次型正定的充分必要条件是正惯性指数为 3.

(2)真. 取$\boldsymbol{e}_i=(0,\cdots,0,1,0\cdots,0)^{\mathrm{T}}$,由$\boldsymbol{A}$正定,可知二次型正定,从而$f=\boldsymbol{e}_i^{\mathrm{T}}\boldsymbol{A}\boldsymbol{e}_i=a_{ii}>0$.

(3)假. 如$f(x_1,x_2)=x_1^2+x_2^2+4x_1x_2$的规范形为$f(x_1,x_2)=y_1^2-y_2^2$,所以此二次型不是正定二次型.

(4)假. 如$f(x_1,x_2)=x_1^2+2x_2^2-2x_1x_2=(x_1-x_2)^2+x_2^2$正定,而交叉项系数为负数.

2. 解:(1)此二次型的矩阵为$\begin{bmatrix}2&1&2\\1&2&1\\2&1&3\end{bmatrix}$,而$|2|>0$,$\begin{vmatrix}2&1\\1&2\end{vmatrix}=3>0$,$\begin{vmatrix}2&1&2\\1&2&1\\2&1&3\end{vmatrix}=3>0$

矩阵的各阶顺序主子式大于零,故矩阵正定,从而二次型正定.

(2)此二次型的矩阵为$\begin{bmatrix}2&1&-2\\1&2&-1\\-2&-1&5\end{bmatrix}$,各阶顺序主子式

$$|2|>0,\begin{vmatrix}2&1\\1&2\end{vmatrix}>0,\begin{vmatrix}2&1&-2\\1&2&-1\\-2&-1&5\end{vmatrix}=9>0$$

故矩阵为正定阵,从而二次型正定.

3. 解:二次型对应的矩阵为$\begin{bmatrix}\lambda&1&1\\1&\lambda&1\\1&1&\lambda\end{bmatrix}$,要使二次型正定,须满足它的各阶顺序主子式大于 0,则

$$|\lambda|>0,\begin{vmatrix}\lambda&1\\1&\lambda\end{vmatrix}=\lambda^2-1>0,\begin{vmatrix}\lambda&1&1\\1&\lambda&1\\1&1&\lambda\end{vmatrix}=(\lambda-1)^2(\lambda+2)>0$$

从而$\lambda>1$.

4. 证明:由$\boldsymbol{A},\boldsymbol{B}$正定,则$\boldsymbol{A}^{\mathrm{T}}=\boldsymbol{A},\boldsymbol{B}^{\mathrm{T}}=\boldsymbol{B},(\boldsymbol{A}+\boldsymbol{B})^{\mathrm{T}}=\boldsymbol{A}^{\mathrm{T}}+\boldsymbol{B}^{\mathrm{T}}=\boldsymbol{A}+\boldsymbol{B}$. 则$\boldsymbol{A}+\boldsymbol{B}$为对称阵.

由 $\boldsymbol{A},\boldsymbol{B}$ 正定,对任意的 $\boldsymbol{x}\neq\boldsymbol{0}$,有 $\boldsymbol{x}^{\mathrm{T}}\boldsymbol{A}\boldsymbol{x}>0,\boldsymbol{x}^{\mathrm{T}}\boldsymbol{B}\boldsymbol{x}>0$,则 $x^{\mathrm{T}}(\boldsymbol{A}+\boldsymbol{B})\boldsymbol{x}=\boldsymbol{x}^{\mathrm{T}}\boldsymbol{A}\boldsymbol{x}+\boldsymbol{x}^{\mathrm{T}}\boldsymbol{B}\boldsymbol{x}>0$ 成立.

从而,由定义知,$\boldsymbol{A}+\boldsymbol{B}$ 为正定阵.

5. 证明:由 $\boldsymbol{A}$ 对称,故 $\boldsymbol{A}^{\mathrm{T}}=\boldsymbol{A}$,从而 $(\boldsymbol{A}^{-1})^{\mathrm{T}}=(\boldsymbol{A}^{\mathrm{T}})^{-1}=\boldsymbol{A}^{-1}$,即 $\boldsymbol{A}^{-1}$ 为对称阵.

由 $\boldsymbol{A}$ 正定,可知 $\boldsymbol{A}$ 的特征值均大于零,而 $\boldsymbol{A}^{-1}$ 的特征值为 $\boldsymbol{A}$ 的特征值的倒数,从而 $\boldsymbol{A}^{-1}$ 的特征值均大于零.

对称阵 $\boldsymbol{A}^{-1}$ 的特征值全大于零,故 $\boldsymbol{A}^{-1}$ 正定.

6. 证明:

证法一:由于 $\boldsymbol{A}$ 正定,则存在可逆阵 $\boldsymbol{P}$ 使 $\boldsymbol{A}=\boldsymbol{P}^{\mathrm{T}}\boldsymbol{P}$.

由 $\boldsymbol{B}$ 正定,则存在可逆阵 $\boldsymbol{Q}$ 使 $\boldsymbol{B}=\boldsymbol{Q}^{\mathrm{T}}\boldsymbol{Q}$,令 $\boldsymbol{M}=\begin{bmatrix}\boldsymbol{P}&\boldsymbol{O}\\\boldsymbol{O}&\boldsymbol{Q}\end{bmatrix}$,有

$$|\boldsymbol{M}|=\begin{vmatrix}\boldsymbol{P}&\boldsymbol{O}\\\boldsymbol{O}&\boldsymbol{Q}\end{vmatrix}=|\boldsymbol{P}|\,|\boldsymbol{Q}|\neq 0$$

$\boldsymbol{M}$ 可逆,且

$$\begin{bmatrix}\boldsymbol{A}&\boldsymbol{O}\\\boldsymbol{O}&\boldsymbol{B}\end{bmatrix}=\begin{bmatrix}\boldsymbol{P}^{\mathrm{T}}\boldsymbol{P}&\boldsymbol{O}\\\boldsymbol{O}&\boldsymbol{Q}^{\mathrm{T}}\boldsymbol{Q}\end{bmatrix}=\begin{bmatrix}\boldsymbol{P}^{\mathrm{T}}&\boldsymbol{O}\\\boldsymbol{O}&\boldsymbol{Q}^{\mathrm{T}}\end{bmatrix}\begin{bmatrix}\boldsymbol{P}&\boldsymbol{O}\\\boldsymbol{O}&\boldsymbol{Q}\end{bmatrix}=\boldsymbol{M}^{\mathrm{T}}\boldsymbol{M}$$

则 $\begin{bmatrix}\boldsymbol{A}&\boldsymbol{O}\\\boldsymbol{O}&\boldsymbol{B}\end{bmatrix}$ 为正定阵.

证法二:由 $\boldsymbol{A}$ 正定,则 $\boldsymbol{A}^{\mathrm{T}}=\boldsymbol{A}$;由 $\boldsymbol{B}$ 正定,则 $\boldsymbol{B}^{\mathrm{T}}=\boldsymbol{B}$. 因此

$$\begin{bmatrix}\boldsymbol{A}&\boldsymbol{O}\\\boldsymbol{O}&\boldsymbol{B}\end{bmatrix}^{\mathrm{T}}=\begin{bmatrix}\boldsymbol{A}^{\mathrm{T}}&\boldsymbol{O}\\\boldsymbol{O}&\boldsymbol{B}^{\mathrm{T}}\end{bmatrix}=\begin{bmatrix}\boldsymbol{A}&\boldsymbol{O}\\\boldsymbol{O}&\boldsymbol{B}\end{bmatrix}$$

则 $\begin{bmatrix}\boldsymbol{A}&\boldsymbol{O}\\\boldsymbol{O}&\boldsymbol{B}\end{bmatrix}$ 为对称阵.

又由 $\boldsymbol{A},\boldsymbol{B}$ 均正定,则 $\boldsymbol{A}$ 与 $\boldsymbol{B}$ 的各阶顺序主子式均为正数,从而 $\begin{bmatrix}\boldsymbol{A}&\boldsymbol{O}\\\boldsymbol{O}&\boldsymbol{B}\end{bmatrix}$ 的各阶顺序主子式也均为正数,所以 $\begin{bmatrix}\boldsymbol{A}&\boldsymbol{O}\\\boldsymbol{O}&\boldsymbol{B}\end{bmatrix}$ 为正定阵.

7. 证明:实对称阵 $\boldsymbol{A}$ 正定,则必存在正交阵 $\boldsymbol{P}$ 使得

$$\boldsymbol{A}=\boldsymbol{P}\begin{bmatrix}\lambda_1&&&\\&\lambda_2&&\\&&\ddots&\\&&&\lambda_n\end{bmatrix}\boldsymbol{P}^{\mathrm{T}},\text{且 }\lambda_1>0,\lambda_2>0,\cdots,\lambda_n>0$$

于是,由 $\boldsymbol{P}^{\mathrm{T}}\boldsymbol{P}=\boldsymbol{E}$ 得

$$\boldsymbol{A}=\boldsymbol{P}\begin{bmatrix}\sqrt{\lambda_1}&&&\\&\sqrt{\lambda_2}&&\\&&\ddots&\\&&&\sqrt{\lambda_n}\end{bmatrix}\boldsymbol{P}^{\mathrm{T}}\boldsymbol{P}\begin{bmatrix}\sqrt{\lambda_1}&&&\\&\sqrt{\lambda_2}&&\\&&\ddots&\\&&&\sqrt{\lambda_n}\end{bmatrix}\boldsymbol{P}^{\mathrm{T}}$$

$$=\left(\boldsymbol{P}\begin{bmatrix}\sqrt{\lambda_1}&&&\\&\sqrt{\lambda_2}&&\\&&\ddots&\\&&&\sqrt{\lambda_n}\end{bmatrix}\boldsymbol{P}^{\mathrm{T}}\right)\left(\boldsymbol{P}\begin{bmatrix}\sqrt{\lambda_1}&&&\\&\sqrt{\lambda_2}&&\\&&\ddots&\\&&&\sqrt{\lambda_n}\end{bmatrix}\boldsymbol{P}^{\mathrm{T}}\right)$$

令

$$\boldsymbol{Q}=\boldsymbol{P}\begin{bmatrix}\sqrt{\lambda_1}&&&\\&\sqrt{\lambda_2}&&\\&&\ddots&\\&&&\sqrt{\lambda_n}\end{bmatrix}\boldsymbol{P}^{\mathrm{T}}$$

则 $\boldsymbol{Q}$ 即满足要求.

8. 设 $\boldsymbol{A}\in\mathbb{R}^{n\times n}$,且 $m>n$,求证:$\boldsymbol{A}^{\mathrm{T}}\boldsymbol{A}$ 为正定阵 $\Leftrightarrow$ $\mathrm{r}(\boldsymbol{A})=n$.

证明:($\Rightarrow$) 由 $\boldsymbol{A}^{\mathrm{T}}\boldsymbol{A}$ 正定知,对任意非零的 $\boldsymbol{x}\in\mathbb{R}^n$,有 $\boldsymbol{x}^{\mathrm{T}}\boldsymbol{A}^{\mathrm{T}}\boldsymbol{A}\boldsymbol{x}>0$. 从而方程组 $\boldsymbol{x}^{\mathrm{T}}\boldsymbol{A}^{\mathrm{T}}\boldsymbol{A}\boldsymbol{x}=(\boldsymbol{A}\boldsymbol{x})^{\mathrm{T}}\boldsymbol{A}\boldsymbol{x}=\|\boldsymbol{A}\boldsymbol{x}\|^2=0$ 只有零解,即 $\boldsymbol{A}\boldsymbol{x}=\boldsymbol{0}$ 只有零解,从而 $\mathrm{r}(\boldsymbol{A})=n$.

($\Leftarrow$) 由 $\mathrm{r}(\boldsymbol{A})=n$ 知,$\boldsymbol{A}\boldsymbol{x}=\boldsymbol{0}$ 只有零解. 故对任意的非零 $\boldsymbol{x}\in\mathbb{R}^n$,有 $\boldsymbol{A}\boldsymbol{x}\neq\boldsymbol{0}$. 从而 $\boldsymbol{x}^{\mathrm{T}}\boldsymbol{A}^{\mathrm{T}}\boldsymbol{A}\boldsymbol{x}=(\boldsymbol{A}\boldsymbol{x})^{\mathrm{T}}\boldsymbol{A}\boldsymbol{x}=\|\boldsymbol{A}\boldsymbol{x}\|^2>0$. 由正定阵定义,知 $\boldsymbol{A}^{\mathrm{T}}\boldsymbol{A}$ 为正定阵.

9. 证明:由 $\boldsymbol{A}$ 正定,存在正交阵 $\boldsymbol{P}$ 使得 $\boldsymbol{P}\boldsymbol{P}^{\mathrm{T}}=\boldsymbol{E},\boldsymbol{A}=\boldsymbol{P}\boldsymbol{\Lambda}\boldsymbol{P}^{\mathrm{T}}$,其中

$$\boldsymbol{\Lambda}=\begin{bmatrix}\lambda_1&&&\\&\lambda_2&&\\&&\ddots&\\&&&\lambda_n\end{bmatrix}$$

又由 $|\boldsymbol{P}|=1$,得 $|\boldsymbol{E}+\boldsymbol{A}|=|\boldsymbol{P}\boldsymbol{P}^{\mathrm{T}}+\boldsymbol{P}\boldsymbol{\Lambda}\boldsymbol{P}^{\mathrm{T}}|=|\boldsymbol{P}||\boldsymbol{E}+\boldsymbol{\Lambda}||\boldsymbol{P}^{\mathrm{T}}|=|\boldsymbol{E}+\boldsymbol{\Lambda}|$,从而 $|\boldsymbol{E}+\boldsymbol{\Lambda}|=(1+\lambda_1)(1+\lambda_2)\cdots(1+\lambda_n)>1+\lambda_1\lambda_2\cdots\lambda_n=1+|\boldsymbol{A}|$,即 $|\boldsymbol{E}+\boldsymbol{A}|>1+|\boldsymbol{A}|$.

10. 证明:由于 $\boldsymbol{A}$ 是正定阵,故存在可逆阵 $\boldsymbol{Q}$ 使得 $\boldsymbol{A}=\boldsymbol{Q}^{\mathrm{T}}\boldsymbol{Q},\boldsymbol{A}\boldsymbol{B}=\boldsymbol{Q}^{\mathrm{T}}\boldsymbol{Q}\boldsymbol{B}$. 从而 $(\boldsymbol{Q}^{\mathrm{T}})^{-1}(\boldsymbol{A}\boldsymbol{B})\boldsymbol{Q}=(\boldsymbol{Q}^{\mathrm{T}})^{-1}(\boldsymbol{Q}^{\mathrm{T}}\boldsymbol{Q}\boldsymbol{B})\boldsymbol{Q}=\boldsymbol{Q}\boldsymbol{B}\boldsymbol{Q}^{\mathrm{T}}$. 因 $\boldsymbol{B}$ 为实对称阵,故 $\boldsymbol{B}^{\mathrm{T}}=\boldsymbol{B}$,从而 $(\boldsymbol{Q}\boldsymbol{B}\boldsymbol{Q}^{\mathrm{T}})^{\mathrm{T}}=\boldsymbol{Q}\boldsymbol{B}^{\mathrm{T}}\boldsymbol{Q}^{\mathrm{T}}=\boldsymbol{Q}\boldsymbol{B}\boldsymbol{Q}^{\mathrm{T}}$. 所以,$\boldsymbol{A}\boldsymbol{B}$ 与实对称阵 $\boldsymbol{Q}\boldsymbol{B}\boldsymbol{Q}^{\mathrm{T}}$ 相似.

而实对称阵 $\boldsymbol{Q}\boldsymbol{B}\boldsymbol{Q}^{\mathrm{T}}$ 的特征值均为实数,由于相似矩阵有相同的特征值,故 $\boldsymbol{A}\boldsymbol{B}$ 的特征值均为实数.

习题 8.1

1. 解：

(1)否(对加法运算不封闭)　(2)是　(3)否(加法没有零元)

(4)是　(5)是

2. 证明：由于

$$\begin{bmatrix} 1 \\ x-1 \\ (x-1)^2 \end{bmatrix} = \begin{bmatrix} 1 & 0 & 0 \\ -1 & 1 & 0 \\ 1 & -2 & 1 \end{bmatrix} \begin{bmatrix} 1 \\ x \\ x^2 \end{bmatrix}$$

故向量组 B 可由向量组 A 线性表示；

而矩阵$\begin{bmatrix} 1 & 0 & 0 \\ -1 & 1 & 0 \\ 1 & -2 & 1 \end{bmatrix}$可逆，故向量组 A 可由向量组 B 线性表示. 从而向量组 A 与向量组 B 等价.

3. 证明：设 $f_i(x)=x^i, i=0,1,2,\cdots$，则 $f_i \in C[0,1]$ 且 $f_1, f_2, \cdots, f_n, \cdots$ 线性无关，从而对任意的 n，向量组 $f_1, f_2, \cdots, f_n$ 线性无关，故 $C[0,1]$ 中存在包含任意多个线性无关的向量的向量组.

4. 证明：任取 $\alpha_1, \alpha_2, \alpha_3 \in \mathbb{C}$，且 $\alpha_k = a_k + ib_k, k=1,2,3$.

若 $x_1\alpha_1 + x_2\alpha_2 + x_3\alpha_3 = 0$，则 $x_1(a_1+ib_1)+x_2(a_2+ib_2)+x_3(a_3+ib_3)=0$.

即 $(x_1a_1+x_2a_2+x_3a_3)+i(x_1b_1+x_2b_2+x_3b_3)=0$.

从而方程组

$$\begin{cases} x_1a_1 + x_2a_2 + x_3a_3 = 0 \\ x_1b_1 + x_2b_2 + x_3b_3 = 0 \end{cases}$$

成立. 而该 3 元齐次方程组系数矩阵的秩至多为 2，故该方程组有非零解. 因此存在不全为零的数 x_1, x_2, x_3 使得 $x_1\alpha_1+x_2\alpha_2+x_3\alpha_3=0$ 成立，由线性相关的定义知 $\alpha_1, \alpha_2, \alpha_3$ 线性相关.

习题 8.2

1. 解：设 $\boldsymbol{A} = x_1\boldsymbol{F}_1 + x_2\boldsymbol{F}_2 + x_3\boldsymbol{F}_3 + x_4\boldsymbol{F}_4$，则有

$$\begin{bmatrix} a_{11} & a_{12} \\ a_{21} & a_{22} \end{bmatrix} = \begin{bmatrix} x_1+x_2+x_3+x_4 & x_2+x_3+x_4 \\ x_3+x_4 & x_4 \end{bmatrix}$$

求解方程组

$$\begin{cases} x_1 + x_2 + x_3 + x_4 = a_{11} \\ x_2 + x_3 + x_4 = a_{12} \\ x_3 + x_4 = a_{21} \\ x_4 = a_{22} \end{cases}$$

得

$$\begin{cases} x_1 = a_{11} - a_{12} \\ x_2 = a_{12} - a_{21} \\ x_3 = a_{21} - a_{22} \\ x_4 = a_{22} \end{cases}$$

故 $\boldsymbol{A}$ 在这组基下的坐标为$(a_{11}-a_{12},a_{12}-a_{21},a_{21}-a_{22},a_{22})^{\mathrm{T}}$.

2. 证明:设 $\dim V=n$,任取 V 中线性无关的向量组 $\boldsymbol{v}_1,\boldsymbol{v}_2,\cdots,\boldsymbol{v}_r(r\leqslant n)$,则 $r(\boldsymbol{v}_1,\boldsymbol{v}_2,\cdots,\boldsymbol{v}_r)=r$.

若 $r=n$,则 $\boldsymbol{v}_1,\boldsymbol{v}_2,\cdots,\boldsymbol{v}_r$ 已经是 V 的一组基.

若 $r<n$,取$[\boldsymbol{v}_{r+1},\boldsymbol{v}_1]=0,[\boldsymbol{v}_{r+1},\boldsymbol{v}_2]=0,\cdots,[\boldsymbol{v}_{r+1},\boldsymbol{v}_r]=0$,由 $r(\boldsymbol{v}_1,\boldsymbol{v}_2,\cdots,\boldsymbol{v}_r)=r$ 可知方程组$[\boldsymbol{v}_1 \quad \boldsymbol{v}_2 \quad \cdots \quad \boldsymbol{v}_r]\boldsymbol{v}_{r+1}^{\mathrm{T}}=0$ 有非零解,即存在非零向量 $\boldsymbol{v}_{r+1}$ 使得它和 $\boldsymbol{v}_1,\boldsymbol{v}_2,\cdots,\boldsymbol{v}_r$ 都正交,即 $\boldsymbol{v}_1,\boldsymbol{v}_2,\cdots,\boldsymbol{v}_r,\boldsymbol{v}_{r+1}$线性无关;若 $r+1=n$,则 $\boldsymbol{v}_1,\boldsymbol{v}_2,\cdots,\boldsymbol{v}_r,\boldsymbol{v}_{r+1}$是 V 的一组基. 否则,取 $\boldsymbol{v}_{r+2}$与 $\boldsymbol{v}_1,\boldsymbol{v}_2,\cdots,\boldsymbol{v}_r,\boldsymbol{v}_{r+1}$正交,由于 $r+1<n$,故存在非零的向量 $\boldsymbol{v}_{r+2}$与 $\boldsymbol{v}_1,\boldsymbol{v}_2,\cdots,\boldsymbol{v}_r,\boldsymbol{v}_{r+1}$都正交,从而 $\boldsymbol{v}_1,\boldsymbol{v}_2,\cdots,\boldsymbol{v}_r,\boldsymbol{v}_{r+1},\boldsymbol{v}_{r+2}$线性无关. 若 $r+2=n$,则 $\boldsymbol{v}_1,\boldsymbol{v}_2,\cdots,\boldsymbol{v}_r,\boldsymbol{v}_{r+1},\boldsymbol{v}_{r+2}$是 V 的一组基,否则依次进行下去,直到找到 n 个线性无关的向量,这 n 个向量即为 V 的一组基.

3. 解:(1)由于

$$[\boldsymbol{\alpha}_1 \quad \boldsymbol{\alpha}_2 \quad \boldsymbol{\alpha}_3 \quad \boldsymbol{\alpha}_4]=[1 \quad x \quad x^2 \quad x^3]\begin{bmatrix} 0 & 1 & 1 & 1 \\ -1 & 1 & 1 & 0 \\ 2 & -1 & 2 & -1 \\ 1 & 1 & -1 & -1 \end{bmatrix}$$

$$[\boldsymbol{\beta}_1 \quad \boldsymbol{\beta}_2 \quad \boldsymbol{\beta}_3 \quad \boldsymbol{\beta}_4]=[1 \quad x \quad x^2 \quad x^3]\begin{bmatrix} 1 & 2 & 2 & 2 \\ 0 & 2 & 1 & 1 \\ 1 & 1 & 1 & 3 \\ 2 & 0 & -2 & 1 \end{bmatrix}$$

而基 $\boldsymbol{\alpha}_1,\boldsymbol{\alpha}_2,\boldsymbol{\alpha}_3,\boldsymbol{\alpha}_4$ 到 $\boldsymbol{\beta}_1,\boldsymbol{\beta}_2,\boldsymbol{\beta}_3,\boldsymbol{\beta}_4$ 的过渡阵 $\boldsymbol{K}$ 满足

$$[\boldsymbol{\beta}_1 \quad \boldsymbol{\beta}_2 \quad \boldsymbol{\beta}_3 \quad \boldsymbol{\beta}_4]=[\boldsymbol{\alpha}_1 \quad \boldsymbol{\alpha}_2 \quad \boldsymbol{\alpha}_3 \quad \boldsymbol{\alpha}_4]\boldsymbol{K}$$

故

$$\boldsymbol{K}=\begin{bmatrix} 0 & 1 & 1 & 1 \\ -1 & 1 & 1 & 0 \\ 2 & -1 & 2 & -1 \\ 1 & 1 & -1 & -1 \end{bmatrix}^{-1}\begin{bmatrix} 1 & 2 & 2 & 2 \\ 0 & 2 & 1 & 1 \\ 1 & 1 & 1 & 3 \\ 2 & 0 & -2 & 1 \end{bmatrix}=\begin{bmatrix} 1 & 0 & 0 & 1 \\ 1 & 1 & 0 & 1 \\ 0 & 1 & 1 & 1 \\ 0 & 0 & 1 & 0 \end{bmatrix}$$

(2)故坐标变换公式为

$$\begin{bmatrix} y_1 \\ y_2 \\ y_3 \\ y_4 \end{bmatrix} = \boldsymbol{K}^{-1}\begin{bmatrix} x_1 \\ x_2 \\ x_3 \\ x_4 \end{bmatrix} = \begin{bmatrix} 0 & 1 & -1 & 1 \\ -1 & 1 & 0 & 0 \\ 0 & 0 & 0 & 1 \\ 1 & -1 & 1 & -1 \end{bmatrix}\begin{bmatrix} x_1 \\ x_2 \\ x_3 \\ x_4 \end{bmatrix}$$

习题 8.3

1. 解:(1)否.

(2)是,$\dim W_2 = 3$,$\boldsymbol{E}_{11}$,$\boldsymbol{E}_{12}$,$\boldsymbol{E}_{23}$是一组基.

2. 解:由于$[\boldsymbol{\beta}_1 \quad \boldsymbol{\beta}_2 \quad \boldsymbol{\beta}_3] = [\boldsymbol{\alpha}_1 \quad \boldsymbol{\alpha}_2 \quad \boldsymbol{\alpha}_3]\begin{bmatrix} 1 & 2 & 4 \\ -2 & 3 & 13 \\ 3 & 2 & 0 \end{bmatrix}$,而$r\left(\begin{bmatrix} 1 & 2 & 4 \\ -2 & 3 & 13 \\ 3 & 2 & 0 \end{bmatrix}\right) = 2$,故$[\boldsymbol{\beta}_1 \quad \boldsymbol{\beta}_2 \quad \boldsymbol{\beta}_3]$的秩为2,从而$\dim(L(\boldsymbol{\beta}_1,\boldsymbol{\beta}_2,\boldsymbol{\beta}_3)) = 2$.

由于$\boldsymbol{\beta}_1$,$\boldsymbol{\beta}_2$线性无关,故$\boldsymbol{\beta}_1$,$\boldsymbol{\beta}_2$为该空间的一组基.

3. 解

$$\dim(W_1 + W_2) = 3, \boldsymbol{\alpha}_1, \boldsymbol{\alpha}_2, \boldsymbol{\beta}_2 \text{ 为一组基;}$$
$$\dim(W_1 \cap W_2) = 1, \boldsymbol{\beta}_2 \text{ 为一组基.}$$

习题 8.5

1. $\boldsymbol{A} = \begin{bmatrix} a & 0 & b & 0 \\ 0 & a & 0 & b \\ c & 0 & d & 0 \\ 0 & c & 0 & d \end{bmatrix}$,$\boldsymbol{B} = \begin{bmatrix} a & c & 0 & 0 \\ b & d & 0 & 0 \\ 0 & 0 & a & c \\ 0 & c & b & d \end{bmatrix}$

2. 特征值为1,2,3;

对应特征值1的特征向量为$k[1 \quad x \quad x^2]\begin{bmatrix} 1 \\ 0 \\ 0 \end{bmatrix}(k \neq 0)$,

对应特征值2的特征向量为$k[1 \quad x \quad x^2]\begin{bmatrix} 4 \\ 1 \\ 0 \end{bmatrix}(k \neq 0)$,

对应特征值3的特征向量为$k[1 \quad x \quad x^2]\begin{bmatrix} 13 \\ 5 \\ 1 \end{bmatrix}(k \neq 0)$;

$\boldsymbol{\sigma}$ 在基 $\boldsymbol{\alpha}_1 = [1 \quad x \quad x^2]\begin{bmatrix}1\\0\\0\end{bmatrix}, \boldsymbol{\alpha}_2 = [1 \quad x \quad x^2]\begin{bmatrix}4\\1\\0\end{bmatrix}, \boldsymbol{\alpha}_3 = [1 \quad x \quad x^2]\begin{bmatrix}13\\5\\1\end{bmatrix}$ 下的矩阵为diag(1,2,3).

习题 8.6

3. $\boldsymbol{A}$　　4. $W^{\perp} = \left\{k(x^2 - \frac{1}{3}) \mid k \in \mathbb{R}\right\}$